U0294647

A+U高校建筑学与城市规划专业教材

建 筑 结 构

李全云　杨平印　编著

中国建筑工业出版社

图书在版编目（CIP）数据

建筑结构/李全云等编著.—北京：中国建筑工业出版社，2012.12（2023.4重印）
（A+U高校建筑学与城市规划专业教材）
ISBN 978-7-112-15017-5

Ⅰ.①建…　Ⅱ.①李…　Ⅲ.①建筑结构　Ⅳ.①TU3

中国版本图书馆CIP数据核字（2012）第311872号

　　　　本书是根据最新结构设计规范编写的高校非结构专业用结构教材，主要内容包括结构基本概念、结构体系、结构单元与结构构件、结构布置与选型、结构概念设计、结构基本构件计算及结构设计基础、结构抗震基本知识。

　　　　本书按照建筑学与城市规划专业教学大纲和教学实际需要并参照一级建筑师执业资格考试大纲编写，除作为建筑学和城市规划专业教材外，也可供城市房地产、工程管理、工程造价、建筑经济、建筑企业管理、建筑环境与设备、给水排水、建筑电气等专业使用，还可供一级注册建筑师执业资格考试人员和其他专业技术人员参考。

　　　　为更好地支持相应课程的教学，我们向采用本书作为教材的教师提供教学课件，有需要者可与出版社联系，邮箱：jckj@cabp.com.cn，电话：01058337285，建工书院http://edu.cabplink.com。

*　　*　　*

责任编辑：杨　虹　朱首明
责任设计：董建平
责任校对：刘梦然　陈晶晶

A+U 高校建筑学与城市规划专业教材
建筑结构
李全云　杨平印　编著

*

中国建筑工业出版社出版、发行（北京海淀三里河路 9 号）
各地新华书店、建筑书店经销
北京雅盈中佳图文设计公司制版
北京建筑工业印刷厂印刷

*

开本：787 毫米 ×1092 毫米　1/16　印张：27¼　字数：665 千字
2014 年 1 月第一版　2023 年 4 月第七次印刷
定价：49.00 元（赠教师课件）
ISBN 978-7-112-15017-5
（23078）

前　言

　　本书是按照新的教学思路和组织模式编写的高等学校建筑工程类非结构专业用"建筑结构"教材，主要供建筑学和城市规划专业使用，也可供城市房地产、工程管理、工程造价、建筑经济、建筑企业管理、建筑环境与设备、给水排水、建筑电气等专业选用。

　　目前已面世的同类教材确已不少，但要想选出真正适合建筑学专业使用的却很难。无论是推荐教材还是其他传统教材，多属由土木工程专业教材拼接成的"压缩饼干"型，它将结构专业的钢筋混凝土、钢结构、砌体结构和结构抗震四项内容经删减后直接嫁接到建筑学专业，忽略了不同专业之间在学习内容、学习方式和学习目的等方面的差异，导致许多学生学完结构课后仍没有弄清什么是结构。于是出现了许多怪现象：在学习建筑史时对历史建筑中的结构"丈二的和尚摸不着头脑"；在建筑方案设计中不会选用和布置结构，眼睁睁地看着自己的"优秀方案"由于结构问题"胎死腹中"；在建筑师资格考试中把建筑结构视为理论考试最难科目，等等。

　　建筑结构知识确实庞杂，即便是结构专业也只学了其中的一部分。建筑学专业作为设计中的统领专业，需要具备宏观的结构知识，不求高深，但求宽泛。如何教与学？我们借鉴了层次归类法。例如，地球上的生物多得不计其数，如何快速、全面认识它们？如果从生物个体入手，则无穷无尽，永远也学不完，若用层次归类法，从生物的门、纲、目、科、属、种的顺序来梳理，即使所学内容不多，也能建立起对生物总体知识的概念性认识。建筑结构也是一样，传统教材过于强调"分析计算能力"的培养，一入手就纠缠于结构分析、计算、配筋、构造，令学生觉得枯燥无味、晦涩难懂，不免产生厌学情绪。

　　建筑学专业究竟需要什么样的结构知识？它与结构专业所需知识有何不同？应如何根据专业需要组织教学内容和传授所需知

识？这是建筑学和城市规划专业的结构教学不能回避的问题。事实上，建筑学专业学习结构的目的是要结构为建筑设计服务，重点是结构选择与布置而不是结构设计。我们认为，建筑学和城市规划专业的结构课程教学应着重强调对结构总体概念的把握，加强对结构认知能力和使用能力的培养。至于结构工作原理、设计方法、结构构造等粗略了解即可，因为他们不需要设计结构，更不会改行去搞结构。

正是基于对这些现实问题的思考和探索，我们根据自己的教学实践，本着精练、系统的精神编写了这本教材。所求精练，是以结构知识的主要脉络为线索，对所需结构知识全面梳理、合理取舍、重新组织，不搞包罗万象、面面俱到，使学生从繁琐的枝节问题中解脱出来，集中精力学好知识主干；所求系统，是将结构知识合理归并，按照结构体系、结构型式、结构构件的顺序循序渐进，使学生对结构的类型、组成和用途有较明确的认识，并将结构在某一方面的问题尽可能集中起来，一竿子到底，力求每章解决一类问题。本书的这种组织思路基本上符合建筑学和城市规划专业从抽象到具体、从宏观到微观、从整体到局部的思维模式。

本书参照一级注册建筑师执业资格考试大纲及考试实践，结合建筑学和城市规划专业的实际需要及作者的教学实践编著。在内容的组织上，全书内容分认知、应用和计算三个知识单元。

认知单元包括第 1 章建筑结构概述和第 2 章建筑结构体系、结构单元和主要结构构件。第 1 章主要介绍建筑与结构的基本关系，以及结构知识的主要特点和学习方法等；第 2 章主要介绍结构体系、结构构成、结构单元和结构构件的辨识关系。

应用单元包括第 3 章建筑结构选择与布置、第 4 章建筑结构概念设计和第九章建筑结构抗震基础知识。建筑结构选择与布置涉及能否正确选择、合理布置结构，这是建筑设计工作中特别是方案构思阶段必须面对的问题，建筑结构概念设计及建筑结构抗震基础知识主要涉及结构布置中应遵从的一些思想、原则、要求和限制等，这些是建筑学和城市规划专业应当掌握的基本结构知识，也是历年建筑师资格考试中结构科目考试的主要题点。

　　计算单元包括第 5 章至第 8 章，是结构知识的充实和提高，主要介绍基本结构构件的计算原理和构造知识，以及楼盖、排架、框架等简单结构的分析计算等。

　　本书按照最新结构规范编写，书中所使用的术语及符号均遵照现行国家标准《建筑结构设计术语和符号标准》GB/T 50083—97 执行。

　　本书第 1 章至第 5 章及第 9 章由李全云编著，第 6 章至第 8 章由杨平印编著，全书插图由杨玉敏和李全云绘制，李全云负责统稿。由于编者的知识、阅历、资源和精力有限，加上时间仓促，书中定有许多不足和疏漏之处，敬请广大读者批评指正，以便改进。

编者

2010 年 1 月初稿

2012 年 12 月定稿

目 录

1
建筑结构概论

结构是建筑的承载系统。"结构"作动词时，可解释为"结为构架"；作名词时，可解释为"构件之结合"。结构包含"结"与"构"两层含义，"构"即结构构件，如梁、板、柱、墙等；而"结"是指"结合"、"联结"，代表结构构件相互联结成整体的方式方法，如焊接、浇筑等。在建筑结构中，"构"是基础而"结"是关键，没有"构"谈不上"结"，"构而不结"相当于堆积木，结构不具有整体性，无法完成结构的功能。结构的基本功能是既能承重又要抗推（抵抗水平力作用），而抗推能力来自于"结"。2008年汶川地震引起大量房屋倒塌，可它们在震前都能正常使用，表明结构具有一定的承重能力，但无法承受地震作用，房屋倒塌的根本原因是"结"的薄弱或缺失，参见图1-1。

结构是"建筑"赖以生存的物质基础，没有结构就没有建筑，结构一旦毁坏，建筑便不复存在。如名噪一时的纽约世贸大厦，1973年曾荣登世界最高建筑榜首，至倒塌时的1991年仍名列世界十大最高建筑，却因当年"9·11"恐怖袭击中的一场大火毁于一旦，见图1-2。

图1-1　汶川地震灾区地震现场　　　　图1-2　倒塌后的世贸大厦现场

1.1　建筑结构的基本概念

1.1.1　建筑结构的含义

建筑结构是房屋建筑中承载或抵御各种作用的功能系统和形成各类使用空间的物质实体，它与围护系统、设备系统、辅助系统等构成完整的建筑功能系统。

"结构"一词应用广泛，物质世界宏观上有宇宙结构、天体结构，微观上有原子结构、粒子结构、微粒子结构，社会生活中有经济结构、社会结构、组织结构、家庭结构，写文章讲篇章结构，写汉字有间架结构等等。结构的概念五花八门，而其共同特征是指"对象的组成部分和相互关系"。

因此，也可这样来理解建筑结构：建筑结构是建筑实体抵御各种自然力作用所需要的结构构件及其合理的组成方式。

我国《建筑结构设计术语和符号标准》对建筑结构的定义是"组成工业与民用房屋建筑包括基础在内的承重骨架体系"。

1.1.2　建筑结构的分类

建筑结构的分类方法很多，常见分类有以下几种：

1. 按建筑层数或高度分，建筑结构可分为单层结构、低层结构、多层结构、中高层结构和高层结构。住宅建筑中二至三层为低层，四至六层为多层，七至九层为中高层，十层及以上和房屋高度大于 28m 的为高层。其他民用建筑中，十层及以上和房屋高度大于 24 米的为高层结构，低于此高度或层数的为多层结构。只有一层的，无论高度多少都属于单层结构。

2. 按结构主要材料，建筑结构可分为钢筋混凝土结构、型钢混凝土结构、砌体结构、钢结构、木结构以及由几种结构材料组合而成的混合结构。

3. 按结构的主要特征或组成关系，建筑结构可分为混合结构、排架结构、桁架结构、刚架结构、拱结构、框架结构、剪力墙结构、筒体结构、网架结构、网壳结构、薄壁空间结构、悬索结构、薄膜结构、幕结构等，这些就是所谓的"结构型式"。

4. 按结构的刚度特性，建筑结构可分为刚性结构和柔性结构。刚性结构是指在荷载或其他作用下不显著改变外形的结构，如框架、剪力墙、筒体、网架、网壳、薄壁空间结构等；柔性结构是指在荷载或作用位置点改变时显著改变外形的结构，如悬索结构、薄膜结构等。

5. 按结构的传力特性，建筑结构可分为线性结构、平面结构和空间结构。线性结构在荷载作用下只沿构件轴线方向传递内力，如梁、柱、桁架、屋架等；平面结构在荷载作用下沿结构平面向不同方向传递内力，如平板、墙体、交叉梁系等；空间结构在荷载作用下沿空间各方向传递内力，如网架、空间框架、薄壁空间结构等。

1.1.3　建筑结构的基本构成

建筑结构的表现形式千差万别，然而就其基本组成来看，可划分为水平承载系统、竖向承载系统、侧向支撑系统和地基基础四个部分。

1. 水平承载系统

水平承载系统是建筑结构中承受使用荷载并提供水平跨越功能的结构系统，它形成各类空间的"顶盖"。水平承载系统主要包括两类，一类是直接承受楼面、屋面荷载等竖向作用的板类构件，如楼板、屋面板、阳台板、雨篷板、楼梯平台板、踏步板以及由板演变成的网架、壳体等；另一类是作为板类构件支承体的构件，如梁和索以及由梁演变成的拱、桁架、屋架、托架等。建筑结构水平承载系统的基本作用是将楼面、屋面使用荷载传给墙或柱，是构成建筑高度、形成各类使用空间的主要手段。

2. 竖向承载系统

竖向承载系统是建筑结构中支承水平承载系统的结构系统，主要包括墙和柱两类，其作用是支承板、梁和其他水平构件，并将传来的荷载传递给基础，同时也具有承受风荷载、地震作用、刹车力等水平作用的功能。以墙体作为竖向支承系统的结构主要包括砌体结构、剪力墙结构和筒体结构，以柱作为竖向支承系统的结构主要包括框架结构、排架结构、刚架结构。有时也同时使用墙和柱作为竖向支承系统，如框架—剪力墙结构、框架—筒体结构等。

结构的水平承载系统也可与竖向承载系统合而为一，如刚架、落地拱等。

3. 侧向支撑系统

建筑结构上的水平作用使其产生沿水平方向的侧向变形。在高层结构和单层厂房中，结构上的水平作用很大，引起较大的侧向变形，轻者影响建筑正常使用，重者危及结构安全。因此，在这类结构中需设置抵抗水平作用、控制结构水平变形的侧向支撑系统。高层结构中的侧向支撑系统有剪力墙、核心筒、支撑桁架等抗侧力构件；排架、拱、刚架结构等单层空旷结构中的侧向支撑系统主要是屋盖支撑和柱间支撑；多层砌体结构中的承重横墙既是竖向支承系统，也是结构的侧向支撑系统。

4. 地基基础

地基基础包括地基与基础两部分。地基是指建筑物基础以下的自然地层，基础是将墙、柱荷载传递到地基的转换设施。一般来说，建筑的上部结构传到建筑底部构件的单位面积的作用力（称为"应力"）远大于建筑地基单位面积的承压能力（称为"地基承载力"），故应在上部结构与地基之间设置有一定底面面积的板状构件（即基础）来扩散应力，这种转换功能可使传到地基的压应力小于地基承载力，从而保证整个结构的安全与稳定。

1.2 结构与建筑的基本关系

1.2.1 建筑与结构的关系

1. 结构是实现建筑功能的前提

要实现预定的建筑功能，必须要取得结构的支持和配合。没有结构，就没有建筑；结构不能实现，则建筑功能与形象便是空谈。在建筑发展的历史长河中，许多"理想"的建筑设计方案没能实现的技术障碍多与结构有关。

2. 结构是划分建筑功能空间的依据

划分建筑功能空间通常应以结构网格为基础。不注意结构关系随意划分建筑空间，不但会使建筑空间凌乱，还会导致结构复杂化。所以，片面追求建筑形象与功能而不考虑结构限制，不是无法实现，就是不能很好地实现。

3. 结构知识是建筑师应具备的基础知识

建筑师除应熟练掌握建筑历史、建筑设计、建筑材料和构造等本专业知识外，还要具备一定的法律、管理、经济、结构、设备等相关知识。建筑师作为建筑设计的牵头人，方案构思之初就必须注意到经济、结构、设备等的要求和限制。在设计工作中，建筑师往往还要担任项目负责人，因此要具备一些相关专业的基本知识，才能处理好与其他专业的协调工作。所以，在注册建筑师执业资格考试中，要测试应考人员的经济、管理、法律、结构和设备知识。

4. 建筑学不是纯艺术形式

建筑既是一门艺术，也是一门技术。与其他纯艺术形式不同，建筑艺术是建立在工程技术基础上的综合性实用艺术，是工程学、技术学、社会学、美学、心理学等学科的有机结合，而材料、结构、设备是工程学和技术学的重要内容。

5. 建筑的发展史也是材料和结构的发展史

人类的建筑活动大体上可分为三个时期：

1) 无意识建造活动时期。以旧石器时期的崖居、巢居、洞居为代表。人们以天然岩洞、树洞、大树为栖身之所，所能做的只是对洞或树的"选择"，没有建筑活动，也不涉及材料与结构。

2) 半意识建造活动时期。以新石器时期的仰韶文化、龙山文化的穴居、半穴居为代表。随着社会生产力的发展和劳动工具的使用，人类已不满足于居住天然洞穴，于是掘地成穴以为居所。与天然洞穴不同，地穴可依需要有意识地挖成某种形状，顶部用树干、枝叶、茅草、兽皮和泥土等遮盖。地穴较大时，又仿照树木在中间撑起树干并与洞口的枝干捆绑形成支撑骨架，原始的建筑活动从此开始。树立中柱和捆绑树干标志着"结构"的出现，使用树干、树叶、茅草、兽皮则意味着使用"建筑材料"的开始，而地穴的顶盖遮挡演变到今天便是屋盖。

3）有意识建造活动时期。地穴比崖居、巢居进了一大步，但防御洪水、野兽和外敌入侵的能力仍显不足，于是人们又从地穴走向地面，开始按照主观意愿筑墙架梁"建筑"房屋，其劳动成果也逐渐称为"建筑"，结构技术和材料的演进直接促进了建筑的发展，参见表1-1。

结构材料、结构技术与西方建筑发展历史的基本关系对照　　　　表1—1

时期、阶段	主要结构材料	主要结构技术	典型建筑
古埃及、古希腊	土、石	砌石、石柱、石梁	埃及金字塔、希腊神庙
两河流域、波斯	土坯、砖、陶	夯土台、土坯墙、砖墙	新巴比伦城门、萨艮王宫
古罗马	天然水泥、混凝土、砖石	穹顶、拱券	尼姆输水道、罗马万神庙、罗马大斗兽场、卡拉卡拉浴场
拜占庭、罗马风、哥特式、文艺复兴		穹顶、拱券及其变体（带肋穹顶、抹角拱、帆拱、十字交叉拱、飞扶壁……）	圣索菲亚大教堂、韩斯主教堂、巴黎圣母院、佛罗伦萨主教堂、圣彼得大教堂、圣马可广场
工业革命以后至今	钢铁、水泥、钢筋混凝土	现代结构技术（框架、剪力墙、筒体、薄壳、悬索、网架……）	近现代建筑

6. 制约建筑向高层发展的主要因素是结构

随着社会经济的发展，建筑用地猛增，耕地锐减，建筑逐渐向高空发展，从1885年建成世界第一高楼——55m高的芝加哥家庭保险大楼，到2009年建成828m高的世界第一高楼阿联酋迪拜塔（哈利法塔），在这前后125年中，建筑高度每跨越一个新的100米高度所耗费的时间越来越长（参见表1-2）。从建筑高度演进历程看，建筑向更高层发展，主要技术障碍是结构和建筑设备，但结构难度远大于设备。

7. "结构即建筑"是建筑设计的最高境界

在建筑设计中，建筑师和结构工程师的协作有四个层次，即合作、结合、融合和统一。最低层次为被动"合作"，设计工作各自进行，遇到问题协商解决；第二层次是主动"结合"，设计工作虽各自进行，但能理解对方，主动结合、互相补充；第三层次"融合"，表现为建

建筑高度具有里程碑意义的高层建筑　　　　　　表 1-2

建筑名称	建成年份	建筑高度 (m)		建筑层数	说　明
		主体高	塔尖高		
芝加哥家庭保险大楼	1885	54.9	—	11	世界第一座高层建筑
纽约世界大楼	1894	94.2	106.4	20	第一座跨越 100m 的建筑
纽约 Park Row 大厦	1898	119.2	—	30	主体结构跨越 100m
纽约大都会人寿保险大楼	1903	213.4	—	50	主体结构跨越 200m
克莱斯勒大厦	1928	281.9	318.8	77	建筑总高跨越 300m
纽约帝国大厦	1931	381	448.7	102	建筑总高跨越 400m
纽约世贸中心大厦 1 号楼	1972	417	526	110	主体结构跨越 400m
台北国际金融中心大厦	2003	448	508	101	建筑总高跨越 500m
哈利法塔	2009		828	169	目前世界最高建筑

中银大厦

国家体育场

悉尼歌剧院

图 1-3　一组展现结构的建筑

筑与结构"你中有我，我中有你，融为一体"；最高层次为"统一"，结构就是建筑，建筑表现结构，建筑展现结构美，结构美成就建筑美。某种意义上，"结构即是建筑"不仅是设计手法，更是一种趋势，一种境界，参见图 1-3。

1.2.2　结构与建筑的相互制约

建筑与结构的关系就像孪生兄弟，你中有我、我中有你，互相促进、同生共长；但又充满矛盾，相互制约、相互牵制、相互影响。这种特殊的对立统一关系主要表现在：

1. 建筑方案设计应以结构网格为基础，所有的建筑空间划分都应与结构网格相协调，这在建筑设计方法中通常称为"网格生长原理"。

2. 结构网格布置应满足建筑功能要求。结构网格的大小，一方面取决于建筑平面划分需要，另一方要考虑结构的经济合理要求，这体现了设计中的结构协调原则。

3. 结构设计与建筑设计需同步进行并反复协调配合。在建筑设计中，建筑方案设计与结构方案布置与协调通常是同步进行的，这是建筑与结构设计中的同生共长机制。

4. 高超的建筑设计离不开结构的巧妙使用，赋予结构灵性与美感，使结构美成为建筑美的有机组成。如果忽视结构的美学特征和功能，单纯追求建筑的装饰美，遮遮掩掩，会给人以虚假、漂浮的感觉。反之，有效挖掘、利用结构美，使建筑的装饰美与结构的力量美融为一体，利于创造一种厚实、刚健的美。这种建筑美与结构美的有机结合，体现了美学要素有机融合的美学创作思想。

建筑方案设计中涉及的结构知识主要是结构选择与布置。结构选择与布置要考虑的问题包括：

构思方案时，首先要考虑采用何种结构最理想？

选定结构类型后，要考虑该结构对建筑方案有哪些限制和影响？

结构与建筑发生矛盾时，是结构服从建筑，还是建筑服从结构，或互动调整？

选定的结构应包含哪些基本构件？构件的形态、布置、尺寸对建筑平面布局和空间形态有何影响？

结构如何布置才能满足建筑使用功能要求？反过来，建筑功能如何布置才能有效地利用结构？

这些问题逐步解决了，建筑方案就成功了一半。反之，把现在应解决的问题留到将来，则后面会遇到更多的问题，甚至可能由于结构障碍不得不将"完美"的方案完全推翻。

1.2.3 结构与实现建筑基本要求的关系

维特鲁威《建筑十书》提出的对建筑的要求是坚固、实用、美观；我国长期坚持的"党的建设方针"是"适用、经济，在可能条件下注意美观"。随着经济的发展、时代的进步，人们对建筑的审美要求不断提高，美观逐步与适用、经济相提并论，"适用、经济、美观"成为当代社会对建筑的基本要求，而实现这些基本要求又与结构紧密相关。

1. 经济

建筑的经济性要求是进行工程建设首先要考虑的问题，也是开展建设活动的先决条件和影响建设效果的关键因素。要实现建筑的经济性要求，势必要求结构合理、节约材料、节约土地、降低造价，其中结构是首要因素。

2. 适用

建筑的适用性要求体现在建筑应具备合理的使用功能并提供理想的使用环境。如何实现建筑的功能要求是建筑设计的主要任务，而实现建筑的功能可能会受到结构制约，结构的工作性能直接影响建筑的舒适性、适用性。对结构的要求主要包括三个方面，即安全、适用、耐久。结构安全可靠，本身就是结构问题；减少或控制结构变形，限制裂缝宽度，使建筑更舒适、更耐久，也是结构必须解决的问题。

3. 美观

建筑形象的塑造离不开体量，而建筑体量实际上就是建筑结构的直观表达，这需要结构的有力支撑来实现。离开结构，建筑是不能"立起来"的，也就失去了塑造建筑形象的物质基础。一些大体量建筑需要的一些阳刚之气和力量之美，更需要通过结构手段来实现。

可见，实现"经济、适用、美观"，处处离不开结构。

到底什么是设计？很多人认为设计就是"计算与画图"。实际上，建筑工程设计的本质是在建筑的功能要求和安全性、适用性、经济性之间寻求最佳平衡关系，设计图、工程预算等不过是结果的书面表达而已。

所以，实现建筑的基本要求离不开结构，建筑设计更离不开结构。建筑为形，结构为器，它们互为依托，密不可分。

1.3 结构知识的特征和学习方法

1.3.1 结构知识的基本特征

1. 逻辑性。结构设计的思维形式是逻辑思维，实际遇到的结构可能会与教科书及规范有较大差异。结构是否合理，主要看其是否符合结构基本规律和工作原理，能否具备所需结构功能，而不是片面强调是否符合某结构规范。结构规律是客观存在的，有些可能尚未被认识；而结构规范是人为规定的，是结构规律的应用经验总结。只要能够正确认识、合理利用结构规律，就有可能找到解决特殊工程问题的途径与方法。

国家游泳中心 (水立方,见图 1-4) 和国家体育场 (鸟巢,见图 1-3 中)，根据我国现行结构规范是根本无法建设的，它们是在无规范、无先例、无标准的状态下完成的，靠的就是工程技术人员对结构逻辑的良好把握。再如中央电视台新大楼 (图 1-5)，按结构设计规范

图1-4 国家游泳中心的钢结构 图1-5 CCTV新大楼

属于严重不规则，但它却在人们的将信将疑中诞生了，从而开拓了重新认识结构规律的新思路。

2. 关联性。一定的结构之间具有相似性和关联性。此结构和彼结构之间，可能在工作原理、破坏形态、受力特征等方面具有相似性，反映了某类结构的共同特性。当所用结构某些方面不明确时，则可以从已存在的某种结构或自然现象中获得启发。

3. 系统性。结构因材料和形式等差异形成多种类型，而结构的系统性正是把这些彼此不同的结构类型联系起来的纽带。结构的系统性多表现为结构的相似性，使人们更全面、更系统地认识结构、应用结构，为结构选择提供了更加广阔的空间。例如，在结构的空间性能方面，排架结构与砌体结构、剪力墙结构具有相似性；而在传力方面，排架结构又与拱结构、刚架结构具有相似性。

4. 规范性。结构设计所采用的参数、数据、方法等均应符合设计规范要求，特殊工程不能按规范设计的，需经专门研究。结构设计不容许随意取用计算图式和数据，更不容许随意改动计算结果，设计结果的表达还要符合特定的规范要求。

5. 符合性。结构构件设计采用的计算模型（称为计算简图）必须与结构实际受力状态相符，以保证结构的安全性能。结构规律是客观属性，不注意结构规律或人为改变结构规律，不仅会降低结构效能、加大结构成本，还可能影响结构的安全。

6. 准确性。结构设计包括概念设计（定性）与数值设计（定量）。概念设计中，必须遵守某些限制性规定，否则会带来严重后果；数值设计中，计算要细致，结果须准确，计算结果必须同图纸一致，否则就会造成结构安全隐患。

1.3.2 结构知识的学习方法

非结构专业学习结构的方法与结构专业不完全相同。结构专业要学结构原理，更要学结构分析、计算、绘图和构造，而且是从微观到宏观、从局部到整体的学习方式。建筑学城市规划专业与之不同，学习的重点是如何"选择"、"使用"结构，而不是如何"设计"结构。因此，应注意以下几点：

1. 建立正确的学习方法

1）从建筑到结构，把结构知识联系到建筑设计中去；

2）从宏观到微观，先把握结构整体关系，再熟悉结构构件；

3）从整体到局部，结构概念由大到小，由抽象概念到具体知识；

4）从基础到应用，从结构基础概念入手，循序渐进，逐步加深，最终达到活用结构知识为建筑设计服务的目的。

2. 注意先行知识的积累

1）具备一定的建筑力学基础，特别是静力学知识；

2）具备一定的材料学基础，熟悉主要结构材料的力学性能。

3. 明确课程的学习目标

1）搞清结构基本概念和组成，能正确识别结构体系、结构形式和结构构件；

2）熟悉主要结构构件的类型、作用和受力、变形特点；

3）熟悉常用结构体系，了解其受力特征，掌握结构选择与布置要领；

4）了解主要结构构件的计算原理，能进行简单构件的分析计算；

5）了解结构抗震的基本要求，了解主要结构设计规范的主要内容；

6）建立结构经济概念，有造价控制方面的意识；

7）了解结构设计的基本内容和工作程序；

8）学会活用结构，把结构当作建筑设计的要素及语汇。

复习思考题

1. 什么是结构？结构的本质是什么？

2. 怎样认识结构与建筑的基本关系？

3. 非结构专业学习结构知识的正确方法有哪些？

4. 学习结构应注意哪些问题？

2
建筑结构体系、结构单元和主要结构构件

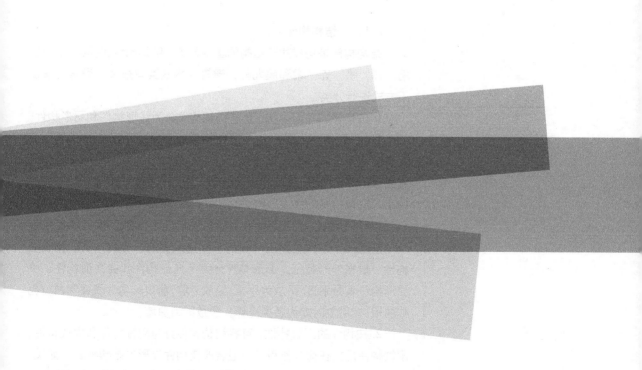

2.1 结构体系、结构单元和结构构件的基本关系

　　建筑的结构系统是一个有机整体，它由一系列结构要素通过一定的方式联结而成。一幢建筑的结构通常由变形缝（伸缩缝、沉降缝或防震缝等）分成若干独立区段，每个区段称为"结构单元"；每个结构单元由一系列有代表性的基本空间单元拼接叠合构成，此基本空间单元称为"结构基本单元"；结构基本单元由若干不同的结构部件构成，这些部件称为"结构构件"；有些结构构件如屋架、桁架、网架等又由一系列结构元件组成，这些结构元件称为"结构杆件"。结构杆件以及结构构件相互联结的部位称为"节点"。

　　结构构件的外延很丰富，有时若干类结构构件的组合仍属于结构构件。如梁和板是两种不同的结构构件，它们组合后形成的"屋盖"、"楼盖"不能单独构成完整的结构空间，只有与墙、柱等竖向构件结合方能形成结构基本单元。所以"屋盖"、"楼盖"仍属于构件。

　　在不致混淆的情况下，结构构件有时也作为整个结构的代称，如壳体结构、网架结构、悬索结构、薄膜结构、无梁楼盖等。

2.1.1 结构构件

　　结构构件是构成建筑结构的基本元素。结构构件包括梁、板、柱、墙、杆、拱、壳、索和膜九种。建筑结构的类型很多，通常可按以下方式进行分类：

　　1. 按构件的几何形状，可将结构构件分为线形构件和面形构件。

　　1）线形构件。线形构件是指构件一个方向的尺度（长度）远大于其他两个方向的尺度（断面）的一维受力构件。线形构件分为直线形构件和曲线形构件两大类，梁、柱、杆等属于直线型构件，拱、曲梁、索等则属于曲线形构件。

　　2）面形构件。面形构件是指构件一个方向的尺度（厚度）远小于其他两个方向的尺度（板的长和宽；墙的长和高）的二维受力构件。根据外形特征，面形构件分为平面形构件和曲面形构件。平面形构件表面平直，平放为平板，竖放为墙；曲面形构件表面弯曲（也称曲板），平放时即为各类壳体，竖放即为曲墙。

　　2. 按构件的刚柔特性，可将结构构件分为刚性构件和柔性构件。刚性构件是指在荷载作用下不显著改变构件外形的结构构件，如梁、柱、板等；柔性构件是指在不同的荷载分布状态下具有不同的构件外形的结构构件，如悬索、薄膜等。

3. 按构件截面的虚实特性，可将结构构件分为实腹式构件、空腹式构件和网格式构件。实腹式构件的结构材料"完全充满"结构构件，如普通梁、柱、墙、板；空腹式结构构件的结构材料沿构件纵向或横向被部分"挖空"，如密肋板、空心板、槽板、薄腹梁、箱形梁、工字形梁、工字形柱等；网格式构件也称格构式构件，是指用一系列只承受轴力的杆件在一定空间范围内相互连接形成立体三角形或锥形网格的结构构件，如桁架、网架、网壳、格构柱等。

4. 按构件的受力状态，可将结构构件分为受拉构件、受压构件、受弯构件、受剪构件和受扭构件。工程实际中的结构构件往往不是单一受力状态，如网架、网壳、屋架、桁架结构的构件为受拉、受压构件，梁为受弯、受剪构件，雨篷梁为受弯、受扭构件，而悬挑楼梯、螺旋楼梯等则为受弯、受剪、受压、受扭构件。

建筑结构主要构件的分类关系参见表 2-1。

建筑结构主要构件分类   表 2—1

类型		刚性构件	柔性构件	网格式构件
线性构件	直线形			
		拉杆、压杆、梁、柱	拉索、拉杆	屋架、桁架、格构式柱
	曲线形			
		拱、曲梁、折线形梁	悬索	格构式拱
面形构件	平面形			
		板、墙	气肋式薄膜	平板网架

续表

类型			刚性构件	柔性构件	网格式构件
面形构件	曲面形	单曲率面			
			板拱、筒拱、柱面壳	平行索系	网壳
		双曲率面			
			扁壳、扭壳	辐射索系、交叉索系	扭网壳

2.1.2 结构基本单元

结构基本单元是指由结构构件以一定方式集合而成的结构模块。结构模块一般代表一个典型的结构空间。例如，砌体结构的基本单元是几片墙和一块楼盖的集合，其中楼盖可以是一块平板，也可以是由平板和梁组成的肋梁楼盖或交叉梁楼盖、平板和小梁组成的密肋楼盖或其他形式的楼盖；框架结构的基本单元是四根柱、四道梁和一块楼盖板的集合；无梁楼盖是四根柱和一块楼盖板的直接集合；剪力墙结构是几片墙和一块楼盖板的集合；而排架结构则是四根柱、两榀屋架、一系列支承构件和若干屋面板的集合等等。可见，结构基本单元代表了结构空间的组成方式，是整个结构的缩影。

在框架结构、砌体结构等立体叠加式构图的结构中，结构基本单元代表了结构的 $1/n^3$ 空间；在筒体结构、悬挂结构等垂直叠加式构图的结构中，结构基本单元代表一个结构层，即 $1/n^2$ 结构空间；在排架结构、刚架、拱等水平组合式构图的结构中，结构基本单元代表结构的一个基本开间，即 $1/n$ 结构空间；在大空间结构等点式构图的结构中，结构基本单元就是结构体系自身（n^0），代表完整的结构空间。典型结构的基本单元见表 2-2。

建筑结构基本单元 表 2—2

1 砌体结构		2 剪力墙结构		3 无梁楼盖	
4 框架结构		5 排架结构		6 筒体结构	
7 网架结构		8 网壳结构		9 薄壁空间结构	
10 悬索结构		11 悬挂结构		12 薄膜结构	

2.1.3 结构体系

基本结构单元通过平面组合和竖向叠加组成结构单元并形成完整的结构系统，其主要结构特征一般称为"结构形式"。建筑的结构形式主要有砌体结构、排架结构、刚架结构、拱结构、框架结构、剪力墙结构、筒体结构、网架结构、网壳结构、薄壁空间结构、悬索结构、薄膜结构、幕结构、悬挂结构、张拉结构以及混合结构等。

对建筑的结构形式按组成方式和主要结构特征归类，则建筑结构可归纳为墙板结构、框架结构、板柱结构、筒体结构、悬挂结构等五大类，这就是所谓的"结构体系"，是结构的顶级分类。结构构件、结构形式和结构体系的基本关系参见表 2-3。

建筑结构体系和基本结构单元、结构构件的基本关系　　　　表 2—3

结构体系	构成模式	主要构件		典型结构形式举例	
		竖向构件	水平构件	基本结构	结构拓展
墙板体系	墙＋板	砌体墙、剪力墙	楼、屋盖	砌体结构、剪力墙结构、幕结构	框架—剪力墙结构、筒体结构、混合结构
框架体系	柱＋梁＋板	柱	梁、楼（屋）盖	框架结构、排（刚）架结构、拱结构	框剪结构、框支剪力墙结构、折板结构
板柱体系	柱＋板	柱	楼、屋盖	无梁楼盖、密肋楼盖、升板结构	薄壁空间结构、网架结构、网壳结构
筒体体系	核心筒＋板 核心筒＋柱＋梁＋板	筒体、框架	楼、屋盖	框筒结构、核心筒结构、筒中筒结构	框架—核心筒结构、芯筒—刚臂结构、束筒结构、混合结构
悬挂体系	边缘支承构件＋悬索 核心筒＋桁架＋吊索＋梁板	筒体、刚架、拱、索	楼、屋盖、桁架、悬索、薄膜	悬索结构、薄膜结构、悬吊结构	混合结构、张拉结构

在一个结构单元中，可以采用单一的结构形式，也可以混合使用几种结构形式，称为"混合结构"。混合结构为复杂的建筑形体提供了更多的结构可行性。

2.2 梁与桁架

2.2.1 梁的定义

梁是水平放置的长度远大于截面高度和宽度的线形构件，是建筑结构的水平承载系统中最主要的构件类型，也是结构构件中用途最广泛的构件。梁沿其长度方向的截面形心连线称为梁的"轴线"，在结构分析中常作为梁的代表。梁的轴线一般为直线，也可是曲线或折线。梁多数沿水平方向放置，斜放时称为"斜梁"，如坡屋面的屋面梁、楼梯段上的楼梯梁等。

梁的主要特征包括两点：一是构件放置方向，二是荷载作用范围及方向。梁上的荷载作用在梁跨之内，荷载方向垂直向下。柱也属于线形构件，但柱直立且荷载一般作用在柱的上下端，这是梁与柱的根本区别。

2.2.2 梁的分类

1. 按材料分类

按照材料，梁可分为钢梁、木梁、石梁、混凝土梁、钢筋混凝土梁、组合梁等。

2. 按截面形状分类

按截面形状，梁可分为矩形梁、T 形梁、花篮形梁、工字形梁、L 形梁、箱梁等，见图 2-1。

图 2-1 钢筋混凝土梁的截面形状

3. 按支承条件分类

按照梁的支承条件，梁可分静定梁和超静定梁。静定梁是指支座反力数量不大于 3，仅凭静力平衡条件即可求解弯矩、剪力等内力的梁，如简支梁、悬臂梁。超静定梁是指支座反力数量大于 3，仅凭静力平衡条件无法求解内力的梁，如多跨连续梁、有支撑或拉杆的悬臂梁。

4. 按梁跨数分类

按照跨数，梁可分单跨梁和多跨梁。单跨梁是指仅跨越一个结构空间的梁，多跨梁是指跨越两个及以上结构空间的梁。单跨梁和多跨梁可能是静定的，也可能是超静定的，依支承条件而定。

5. 按梁的用途分类

按照用途，梁可分普通梁、过梁、托梁、圈梁和连梁等。普通梁主要用来承受楼面、屋面板的使用荷载；过梁、托梁、墙梁都是用来承托墙体的梁，在门窗洞口之上称为过梁，在柱之间称为托梁，承托上部一至数层墙体的梁称为墙梁；圈梁是为加强结构整体性设在砌体中间的形状与梁形状相似的非承重梁；连梁一般是指为加强结构整体性设置在构件之间的非承重（也有承重的）联系梁，如基础连梁、框架连梁、剪力墙连梁等。

6. 按梁的截面尺寸关系分类

按照截面尺寸关系，梁可分普通梁、薄腹梁、扁梁和深梁等。此处，普通梁是指梁截面高度大于截面宽度且截面高宽比不大于 4 的梁。若梁跨度为 L、高为 H、宽为 B，则薄腹梁是指 $H/B \geqslant 6$ 的梁，扁梁是指 $B > H$ 的梁，深梁是指 $L/H < 5$ 的梁。

2.2.3 梁的受力与变形特点

梁主要用来承受竖向荷载，当荷载方向与梁轴线垂直时梁中的内力主要是弯矩 M 和剪力 V；荷载方向与梁轴线非正交时，梁的内力还有轴力 N。梁在典型荷载作用下的弯矩和剪力分布基本规律如图 2-2、图 2-3 所示。

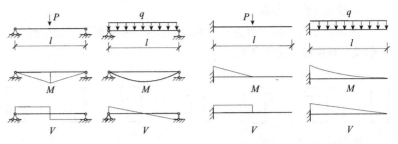

图2-2 简支梁典型弯矩和剪力图形　　**图2-3 悬臂梁典型弯矩和剪力图形**

　　梁的变形主要是弯曲变形，变形方向与弯矩方向一致，大小与弯矩成正比，与梁抵抗变形的能力（称为抗弯刚度，用EI表示）成反比。简支梁和悬臂梁在竖向荷载作用下的变形（称为挠度，用f表示）参见图2-4。

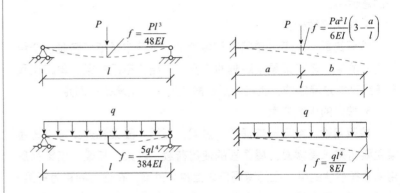

图2-4 简支梁和悬臂梁的挠度

2.2.4 梁的拓展——桁架与屋架

　　梁的高度与梁跨度、荷载及支承条件等有关，而决定梁高的主要因素是梁弯曲时的最大应力，梁正常工作的基本条件是材料最大应力不超过材料强度。根据材料力学，梁的弯曲应力与弯矩M成正比，与截面惯性矩I成反比。当梁承受均布荷载时，弯矩与跨度平方成正比，当跨度较大时，跨中弯矩很大。为使梁的最大弯曲应力不超过材料强度，通常用增加梁高的方式来增大惯性矩。梁高增大不但自重加大而且占据结构空间增多，所以在较大跨度的空间中使用普通梁是不经济的（梁的效能即负担的荷载与自重之比不高），有时甚至是难以实现的。为解决大跨度梁式构件的合理应用问题，出现了梁的变体——桁架，而屋架则是桁架的变形。

1. 桁架

1）桁架的构成

桁架是由一系列轴力杆件铰接形成三角形基本单元的多元网格

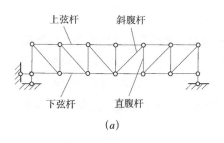
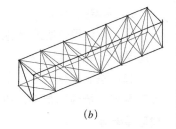

图 2-5　桁架的构成
(a) 平面桁架；
(b) 立体桁架

式刚性构架。桁架分为承重桁架和支撑桁架，承重桁架又分为平面桁架和立体桁架。桁架各杆件在同一平面内的桁架为平面桁架，桁架杆件组成立体单元的桁架为立体桁架，参见图 2-5。桁架由上弦杆、下弦杆和腹杆铰接组成，相当于网格化的梁。

2）桁架的受力特点

由上、下弦杆件和腹杆铰接成的桁架，相当于挖去中间较小弯曲应力区材料的简支梁。因此，桁架整体受力性能与简支梁相同（图2-6），但在桁架内部，由于杆件之间均为铰接，当桁架荷载仅作用在节点时，桁架各杆件均为轴心受力构件，上弦为压杆，下弦为拉杆，腹杆的内力方向取决于布置方式，如图 2-7 所示。

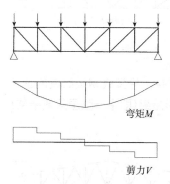
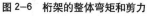

弯矩M

剪力V

图 2-6　桁架的整体弯矩和剪力

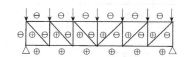

布置方式1（斜腹杆受拉）

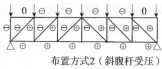

布置方式2（斜腹杆受压）
压杆⊖　拉杆⊕　零杆0

图 2-7　腹杆布置方向对杆件内力方向的影响

3）桁架杆件内力的计算

桁架结构各杆件内力计算前，先把整个桁架看作简支梁，求出支座反力后，即可利用节点法、截面法或图解法计算各杆件内力。计算时，一般应从未知杆件内力最少的节点或截面开始，逐一利用节点平衡方程或截面弯矩平衡方程求解。

2. 屋架

屋架是用于坡屋面的异形桁架。为满足屋面要求，屋架上弦应有适当的排水坡度。

1）屋架的分类

（1）按照屋架所采用的结构材料，屋架可分为木屋架、钢屋架、钢筋混凝土屋架、组合屋架（钢—木屋架、钢—钢筋混凝土屋架）等。

（2）按照屋架外形，屋架可分为三角形屋架、梯形屋架、抛物线形屋架、折线形屋架、拱形屋架、平行弦屋架、无斜腹杆屋架、梭形屋架等。

2）屋架的形式

（1）木屋架

木屋架为方木或原木经榫接而成的屋架，一般为豪式三角形或梯形，见图 2-8。三角形屋架内力分布不均匀，支座附近大而跨中小，一般用于跨度在 18m 以内的建筑。这种屋架坡度大，适用于屋面材料为黏土瓦、水泥瓦及小青瓦等要求排水坡度较大的屋面。梯形屋架受力性能比三角形屋架合理，当房屋跨度较大时，梯形屋架较为经济。梯形屋架适用跨度为 12～18m，以及采用波形石棉瓦、薄钢板或卷材作屋面防水材料的屋面。

图 2-8　豪式木屋架

（2）钢屋架

钢屋架是由型钢杆件通过节点板焊接、栓接或铆接而成的金属屋架，主要有三角形屋架、梯形屋架、矩形屋架（即平行弦屋架或桁架）等，参见图 2-9。

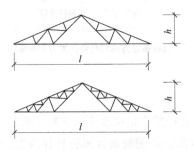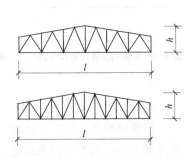

图 2-9　三角形、梯形钢屋架

三角形钢屋架弦杆内力变化较大（支座处最大，跨中最小），材料强度不能充分利用，一般用于坡度较大的中小跨度的轻屋盖结构；梯形屋架受力性能比三角形屋架好，一般用于坡度不大、但跨度或荷载较大的厂房屋盖。梯形屋架用于无檩体系屋盖时，屋面结构多采用大型屋面板，屋架上弦节点间距应与大型屋面板宽度尺寸相配合，使板的主肋正好搁置在屋架上弦节点上，以免上弦产生局部弯矩。当屋盖采用有檩体系时，屋架上弦节点间距应视檩距而定，一般为 0.8 ~ 3.0m。矩形屋架也称平行弦桁架，其上、下弦平行，腹杆长度一致，杆件类型少，易于满足标准化、工业化生产要求。矩形屋架在均布荷载作用下，杆件内力分布极不均匀，材料强度不能充分利用，一般用作托架或支撑系统。三角形钢屋架适用跨度为 12 ~ 18m，梯形、折线形钢屋架适用跨度为 18 ~ 24m。

当钢屋架由圆钢或小角钢、薄壁型钢等材料制作时，称为轻型钢屋架，多用于跨度不大于 18m、柱距 4 ~ 6m、吊车起重量不大于 50kN 的轻型厂房和一般民用建筑中。

（3）钢—木组合屋架

钢—木组合屋架是指采用木材做受压杆件（上弦和直腹杆），角钢或圆钢做受拉杆件（下弦和斜腹杆）的屋架。同时使用钢和木材，克服了木材存在的天然缺陷和连接不便的缺点，又大大提高了结构的可靠性、刚度和承载能力。钢—木组合屋架适用跨度与钢屋架基本相同。

（4）钢筋混凝土屋架

钢筋混凝土屋架是用钢筋混凝土在现场制作的预制屋架，根据是否对屋架下弦施加预应力，可分为钢筋混凝土屋架和预应力混凝土屋架。常见的钢筋混凝土屋架形式有梯形屋架、折线形屋架、拱形屋架、无斜腹杆屋架等。钢筋混凝土屋架适用跨度为 15 ~ 24m，预应力混凝土屋架为 18 ~ 36m。钢筋混凝土屋架的常用形式如图 2-10 所示。

梯形屋架（图 2-10a）上弦为直线，屋面坡度 1/10 ~ 1/12，上弦节间 3m，下弦节间 6m，矢高与跨度之比为 1/6 ~ 1/8，端部高度为 1.8 ~ 2.2m。梯形屋架自重较大，刚度好，适用于卷材防水屋面的重型、高温及采用井式或横向天窗的厂房。

折线形屋架（图 2-10b）外形较合理，结构自重较轻，屋面坡度为 1/3 ~ 1/4，适用于非卷材防水屋面的大中型厂房。

加端杆的折线形屋架（图 2-10c）屋面坡度平缓，适用于卷材防水屋面的中型厂房。

拱形屋架（图 2-10d）上弦为抛物线形，为便于制作也可采用折线形，但折线折点应落在抛物线上。拱形屋架外形合理，杆件内力均匀，自重轻、经济指标良好，但屋架端部屋面坡度较大，可在上弦上部加设短柱使屋面坡度不变，以适合卷材防水。拱形屋架矢高比一般为 1/6 ~ 1/8。

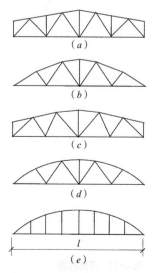

图 2-10　钢筋混凝土屋架

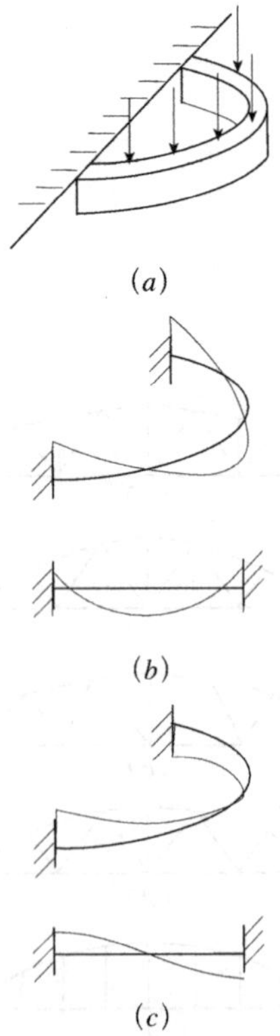

无斜腹杆屋架（图 2-10*e*）的上弦一般为抛物线拱，因没有斜腹杆，屋架的节点为刚接，结构构造简单，便于制作。屋面板可支承在上弦杆上，也可支承在下弦杆上，较适用于采用井式或横向天窗的厂房，可省去天窗架等构件、简化结构构造，还能降低厂房屋脊高度，减小建筑物受风面积。无斜腹杆屋架技术经济指标较好，当采用预应力时，适用跨度可达 36m。由于没有斜腹杆，屋架中管道穿行和上人检修等均很方便，使屋架高度的空间得以充分利用。

（5）钢筋混凝土—钢组合屋架

钢筋混凝土—钢组合屋架是指采用钢筋混凝土作受压杆件，而用型钢作受拉杆件的组合型屋架。采用钢筋混凝土承压，能发挥混凝土材料承压比较经济的优势，同时较大的杆件断面可满足承压杆件稳定性要求；采用型钢作受拉杆件，能充分发挥钢材的受拉强度性能，而较小的杆件断面又能减轻结构自重，构件的经济性能指标较合理。

常见的钢筋混凝土—钢组合屋架有折线形屋架、三铰屋架、两铰屋架等，多用于 12 ～ 18m 跨度的中小型厂房。

钢筋混凝土—钢组合屋架还包括桥式屋架，屋架结构的上弦为钢筋混凝土屋面板，下弦和腹杆为钢筋或型钢。

2.2.5　曲梁

前面介绍的是直线形梁，有时因建筑布置需要，还用到曲梁，即弯曲的梁，如图 2-11 所示。梁弯曲时，弯曲方向有纵向和横向两种。纵向弯曲梁为"拱"，是又一类构件，将在后面介绍。所以，曲梁是指横向弯曲的梁，也称为平面曲梁。当结构的边界为曲线形时，就需布置曲梁，如圆形楼盖边梁、弧形阳台的围梁等。

曲梁的曲线段独立于支座连线以外，相当于悬挑，故两端必须设置固端支承。作用在曲梁上的竖向荷载除引起跨中截面正弯矩、固端支座截面的负弯矩和沿梁轴线的较大的剪力外，还将引起截面的扭矩。曲梁外伸越多，扭矩越大。

2.3　板与楼（屋）盖结构

2.3.1　板的定义

板是水平放置的用来承受楼面或屋面荷载并将其传递到梁、柱或墙体等支承构件的平面构件。在建筑空间构成上，板是覆盖建筑空间的顶盖，构建任何具有使用功能的建筑空间都离不开板，所以

图 2-11　平面曲梁
（*a*）形式；（*b*）弯矩；（*c*）扭矩

板是使用最广泛的结构构件。某些特殊的板也可斜放，如斜屋面的屋面板、楼梯结构中的楼梯板等。放置在楼层的板结构上称为"楼盖"，而在屋顶的板成为"屋盖"。结构中的楼盖、屋盖均指顶板而不是地板，这是与建筑对构件定位的不同之处。

2.3.2　板的分类

由于板的用途非常广泛，故其分类很多。主要有：

1. 按板的用途，可分为屋面板、楼板、雨篷板、阳台板、楼梯板等。

2. 按板的平面形状，可分为矩形板和非矩形板。常见的非矩形板有三角形板、扇形板、梯形板、多边形板、圆形板、环形板等。

3. 按板的支承条件，可分为简支板、悬臂板和连续板。

4. 按板的传力状态，可分为单向板和双向板。

5. 按板的截面特征，可分为实心板、空心板、双 T 形板、密肋板、槽形板、大型屋面板、异形板。

6. 按板的施工方法，可分为预制板、现浇板、叠合板。

2.3.3　简支板和连续板

板的支承条件对板的工作性能影响很大。对于单块矩形板，如果只有一边或两邻边支承在墙（或梁）上，该板为悬臂板；如果板的相对两边、三边或周边支承在墙（或梁）上，则根据板端在支座处能否相对转动分为简支或固定支座。如果板支承在砖（或砌块）墙上，或支承在独立浇注的钢筋混凝土梁（含圈梁）上，墙体、梁等对板端约束相对较弱，板端可在一定范围内自由转动，相当于铰支座，其支承条件视为简支；如果板与钢筋混凝土梁现浇为整体，板端受到梁的约束和限制而几乎不能自由转动，相当于固定支座，则板的支承条件视为固端。对于多块连续板，每个板块称为一个区格，当区格外无其他板块时，按板边的支承情况确定其支承条件；当区格外有其他板块时，无论支承在墙上还是梁上，若支座两边板块上的使用荷载同向使相邻板块在支座处不能自由转动，则该支座视为固端；相反，若支座两边板块上的使用荷载反向使相邻板块在支座处有自由转动趋势，则该支座视为铰支座。

当板为单跨时，若两端均为简支则该板为简支板；若一端简支而另一端为固定支座，则该板为非简支板。当板为多跨板时则构成连续板，在板的受力分析和计算中，多跨连续板的边支座按前述方法根据具体情况确定支承条件，其他支座则一律按固端支座考虑。

在板的跨度、荷载均相同时，非简支板和连续板比简支板受力合理,技术经济指标好。所以在板的设计中,应尽量采用多跨连续板,单跨板也应尽量采用非简支支承。

2.3.4　单向板和双向板

单向板是指板长边与短边长度之比大于 2、板上荷载主要沿一个方向传递的板；双向板是指板的长边与短边长度之比不大于 2、板上荷载同时向两个方向传递的板,见图 2-12。

单向板可看成是宽度等于板长的特殊的梁,在满布均布荷载作用下,板在长度方向上单位宽度内的受力与变形与整块板相同,见图 2-12（a）。单向板的变形为单向弯曲,一般可取单位宽度（如 1m）板按梁分析计算。精确分析表明,在随机荷载作用下,单向板上荷载主要沿平行于短边的短跨方向就近传递到板支座,而沿板另一方向传递的荷载很小可忽略不计。

如果板的相邻两边长比较接近（例如不大于 2）,则板上任一点上的荷载同时沿板的两个方向传递,且在同一方向的不同区段内板的内力与变形显著不同,板在平行于弯矩方向的弯矩分布规律为荷载作用点附近较大而沿支座方向逐步递减,板的变形为荷载作用点附近较大而向周边方向逐步递减的"碟"形。在双向板中,板在同一点上两个方向的弯矩会相互影响,且两个方向的变形相等,见图 2-12（b）。

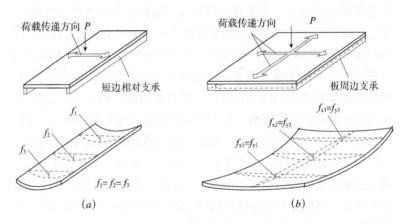

图 2-12　单向板与双向板
（a）单向板；
（b）双向板

2.3.5　板与梁的结合——楼盖、屋盖

板与梁属于两类不同的水平构件,它们可以各自作为结构构件单独使用,但用得更多的是将两者结合起来,形成楼盖或屋盖。楼盖有多种类型,这里仅指普通梁板式楼盖,包括肋梁楼盖、无梁楼盖、密肋楼盖和井字梁楼盖,这些也适用于多高层建筑的屋盖。至

于大跨度空间的屋盖，更有多种形式可供选择，如网格构式空间结构、薄壁空间结构、悬索结构、薄膜结构以及混合结构等。

1. 肋梁楼盖

肋梁楼盖就是通常所说的主次梁楼盖（图 2-13），是最常见的水平承重结构构件。肋梁楼盖应用广泛，既可作为房屋建筑的楼层或屋顶结构，又可作为水池等工程构筑物的顶板、侧板和底板结构，基础中的片筏基础可看作是倒置的肋梁楼盖。肋梁楼盖适用于各种承重体系，如砌体结构、框架结构、剪力墙结构、筒体结构等。当结构受侧向荷载作用时，楼盖梁也同时作为抗侧力结构中的梁。

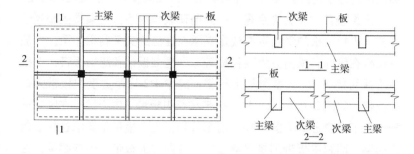

图 2-13 肋梁楼盖

钢筋混凝土肋梁楼盖有现浇、预制、叠合等多种施工方式。现浇肋梁楼盖整体性好，节省材料，梁系布置灵活，能适应各种特殊要求，如承受某些特殊设备荷载、楼面有复杂开洞、楼盖标高有变化、建筑平面布置不规则等。肋梁楼盖结构高度较大，主次梁截面规格多变，施工支模较为复杂；板底不平整，有较高建筑美观要求时需做吊顶。

现浇肋梁楼盖一般由板、次梁和主梁三种构件组成。其传力路线是：板→次梁→主梁→柱（或墙）→基础→地基。肋梁楼盖的受力性能主要取决于板的传力特性。如果肋梁楼盖中的板为单向板，板上荷载首先传递到次梁，再由次梁传给主梁，然后传向墙柱、基础和地基，次梁上的荷载为均布荷载，主梁上的荷载主要是集中荷载。如果肋梁楼盖板为双向板，板上荷载同时传递到次梁和主梁，次梁和主梁上的荷载为梯形或三角形分布荷载。显然，双向板肋梁楼盖比单向板肋梁楼盖传力更合理。

2. 无梁楼盖

无梁楼盖是指楼盖板（或双向密肋板）直接支承在柱上，楼盖结构中不设主梁和次梁，楼面荷载直接通过柱传至基础的结构，见图 2-14。在结构体系分类中，无梁楼盖属于板柱体系，其优点是简化了荷载的传力途径，扩大了楼面净空高度，顶棚平整，采光、通

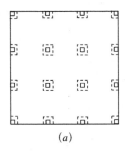

（a）

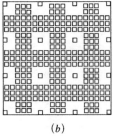

（b）

图 2-14　无梁楼盖
（a）平板式楼盖；
（b）密肋式楼盖

风及卫生条件较好，节省施工模板用量；缺点是楼板厚度较大，结构材料用量较多。无梁楼盖的板虽厚，但与柱相比仍显薄弱，为改善其受力性能，一般应在板与柱结合处设柱帽。

无梁楼盖的楼板分为平板和双向密肋板。平板无梁楼盖一般有柱帽，双向密肋板无梁楼盖一般可不设柱帽，但在柱子附近将板厚改为与密肋等高。

无梁楼盖按施工方式有现浇无梁楼盖和装配整体式无梁楼盖，现浇式无梁楼盖结构整体性较好，具有一定的抗震性能，但现场施工量大；装配整体式无梁楼盖通常称为升板结构，楼板在地面制作，然后通过柱子提升到楼层标高后固定，施工难度大，抗震性能较差。

无梁楼盖的受力特点是，在竖向荷载作用下，无梁楼盖相当于点支承平板，板的受力可看成是支承在柱上的交叉扁梁体系。一般将楼板在纵向和横向分为两种板带——柱上板带和跨中板带，在柱中心线两侧各 1/4 板带为柱上板带，跨中 1/2 柱距宽度的板带为跨中板带，如图 2-15 所示。柱上板带和跨中板带（中心线）在竖向荷载作用下的变形参见图 2-16。由图可知，柱上板带是支承在柱上的连续梁，而跨中板带则是支承在另一方向柱上板带上的连续梁，柱上板带为刚性支承而跨中板带为柔性支承。柱上板带和跨中板带的跨中均为正弯矩，支座均为负弯矩，且柱上板带的支座负弯矩和跨中正弯矩的绝对值均大于跨中板带。

在水平荷载作用下，无梁楼盖可看作空间框架结构。

3. 密肋楼盖

肋梁楼盖的板底有纵横交错的梁格，由于主梁与次梁的高度差，楼盖底部凹凸不平，为美观起见一般要做顶棚，不但提高了工程造价，也影响房间净空高度。为此，在设计中要尽量减少梁格数量、加大

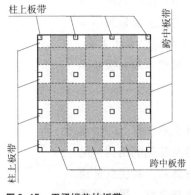

图 2-15　无梁楼盖的板带

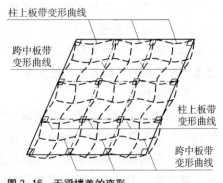

图 2-16　无梁楼盖的变形

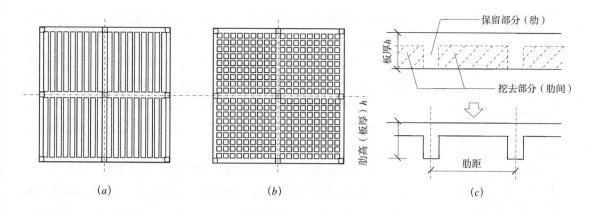

(a)　　　　　　　　　(b)　　　　　　　　　(c)

板的跨度甚至使用无梁楼盖，但这又会使板厚度增加，加大结构自重，经济上不够合理。为保持板厚并减小板自重，可从板的下部每隔一定距离挖掉一些材料，保留下来的小截面梁称为"肋"。由于肋间距很小（不大于 1.5m，常取 0.6 ～ 1.2m），故称"密肋"，采用密肋板的楼盖即为密肋楼盖，肋可以单向布置，也可双向布置，如图 2-17 所示。

　　密肋楼盖的受力性能介于肋梁楼盖和无梁楼盖之间。与肋梁楼盖相比，密肋楼盖结构高度小而肋多距小，与无梁楼盖相比又能节省材料，自重轻、刚度大。因此，当楼面荷载较大、房屋层高又受限时，密肋楼盖比普通肋梁楼盖更容易满足设计要求。另外，由于肋梁楼盖底板有排列规则均匀的肋格，可不另做顶棚，一举两得。但肋梁楼盖施工较复杂，成本较高。

　　单向密肋楼盖与单向板肋梁楼盖受力特点相似，都是单向受力工作。肋相当于次梁，但由于肋距很小，肋所承受的荷载不大，其截面尺寸比肋梁楼盖的次梁小。

　　双向密肋楼盖的受力与井字梁楼盖相似，但双向密肋楼盖的柱网尺寸较小，肋距较小。由于板的跨度小且又是双向支承，板的厚度可以很薄（一般为 50mm 左右），由于肋距很小，肋高也不大。为了获得较为满意的经济效益，整体现浇的密肋楼盖的跨度不宜超过 10m。

　　密肋楼盖中肋网格形状可以是方形、近似方形、三角形或正多边形。

　　4. 井字梁楼盖

　　井字梁楼盖也称井格梁楼盖、井式梁楼盖、交叉梁楼盖等，是肋梁楼盖的特例，也可看成是特殊的双向密肋楼盖。井字梁楼盖由同一平面内不同方向的多道等高平行梁交叉构成，各梁不分主次，

图 2-17　密肋楼盖
(a) 单向板密肋楼盖；
(b) 双向板密肋楼盖；
(c) 肋形成原理

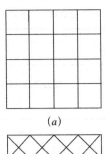

(a)

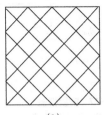

(b)

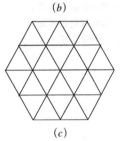

(c)

图2-18 井字梁楼盖
(a) 正交正放；(b) 正交斜放；
(c) 三向斜交斜放

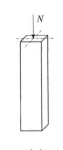

(a)

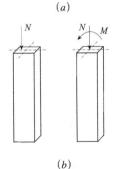

(b)

图2-19 柱的受力形态
(a) 轴心受压；(b) 偏心受压

共同直接承受板传来的荷载。井字梁一般为两组或三组平行梁正交或斜交布置，同方向梁的间距一般相等，适用于正方形、矩形、三角形、六边形等多种平面的大跨度楼盖或屋盖。如1955年建成的北京政协礼堂，井字梁楼盖跨度达28.50m；上海闵行工人俱乐部影剧场三向井字梁屋盖的最大跨度为28m，都是井字梁楼盖的成功范例。

根据梁和建筑轴线的关系，井字梁可分为正交正放、正交斜放、三向斜交斜放等几种，参见图2-18。

井字梁楼盖属空间受力体系，内力与变形较复杂。一般地，井字梁楼盖的受力及变形与双向板相似，楼盖上的任何荷载都会沿楼盖各个方向的梁向支座传递，且各方向的梁在其交点处的变形相等。

井字梁楼盖与双向板密肋楼盖很相似，但井字梁楼盖中的梁属于主梁型，断面大，梁间距也大（一般为3～4m）。

2.4 柱与框（排、刚）架结构

2.4.1 柱

1. 柱的定义

柱是直立的用来支承梁、屋架、楼板等水平构件并将荷载传递到基础的线形构件，是各类结构中广泛使用的结构构件。在建筑空间构成上，柱是建筑空间的侧立构件，柱的长短直接影响到建筑的层高。规则结构中的柱是直立的，在某些特殊情况下也可斜置。

2. 柱的分类

1）按柱所用的结构材料，可分为钢筋混凝土柱、钢柱、木柱、砖柱和组合柱等。

2）按柱的断面形状，可分为矩形柱、多边形柱、圆柱、工字形柱、双肢柱、管柱等。矩形柱、多边形柱、圆柱等一般用于民用建筑，工字形柱、双肢柱、管柱等主要用于工业建筑。当柱断面不规则时，通常称为"异形柱"。

3）按柱的受力方向，可分为受压柱和受拉柱。受压柱主要承受压力，是柱的主要工作状态，结构中的大多数柱是受压柱。受拉柱是指在结构中悬吊其他构件的柱，如框架结构中楼梯中间平台之上的吊柱。

4）按柱的受力状态，可分为轴心受力柱和偏心受力柱，参见图2-19。轴心受力柱承受的作用力通过柱的截面形心；偏心受力柱承受的作用力偏离柱的截面形心，或虽然作用于截面形心，但柱的截面同时还承弯矩作用。

3. 柱的受力特点

柱对于结构安全极为重要，柱的破坏常具有毁灭性后果。在结构设计中，柱的设计要比梁、板复杂。柱在概念上虽然属于受压构件，但多数情况还要承受弯矩和剪力，柱的受力比较特殊。

1）柱的长细比对承载能力的影响

如果柱的长度远大于其截面宽、高中的较小者，则柱在轴向压力作用下可能由于过分弯曲而折断，这种现象称为屈曲破坏。柱的计算长度与断面最小尺寸的比值称为"长细比"，长细比越大，柱越容易弯曲，承载力就越小。所以，柱的截面不能过小。

2）柱的支承条件对承载能力的影响

柱的上、下端支承条件影响到柱的受压变形，所以结构设计中柱的计算长度 l_0 与支承条件有关。如果柱的实际长度为 H，当柱两端均为铰支座时，计算长度为 $l_0=H$；当柱两端均为固定支座时，$l_0=H/2$；当柱一端为固定支座而另一端铰支时，$l_0=0.707H$；而当柱的一端固定而另一端自由时，$l_0=2H$。因此，要提高柱的承载能力，柱的两端应尽可能采用固定支座，这是框架柱比独立柱受力更合理的根本原因。

3）偏心距对柱破坏形态的影响

工程实际中几乎不存在轴心受压柱，绝大多数柱都是偏心受压柱。当柱偏心受压时，柱的控制截面上的压应力是非均匀分布的，离纵向力较近一侧的压应力较大而另一侧较小。纵向力离开截面形心的距离称为"偏心距"。偏心距越大，柱截面两侧的应力差就越大。如果偏心距很大，可使柱远离纵向力一侧的截面边缘压应力为零甚至变为拉应力。所以偏心距很大的柱可能发生类似于梁的受拉破坏。在同时有弯矩和轴力作用时，偏心距和弯矩与轴力的比值有关，该比值越大，偏心距越大。所以，偏心受压柱比轴心受压柱的破坏形态更复杂。

4. 柱与其他构件的组合

在建筑结构组成中，柱作为独立构件使用的情况较少，多与水平构件如梁、板等协同工作，形成框架结构、刚架结构、排架结构、拱结构、板柱结构等等，这是柱的主要工作形式。

2.4.2 框架结构

1. 框架结构的概念

梁和柱为刚性连接或铰接的结构称为框架结构。

框架结构用于多层多跨房屋时，典型连接方式是梁与柱刚接。

对于单层房屋,这种连接方式一般称为"刚架"。框架结构的梁、柱、基础也可有条件铰接。对于多层结构,如柱与基础刚接,柱与梁可在柱外铰接,此时将结构看成是通过横梁联系的一系列直立的悬臂柱,例如单向承重框架的非承重方向。对于单层房屋,柱与基础刚接、柱与梁或其他水平构件铰接称为"排架";若梁柱均为曲线且平滑连接为一个构件时称为"拱"。

可见,框架结构有广义和狭义两种概念。广义的框架结构泛指由梁和柱组成的结构,是结构体系分类中的一个类别(见表2-3),它除通常意义上的框架结构外,还包括排架结构、刚架结构以及拱结构等等。狭义的框架结构是指梁与柱刚接的特定结构,这是通常意义上的框架结构。

类似情况还有墙板结构、板柱结构、简体结构及悬挂结构等。为便于区别,本书约定,后面凡涉及广义概念时一般叙述为"××结构体系",而狭义概念一般叙述为"××结构"。

2. 框架结构的分类

1)按结构材料,框架结构可分为钢筋混凝土框架、钢框架和混合框架。

2)按楼盖的传力方向,框架结构可分为横向承重框架、纵向承重框架和双向承重框架。楼盖板为单向板所构成的框架称为单向承重框架,而楼盖板为双向板所构成的框架称为双向承重框架。对于单向板楼盖,楼盖主要向横向柱列上的框架梁传递荷载的称为横向承重框架;主要向纵向柱列上的框架梁传递荷载的称为纵向承重框架。

3)按结构的施工方法,框架结构可分为现浇框架、装配式框架和装配整体式框架。

3. 框架结构的受力与变形特点

1)在水平荷载作用下,框架结构内力分布的特点是,底层柱的轴力、剪力和弯矩最大,且由下向上逐层递减。在柱的变形曲线中,柱的上下端弯曲变形方向一般不同,弯曲方向改变处称为"反弯点"。

在水平作用下,框架结构的总体变形为剪切形,结构的层间相对位移下大上小。

2)在竖向荷载作用下,框架柱相当于框架梁的约束构件,因此框架梁属于两端固定梁,由于梁端负弯矩的存在,减小了跨中的正弯矩值,所以框架梁的工作性能优于一般简支梁。同时,梁端负弯矩通过节点向框架柱传递,在框架柱中引起弯矩和变形。

框架结构的弯矩和变形一般规律如图2-20和图2-21所示。

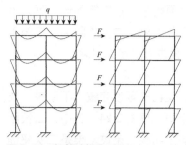

图 2—20 框架结构典型弯矩

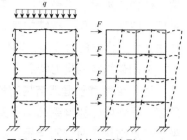

图 2—21 框架结构典型变形

4. 框架结构的优势和不足

框架结构的优势是平面布置灵活，可提供较大的建筑空间，也便于构筑丰富多变的立面造型。但是，框架结构属于刚性结构中的相对柔性结构，相对于其他结构体系，其抗侧刚度较弱，在水平荷载作用下结构水平位移较大，故其适用的建筑高度有限，非地震区一般不超过 70m，地震区一般不超过 60m。

2.4.3 单层刚架结构

1. 刚架结构的概念

刚架结构是指梁、柱之间为刚性连接的结构，与框架结构同义。工程实际中一般称单层框架为"刚架"，也叫"门式刚架"。

单层刚架是梁柱合一的结构，内力小于排架结构，梁柱截面高度小，跨内不设柱，内部净空较大，多用于厂房、库房、体育馆、展馆、礼堂、会堂、食堂等中小跨度建筑。与拱相比，刚架仍为以受弯为主的构件，材料强度不能充分利用，用料较多。

单层刚架结构形式简单、轻巧活泼，造型能力强，外形丰富多变（图 3-16），在建筑造型方面应用极广，如北京 2008 年奥运建筑中的国家奥林匹克体育中心体育场（鸟巢）、游泳馆（水立方），甚至中央电视台新大楼、北京西客站整体式站台雨篷等都有刚架结构的身影。在大空间结构中，大型刚架常作为混合结构的承重骨架。图 2-22 是刚架结构的几种形式。

2. 刚架结构的分类

按结构受力特性，单层刚架结构可分为无铰刚架、两铰刚架和三铰刚架（图 2-23）；按结构材料，可分为胶合木刚架、钢刚架和钢筋混凝土刚架；按构件截面形状，可分成实腹式刚架、空腹式刚

图 2—22 单层刚架结构的形式

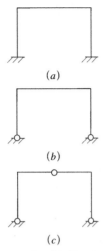

图 2—23 刚架结构的型式
(*a*) 无铰刚架；(*b*) 两铰刚架；
(*c*) 三铰刚架

**图 2—24   水平和竖向荷载作用
下刚架的弯矩**
(*a*) 无铰刚架；(*b*) 两铰刚架；
(*c*) 三铰刚架

架、格构式刚架、等截面刚架与变截面刚架；按建筑外形，可分为平顶、坡顶、拱顶；按结构跨数，可分为单跨与多跨刚架；按施工方法，可分为预应力混凝土刚架和非预应力混凝土刚架。

3.刚架结构的受力特点

刚架虽然属于框架结构的特例，但由于可设底铰（不动铰）或顶铰，杆件内力和框架结构不完全相同，见图 2-24。其中，三铰刚架是静定结构，两铰刚架是一次超静定结构，无铰刚架是三次超静定结构。无铰刚架内力分布比较均衡，且内力值明显小于两铰刚架，两铰刚架又小于三铰刚架，这揭示了结构的一个重要规律，即结构的超静定次数越多，则结构的约束越多，结构的内力分布越均衡，结构的承载力和刚度就越大，这就是为什么在工程结构中大量使用超静定结构的根本原因。

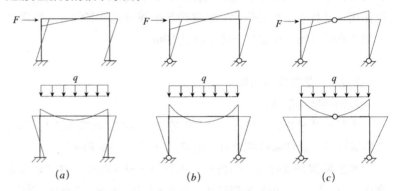

(*a*)   (*b*)   (*c*)

2.4.4 排架结构

前面曾提到，排架结构是指柱与基础刚接、与横梁（屋架、桁架、屋面梁等)铰接的单层结构,属框架结构的特例。它看上去很像刚架，却与刚架结构完全不同。排架结构只有一种连接方法——柱与基础只能刚接，而横梁与柱只能在柱顶铰接。

在内力特性方面，由于横梁与柱铰接，柱顶水平作用所产生的弯矩全部由柱承担,横梁无弯矩;屋面竖向荷载只在横梁上引起弯矩，柱作为横梁的铰支座，只接受横梁传来的竖向荷载（轴力）。如果竖向力的作用位置偏离柱截面形心，则同时在柱截面内引起附加弯矩。在变形方面，一般假定排架结构的横梁刚度为无穷大（即 $EI=\infty$），所以排架两侧柱顶位移相等，见图 2-25。

图 2—25 排架结构的弯矩及变形

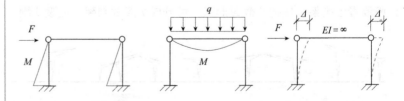

排架结构主要用于单层厂房，往往设有吊车设备，设备重量及起吊荷载相当于加在柱的某一高度（搁置吊车梁的水平面，称为牛腿，见图2-26）的偏心力。有吊车的排架柱，其牛腿以上和以下截面高度不同，为变截面柱。这样，无论是柱顶由屋架传来的竖向力，还是牛腿处吊车梁、吊车设备及起吊荷载，对于下部柱截面都是偏心力。因此，变截面柱的各段的抗弯刚度 EI 显著不同，排架柱的实际变形远比图2-25复杂。

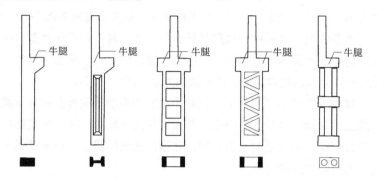

图2-26 排架柱的几种形式

排架结构主要由排架柱、横梁、基础构成。排架柱可以是钢筋混凝土柱，也可以是钢柱、钢管柱，在跨度不大且无吊车的小型厂房中甚至可以是砖柱。排架柱的主要形式见图2-26。

排架结构的横梁可以是屋架、桁架，也可以是屋面梁或其他线性水平构件。

2.4.5 拱

拱是一种古老而又现代的结构构件。我国古代拱结构的著名实例是建于隋代的跨度37m的赵州石拱桥，历经地震考验，至今完好。在国外，哥特式、帕拉第奥母题等代表了古代的拱，现代建筑的杰出范例是法国巴黎国家工业与技术展览中心大厅，拱壳结构，跨度达206m，是当今世界屈指可数的跨度拱建筑。在用于大空间屋盖的混合结构中，拱常作为承重骨架，如北京朝阳体育馆、江西省体育馆、四川省体育馆、青岛体育馆以及日本岩手县体育馆、美国耶鲁大学冰球馆等。拱结构利于丰富建筑形象，深受建筑师欢迎。

1. 拱的定义

拱是跨中向上凸起的曲线形水平构件，形式上像纵向弯曲的梁，受力性能则与刚架相似。拱与梁的主要区别是支座反力而不是构件外形的不同。在竖向荷载作用下，梁的支座只有竖向反力，而拱却同时有水平反力，见图2-27。因此，拱的支座必须是不动铰支座或固定支座。

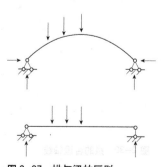

图2-27 拱与梁的区别

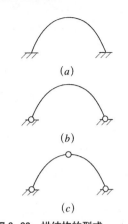

图 2-28 拱结构的型式
(a) 无铰拱；(b) 两铰拱；
(c) 三铰拱

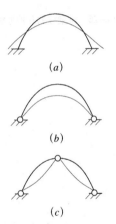

**图 2-29 竖向均布荷载作用下
拱的弯矩**
(a) 无铰拱；(b) 两铰拱；
(c) 三铰拱

2. 拱的分类

按受力特性，可分为无铰拱、两铰拱和三铰拱（图 2-28）；按结构材料，可分为石拱、砖拱、胶合木拱、混凝土拱、钢筋混凝土拱；按构件截面形状，可分为实腹式拱、空腹式拱、格构式拱；按施工方法，可分为预应力混凝土拱和非预应力混凝土拱等。

3. 拱的受力特点

拱与刚架有许多相似之处，两端固定支承时为三次超静定结构，也可增设底铰和顶铰，竖向均布荷载作用下的典型弯矩如图 2-29 所示。重要的是，当拱的轴线形状符合特定条件时，拱身任意截面的弯矩为零，截面内就只有轴力，类似于轴压构件。以承压方式解决抗弯问题是拱的独特之处，所以拱的力学性能比刚架好。

拱的受力分析结果表明，拱截面上的弯矩小于同等条件简支梁截面上的弯矩，其剪力也小于同等条件简支梁剪力，所以拱式结构比梁式结构、刚架结构受力合理。在竖向荷载作用下，拱的截面内有轴力而梁式结构没有。

4. 拱的合理轴线

使拱的截面内只有轴力而无弯矩的拱轴线称为拱的合理轴线。结构分析表明，如果拱轴线的曲线纵坐标与相同跨度相同荷载作用下的简支梁弯矩值成比例，即可使拱截面内只有轴力而无弯矩，满足这一条件的拱轴线即为拱的合理轴线。根据结构力学，均布竖向荷载作用下简支梁的弯矩图为抛物线，因此在竖向均布荷载作用下，合理拱轴线应为一抛物线；对于受径向均布压力作用的无铰拱或三铰拱，其合理拱轴线为圆弧线，见图 2-30。对于不同的支座约束条件或荷载形式，合理拱轴线的形式不同。

合理拱轴线使拱的内力以轴力为主，拱等同于轴向受压构件，这样可使用既经济又具有较高抗压强度的砖石材料、素混凝土等，以充分发挥材料的高抗压性能，施工也较方便。

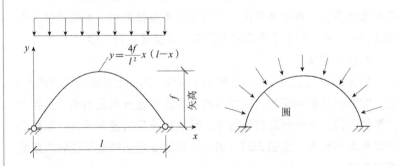

图 2-30 拱的合理轴线

5. 拱脚推力

分析拱的支座反力与拱形状（跨度、矢高）的关系，可知拱支座反力的合力方向始终指向拱脚处的拱曲线切线方向（见图2-31），且与拱的跨度与矢高有关。若跨度不变，矢高越大，支座水平反力越小；若矢高不变，跨度越大，支座水平反力越大。所以，对于大跨度空间的拱，当跨度很大时，拱支座水平反力将很大。如果拱仅作为屋盖支承在其他结构或结构构件上，则支承结构会受到较大的水平推力。如果支承结构侧移刚度不足，将产生较大水平位移，可能引起拱的损坏甚至倒塌。为维持拱的正常工作状态，避免损坏或倒塌，工程中要采取措施加强支承结构的刚度，减少侧移。

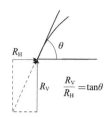

图 2-31　拱脚推力与拱形状的关系

另一种方法是在拱脚之间拉杆以抵消拱脚水平推力，称为无推力拱，此时拱可为简支。跨度较大时，为防止拉杆下垂，可设吊杆（图2-32），这显然已经是直腹杆屋架了。用于大空间的拱，拉杆和吊杆会占用结构空间高度，也不美观，所以这种无推力拱在很大的空间中不适用。

还有一种方式是将拱直接支承在基础上，称为落地拱，在一些特殊建筑中很常用，如西安秦俑博物馆展厅、北京体育学院田径房等。

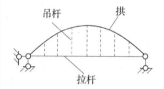

图 2-32　带拉杆的简支拱

2.5　墙与墙体结构

2.5.1　概述

1. 墙的定义

墙是直立的用来支承梁、板等水平构件并将荷载传递到基础的面型构件。在建筑的历史长河中，墙应是最早的竖向承重构件，许多远古建筑的遗存都具有墙承重痕迹。在现代建筑中，墙更具有举足轻重的地位，采用砌体承重的房屋已达到30多层，采用钢筋混凝土墙承重房屋的层数已达到50多层，超高层建筑的混合结构体系更离不开墙。墙在许多方面类似于柱，但又与柱不同——墙既是承重结构也是围护结构，而柱是纯粹的承重结构；墙能单独承重并形成墙板体系，同时也是混合结构体系的重要组成部分，而柱除了排架结构、板柱结构外很少用作单独承重。

2. 墙的分类

按墙的用途分，墙可分为结构墙（含剪力墙、承重墙、非承重墙、挡土墙）和非结构墙（含隔墙、护墙、幕墙、装饰墙等）。本书中的"墙"仅指结构墙中的剪力墙和承重墙。按墙体材料分，墙可分土筑墙、砖砌体墙、石砌体墙、砌块墙、钢筋混凝土墙以及钢板墙。其中，以土筑墙作为墙体材料的结构称为生土结构，以砖石砌体或其他砌块砌体为墙体材料的结构称为砌体结构，以钢筋混凝土墙体为墙体材料的结构称为剪力墙结构（在抗震规范中称为抗震墙）。

3. 墙的受力特点

墙可以承受竖向荷载，也可以承受水平作用。承受竖向荷载时，由于楼盖自重及使用荷载等均为分布荷载（一般可按均布荷载考虑），则板传到墙、墙传到基础、基础传到地基的都是分布力，可见墙体传力直接、路线短、效能高。柱却有所不同，楼盖传到梁为均布力，但梁经过层层转换变为集中力传给柱，柱传到基础，基础再将集中力转换为分布力传到地基，力的传递方式经过分布→集中→分布的变换，故柱受力的经济性能没有墙好。

墙承受水平作用时相当于直立的悬臂构件（图 2-33），当水平作用的方向平行于墙表面（即墙的纵向、长度方向）时，则墙长相当于悬臂构件的截面高，墙厚相当于截面宽，墙高相当于悬臂长，所以墙在该方向（称为平面内）的抗弯刚度很大，这是墙承受水平作用的主要方向。若水平作用力方向垂直于墙面，则墙宽相当于截面高，墙长相当于截面宽，墙高相当于悬臂长，显然墙在该方向（平面外）的抗弯刚度很小。

虽然较长的墙抗弯刚度大，但如果与墙高接近时（高长比小于2），墙的变形是剪切形，其破坏为脆性，应予避免；如果墙高大于墙长（高长比不小于2），则墙的变形是弯曲形，其破坏为延性（理想状态），见图 2-33。多层建筑对水平作用不敏感，但在高层建筑中，墙应该细而高，所以过长的墙要分成几段。

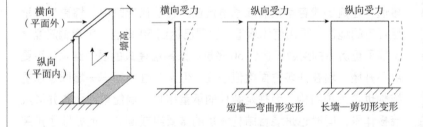

图 2-33 墙承受水平作用时的受力状态

4. 墙体结构

墙体结构系指以墙体为竖向承重构件的结构类型，包括纯粹由墙体承载的生土结构、砌体结构、剪力墙结构和筒体结构，以及由墙体和框架共同承载的内框架结构、框剪结构、框架筒体结构和由墙其他构件组合成的各类混合结构等。

2.5.2 砌体结构

1. 砌体结构的概念

砌体结构是指用砌筑砂浆将砖、石或混凝土砌块等块材砌筑成承重墙体作为竖向承重构件的结构类型，主要用于多层小开间的办公、宿舍、旅馆、医院、住宅等建筑。

2. 砌体结构的特点

1）砌体所用的黏土、砂、石均为天然材料，资源多、分布广。粉煤灰砖还可利用工业废料，利于减轻工业污染。砌体材料容易就地取材，价格较低。

2）砌体材料的保温、隔热、隔声性能均比普通钢筋混凝土好，采用砖、石建造的房屋美观、舒适、经济。

3）砌体材料耐火性和耐久性较好，使用年限较长。

4）砌体结构施工工艺简单，无需模板和特殊的设备，可连续施工，工期短较。

5）砌体结构比较节约钢材、水泥和木材，工程造价低。

砌体结构的主要缺点是，材料强度低，构件截面尺寸大，结构自重大；砌体的整体性不如全现浇结构，结构抗震性能差；砌筑工作量大，生产效率低。

3. 砌体结构的类型

按照所使用的砌块材料，砌体结构可分为砖砌体、石砌体和砌块砌体等。其中，砖砌体可用普通黏土砖、烧结多孔砖、蒸压灰砂砖、蒸压粉煤灰砖等砌筑，石砌体可用毛石或料石砌筑，砌块砌体可用混凝土砌块、轻骨料混凝土等砌筑。其他砌块，如页岩砖、加气混凝土砌块等一般不用于承重墙。

按砌体内是否配置钢筋，砌体结构可分无筋砌体和配筋砌体。配筋砌体是指在砌体灰缝内、墙体表面或墙的中间及端部配置受力钢筋的砌体，无筋砌体则不配置受力钢筋。

4. 砌体结构的承重方案

砌体结构的承重方案是由楼盖的传力方式决定的，分为横墙承重、纵墙承重、双向承重和内框架承重四种。横墙承重和纵墙承重属于单向承重体系，双向承重和内框架承重属于混合承重体系。

1）横墙承重体系。当楼盖为单向板时,楼盖荷载主要由横墙（山墙和开间隔墙）传递，其他墙体不承重或基本上不承重，称为横墙承重体系，见图 2-34（*a*）。其中，横墙是承重墙，纵墙是非承重墙，主要起围护、隔断并将横墙连成整体的作用。横墙承重的特点是横墙多、间距密，建筑物横向刚度较大，对抗震有利;但房间大小固定，

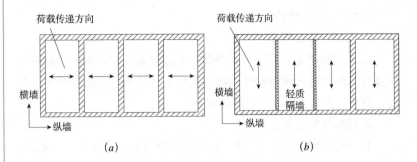

图 2-34　单向承重体系
(a) 横向承重体系；
(b) 纵向承重体系

空间不灵活，对在纵墙上开窗、开门的限制较少。

2）纵墙承重体系。单向板楼盖的荷载主要由纵墙（前后外墙和内走道墙）承担，其他墙体不承重或基本上不承重，称为纵墙承重体系，见图 2-34（b）。纵墙承重时，横墙为非承重墙，其间距可加大，便于布置较大房间。由于建筑物的纵向刚度强而横向刚度弱，为抵抗横向水平力（水平地震作用或风力），应在适当距离设横墙，其他位置可用轻质隔墙。纵墙承重体系的房间大小可变化，但对在纵墙上开门、开窗的限制较大。

3）混合承重体系。当楼盖为双向板时，或虽为单向板但由于布置了梁使楼盖荷载向纵横两个方向传递时，两个方向墙体都承重，称为纵横墙承重体系或双向承重体系，参见图 2-35。双向承重体系在建筑的两个方向都有承重墙，结构抗侧力好，对抗震有利。地震灾区调查表明，双向承重结构房屋的抗震能力明显好于横墙承重或纵墙承重体系，所以在地震区应优先采用纵横墙承重体系。

4）内框架承重体系。纵向承重体系和双向承重体系虽然能比横向承重体系提供一些大的空间，但仍需保留部分内墙。如欲取消全部内墙，可以用周边支承在墙体上的框架替代内墙的承重作用，这种框架称为内框架，对应的体系即为内框架承重体系，见图 2-36。内框架承重体系具有框架结构的平面布局灵活、易满足大空间使用要求的特点；它与全框架结构相比，利用外墙承重，可节约钢材、水泥；它横墙较少，房屋空间刚度较差；砌体和钢筋混凝土是两种

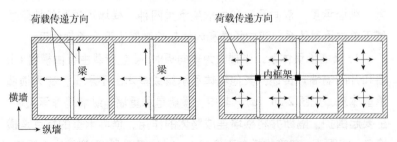

图 2-35　双向承重体系　　　　**图 2-36　内框架承重体系**

力学性能不同的材料，由于受力和变形的差异，结构附加应力较大，且抵抗地基不均匀沉降和抗震能力较弱，在地震区不得使用。

2.5.3 剪力墙结构

1. 概念

剪力墙是指主要承受水平作用（风荷载、地震作用）也兼作竖向承重构件并能保持结构整体稳定的抗侧力墙，在抗震规范中也称抗震墙。完全以剪力墙作为竖向承重构件、同时承受水平作用的结构称为剪力墙结构，是高层结构体系的基本形式。

在多层结构中，使用荷载和结构自重是主要竖向荷载，风荷载和地震作用相对较小，墙体的主要功能是承重，一般称为承重墙。在高层结构中，风荷载及地震作用是结构上的主要作用，它所引起的结构内力（轴力、弯矩和剪力）远大于竖向荷载，所以高层结构中的承重墙应具备抵抗水平作用的能力，墙体的主要功能是抗剪，故称为剪力墙。剪力墙结构比框架结构具有更大的刚度，抵抗水平作用的能力强，空间整体性好，抗震性能好；其缺点是墙体一般较密，平面和空间不灵活。

2. 分类

剪力墙结构属于板墙结构体系。根据施工工艺，剪力墙结构分为现浇剪力墙结构、装配大板结构和内浇外挂剪力墙结构。其中内浇外挂结构是指建筑内墙（含内纵墙）为现浇钢筋混凝土墙体，建筑外墙为预制墙板，通过"挂"（一种连接构造）与现浇墙形成整体。

按剪力墙的整体受力特性，依墙体开洞大小可分为整体墙、小开口整体墙、联肢墙、壁式框架四类。

1）整体墙

墙体无洞口或洞口面积不超过墙面的15%，且洞口净距及洞口至墙边大于洞口边长尺寸时，可忽略洞口影响，将墙作为整墙面考虑，其受力状态如同直立的悬臂梁，见图 2-37（*a*）。

2）小开口整体墙

当洞口稍大时，通过洞口横截面上的正应力已不再呈直线，在洞口两侧的横截面上应力分布也各为一直线，整个墙截面产生整体弯矩外，每个墙肢（指开口两端的小墙体部分）还出现局部弯矩，见图 2-37（*b*）。

3）联肢墙

若洞口较大，墙段的整体性已不明显，整个墙段被洞口分割成几个相对独立的部分，每个部分称为墙肢，洞口上部的小墙称为连

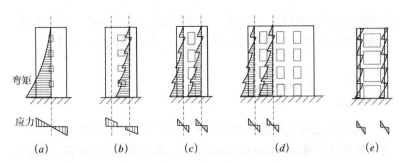

图2-37 剪力墙的类型
(*a*) 整体墙；(*b*) 小开口整体墙；
(*c*) 双肢墙；(*d*) 多肢墙；
(*e*) 壁式框架

梁。若墙段只有一排洞口则只有一排连梁，这种由纵向排列成一列的连梁对两个墙肢进行连接的称为双肢剪力墙，由几列连梁对多个墙肢联结的称为多肢剪力墙，见图2-37 (*c*)、(*d*)。

4）壁式框架

若洞口更大，则墙肢的长度已接近连梁高度，墙肢与连梁刚度相近，似同框架，称为壁式框架，见图2-37 (*e*)。壁式框架是介于剪力墙和框架之间的一种结构，内力和变形已接近框架，但壁柱和壁梁等宽（等于墙厚），梁柱交接区形成基本不变形的刚域，而一般框架柱宽大于梁宽，且在梁柱交接区不形成刚域。

剪力墙结构常遇到墙段、墙肢、连梁、弱连梁等结构术语。前面提到，高层建筑中的墙应细而高，过长的墙要分段，分段后的部分称为墙段；墙段由于开设门窗洞口而形成的更小部分称为墙肢。墙段之间用弱连梁联系，墙肢之间用连梁联系。对于墙段和墙肢的要求是，每个独立墙段的总高度与其截面高度（墙段长）之比不应小于2，墙肢截面高度（墙肢长）不宜大于8m；连梁的跨高比应小于5；跨高比不小于5时为弱连梁，相当于框架梁。

3. 剪力墙的截面形式

剪力墙的横截面（即水平面）理论上是狭长的矩形。在实际应用中，为加强平面外刚度，一般将纵横剪力墙相连，形成工字形、Z形、L形、T形等，见图2-38。

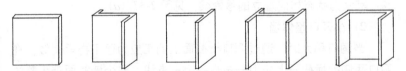

图2-38 剪力墙的截面类型

4. 剪力墙结构的拓展

1）大开间剪力墙

普通剪力墙结构在平面上类似于横墙承重的砌体结构，每道横墙都是剪力墙，间距等于开间尺寸，既不好用也不经济，过大的抗侧刚度还会加大地震作用，对结构很不利。为此，可以每两开间设一道剪力墙，抽掉剪力墙的位置改用轻质隔墙，隔墙下部设支承梁，这种结构称为大开间剪力墙。

2）框支剪力墙

剪力墙结构主要适用于高层住宅、旅馆、办公等小开间建筑，若在下部一层或几层设置公共设施、商贸娱乐等大空间设施时，可改用框架来支承上部剪力墙，这种以底部框架支承上部剪力墙的结构称为框支剪力墙结构。框架所在的层称为框支层，可为一层或数层。

剪力墙和框架结构的抗侧刚度差异很大，呈"上刚下柔"状态，对抗震很不利。为此，框支层仍应保留一些剪力墙，称为落地剪力墙。根据抗震规范规定，落地剪力墙的数量不能少于总剪力墙的1/2。

框支剪力墙在一定程度上能满足剪力墙结构设底部大空间的使用要求，但这种结构是框架与剪力墙的竖向组合，会受到落地剪力墙的数量和间距等限制，框架和剪力墙结合部位（转换层）的受力也很复杂。

3）框架—剪力墙

若要获得比框支剪力墙结构更为自由的平面布置，可将框架和剪力墙进行横向组合，即在同一结构层平面内同时布置框架和剪力墙，形成框架—剪力墙结构。框架—剪力墙结构是框架和剪力墙的结合，是框架结构和剪力墙结构的拓展。

4）筒体

对于高度超过100m的超高层建筑，结构上的水平作用很大，控制结构的水平变形成为主要问题，普通剪力墙结构、框剪结构也难当重任，于是出现了闭合式剪力墙——筒体结构。筒体结构实际上是几片不同方向的剪力墙互相连接形成的闭合体，世界上绝大多数超高层建筑基本上都是以筒体为抗侧力结构的。

2.5.4 框架—剪力墙结构（框剪结构）

框架—剪力墙结构是由框架和剪力墙共同承重、由剪力墙承担水平作用的混合结构体系。框架结构平面布置灵活但抗侧刚度小，适用高度较低；剪力墙结构抗侧刚度大但平面布置受限、房间狭小，适用范围窄，它们的结构特性具有互补性。将两种结构有机结合，在发挥了各自的优势的同时，也恰好弥补了各自的不足。作为一种应用广泛的结构形式，框剪结构多用于30层以下的高层建筑。

1. 受力特点

框剪结构的受力特点是，在竖向荷载作用下，框架和剪力墙均作为竖向承力构件，竖向荷载按照框架和剪力墙各自的受荷面积分配；在水平荷载作用下，以剪力墙作为主要抗侧力构件，风荷载、地震作用等水平荷载按照框架和剪力墙各自的侧移刚度分配。由于剪力墙的抗侧刚度远大于框架柱，所以作用在剪力墙上的水平荷载比框架柱大得多。

2. 变形特点

框剪结构是两种结构的结合，框架结构为剪切变形、而剪力墙结构为弯曲变形，它们结合后的变形是两种变形的叠加，参见图2-39。在水平荷载作用下，按照侧移刚度分配到剪力墙的荷载较大而框架较小，由于结构的变形与荷载成正比，使两者的变形趋于一致。框架部分的水平变形还受到剪力墙的约束，使得框架和剪力墙紧密结合，保证了框架和剪力墙的内力和变形的协调一致，参见图2-40。

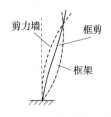

图2-39　框剪结构变形曲线

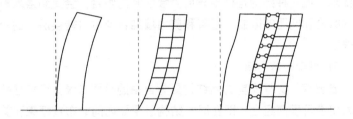

图2-40　框架与剪力墙的内力与变形协调

2.5.5　筒体结构

筒体结构是由剪力墙围合形成的空间受力结构。普通剪力墙结构为单片式，平面内抗侧刚度很大，但在平面外的抗侧刚度很小，适用的房屋高度和层数有限。由于剪力墙是高层结构中最合适的抗侧力结构，对于那些数百米高的"摩天大楼"，剪力墙仍然是唯一选择，为了提高剪力墙的适用性，应尽量提高平面外的抗侧刚度。

提高剪力墙的平面外刚度的有效办法是加大墙的"厚度"，例如将墙厚增加到建筑的总宽度，然后挖去中间部分作为使用空间，这便产生了新的结构——筒体结构。它也可看作是由若干墙体连缀而成。筒体结构属于"闭口薄壁杆件"，它壁厚很小抗弯刚度却很大，是典型的空间整体受力结构。这种结构在自然界比比皆是，最具代表性的当数竹子，它的"材料"均在周边而"中空"，周边材料又通过竹节横向联成整体，因此比一般的实心树木长得细而高。

筒体结构的基本特征是：水平力主要由一个或多个空间受力的竖向筒体承受。筒体可以由剪力墙组成，也可以由密柱框筒构成。

1. 筒体结构的类型

筒体结构分为框筒、筒中筒、框架—核心筒、多重筒、束筒和多筒体等，见图2-41。

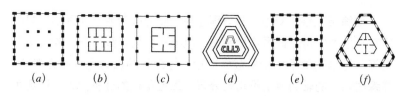

图 2-41　筒体结构的类型
(*a*) 框筒；(*b*) 筒中筒；
(*c*) 框架—核心筒；
(*d*) 多重筒；(*e*) 束筒；
(*f*) 多筒体

1）框筒结构

框筒结构是由周边密集扁柱和高跨比很大的窗裙梁（围梁）所构成的密柱框架筒结构，可看作是在剪力墙上开"细条窗"的筒体，犹如同四榀直立的框架，故称框筒。

2）筒中筒结构

筒中筒结构是指内、外两层筒"嵌套"组成的筒体结构。内筒也称"核心筒"，由电梯间、楼梯间、设备井道等房间周边的钢筋混凝土墙体组成，内筒筒壁上一般仅有少量洞口，为"实腹筒"；外筒为框筒以满足建筑采光要求。各类房间安排在内外筒之间。

3）框架—核心筒结构

筒中筒结构的外筒柱距较密（一般不大于 3m），既影响建筑采光，也给立面艺术处理带来不便。为此，比照框剪结构将框筒改为框架，将筒体与框架结合形成框架—核心筒结构。框架—核心筒结构的外框架柱距为 4 ~ 5m 甚至更大，已不能形成筒的工作状态，只相当于框架。

4）多重筒结构

当建筑物平面尺寸很大或内筒较小时，内外筒间的距离较大，楼盖跨度大，楼板或楼面梁的结构高度也较大。为降低楼盖结构高度，可在筒中筒结构的内外筒之间增设一圈或数圈由柱或剪力墙构成的中间筒，形成多重嵌套的筒结构，它实际是筒中筒结构的扩展。

5）束筒结构

当建筑物高度或其平面尺寸更大，需设置且能够形成更多的筒，这些多筒形成并列关系，称为成束筒或束筒。

6）多筒体结构

对于复杂的建筑平面，往往需设置更加复杂的筒体组合关系，既有多重筒，也有束筒，这种复杂的筒体组合称为多筒体结构。

2. 筒体结构的受力特点

筒体结构是空间整截面工作的，如同一竖在地面上的悬臂箱形梁。框筒在水平力作用下不仅平行于水平力作用方向上的框架（称为腹板框架）起作用，而且垂直于水平方向上的框架（称为翼缘框架）也共同受力。薄壁筒在水平力作用下更接近薄壁杆件，产生整体弯曲和扭转。

框筒虽然整体受力，却与理想筒体受力有着明显差别：理想筒体在水平力作用下截面保持平面，腹板应力呈直线分布，翼缘应力相等，而框筒则不保持平截面变形，框架柱的轴力是曲线分布的，翼缘框架柱的轴力也是不均匀分布；靠近角柱的柱轴力大，远离角柱的柱轴力小。这种应力分布不再保持直线规律的现象称为剪力滞后（图 2-42）。由于存在剪力滞后现象，所以筒体结构不能简单按平面假定进行内力计算。

图 2-42 筒体结构的受力特点

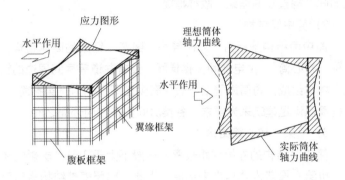

在筒体结构中，剪力墙筒的截面面积较大，它承受大部分水平剪力，所以柱承受的剪力很小；而由水平力产生的倾覆力矩绝大部分由框筒柱的轴向力所形成的总体弯矩来平衡，剪力墙柱承受的局部弯矩很小。由于这种整体受力的特点，使框筒和薄壁筒有较高的承载力和侧向刚度，且比较经济。

当外围柱子间距较大时，则外围柱子不形成框筒，中心剪力墙（内筒）往往承受大部分外力产生的剪力和弯矩，外柱只能作为等效框架，共同承受水平力的作用，水平力在内筒与外柱之间的分配类似框剪。

束筒由若干个筒体并联在一起，共同承受水平力，一般看成是框筒中间加了一框架隔板。成束筒中的每个筒的截面应力分布大体上与单筒相似，故成束后的总体应力分布比单筒均匀，应力图形出现多波形剪力滞后现象，见图 2-43。

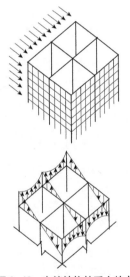

图 2-43 束筒结构的受力特点

2.6 薄壁空间结构

2.6.1 薄壁空间结构概述

1. 薄壁空间结构的概念

薄壁空间结构也称薄壳结构，是指结构的厚度远小于其所覆盖的结构平面长宽尺寸的曲面形薄板结构构件。相对于其他结构，薄壳结构自重轻、用料省、刚度大、承载力高。薄壳结构的主要特性一是薄，二是形。其中，薄是指壳体的厚度很薄，一般只有结构跨度的数百分之一；形是指壳体具有特殊而合理的外形，它是薄壳结构刚度大、承载力高的关键，正如拱结构中合理拱轴线所起的作用那样。北京火车站中央大厅跨度为 35m，屋盖采用 80mm 厚双曲扁壳，壳体厚度仅相当于大厅跨度的 1/435。意大利罗马小体育宫跨度 61m，壳体屋盖由 25mm 厚的钢丝网水泥菱形槽板组装在钢筋混凝土肋形网格球壳上，是建筑、结构、施工的完美结合。

自然界有很多薄壳结构，如鸡蛋壳、蜗牛壳、蚌壳等，都是以极合理的外形和极小的壁厚覆盖着较大的空间。

2. 薄壁空间结构的分类

1）按照曲面的截曲线关系，薄壳结构中的曲面可分为正高斯曲面、零高斯曲面和负高斯曲面，见图 2-44。

在任意曲面的中面上作法线 m-n，过该法线有无穷多个法截面 R、S、T……，在法截面与曲面的交线（法截线）r、s、t……中，有两条正交曲线的曲率同时具有极值，一条最大另一条最小，这两条曲线的曲率称为曲面在该点的主曲率，记作 k_1、k_2。曲面主曲率的乘积称为曲面在该点的高斯曲率，记作 K，即 $K=k_1 \times k_2$。若曲面的主曲率方向相同（曲率中心在同一侧），则 k_1、k_2 同号，$K=k_1 \times k_2 > 0$，称为正高斯曲面；若其中一条曲线为直线，曲率半径为 0，则 $K=k_1 \times k_2=0$，称为零高斯曲面；若曲面的主曲率方向不同（曲率中心在两侧），则 k_1、k_2 异号，$K=k_1 \times k_2 < 0$，称为负高斯曲面。

2）按照曲面的几何形状，薄壳结构中的曲面可分为旋转曲面、平移曲面和直纹曲面。

旋转曲面是由一条平面曲线（动曲线）绕该平面内某定直线（旋转轴）旋转一周而生成的。以旋转曲面为中曲面的壳体为旋转壳。不同的母线生成不同的壳体，如球壳、椭球壳、抛物球壳、双曲球壳、圆柱壳、椎形壳等，见图 2-45。

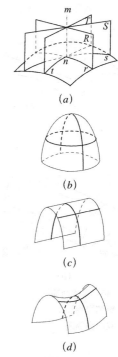

图 2-44 曲面的高斯曲率
(a) 曲面的曲率线；
(b) 正高斯曲面；
(c) 零高斯曲面；
(d) 负高斯曲面

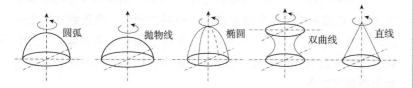

图 2-45 旋转曲面

平移曲面是由一条竖向曲线（母线）沿另一条竖向曲线（导线）平行移动生成的。当两条竖曲线均为抛物线时，生成正高斯曲面时所形成的壳称为椭圆抛物面壳，生成负高斯曲面时所形成的壳

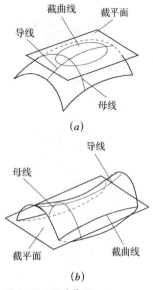

图 2-46 平移曲面
(a) 椭圆抛物面；
(b) 双曲抛物面

称为双曲抛物面壳，见图 2-46。这两种曲面在大跨度屋盖中应用广泛。

直纹曲面是一条直线（母线）的两端分别沿两条曲线（导线）平行移动生成的。由于导线的不同，可生成柱面、劈锥曲面或扭曲面等。

柱面是由一段直线作母线沿着两条相同且平行的曲线（导线）平行移动所形成的曲面，根据导线形状的不同，柱面可分为圆柱面、椭圆柱面、抛物柱面等，见图 2-47。

劈锥曲面是由一段直线一端沿抛物线（或圆弧）另一端沿直线、与指向平面平行移动所形成的曲面，见图 2-48。

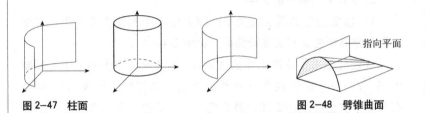

图 2-47 柱面   图 2-48 劈锥曲面

扭曲面是由一段直线为母线沿两根相互倾斜但不相交的直导线平行移动所生成的直纹曲面，如图 2-49 所示。双曲抛物面也是直纹曲面，从沿直纹方向截取一部分即为扭曲面，所以扭曲面是双曲抛物面的一部分。直纹曲面由一系列直线构成，利于施工模板制作，所以在工程中应用较多。

图 2-49 扭曲面

3）按照壳体的扁平程度，薄壳结构可分为扁壳和陡壳。

图 2-50 表示一开口壳体的中曲面，被这个曲面所覆盖的底面短边为 a，在底面以上的中曲面最高点 O 称为壳顶。壳顶到底面之间的距离称为矢高 f，f/a 称为矢率。矢率很小的壳体称为扁壳，矢率较大的称为陡壳。一般地，圆顶属于陡壳，椭圆抛物面壳和双曲抛物面壳属于扁壳。

4）按照壳体的受力特征，薄壳结构可分为球壳、筒壳、扁壳和扭壳。球壳也称为圆顶、穹顶，为正高斯旋转曲面壳；筒壳类似于板式拱，为零高斯柱面壳；扁壳是巨大的椭圆抛物面壳或球面壳

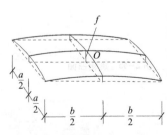

图 2-50 壳体的矢率

等正高斯曲面壳的一部分，矢高较小，也称为微弯平板；扭壳是双曲抛物面型负高斯曲面壳。

3. 薄壳结构的内力和变形

薄壳结构的内力计算和一般构件不同。一般构件的截面高度与构件跨度之比（高跨比）相对较大，故以整个截面为对象计算截面应力（单位面积上的内力），属中观方法；而薄壳结构的截面高度（壁厚）与跨度之比很小，选取中曲面上的一小块曲面为对象来计算单位长度的内力，则属微观方法。对于一般的壳体结构，中曲面上的内力一共有 8 对，分别是正向力 N_x、N_y；顺剪力 $S_{xy}=S_{yx}$；横剪力 V_x、V_y；弯矩 M_x、M_y 和扭矩 $M_{xy}=M_{yx}$，见图 2-51。

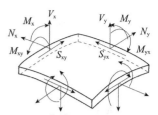

图 2-51　壳体的内力

这些内力可分为作用在中曲面内的薄膜内力和作用于中曲面外的弯曲内力。理想的薄膜没有抵抗弯矩和扭矩的能力，在荷载作用下只能产生正向力 N_x、N_y 和顺剪力 $S_{xy}=S_{yx}$，称为薄膜内力。弯曲内力是由于中曲面的曲率和扭率改变而产生的，包括弯矩 M_x、M_y，横剪力 V_x、V_y 和扭矩 $M_{xy}=M_{yx}$。理论分析表明，当曲面结构的壁厚 t 小于其最小主曲率半径 R 的 1/20，并能满足特定条件（壳体具有均匀连续变化的曲面；壳体上的荷载是均匀连续分布的；壳体的各边界能够沿着曲面的法线方向自由移动，支座只产生阻止曲面切线方向位移的反力），则薄膜内力是壳体结构中的主要内力。

薄壳结构的表现形式很多，结构内力引起的变形也很复杂，但有两点比较清楚。第一，薄壳结构是空间整体结构，壳面上某点的变形不会对整个结构产生显著影响，这与普通平面结构不同。第二，当壳体具有合理的外形且以薄膜内力为主时，壳体受横向力影响较小，而薄膜应力作用在平面内，它不会引起结构平面外的变形，还使壳体微元体处于多向受压状态，对增强壳结构抗弯刚度有利。

2.6.2　圆顶

圆顶也称穹顶，是正高斯旋转曲面壳体。根据建筑设计要求，圆顶可采用球面壳、椭球面壳及旋转抛物面壳等形式，适用于圆形或近似圆形的建筑平面，如观演建筑、展馆、天文馆等，也可用于一些圆形构筑物如水池、储罐等的顶盖。

圆顶结构是一种古老的且近代仍在大量应用的屋盖型式。以罗马万神庙为代表的古罗马穹顶在建筑史中占有重要地位，而现代结构技术使穹顶以很小的结构厚度覆盖较大的建筑空间，如 1957 年建成的北京天文馆（图 2-52），半球形屋盖直径 25m，壳体厚度只有 60mm，近年来大跨度钢筋混凝土圆顶的直径已超过 200m。

图 2-52　北京天文馆

1. 圆顶结构的组成及结构形式

圆顶结构由壳身、支座环、下部支承构件三部分组成，如图 2-53 所示。按壳面构造不同，圆顶的壳身结构可分为平滑圆顶、肋形圆顶和多面圆顶等，见图 2-54。

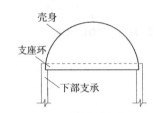

图 2-53　圆顶结构的构成

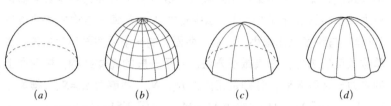

(a)　　　　　　(b)　　　　　　(c)　　　　　　(d)

图 2-54　圆顶的壳身结构
(a) 平滑圆顶；(b) 肋形圆顶；(c) 多面圆顶；(d) 造型多面圆顶

当有通风采光要求时，可在圆顶顶部开设圆形孔洞。壳体根据顶部是否开孔，可分为闭口壳和开口壳。

支座环是圆顶结构的重要组成部分，是圆顶结构保持几何不变的保证，就和拱结构中的拉杆一样，可有效地阻止圆顶在竖向荷载作用下的裂缝开展及破坏，保证壳体基本上处于受压的工作状态，并实现结构的空间平衡。支座环的截面形状应结合排水要求及造型需要确定，如图 2-55 所示。

圆顶的下部支承结构主要有以下几种：

1）圆顶结构支承在下部墙体、柱等竖向承重构件上，见图 2-56 (a)，其优点是受力明确，构造简单，但圆顶跨度不能过大，建筑表现力也不够丰富活跃。

2）圆顶结构支承在下部斜柱或斜拱上，见图 2-56 (b) ~ (d)。它清新、明朗，表现力和装饰性好。

3）圆顶结构直接落地，就像落地拱一样，推力直接传给基础。若球壳边缘全部落地，则基础同时作为受拉支座环梁；若是割球壳，只有几个脚延伸入地，见图 2-56 (e)，则基础必须能够承受水平推力，或在各基础之间设拉杆以平衡该水平力。

图 2-55　支座环的截面形状

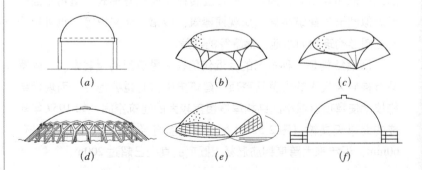

(a)　　　　　　(b)　　　　　　(c)

(d)　　　　　　(e)　　　　　　(f)

图 2-56　圆顶的支承结构

4）圆顶结构支承在下部框架上，见图 2-56（f）。框架结构承受水平推力，必须具有足够的刚度才能保证壳身的稳定性。

2. 圆顶的受力特点

1）圆顶的破坏形式

球壳在竖向均布荷载作用下，上部承受环向压力，下部承受环向拉力，破坏时往往首先在下部出现多条径向裂缝，见图 2-57。壳身开裂后，支座环内的钢筋应力增加，支座环的边缘约束作用增大，犹如一道勒紧的箍。

2）圆顶的薄膜内力

圆顶在自重及雪荷载等竖向分布荷载作用下，绝大部分范围内只有薄膜内力 N_1 及 N_2，N_1 为作用在单位环向弧长上的径向轴力，N_2 为作用在单位经向弧长上的环向轴力，见图 2-58。竖向荷载将通过径向轴力 N_1 一直传到基础，且 N_1 恒为受压。环向轴力 N_2 的大小与方向是变化的，在圆顶上部为受压，在圆顶下部可能受拉。分析表明，圆顶的环向轴力由顶部受压变为下部受拉的分界点为 $\varphi = 51°49'$。因此，若圆顶自球面中截取出来的幅角 $\varphi > 51°49'$，则圆顶下部就受拉，见图 2-58（c）。

图 2-57　圆顶结构的破坏形态

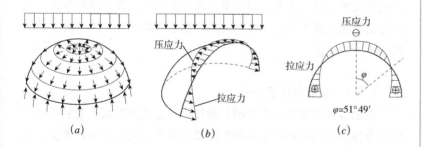

（a）　　　　　　　（b）　　　　　　　（c）

图 2-58　圆顶结构的薄膜内力
（a）径向轴力 N_1；
（b）环向轴力 N_2；
（c）环向力变化规律

2.6.3　双曲扁壳

双曲扁壳是以两条弯曲方向相同的曲线作为母线和导线平移所生成的正高斯曲面的椭圆抛物面壳体的一部分，因矢高较小，故称扁壳。双曲扁壳所占结构空间较少，建筑造型美观舒展大方，在工程中应用较广泛。

1. 双曲扁壳的构成

双曲扁壳由壳身和边缘构件构成，见图 2-59。双曲扁壳多采用抛物线平移曲面，壳身可以是光滑的，也可以是带肋的；壳身曲面可以等曲率（$k_1 = k_2$，且为常数），也可以不等曲率（$k_1 \neq k_2$，但均为常数）；壳身可以是单波的，也可以是双波的。边缘构件一般采用带拉杆的拱或拱形桁架，跨度较小时也可用等截面或变截面薄腹梁，

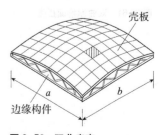

图 2-59　双曲扁壳

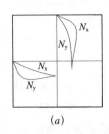

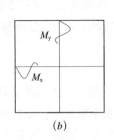

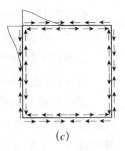

(a) 　　　　　　　　　(b) 　　　　　　　　　(c)

图2-60　双曲扁壳的内力分布
(a) 中间板带压应力；
(b) 中间板带曲面外弯矩；
(c) 壳身边缘顺剪力

当四周为多柱支承或承重墙支承时也可将柱上或墙上的曲线形圈梁作边缘构件。

2. 双曲扁壳的受力特点

分析结果表明，双曲扁壳在满跨均布竖向荷载作用下的内力仍以薄膜内力为主，但在壳体边缘附近要考虑曲面外弯矩作用，如图2-60所示。其中，图2-60(a)为壳身中间板带法向力（压力）N_x、N_y分布图，在壳体边缘处两个方向的法向力均为零。图2-60(b)为壳身中间板带曲面外弯矩分布图，该弯矩使壳体下表面受拉。壳体愈高愈薄，则弯矩愈小，弯矩作用区也就愈小。图2-60(c)为壳身沿四周边缘的顺剪力分布图，壳身内的顺剪力在周边最大，而在四角处更大。由此可知，双曲扁壳由于矢高小，外形相对平缓，但内力比球面壳复杂得多，横向力的作用已不能忽视，内力特性上已向普通平板过渡。

2.6.4　双曲抛物面扭壳

双曲抛物面扭壳（图2-61）是以两条曲梁方向相反的曲线分别作为母线和导线平移所生成的负高斯曲面壳。它也可以看作是以四条不共面的相交直线为边界形成的扭曲面所构成的直纹曲面壳，故称为扭壳。

双曲抛物面扭壳外形貌似复杂，但受力状态却很简单。在双曲抛物面扭壳的两个主曲率方向上，一个方向下凹如同索，另一个方向上凸形同拱，拱与索相互约束使得这种结构的稳定性特别好，壳体可做得很薄，这是其他薄壳结构不具备的优良特性。扭壳属于直纹曲面，壳体制作施工相对简单。扭壳结构外形独特、平面适应性好，建筑艺术感强、舒展大方，应用前景广阔。

1. 双曲抛物面扭壳的构成

双曲抛物面扭壳结构也是由壳板和边缘构件组成的。

壳板为直纹曲面，常用形式有双倾单块扭壳、单倾单块扭壳和组合形扭壳，见图2-62。双倾单块扭壳为四面落水和采光，单倾单

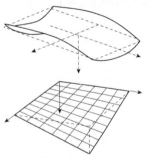

图2-61　双曲抛物面扭壳

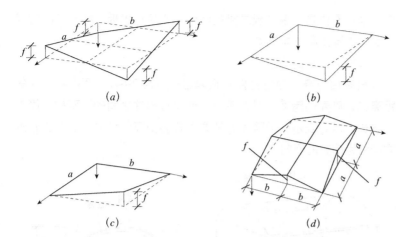

图 2-62 双曲抛物面扭壳的常用形式
(*a*) 双倾单块扭壳；
(*b*) 单倾单块扭壳；
(*c*) 单倾单块扭壳；
(*d*) 组合形扭壳

块扭壳为两边落水和采光；组合型扭壳是由四块相同的单倾单块扭壳对称组合成四坡顶屋盖，两条屋脊线相互垂直。

扭壳结构的边缘构件较为简单，因是拱索组合，扭壳对支座作用仅有顺剪力，单块扭壳屋盖的边缘构件可采用较简单的三角形桁架，组合型扭壳屋盖的边缘构件可采用拉杆人字架或等腰三角形桁架。

2. 双曲抛物面扭壳的受力特点

双曲抛物面扭壳在竖向均布荷载作用下，曲面内不产生法向内力，仅存在顺剪力。顺剪力平行于直纹方向，且在壳体内为常数，故壳体内杆件均匀一致。顺剪力所产生的主拉应力或主压应力与剪力成 $45°$ 方向，下凹方向受拉相当于索，上凸方向受压相当于拱，所以将整个扭壳可看是由一系列受拉索和一系列受压拱所组成的曲面组合结构，见图 2-63。

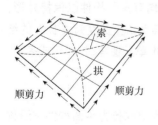
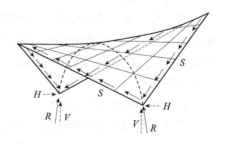

图 2-63 扭壳的受力状态

2.6.5 筒壳

筒壳结构是单向弯曲的零高斯薄壁壳体，壳板为柱面，故也称为柱面壳。筒壳与筒拱外形相似但受力特性完全不同，筒壳是薄壁空间结构，如同弯曲的四边支承双向薄板，作用在壳板上任一点的荷载向各个方向传递；筒拱是平面结构，如同弯曲的对边支承单向板，也可看作是一系列板式拱的组合，作用在拱板上任一点的荷载只能向拱脚支座方向传递。

1. 筒壳结构的构成

筒壳由壳身、侧边构件和横隔组成（图 2-64）。两横隔之间的距离称为筒壳的跨度，以 l_1 表示；两侧边构件之间的距离称为筒壳的波长，以 l_2 表示。沿跨度 l_1 的方向称为筒壳的纵向，沿波长 l_2 的方向称为筒壳的横向。

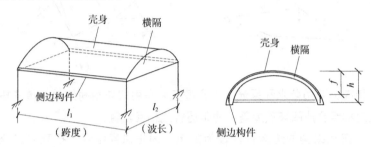

图 2-64 筒壳结构的构成

筒壳壳身截面的边线可为圆弧形、椭圆形或其他形状的曲线，为方便施工一般采用圆弧形。壳身包括侧边构件在内的高度，称为筒壳的截面高度，以 h 表示。不包括侧边构件在内的高度，称为筒壳的矢高，以 f 表示。

侧边构件作为筒壳整体工作的组成部分，既是壳板的纵向支承构件，承担壳身传来的正应力、顺剪力并抵抗壳体总体弯矩、剪力和侧向推力，也是壳板的边缘约束构件，以较大的刚度来抵抗壳板的水平变形和竖向位移，并影响壳身的内力分布。

横隔是壳板在横向的支承构件，其功能是承担壳身传来的顺剪力并传给下部支承构件。

筒壳作为薄壁空间结构，壳身周边均有支承构件以保持外形，纵向为侧边构件、横向为横隔，组成跨度为 l_1、宽度为波长 l_2 的结构基本单元。当建筑平面需要安排多个基本单元覆盖时，即构成多跨、多波筒壳。

2. 筒壳的分类与受力特点

筒壳与筒拱虽然外形相似，但筒拱为单向传力平面构件，沿构件纵向单位长度的受力状态即代表整个构件的受力状态；而筒壳为双向传力的空间构件，它在横向的作用与拱相似，在壳身内产生环向压力，而在纵向则相当于梁，把上部竖向荷载传给横隔。因此，筒壳结构是横向拱的作用与纵向梁的作用的结合。筒壳的跨度 l_1 与波长 l_2 之间不同关系对其受力状态有较大影响。据此，将筒壳结构分为长壳、中长壳和短壳，见图 2-65、图 2-66。

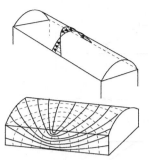

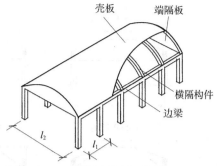

图 2-65 长壳的受力特点　　**图 2-66 短壳结构**

1）长壳。$l_1/l_2 \geqslant 3$ 的壳体称为长壳。对于长壳，横隔间距大，纵向支承相对较柔，壳体的变形与梁一致。同时，拱圈的刚度相对较大，可看成是不变形的，即壳体的截面在受力前后保持平截面不变，类似于梁。所以长壳的受力状态和梁相似，可用类似方法进行内力分析。

2）短壳。$l_1/l_2 \leqslant 1/2$ 的壳体称为短壳。对于短壳，横隔间距小，纵向支承刚度相对较大，而拱圈的刚度相对较小，壳体的弯曲内力很小以至可忽略，壳体内力以薄膜内力为主。

3）中长壳。$1/2 < l_1/l_2 < 3$ 的壳体称为中长壳，其受力特性介于短壳和长壳之间，薄膜内力和弯曲内力均需考虑，一般采用有弯矩薄壳理论进行精确分析，或用半弯矩薄壳理论进行近似分析。

2.6.6 折板

折板结构是把若干块薄板以一定的角度连接成整体的空间结构体系。实际上，折板结构和筒壳结构并没有本质区别，因为任意形状的筒壳都能足够精确地用一个内接多边形的折板来代替（图 2-67），因此折板结构具有筒壳结构相似的受力性能。折板结构截面构造简单、施工方便、模板消耗量少，因而在工程中得到广泛应用。

图 2-67 筒壳与折板的关系

1. 折板结构的构成

折板结构一般由壳身、侧边构件和横隔组成。与筒壳一样，两横隔之间的距离称为跨度，以 l_1 表示；两侧边构件之间的距离称为波长，以 l_2 表示，见图 2-68。

折板结构分为有边梁和无边梁两种。无边梁的折板结构由若干等厚度平板和横隔构件组成，如预制 V 形折板，平板的宽度可以相同、也可以不同。有边梁的折板结构的截面形式见图 2-69。折板结构在横向可以是单波的或多波的，在纵向可以是单跨的、多跨、连续的或悬挑的。

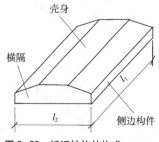

图 2-68 折板结构的构成

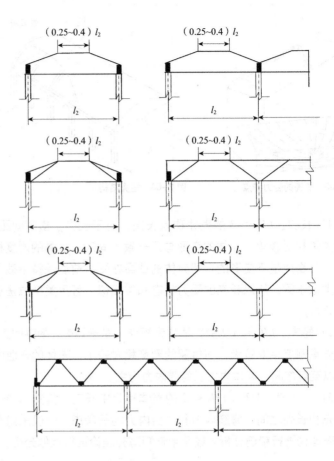

图 2-69　折板结构的截面形式

2. 折板结构的受力特点

根据折板结构的受力特性，可将折板结构分为长折板和短折板两类。折板跨度与波长之比 $l_1/l_2 > 1$（跨度不小于波长）称为长折板；$l_1/l_2 \leqslant 1$（跨度不大于波长）称为短折板。

短折板的受力性能与短筒壳相似，双向受力作用明显，计算分析较复杂。由于折板结构的波长 l_2 一般不宜太大，故短折板结构在实际工程中应用较少。常用的折板结构为长折板，折板跨度 l_1 是波长 l_2 的数倍，其受力性能与长筒壳相似。

2.6.7　幕结构

幕结构是由若干块三角形或梯形薄板连接成整体的薄壁空间结构，见图 2-70。幕结构可看作是双曲薄壳结构的简化，具有与之相似的性能，适用于中小跨度的正方形或矩形的建筑平面。幕结构可以是单跨，也可以是多跨，一般用作建筑物的屋盖，有时也作为多层建筑的层间楼盖。

图 2-70　幕结构

1. 幕结构的组成

幕结构由折板、侧边构件和下部支承构件组成，如图 2-71 所示。其折板为双向曲折，具有双曲薄壳的性能，比普通折板结构受力更为合理。当跨度在 7 ~ 9m 且板厚受到限制时，折板也可设计成带肋。

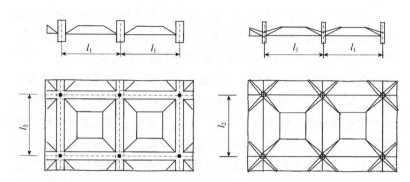

图 2-71 幕结构的组成

近些年来各地建造了大量坡顶建筑，很多仍采用传统的斜梁板屋盖结构，若改用幕结构，将具有更好的技术经济性能。

2. 幕结构的受力特点

幕结构的整体受力和破坏形态与支承条件有关。当幕结构四角支承在可动铰支座上时，其破坏形态是沿跨中断裂，见图 2-72 (a)。当幕结构沿四边支承时，幕结构在破坏时自角部向上开裂，分为五个刚性板，见图 2-72 (b)。当幕结构沿着两个对边支承时，则上述两种破坏形态都有可能。由上述破坏形态可见，幕结构的边梁为受拉构件，而折板的上部为受压区。

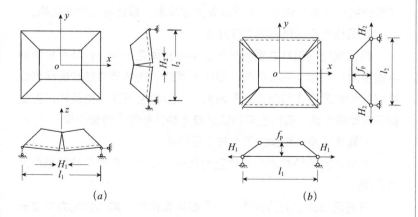

图 2-72 幕结构的破坏形态

根据试验结果分析，多跨幕结构可不考虑其连续性，仍按单个空间结构考虑，即可假定相邻幕结构之间为铰接。

2.7　网格式空间结构

2.7.1　概述

1. 网格式空间结构的概念

网格式空间结构是指由一系列受拉和受压杆件在一定空间范围内通过节点连接件相互联结形成三角形或锥形等稳定受力单元的三维杆系结构。网格式结构一般是某种实体结构的格构化。

先以梁的格构化为例。前面曾提到，在过大的跨度中使用高度很大的梁，不但自重增加、占用较大的结构空间，更主要的是梁的结构效能被降低，经济上不合理。为此，在保证梁基本承载能力的前提下，挖去梁中部的结构材料以减轻自重，同时保持弯曲应力较大的上、下边缘区域并代之以轴向受力杆件，通过腹杆在上、下弦之间传递内力和保持距离，将梁抽象成为桁架。因此，桁架是梁的格构化。

对于板状构件而言，类似的情形同样存在。普通实体平板中的肋梁板、密肋板、井字梁以及各种薄壁空间结构都有相应的经济跨度。要覆盖更大的空间，就需要将这些实体结构格构化，这便产生了网架、网壳等网格式空间结构。所以，网格式空间结构是实体板、壳结构的格构化，它承载力高、刚度大、自重轻、耗材少、外形多变，施工简便，能很好适应各种建筑造型需要，具有广阔的应用空间。

网格式结构均为空间结构。即使对于桁架等平面结构而言，为了保证结构平面外稳定，也需设置支撑体系，最终形成空间结构。

2. 网格式空间结构的主要分类

网格式空间结构主要用来代替平板和薄壳结构。代替平板的网格式空间结构称为平板网架，简称为网架；代替薄壳结构的网格式空间结构称为曲面网架或壳形网架，一般称为网壳。网架和网壳结构多用型钢制作，有时也用钢筋混凝土构件和型钢组合制作。

3. 网格式空间结构的受力与变形特点

网格式空间结构源自实体空间结构，受力、变形与其相似但又有不同。

当把网格式空间结构作为一个整体看待时，其总体受力与变形与对应的实体结构相同。而在它的内部，当荷载仅作用在网格的节点上时，所有的杆件均为轴心受力杆件，杆件中没有弯矩和剪力存在，材料强度利用充分，材料消耗量较低，结构的经济指标较好。在变形方面，杆件上没有弯曲和剪切变形，轴力所引起的材料受拉、受压变形又很小一般忽略不计，故网格式空间结构的变形主要是结构的总体变形。

2.7.2 网架结构

1. 网架结构的概念

网架结构是由上弦、下弦和腹杆按一定规律结成的网状的空间高次超静定结构体系。网架结构的杆件多由钢管或角钢制作，节点多为空心球或钢板，杆件和节点之间通过焊接、螺栓或铆钉连接。

平板网架均为双层构造，上弦受压，下弦受拉，腹杆的受力状态与布置有关。下面提到的网架结构指平板形网架，非平板形网架属于网壳，将在后面介绍。

2. 网架结构的特点

1）网架结构为三维受力体系，较平面结构节约材料。与普通钢结构相比，网架结构能节省钢材 20% ~ 30%，如采用轻型屋面，经济效果更好。

2）应用范围广、适应性强。网架结构不仅适用于中小跨度的工业与民用建筑，更适用于大跨度生产和公共建筑，如体育馆、展馆、飞机库、候机厅等。

3）网架结构上、下弦之间的结构空间可被设备管线利用，利于控制层高、降低造价，取得良好的经济效果。

4）网架结构整体空间刚度大，稳定性及抗震性好，安全储备高，对于承受集中荷载、非对称荷载、局部超载、地基不均匀沉陷等较为有利。

5）网格尺寸小，上弦便于设置轻屋面，下弦便于设置悬挂吊车（可在两个方向设置），悬挂吊车的起重量一般为 10 ~ 50kN，最大可达 100kN。

6）网架结构能适应各种复杂建筑平面形状，建筑造型美观、大方、轻巧、形式新颖，有利于建筑创作。

7）网架结构用于大柱网工业厂房，可灵活布置工艺流程，利于促进工业厂房标准化。

8）网架结构的网格平面利于安装建筑采光设施，网架上部还可设置升起的平天窗或侧天窗，无论设置点式采光、面式采光还是带式采光都很便利。

9）网架结构屋盖通透利于内部气流组织和对外通风，采用侧窗通风、屋面轴流风机通风也很方便。

10）网架结构可实现定型化、工业化、工厂化、商品化生产，便于集装箱运输，零件尺寸小，重量轻，便于存放、装卸、运输和安装，现场安装不需要大型起重设备。

11）采用螺栓连接网架结构便于拆卸，适用于临时建筑。

12）网架结构内部受力较简单、计算绘图较简便，可采用现成的计算机程序。

但是，网架结构也有不足之处。网架结构为板式受弯构件，同一杆件轴线上各杆件内力变化大、差值大，当统一杆件规格时，某些杆件的材料强度不能充分利用。另外，网架结构对加工、制作、装配精度要求高，对加工设备和施工人员要求较高。

3. 网架结构的分类

按照结构材料分，网架结构可分为钢网架、钢筋混凝土网架、钢—木组合网架、钢—钢筋混凝土组合网架等，工程中一般多采用钢网架，有时也采用钢—钢筋混凝土组合网架。

按照网架杆件的组织方式，网架可分为交叉桁架体系网架和角锥体系网架两类。

按照杆件方向与建筑边界的关系，网架可分为正放网架、斜放网架。

按照杆件是否被抽空，网架结构可分为全网架和抽空网架。全网架保留全部网架杆件，而抽空网架去掉了部分网架杆件。

按照结构支承条件，网架可分为边支承网架、点支承网架以及混合支承网架。边支承网架包括周边支承网架、三边支承网架、对边支承网架，点支承网架包括四点支承网架、多点支承网架，混合支承网架是边支承和点支承相结合的网架。

4. 交叉桁架体系网架

交叉桁架体系网架可看作是由一系列纵横交叉的平面桁架形成的网格式空间结构。其主要特征是，每个桁架的上弦、下弦和腹杆均在同一个铅垂平面内布置，不同方向的桁架通过上、下弦节点联结，见图 2-73。

根据网架杆件方向与建筑边界的关系，交叉桁架体系网架可分为正交正放网架、正交斜放网架、斜交斜放网架和三向网架，见图 2-74。沿平面的纵横两个方向布置桁架，互成 90° 布置即为正交，否则为斜交；正放是指桁架杆件方向与建筑边界平行或垂直，斜放是指与建筑边界成斜角；若沿平面的三个方向布置桁架，则桁架间的交角为 60°，称为三向桁架。

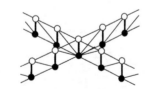

图 2-73　交叉桁架体系网架
○—上弦节点 ；●—下弦节点

1）两向正交正放网架

这种网架由两个方向的平面桁架互成 90° 交叉布置，两个方向的桁架分别平行于建筑平面的边线，故称正交正放网架，见图 2-74（*a*）。

正交正放网架构造比较简单，一般适用于正方形或接近正方形的矩形建筑平面，两个方向的桁架跨度相等或接近，共同受力发挥空间作用。如果建筑平面为长方形，受力状态就类似于单向板结构，长向桁架相当于次梁，短向桁架相当于主梁，网架的空间作用会很小，而且主要是短向桁架受力，因此两向正交正放网架不适用于长方形的建筑平面。

2）两向正交斜放网架

这种网架也是由两组相互交叉成 90° 的平面桁架组成，但每榀桁架与建筑平面边线的交角为 45°，故称为两向正交斜放网架，见图 2-74（*b*）。

两向正交斜放网架不仅适用于正方形平面，也适用于一般矩形平面。由于建筑形式比较美观，这种网架使用范围较两向正交正放网架广泛。在周边支承的情况下，它与正交正放网架相比，不仅空间刚度较大，而且用钢量也较省。特别在大跨度时，其优越性更为明显。

3）斜交斜放网架

由于建筑的使用功能或建筑立面要求，有时建筑平面中两相邻边的柱距不等，两个方向的桁架不是正交而是斜交，桁架与建筑平面两个方向的边线交角也不同。这种网架称为两向斜交斜放网架，见图 2-74（*c*）。这种网架在工程实际中应用较少。

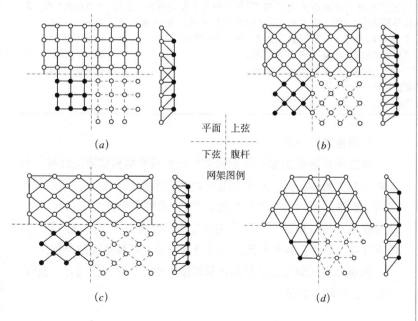

平面 | 上弦
下弦 | 腹杆
网架图例

（*a*）

（*b*）

（*c*）

（*d*）

图 2-74　交叉桁架体系网架
○—上弦节点 ；●—下弦节点
（*a*）两向正交正放网架；
（*b*）两向正交斜放网架；
（*c*）两向斜交斜放网架；
（*d*）三向网架

4）三向网架

三向交叉网架由互为 60°角的三组平面桁架交叉而成，上、下弦杆在平面中组成正三角形，见图 2-74（d）。三向交叉网架比两向网架空间刚度大、杆件内力均匀，故适合在大跨度工程中采用，能较好地适用于三角形、梯形、正六边形、多边形及圆形建筑平面。但三向交叉网架杆件种类多、节点构造复杂，在中小跨度建筑中应用不够经济。

几种常用交叉桁架体系网架的组成方式和主要特征见表 2-4。

常用交叉桁架体系网架的组成及主要特征　　　　　　表 2-4

名称	组成方式	几何特征	刚度特征	受力特征	施工特点
两向正交正放网架	由两组分别平行于建筑物边界方向的平面桁架交叉组成，各桁架的交角为 90°，上下弦杆件均正放	上、下弦的长度相等，且上下弦杆和腹杆位于同一垂直平面内，在各向平面桁架的交点处有一根公共竖杆	基本单元为几何可变。为增加其空间刚度并有效地传递水平荷载，应沿网架支承周边的上下弦平面网内设置附加斜杆	受平面尺寸及支承情况的影响极大。周边支承接近正方形平面，受力均匀，杆件内力差别不大。随边长比加大，单向受力特征明显。对于点支承网架，支承附近的杆件及主桁架跨中弦杆内力大，其他部位内力小	杆件类型少，可先拼装成平面桁架，然后再进行总拼，较有利于施工
两向正交斜放网架	由两组分别平行于建筑物边界方向的平面桁架交叉组成，各桁架的交角为 90°，上下弦杆件均斜放	上、下弦的长度相等，且上下弦杆和腹杆位于同一垂直平面内，在各向平面桁架的交点处有一根公共竖杆	因网架为等高，角部短桁架刚度较大，并对它垂直的长桁架起一定的弹性支承作用，从而减少了桁架中部的弯矩	矩形平面时，受力较均匀，网架四角处的支座产生向上的拉力，为减少拉力可设成不带角柱	杆件类型少，可先拼装成平面桁架然后再总拼，较有利于施工
三向网架	由三个方向的平面桁架交叉组成，各桁架的交角为 60°。上下弦有正放和斜放	上、下弦长度相等，且上下弦杆和腹杆位于同一垂直平面内，在各向平面桁架的交点处有一根公共竖杆。网架的网格一般是正三角形	基本单元为几何不变。各向桁架的跨度、节间数及刚度各异，整个网架的空间刚度大于两向网架	所有杆件为受力杆件，能均匀地把荷载传至支承系统，受力性能较好	节点构造复杂（最多一个节点汇交13根杆件）；用于圆形平面时，周边有不规则网格

5. 角锥体系网架

角锥体系网架是由一系列锥体单元组成的网格式空间结构。角锥体系的主要特征是，所有的腹杆均为空间斜杆，与上、下弦杆不在同一铅垂平面内（星形四角锥除外）。角锥单元分为四角锥单元、三角锥单元和六角锥单元，分别组成四角锥网架、三角锥网架、六角锥网架。角锥可并列布置，为降低用钢量也可跳格抽空布置。

角锥体系网架比交叉桁架体系网架刚度大，受力性能好，制作、运输、安装较为方便。

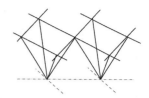

1）四角锥网架

四角锥体由四根弦杆、四根腹杆组成，如图2-75所示。将多个四角锥体按一定规律连接起来，即组成四角锥网架；根据锥体的连接方式不同，四角锥网架分为正放四角锥、正放抽空四角锥、斜放四角锥、棋盘形四角锥和星形四角锥等形式，适用于正方形和矩形平面。

图2-75 四角锥体单元

（1）正放四角锥网架

四角锥底边及连接锥尖的连杆均与建筑平面边线平行，称为正放四角锥网架。正放四角锥网架一般为锥尖向下布置，锥底边相连构成网架上弦杆，锥尖的连杆构成网架下弦杆，见图2-76（a）。

（2）正放抽空四角锥网架

在正放四角锥网架中适当抽掉一些锥体的网架称为正放抽空四角锥网架，见图2-76（b）。

（3）斜放四角锥网架

斜放四角锥网架是网架上弦杆件与下弦杆件互成45°角布置、上弦斜放而下弦正放的锥尖向下的四角锥体网架，见图2-76（c）。

（4）棋盘形四角锥网架

棋盘形四角锥网架是将斜放四角锥网架水平转动45°角、形成上弦正放、下弦斜放的锥尖向下四角锥体网架，见图2-76（d）。这种网架克服了斜放四角锥网架的一些缺陷，且更加美观新颖。

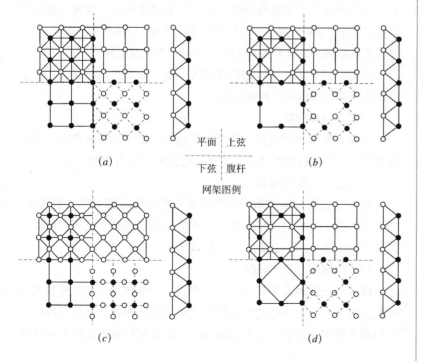

平面 | 上弦

下弦 | 腹杆

网架图例

（a）　　　　　　　　　　（b）

（c）　　　　　　　　　　（d）

图2-76 四角锥体系网架

○—上弦节点；●—下弦节点

（a）正放四角锥网架；

（b）正放抽空四角锥网架；

（c）斜放四角锥网架；

（d）棋盘形四角锥网架

（5）星形四角锥网架

星形四角锥网架是由两个倒置的三角形小桁架正交形成基本四角锥体单元的网架。它的基本特征是基本锥体单元的竖杆和斜杆与上弦杆件在同一铅垂平面内，各锥体单元的上弦连接成网架上弦，锥尖相连形成网架下弦，见图2-77。这种网架上弦杆短，下弦杆长，竖杆受压，斜杆受拉，受力合理，一般用于中小跨度周边支承的屋盖。

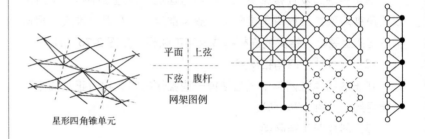

平面 ｜ 上弦

下弦 ｜ 腹杆

网架图例

星形四角锥单元

图2-77　星形四角锥网架

○—上弦节点；●—下弦节点

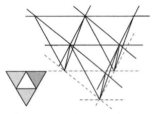

图2-78　三角锥体单元

2）三角锥网架

三角锥体由三根弦杆和三根斜腹杆组成，是组成三角锥网架的基本单元，见图2-78。三角锥体的底面为正三角形，顶点位于正三角形底面的重心线上。三角锥体网架一般为锥尖向下，锥体底边形成网架上弦，而连接角锥顶点的杆件形成网架下弦。三角锥体网架上、下弦杆构成的平面网格均为正三角形或正六边形图案，能灵活适应三角形、梯形、六边形和圆形的建筑平面，形式新颖、美观大方，建筑艺术感强。这种网架刚度好，适用于大跨度工程。

三角锥网架根据锥体的连接方式不同，分为三角锥网架、抽空三角锥网架和蜂窝形三角锥网架。

（1）三角锥网架

三角锥网架由倒置的三角锥排列组成，锥体之间采用角一角相连方式，上下弦杆均形成正三角形网格图案，见图2-79（a）。

（2）抽空三角锥网架

抽空三角锥网架是有规律地抽掉三角锥网架部分锥体的网架。这种网架的上弦杆仍呈正三角形，下弦杆则因抽锥方式不同而呈三角形、六边形等多种图案，见图2-79（b）。

（3）蜂窝形三角锥网架

蜂窝形三角锥网架是由六个倒置的三角锥体角一角相连构成六边形主网格，上弦杆组成六边形和三角形网格图案，下弦杆形成六边形网格图案的网架，见图2-79（c）。蜂窝形网架的上弦为直线形杆件，而下弦为曲折形杆件，是抽空三角锥网架的另一种排列方式，但锥体的布置方向与抽空三角锥网架不同。蜂窝形三角锥网架每个节点只有六根杆件交汇，是节点汇集杆件数量最少的网架。这种网架上弦杆短，下弦杆长，受力比较合理；节点和杆件数较少，其用钢量较少，适用于中小跨度的轻型屋盖。

3）折线形网架

将正放四角锥网架取消了纵向的上下弦杆件、只有沿跨度方向的横向上下弦杆件的网架称为折线形网架，见图 2-79（d）。折线形网架也可以看成是斜放的桁架体系，相邻的桁架斜交成 V 字形。由于只有横向杆件，所以这种网架属于单向传力网架，它比普通平面桁架刚度大，无需布置支撑系统，各杆件内力均匀，特别适宜跨度较小狭长的建筑平面。为加强结构的整体刚度，一般需沿建筑平面周边增设部分上弦杆件。

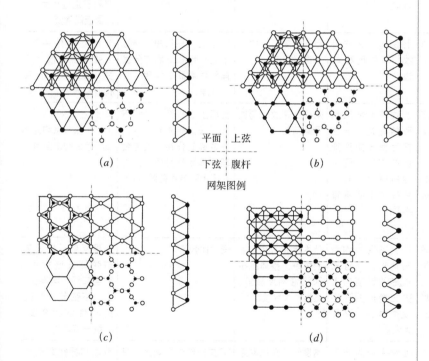

图 2-79 三角锥体系网架和折线形网架
○—上弦节点；●—下弦节点
（a）三角锥网架；
（b）抽空三角锥网架；
（c）蜂窝形三角锥网架；
（d）折线形网架

4）六角锥网架

由六角锥单元组成的网架称为六角锥网架，如图 2-80 所示。锥尖向下时，上弦为正六边形网格，下弦为正三角形网格；锥尖向上时，上弦为正三角形网格，下弦为正六边形网格。六角锥网架杆件多，节点构造复杂，在实际工程中较少采用。

几种常用角锥体系网架的主要特征见表 2-5。

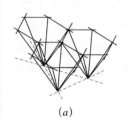

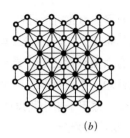
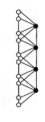

图 2-80　六角锥网架

○—上弦节点；●—下弦节点

（a）锥体单元；

（b）网架平面

平面 | 上弦

下弦 | 腹杆

网架图例

（a）　　　　　　　　　　　　　　　　（b）

常用角锥体系网架的组成及主要特征　　　　　　　　　　表 2-5

名称	组成方式	几何特征	刚度特征	受力特征	施工特点
正放四角锥网架	以倒置四角锥为组成单元；将各个倒置的四角锥体底边相连，将锥顶用与上弦杆平行的杆件连接。上、下弦杆均与边界平行。上、下弦杆均正放	上、下弦平面内的网格呈正方形，上弦网格的形心与下弦网格的角点投影重合。没有垂直杆件	空间刚度比其他四角锥网架及两向网架大	受力比较均匀	上、下弦杆等长，如果腹杆与上、下弦平面为45°，则杆件全部等长；如以四角锥为预制单元，有利于定型化生产。屋面板规格少
斜放四角锥网架	以倒置四角锥为组成单元，以各个倒置的四角锥底边的角与角相连。上弦杆斜放，下弦杆正放	上弦网格正交斜放，下弦网格与边界平行	空间刚度较正放四角锥网架小	受压上弦杆件短，受拉下弦杆件长，能充分发挥杆件截面的作用，受力合理	节点汇交杆件少，上弦节点6根，下弦节点8根，节点构造简单
星形四角锥网架	其组成单元体由两个倒置的三角形小桁架正交而成，在节点处有一根公用竖杆。将单元体的上弦连接起来形成网架上弦，将各星体顶点相连形成网架下弦。上弦杆斜放，下弦杆正放	上弦杆为倒三角形的底边，下弦杆为倒三角形顶点的连线，网架的斜腹杆均与上弦杆位于同一垂直平面内	刚度比正放四角锥网架稍差	受压上弦杆短，受拉下弦杆长，能充分发挥杆件截面的作用，受力合理。其竖杆受压，内力等于上弦节点荷载	节点汇交杆件少，上、下弦节点均为5根，节点构造简单
三角锥网架	以倒置三角锥为组成单元，将各个倒置的三角锥体底边相连形成网架上弦，将锥顶用杆件连接形成网架下弦。三角锥的三条棱为网架的斜腹杆	其上下网格均为三角形。倒置三角形的锥顶与上弦三角形的形心投影重合，平面为六边形	基本单元为几何不变体系，整体抗扭和抗弯刚度较好。适用于大跨度工程	受力比较均匀	如果网架斜杆长度与弦杆长度相等，则全部杆件均等长。上、下弦节点汇交的杆件均为9根，可统一节点构造
抽空三角锥网架	以倒置三角锥为组成单元，将各个倒置的三角锥体底边相连形成网架上弦，将锥顶用杆件连接形成网架下弦。三角锥的三条棱为网架的斜腹杆。适当抽去一些三角锥单元的腹杆和下弦杆	上弦平面为正三角形，下弦平面为正三角形及正六边形组合，平面为六边形	刚度较三角锥网架差。为增加刚度其轴不抽锥	下弦杆件内力增大，且均匀性稍差	节点和杆件数量比三角锥数量少。上弦网格与三角锥网架一样密，有利于铺设屋面板。下弦杆稀疏，省料且方便施工

6. 组合网架结构

以钢筋混凝土肋形板代替网架上弦的型钢杆件并兼作为屋面板的网架称为组合网架结构，参见图 2-81。用抗压能力较好钢筋混凝土板代替网架上弦，既提高了压杆的抗压稳定性，也增强了网架结构的整体刚度，屋面板一板两用，对提高结构性能、节约钢材、加快施工速度等有利。

在受力特性方面，组合网架的下弦杆、腹杆及下弦节点的受力状态与一般钢网架结构完全相同，而上弦节点的受力状态则与一般钢网架有较大差别。上弦板与肋可看作组合网架结构的上边缘，在竖向荷载作用下，肋中产生轴力、弯矩及扭矩，板中产生平面内力。所以，上弦节点既要能传递轴力，又要能传递弯矩。组合网架上弦节点在上弦平面内必须刚接，在上弦平面外可为铰接，即组合网架的上弦节点为半刚半铰节点。

组合网架结构型式与对应的网架结构一致，也分为平面桁架体系、四角锥体系、三角锥体系等。网架结构上弦预制板的搁置方向分为正放正方形板、斜放正方形板、正三角形板、正三角形与六角形相间的板等，对应形成两向正放类组合网架、两向斜放类组合网架、三向类组合网架和蜂窝形三角锥组合网架。

7. 网架结构的受力特点

1）周边支承网架的受力特点

以交叉桁架体系网架为例，在周边支承条件下，网架结构的传力路线如同双向板结构或交叉梁系结构。网架上的节点荷载由两个方向的桁架共同承担（荷载平衡条件），同时两个方向的桁架在各个交点处的竖向位移相等（位移协调条件）。因此，网架结构一般看成是两个方向平面桁架的组合，见图 2-82（a）。对于正交斜放交叉桁架体系网架，荷载沿桁架方向向支座传递，但其受力性能有所不同。由于两向正交斜放网架的各片桁架长短不一，而桁架等高，四角附近的短桁架刚度相对较大，对与其垂直的长桁架起弹性支承作用，长桁架在其端部产生负弯矩，从而减少了跨中弯矩，改善了网架的受力状态。但角部负弯矩对角隅处的支座产生拉力，使网角向上翘起，见图 2-82（b）。

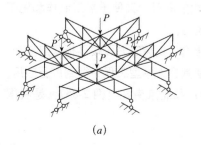

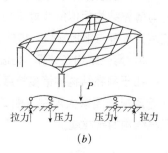

(a)　　　　　(b)

钢筋混凝土肋形板

钢筋混凝土肋形板

型钢腹杆及下弦

图 2-81　组合网架结构

图 2-82　周边支承网架结构的受力特点

(a) 正交正放网架；

(b) 正交斜放网架

2）四点支承网架结构的受力特点

网架结构为四点支承时，正交正放网架比正交斜放网架受力合理。因为，正放网架中位于柱上的桁架起到了主桁架的作用，缩短了与其相垂直的次桁架的荷载传递路线，见图 2-83（a）；而斜放网架的主桁架是柱上悬臂桁架和边桁架，其刚度较差，对角线方向的各桁架成了次桁架，荷载传递路线较长，见图 2-83（b）。因此，正交斜放网架刚度较差，内力较大。

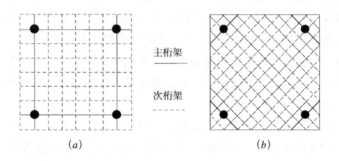

主桁架

次桁架

（a）   （b）

图 2-83　四点支承网架结构的
受力特点
（a）正交正放网架；
（b）正交斜放网架

2.7.3　网壳结构

1. 网壳结构的概念

网壳结构是网格状的壳体，或者说是曲面状的网架结构，是壳体的格构化，是网架的曲面化。

2. 网壳结构的特点

1）网壳结构的杆件主要承受轴力，结构内力分布较均匀，应力峰值较小，可充分利用材料强度。

2）可构成壳体结构的各种曲面形式，能适应各种复杂的建筑平面和形体，造型能力异常丰富，使建筑美与结构美有机结合，更好地与环境协调。

3）由于杆件尺寸与整个网壳结构的尺寸相比很小，可把网壳结构近似地看成各向同性或各向异性的连续体，便于利用钢筋混凝土薄壳结构进行理论分析和解决问题。

4）网壳结构可用直杆代替曲杆、以折面代替曲面，在保证具有与薄壳结构相似的良好受力性能的同时，又便于加工制作和施工安装，具有与平板网架一样的优越性。

5）网壳结构在计算、构造、制作、安装等方面较平板网架复杂。

由于网壳结构的诸多特点，使其在大中型工程中得到广泛应用。新近建成的国家大剧院（图 2-84）和北京南站（图 2-85），是我国网壳结构的新成就。

图 2-84　国家大剧院

图 2-85　北京南站

3. 网壳结构的分类

1）按杆件的布置层数，网壳结构可分为单层网壳和双层网壳。单层网壳是沿壳面只布置一层杆件的网壳，双层网壳是沿壳面布置两层杆件的网壳，单层网壳的最大适用跨度一般为 40m。注意，平板网架是总体上受弯的"板式构件"，它需要一定的"板厚"（网架厚度），所以必须布置双层杆件（网架上弦、下弦）；而网壳是格构式薄壳，在跨度不大、荷载不大时，沿壳面布置一层杆件即可满足承载和刚度要求，只有在跨度较大、荷载较大或受力复杂时才布置双层杆件，这是网壳与网架的重要区别。

2）按曲面形式，网壳结构分为单曲面网壳和双曲面网壳，与薄壳结构相似，可细分为筒网壳、球网壳、扭网壳以及组合网壳等。

3）按结构和材料，网壳结构分为木网壳、钢筋混凝土网壳、钢网壳、铝合金网壳、塑料网壳、玻璃钢网壳等。木网壳仅在早期的少数建筑中采用过，近年来一些木材资源丰富的国家采用胶合木网壳，跨度超过 100m。钢筋混凝土网壳结构多为装配整体式单层网壳，自重大、节点构造复杂，一般用于跨度不大于 60m 的建筑。钢网壳的钢材可采用钢管、工字钢、角钢、薄壁型钢等，重量轻、强度高、构造简单、施工方便，目前应用最多，有单层壳，也有双层壳。铝合金网壳的杆件为圆形、椭圆形、方形或矩形截面管材，重量轻、强度高、耐腐蚀、易加工、制造和安装方便，在欧美已大量应用。塑料网壳和玻璃钢网壳目前采用较少。

4. 筒网壳

筒网壳也称为柱面网壳，是零高斯曲面网格结构，其横截面常为圆弧形，也可采用椭圆形、抛物线形和双中心圆弧形等。

1）单层筒网壳

单层筒网壳是沿壳面布置一层杆件的单曲面零高斯网壳，它是最简单的网壳，主要用于中小跨度的矩形建筑平面。按网格的形式及其排列方式，单层筒网壳主要有五种布置方式：联方网格型筒网壳、弗普尔型筒网壳、单斜杆型筒网壳、双斜杆型筒网壳和三向网格型筒网壳，见图 2-86。

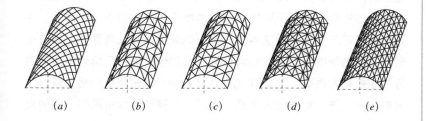

(a) (b) (c) (d) (e)

图 2-86 单层筒网壳
(a) 联方网格型；
(b) 弗普尔型；
(c) 单斜杆型；
(d) 双斜杆型；
(e) 三向网格型

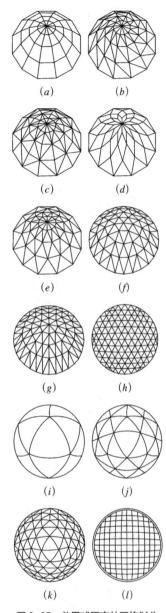

图 2-87　单层球网壳的网格划分

(a) 肋环型；

(b) 施威特勒型 1；

(c) 施威特勒型 2；

(d) 联方型 1；(e) 联方型 2；

(f) 凯威特型；(g) 凯威特型；

(h) 三向网格型；(i) 短程线型；

(j) 两频短程线型；

(k) 四频短程线型；

(l) 双向子午线型

联方型网壳受力明确，屋面荷载从两个斜向拱的方向传至基础，简捷明了；室内呈菱形网格，犹如撒开的渔网，美观大方。其缺点是稳定性较差。由于网格中每个节点连接的杆件少，故常采用钢筋混凝土结构。弗普尔型和单斜杆型筒网壳结构形式简单，用钢量少，多用于小跨度或荷载较小的情况。双斜杆型筒网壳和三向网格型筒网壳具有相对较好的刚度和稳定性，构件比较单一，设计及施工都比较简单，适用于跨度较大和不对称荷载较大的屋盖。为了增强结构刚度，单层筒网壳的端部一般都设置横向端肋拱（横隔），必要时也可在中部增设横向加强肋拱。对于长网壳，还应在跨度方向边缘设置边桁架。

2）双层筒网壳

双层筒网壳是沿壳面布置内外两层杆件的网壳，它是弯曲的网架，结构刚度和稳定性比单层筒网壳有明显提高。其壳面为双层杆件使杆件布置方式花样繁多，形式上与平板网架相似，总体上也分为桁架体系和角锥体系，放置方式上有正交正放、正交斜放、斜交斜放，还可采用各种形式的抽空等，展开后的平面与平板网架相同。

5. 球网壳

球网壳是正高斯曲面网格结构，其横截面一般为圆，故适用于圆形建筑平面。球网壳在纵向可为球体、3/4 球体、半球体、1/4 球体等，大跨度建筑中多使用矢高更小的扁壳。球网壳根据网格杆件的层数，也分为单层网球壳和双层球网壳两类。

1）单层球网壳

单层球网壳是沿球面只布置一层网格杆件的网壳。球面的网格划分有肋环型、施威特勒型、联方型、凯威特型、三向网格型、短程线型和双向子午线型，参见图 2-87。

其中，短程线是指球面上两点之间的最短曲线，该曲线位于由该两点及球心所组成的平面与球面相交的大圆上。根据几何学，圆球的最大内接正多面体是正二十面体，投影到球面上则形成 20 个完全相等的球面正等三角形，它所形成的球面网格即短程线型网格。短程线网格边长为 0.5257D（D 为球径），在建筑工程中需增加网格数量以缩短杆长。由于球体的最大内接正多面体为正二十面体，这些球面正等三角形已无法再分成更小的球面正等三角形，工程中一般按弧长相等的原则对这些网格进行再划分，球面三角形的边所划分的段数称为频率，图 2-87 (j) 为 2 频划分的短程线网格。通过不同的划分方法，可得到三角形、菱形、半菱形、六角形等不同的网格形，但以三角形网格最常见。经过多次划分后的所有小三角形虽不完全相等，但相差甚微。短程线型网格是只有一种杆长且杆长最短的球壳网格。

几种球面网格的主要特性见表 2-6。

几种球面网格的主要特性

表 2—6

网格形式	组成方式	网格形状	工程特性	适用跨度
肋环型网格	由径向杆件和环向杆件构成，无斜向杆	网格呈四边形，平面酷似蜘蛛网	杆件种类少，每个节点只汇交四根杆件，节点构造简单	中小跨度
施威特勒型网格（Schwedler）	由径向杆件、环向杆件和斜向杆件构成	网格呈三角形，规律性明显	刚度较大，能承受较大的非对称荷载	大中跨度
联方型网格	由左、右斜杆构成菱形网格，斜杆件夹角 30°～50°。为增加刚度和稳定性可加设环向杆形成三角形网格	网格呈菱形，没有径向杆件，规律性明显，造型美观、新颖，平面如同葵花	网格周边大，中间小，不够均匀，结构刚度好	大中跨度
凯威特型网格（Kiewitt）（也称平行联方型网格）	将球面分成 n 个扇形曲面（n 为 ≥6 的偶数），在每个扇形曲面内用纬向杆和斜向杆划分成较均匀的网格	网格呈三角形，每个扇区中各左斜杆相互平行，各右斜杆也相互平行	网格大小均匀，内力分布匀称，结构刚度好	大中跨度
三向网格型	由在水平投影面上互成 60°的三组杆件构成	网格呈三角形	杆件种类少，受力较明确	中小跨度
短程线型网格	将球面沿短程线分成 20 个球面正等三角形，通过多频再分形成多个三角形网格，沿网格边界布置杆件	网格呈正等三角形或近似正等三角形	网格规整均匀，杆件和节点数量少，受力性能好，内力分布均匀，传力路线短，刚度大，稳定性好	大中跨度
双向子午线网格	由位于两组子午线上的交叉杆件组成，所有杆件都是连续等曲率圆弧杆	网格均接近方形且大小基本一致	结构用料节省，施工方便	大跨度

2）双层球网壳

单层球网壳是沿球面布置内外两层网格杆件的网壳，其稳定性及经济性较单层网壳好。

双层球壳由两个同心的单层球面网格通过腹杆连接而成。各层网格的形成与单层网壳相同，选用肋环型、施威特勒型、联方型、凯威特型和双向子午线型网格时，可采用交叉桁架体系；选用三向网格型和短程线型网格时，应选用角锥体系；凯威特型网格和有纬向杆的联方型网格也可选用角锥体系。

短程线型双层球面网壳，根据内外层球面上网格划分形式的不同，可有多种形式，一种是内外两层节点不在同一半径延线上，如外层节点在内层三角形网格的中心上，则内外层网格形成三角形、

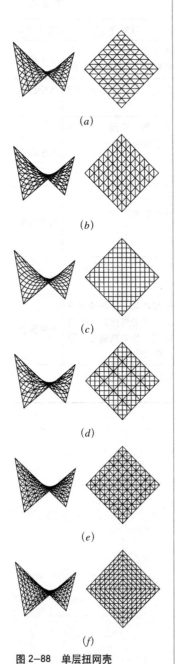

图 2-88　单层扭网壳

五边形或六边形锥体单元；另一种是内外两层节点在同一半径延线上，两个划分完全相同但大小不等的单层网壳通过腹杆连接而成，内外双层网格形成桁架体系。

3）球网壳结构受力特点

球网壳是格构化的球壳，其受力状态与圆顶受力相似，网壳的杆件为拉杆或压杆，球网壳的底座可设置或不设置环梁。理论上半球壳结构在竖向均布荷载作用下环梁拉力为零，非半球壳结构则可通过设置斜向支承结构直接平衡球壳内的水平拉力，但一般情况下设置环梁有利于增强结构的刚度。

增强网壳结构的支座约束，可使球网壳内力逐渐均匀、最大内力相应减小，同时整体稳定性也可不断提高。因此，球网壳周边支座节点以采用固定刚接支座为宜。

为增大单层球网壳的刚度，也可增设多道环梁，环梁与网壳节点用钢管焊接。为使球网壳的受力符合薄膜理论，球网壳应沿其边缘设置连续的支承结构。否则，在支座附近，应力向支座集中，内力分布将会与薄膜理论有较大出入。

6. 扭网壳

扭网壳是格构化的扭壳。扭网壳也是直纹曲面，壳面上每一点都可以确定两条互相垂直的直线，所以扭网壳可以采用直线型杆件直接形成壳面，施工简便。扭网壳为负高斯曲面壳，可避免扁壳所具有的声聚焦现象，利于室内声学设计，声响效果好。扭网壳能适应各种复杂的建筑平面，轻巧活泼，造型能力特别强。

根据网格杆件的层数，扭网壳同样分为单层扭网壳和双层扭网壳两类。

1）单层扭网壳

单层扭网壳按网格形式的不同，分为正交正放网格和正交斜放网格两种，见图 2-88。

正交正放网格的杆件沿平行于建筑边界的两个直线方向设置。为增强结构的平面内刚度和稳定性，实际工程中一般都加设斜杆，以形成三角形网格。斜杆的布置方向可沿曲面的压力拱方向，见图 2-88（a）；也可沿曲面的拉索方向，见图 2-88（b），这两种形式应用较多。

正交斜放网格的杆件沿曲面最大曲率方向设置，见图 2-88（c），杆件方向与结构传力方向一致，受力直接，结构效能高。为增强网壳平面内的抗剪切刚度、提高承受非对称荷载的能力，一般在第三方向全部或局部设置直线杆件，见图 2-88（d）~（f）。

单层扭网壳件种类少，节点连接简单，施工方便，在工程中应用较多。

2）双层扭网壳

双层扭网壳结构的构成与双层筒网壳结构相似，网格形式与单层扭网壳相同，也可分为两向正交正放网格和两向正交斜放网格。为了增强结构的稳定性，双层扭网壳一般都设置斜杆，以形成三角形网格。双层扭网壳由上、下两个形式完全相同的扭网壳组成，通过腹杆连接成桁架体系。

（1）两向正交正放扭网壳

两向正交正放扭网壳由平行或垂直于建筑边界的纵横两组桁架垂直相交组成，每榀桁架尺寸相同，各桁架的上、下弦均为直线，节点间长度相等。这种形式的扭网壳杆件规格少，制作方便，但体系稳定性差，需设置适当水平支撑及第三向桁架来增强体系的稳定性并减少网壳的垂直变形。

（2）两向正交斜放扭网壳

两向正交斜放扭网壳由与建筑边界成45°斜角的纵横两组桁架垂直相交组成。在两组桁架中，一组桁架受拉（相当于悬索），另一组桁架受压（相当于拱），充分利用了扭壳的受力特性；各桁架的上、下弦同向受力，均匀变化，形成了壳体的工作状态。这种形式的扭网壳体系稳定性好，刚度较大，变形较小，无需设置较多的第三向桁架，但桁架杆件尺寸变化多，施工难度高于正交正放扭网壳。

如北京体育学院体育馆（图2-89），屋盖结构为四块组合型扭网壳，采用了正交正放网格的双层扭网壳结构。建筑平面尺寸59.2m×59.2m，跨度52.2m，挑檐3.5m，四角带落地斜撑，矢高3.5m，网格尺寸2.90m×2.90m。整个结构桁架中的上、下弦等长，斜腹杆等长，竖腹杆也等长，简化了网壳的制作与安装。

四川省德阳体育馆（图2-90），屋盖平面为菱形，边长74.87m，对角线长105.80m，四周悬挑，两翘角部位最大悬挑长度为16.50m，其余周边悬挑长度为6.60m。屋盖结构为两向正交斜放网格的双层扭网壳。网壳曲面矢高14.50m，最高点上弦球中心标高32.1m，屋盖覆盖平面面积5575.68m²。网壳上面铺设四棱锥形GRC屋面板，构成了新颖、美观、别具一格的建筑造型，是扭网壳结构的典型代表。

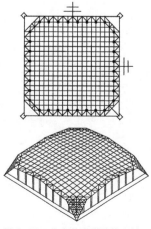

图2-89 北京体育学院体育馆

3）扭网壳结构受力特点

扭网壳的受力特点和扭壳相似，两组正交的斜直线视作支承在边缘构件上一系列上凸受压拱和下凹受拉索的组合。当壳面承受满布均布荷载时，拱的推力与拉索拉力自然平衡，可认为这时壳面上

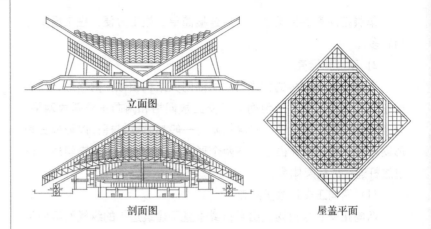

立面图

剖面图

屋盖平面

图 2-90　四川德阳体育馆

每一点的法向正应力都为零，顺剪力平行于直纹方向；在顺剪力作用下，壳面的一个方向为主拉应力，由受拉索承受，另一与它垂直的方向为主压应力，由受压拱承受，壳面均布荷载就等于分配给正交的压拱和拉索后传递给边缘构件。当壳面呈足够扁平状态时，整个壳面上的剪应力和主应力大体都是等值的，从而处于一种优化状态。但这种优化状态是基于壳面扁平、呈矩形，且在满壳面均布荷载作用下，边缘构件与壳面铰接等条件下，才可能是相容的。它的不相容性必然会在壳面和边缘构件间产生附加的弯矩和剪力，因而它们相交处的壳面宜适当加厚。双曲抛物面壳壁的厚度一般不以它的材料强度为准，而以构造和施工要求（钢筋的混凝土保护层厚度、防渗要求、喷射或浇筑混凝土要求等）来确定。

7. 组合网壳

组合网壳是指将各种网壳进行切割、组合所形成的网壳结构。单一网壳有时不能完全适应设计要求，这时一般会选择多个形式上相同或不同的网壳进行切割、组合，于是形成组合网壳。组合网壳扩大了网壳结构的适用范围，能更好地适应复杂的建筑平面，也有利于创造出更加新颖、活泼的建筑造型。

1）柱面与球面组合

当建筑平面呈长椭圆形时，可采用柱面与球面相组合的壳面形式。这种组合网壳结构的中部部分为柱面网壳，在两端分别为四分之一球网壳，形成一个形如半个胶囊的网壳，对于平面长度较大的体育馆建筑比较适合。由于跨度大，这类结构常常采用双层网壳结构，且一般为等厚度网壳。如日本秋田体育馆，平面尺寸为99.1m×169m，中间的柱面网壳长70m，两端的四分之一球壳半径为43m，四周以斜柱支承。

柱面与球面组合时，柱面壳部分和球壳部分具有不同的曲率和刚度，需考虑两者之间如何连接和过渡。在图 2-91 (a) 中，在柱面壳与球壳之间设分隔缝，屋盖分为独立的三部分；在图 2-91 (b) 中，柱面壳与球壳完整地连在一起，两者过渡较顺畅自然。

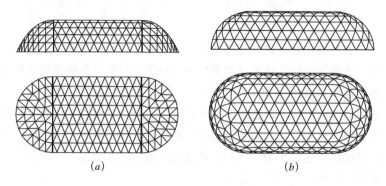

(a)   (b)

图 2-91　柱面壳与球面壳的组合

2）组合椭圆抛物面网壳

组合椭圆抛物面网壳是由椭圆抛物面网壳切割、组合形成的，典型代表是肇庆体育馆。该体育馆建筑平面为截角的正方形，边长 75m，屋盖结构由椭圆抛物面切割组合而成，整个结构酷似一朵覆地的莲花，见图 2-92。单个网壳由两组正交正放的双层抛物线拱桁架组成，矢高分别为 10.97m 和 5.20m，网格投影尺寸为 2687mm×2687mm，网壳厚度为 2m。

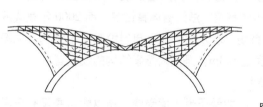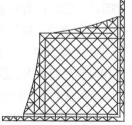

图 2-92　广东肇庆体育馆屋盖

2.8　悬索、悬吊及斜拉结构

2.8.1　悬索结构

1.悬索结构概述

1）悬索结构的概念

悬索结构是由受拉索、边缘构件和下部支承构件组成的柔性承重结构，如图 2-93 所示。拉索按一定规律布置形成不同的悬索体系，通过边缘构件和下部支承将荷载传递到基础。拉索一般是高强度钢丝制作的钢绞线或钢丝束，边缘构件和下部支承多为钢筋混凝土结构。

图 2-93　悬索结构的组成

自然界的悬索结构当推蜘蛛网，而晾衣绳和吊床是日常生活中常见的悬索结构。悬索结构最早用于桥梁，有据可查的我国最早的索桥是四川益州（今成都）的笮桥，建于秦李冰任蜀守时期（李冰还主持建造了举世闻名的都江堰工程）；杨衒之在《洛阳伽蓝记》中记载的公元 519 年北魏时新疆的铁索桥是世界上最早的铁索桥（国外同类桥梁出现于 16 世纪）；贵州盘江桥、四川泸定桥、云南霁虹桥在国际桥梁史上负有盛名。

自 20 世纪初出现现代大跨悬索桥后，后又将悬索用作房屋结构，并逐步在体育、博览、会堂、商场、飞机库等大中型公共建筑和工业建筑中使用。悬索结构可单独作为屋盖承重结构，也可与其他结构体系组合，形成应用更广泛的混合结构。目前不少有代表性的大跨建筑都是悬索与其他结构的混合，如 1964 年东京奥运会代代木体育馆（144m×214m）、1980 年莫斯科奥运会中心运动场（184m×224m）、1988 年加拿大卡尔加里冬奥会滑冰馆（圆形直径135m）。国内也有许多采用悬索的大跨度建筑，如青岛体育馆、北京朝阳体育馆、四川省体育馆、浙江省体育馆等，而 2000 年建成的浙江黄龙体育中心体育场，观众席雨篷采用斜拉索悬吊结构（见图2-106），悬索最大长度达 143m，是国内悬索结构的佼佼者。

2）悬索结构的特点

（1）索只能受拉，不能受压也不能受弯，所以索自身没有压屈问题。

（2）索属于柔性构件，本身没有刚度，不同的荷载分布将可导致索的不同形状，所以用索作结构必须采取稳定措施，使索结构在荷载有变化时不改变其总体形状。

（3）索属于柔性受拉构件，在荷载一定时，索中的拉力大小与索的垂度有关，为维持索的形状并保证足够的拉力传递，索的两端必须可靠锚固在不能移动的拉力支座上。

（4）索结构一般用高强度材料制作，屋盖也较轻，这种柔软、轻盈的屋盖结构在阵风作用下会引起振颤，工程上需采取措施阻止这种颤动。

（5）索材料一般为钢绞线和钢索，也可使用具有一定刚性的型钢、钢管或预应力混凝土板。

3）悬索结构的分类

悬索屋盖结构按屋面几何形式的不同，可分为单曲面和双曲面两类；根据拉索布置方式的不同，可分为单层悬索体系、双层悬索体系、交叉索网体系。

4）悬索结构的受力与变形

单根悬索的受力与拱相似，都属于轴心受力构件，但拱是轴心受压构件，而悬索是轴心受拉构件，在充分发挥钢材特别是高强度钢材的抗拉强度方面，悬索是一种理想的结构。

（1）索的拉力。

绘制单跨悬索的计算简图见图2-94。由于钢拉索是柔性的，不能受弯，因此索的端支座应为不动铰支座。在竖向均布荷载 q 作用下，悬索呈抛物线形，跨中垂度为 f，计算跨度为 l，索支座水平反力为 H。从中截取一段作为隔离体，索在计算截面的拉力为 N_x，N_x 为沿索的切线方向，与水平线夹角为 α，见图2-94（a）。根据平衡条件 $\sum X = 0$，可得：

$N\cos\alpha = H$，即索的拉力为 $N = H/\cos\alpha$。

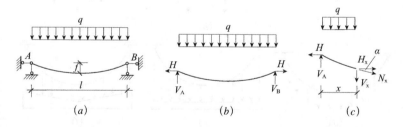

图2-94　悬索结构的受力分析

支座处 α 最大，索的拉力也最大；跨中 $\alpha = 0$，索的拉力最小，其值为 $N = ql^2/8f$。

可见，索的拉力与跨度 l 的平方成正比，与垂度 f 成反比。跨度越大，索的拉力越大；垂度越大，索的拉力越小。

（2）索的支座反力。

在沿跨度方向分布的竖向均布荷载 q 作用下，根据平衡条件，$\sum Y=0$，支座的竖向反力为 $V_A=V_B=ql/2$。

因为索中任一截面的弯矩均为零，以跨中截面为矩心，则有

$$\frac{1}{8}ql^2 - Hf = 0，H = \frac{ql^2}{8f} = \frac{M_0}{f}，或 f = \frac{M_0}{H}$$

式中 M_0——与悬索结构跨度和荷载相同的简支梁的跨中弯矩，

$$M_0=ql^2/8。$$

由上式可知，在竖向荷载作用下，悬索支座受到水平拉力的作用，该水平拉力的大小等于相同跨度简支梁在相同荷载作用下的跨中弯矩除以悬索的垂度。当荷载及跨度一定时（即 M_0 一定时），悬索支座反力 H 的大小与索的垂度 f 成反比，f 越小，H 越大，f 接近 0 时，H 趋于无穷大。另外，悬索支座水平拉力 H 与跨度 l 的平方成正比。跨度越大，支座反力越大。

（3）悬索的变形

悬索是柔性受拉构件，不能承受弯矩和剪力，索的抗弯刚度可完全忽略不计，因此索的形状会随荷载的不同而改变，见图 2-95。悬索承受单一集中荷载作用时，索的形状为三角形；承受多个集中荷载作用时为索多边形；仅承受自重作用时为悬链线，而当索承受均布竖向荷载时，则为抛物线；当竖向荷载自跨中向两侧增加时，则为椭圆。

图 2-95　悬索结构的变形
(a) 三角形；
(b) 梯形；
(c) 索多边形；
(d) 悬链线；
(e) 抛物线；
(f) 椭圆

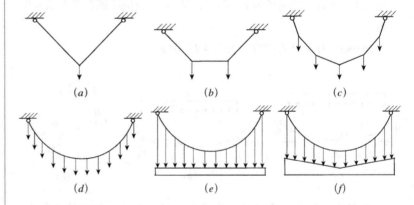

2. 单层悬索体系

单层悬索体系是只布置一层索的悬索结构。这种体系传力明确，构造简单，但屋面稳定性差，抗风吸能力小，适用于中小跨度且屋盖有一定重量的建筑。

单层悬索体系分为单曲面单层拉索体系和双曲面单层拉索体系。

1）单曲面单层悬索体系

单曲面单层悬索体系也称单层平行索系。它由许多平行的单根拉索组成，屋盖表面为凹面，见图 2-96。拉索两端支点可以是等高的，也可以是不等高的，拉索可以是单跨的，也可以是多跨连续的。

单曲面单层悬索体系中，拉索水平力必须通过适当方式传至基础。一般有以下几种：

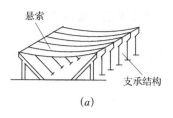

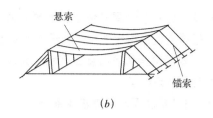

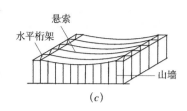

（a）　　　　　　　　　　　（b）　　　　　　　　　　　（c）

（1）拉索水平力通过竖向承重结构传至基础，索的两端锚固在具有足够抗侧刚度的竖向承重结构上，如斜柱、侧边框架结构等，见图 2-96（a）。这种方式特别适用于体育馆建筑。

（2）拉索水平力通过拉锚传至基础。拉索的拉力也可在柱顶改变方向后通过拉锚传至基础，见图 2-96（b）。

（3）拉索水平力通过刚性水平构件集中传至抗侧力墙体。如图 2-96（c）所示，拉索锚固于端部水平结构（水平梁或桁架）上，该水平结构具有较大的刚度，可将悬索的拉力传至建筑物两端的山墙，利用山墙受压实现平衡；也可在建筑的外部设置抗侧力墙或扶壁，通过特设的抗压构件平衡。

2）双曲面单层悬索体系

双曲面单层悬索体系是在圆形建筑平面的边缘构件与中心环梁之间呈辐射状布置的旋转曲面型单层索系，也称单层辐射索系，见图2-97。双曲面单层索系有碟形和伞形两种。碟形索对屋面排水不利，伞形索有中间立柱影响建筑空间。

3. 双层悬索体系

双层悬索体系是由一系列下凹的承重索和上凸的稳定索组成的悬索结构，见图2-98。承重索和稳定索一般位于同一竖向平面内，并通过受拉钢索或受压撑杆联系。联系杆可斜向布置，构成类似于屋架的结构体系（称为索桁架），也可布置成竖腹杆形式（称为索梁）。由于腹杆布置关系的不同，它可能受拉也可能受压。

双层悬索体系的特点是稳定性好，整体刚度大，反向曲率的索系可承受不同方向的荷载作用；通过调整承重索、稳定索或腹杆的

图 2-96　单层单曲面悬索体系

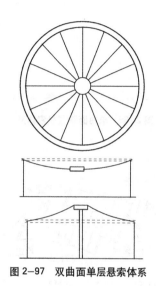

图 2-97　双曲面单层悬索体系

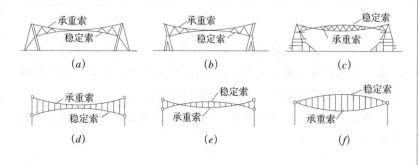

（a）　　　　　　　　（b）　　　　　　　　（c）

（d）　　　　　　　　（e）　　　　　　　　（f）

图 2-98　双层悬索体系

长度，可对整个屋盖体系施加预应力，增强了屋盖的整体性；可采用轻质高效保温屋面，以利于减轻屋盖自重、节约材料。

双层悬索体系按屋面形状分为单曲面双层悬索体系和双曲面双层悬索体系两类。

1）单曲面双层悬索体系

单曲面双层悬索体系也称双层平行索系，常用于矩形平面的单跨或多跨建筑，见图2-99。承重索的垂度一般取跨度的1/15～1/20，稳定索的拱度则取1/20～1/25。与单层悬索体系一样，双层索系两端也必须锚固在侧边构件上，或通过锚索固定在基础上。

图2-99 单曲面双层悬索体系

单曲面双层拉索体系中的承重索和稳定索也可不在同一竖向平面内，而是相互错开布置，构成波形屋面，见图2-100。此种波形屋面可有效解决屋面排水问题。承重索与稳定索之间靠变长的拉杆连接，并借以施加预应力。

2）双曲面双层悬索体系

双曲面双层悬索体系也称为双层辐射索系。

承重索和稳定索均沿辐射方向布置，周围支承在周边柱顶的受压环梁上，中心则设置受拉内环梁，整个屋盖支承于外墙或周边柱上。根据承重索和稳定索的关系所形成的屋面可为上、下凹或交叉形，相应地在周边柱顶应设置一道或两道受压环梁，见图2-101。通过调整承重索、稳定索或腹杆的长度并利用中心环受拉或受压，也可以对拉索体系施加预应力。

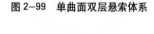

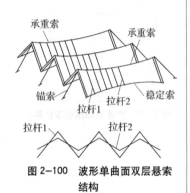

图2-100 波形单曲面双层悬索结构

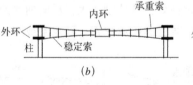
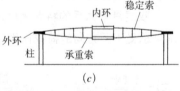

(a)　　　　　　　　(b)　　　　　　　　(c)

图2-101 双曲面双层悬索体系

双曲面双层悬索结构的中心内环梁受力和构造均很复杂，使用不便。成都市城北体育馆将中心环由受拉环改为构造环，它不是将钢索锚固而是绕过中心环，使其由受拉变为受压。

双层辐射索系多用于圆形、椭圆形、正多边形或扁多边形建筑平面。

3) 交叉索网体系

交叉索网体系也称为鞍形索网，是承重索和稳定索布置在同一平面的负高斯双曲抛物面悬索结构。这种体系由两组相互正交、曲率相反的受拉索交叠而成，承重索在下且下凹，稳定索在上且上凸。交叉索网通常都施加预应力，以增强屋盖系统的稳定性和整体刚度。

应注意交叉索网与扭网壳的根本区别。虽然它们在外形上都属于马鞍形，但扭网壳有拉杆（索方向）和压杆（拱方向）之分，而交叉索网的承重索（下凹）和稳定索（上凸）均为拉索，不可混淆。

交叉索网体系刚度大、变形小、具有反向受力能力，结构稳定性好，适用于圆形、椭圆形、菱形等大跨度建筑平面。它的边缘构件形式丰富多变，造型优美，利于屋面排水，因而应用广泛；其屋面一般采用轻质材料如卷材、铝板、薄膜等，以减轻自重、降低造价。

交叉索网体系需设置强劲的边缘构件，以锚固不同方向的拉索。由于每根索的拉力大小、方向均不相同，边缘构件受力复杂，弯矩、扭矩很大，故截面较大。若截面过小，将影响索网的刚度。交叉索网体系中边缘构件的形式很多，常见的有以下几种：

（1）边缘构件为闭合曲线形环梁

边缘构件为马鞍形闭合曲线环梁，支承在下部的柱或承重墙上，见图 2-102（a）。如 1969 年建成的浙江人民体育馆，平面呈椭圆形，长短轴各为 80m、60m，鞍形屋面最高点与最低点相差 7m，边缘构件为截面 2000mm×800mm 的钢筋混凝土环梁。

（2）边缘构件为落地交叉拱

边缘构件为倾斜抛物线拱，拱在一定高度相交后落地，见图 2-102（b）。拱水平推力通过地下拉杆平衡，交叉索网中的承重索在锚固点与拱平面相切，其传力路线清楚合理。

（3）边缘构件为不落地交叉拱

边缘构件为倾斜的抛物线拱，两拱在屋面相交，见图 2-102（c）、（d）。拱的水平推力在一个方向相互抵消，在另一个方向则必须设置拉索或刚劲的竖向构件，如扶壁或斜柱等，以平衡其向外的水平合力。

（4）边缘构件为一对不相交落地拱

边缘构件的一对落地拱不相交，各自独立，以满足建筑造型要求，见图 2-102（e）。

（5）边缘构件为拉索结构

以拉索作为边缘构件，见图 2-102（f）。这种索网结构可根据需要设立柱，并可做成任意高度，覆盖任意空间，造型活泼，布置灵活。

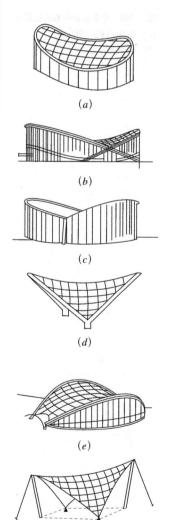

(a)

(b)

(c)

(d)

(e)

(f)

图 2-102　交叉索网体系及其边缘构件的形式

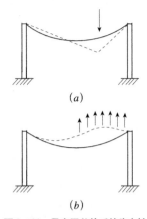

图 2-103 悬索屋盖体系的稳定性
(a) 集中荷载的影响；
(b) 风荷载的影响

4. 悬索结构的稳定

索屋盖结构稳定性差，主要表现在两个方面，一是适应荷载变化能力差，二是抗风吸和抗风振能力差，见图 2-103。

为使单层悬索屋盖结构具有必要的稳定性，一般可采取以下措施：

1）增加悬索结构上的荷载

可采取加重索上荷载（如采用钢筋混凝土屋面板）、在索下吊挂重荷载（如增加吊顶重量）等方法，增加屋盖自重。一般地，当屋盖自重超过最大风吸力的 1.1 ~ 1.3 倍时，认为是安全的。较大的分布恒载使悬索始终保持较大的张紧力，可加强其维持原始形状的能力，提高其抵抗机构性变形的能力。

2）形成预应力索—壳组合结构

对索上的钢筋混凝土屋面施加预应力，使形成倒挂的薄壳与悬索共同受力，整体工作。

3）形成索—梁或索—桁架组合结构

在单曲面单层拉索体系的拉索上搁置横向加劲梁或横向加劲桁架，形成索—梁或索—桁架组合结构。横向加劲梁具有一定的抗弯刚度，在两端与山墙相连，并与各悬索在相交处互相连接。加劲梁使原单独工作的悬索连成整体，并与索共同抵抗外荷载。在集中和不均匀荷载作用下，梁能将局部荷载分配到其他的索，使更多的索参与工作，从而改善了整个屋面的受力和变形性能。同时，适当下压横向加强梁，还可在索—梁体系中形成应力，进一步提高屋盖结构的刚度，也同时解决了悬索的稳定问题。

4）增设相反曲率的稳定索

在单曲面索系中增设相反曲率的稳定索，形成双层索系或交叉索网。通过调整受拉索或受压杆的长度，可对悬索体系施加预应力，使承重索和稳定索内始终保持足够大的张紧力，能提高整个体系的稳定性和抗震能力。此外由于存在预张力，稳定索能同承重索一起抵抗竖向荷载作用，从而提高了整个体系的刚度。

2.8.2 悬吊结构

悬吊结构是以核心筒、刚架、拱等作为主要竖向承重骨架，通过钢丝束、吊索等吊挂楼板而形成的一种结构体系，见图 2-104。由于受拉的钢丝束与受压的核芯筒、刚架或拱受力明确，可充分发挥钢筋混凝土与高强度钢丝的强度优势，因此这种结构具有自重轻、用钢量少、有效面积大等优点。

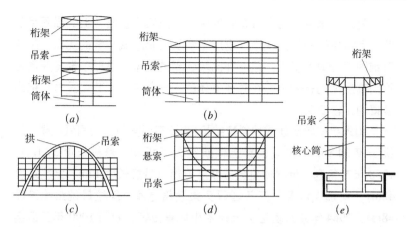

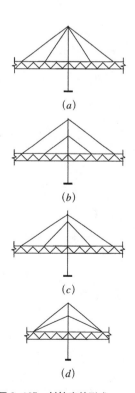

图 2-104 悬吊结构

悬吊结构的另一特点是悬挂部分不落地、基础面积小，可最大限度地减少建筑物对地面层的影响，增加地面公共活动空间和绿化面积；还可减少新建筑对原有建筑的影响，对旧区改造，以及在密集的建筑群中建造新的高层建筑，具有特别重要的意义。

悬吊结构属于悬挂结构体系（见表 2-2），该体系还包括悬索结构和斜拉结构，共同特征是使用拉索或其他受拉杆件辅助承重。悬吊结构是悬挂结构在高层建筑结构中的拓展和灵活运用，它不是一种独立的结构形式，需和其他结构配合工作，故也属于混合结构。

2.8.3 斜拉结构

斜拉结构是指利用拉索或拉杆从倾斜方向拉吊其他水平结构构件的结构，它可有效地减少水平构件的跨度，或增加其悬挑长度、覆盖面积，建筑设计中常用的吊杆式雨篷即为最简单的斜拉结构。在大跨度建筑结构中，常利用固定在塔柱顶端的斜拉索吊挂支承在其他结构或支座上的梁、板、桁架、壳体、网架、网壳等，减小其计算跨度、增加支座约束、改变构件受弯特性和传力途径，以减小构件截面尺寸、降低材料用量、减小倾覆力矩、提高结构的安全储备。

斜拉索是斜拉结构的核心，可根据建筑造型要求、塔柱位置及结构传力要求灵活布置。当塔柱位于建筑平面内部时，斜拉索可沿塔柱周围按辐射式、竖琴式、扇形或星形等形式多向或单向布置，见图 2-105。

在斜拉结构中，索张力的竖向分力与荷载方向相反，这有助于屋盖结构减荷，而水平分力则会引起杆件轴力、导致内力增加。因此，一般斜拉索与其所悬挂的屋盖水平面间的夹角不宜小于 25°。在塔高相同时，采用辐射式布索可使斜拉索与结构水平面之获得较大的倾角，效果较好，工程中应用较多；但各索在柱顶汇交，构造与施

图 2-105 斜拉索的形式
(a) 辐射式；(b) 竖琴式；
(c) 扇形；(d) 星形

(a)

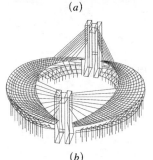

(b)

图2-106 浙江黄龙体育中心体育场

(a) 体育场实景照片；

(b) 观众席雨篷结构示意图

工均复杂。采用分层平行布索的竖琴式方案可使塔柱上的锚固点分散，但斜拉索的倾角较小。扇形布索既有辐射式布索的优点，又兼有锚固点分散的优点，是一种比较合理的索型。星形布索将在塔柱不同高度上的各索锚固在悬挂主体的同一节点上，节点受力和锚固装置均比较复杂。

国外早些年已建成的斜拉结构，主要有泛美航空公司候机楼（悬挑长度34.8m）、美国世界运输航空公司机库（悬挑长度37.1m）、1958年布鲁塞尔世界博览会苏联展览馆（悬挑长度12m，结构跨度48m）、新加坡港务局开普区码头集装箱仓库（斜拉悬挑结构跨度48m）、1964年东京奥运会代代木小体育馆等。我国1990年亚运会综合馆和游泳馆使用了斜拉结构；2000年建成的浙江黄龙体育中心体育场，观众席雨篷采用斜拉结构，最大拉索长度143m，见图2-106。最近完成的南京火车站改建工程，站房主体也采用了斜拉结构。

2.9 薄膜结构

薄膜结构是以柔软材料作为屋盖承重结构的一种结构形式，它以性能优良的柔软织物为材料，通过充气、拉索或刚性支撑结构将薄膜张紧，形成具有一定刚度、能够覆盖大跨度空间的结构体系。薄膜结构具有质轻、柔软、不透水透气、耐火性好、有一定透光率、有足够的受拉承载力等特点，多用于体育、展览、商场、仓库、服务设施等大跨度建筑中。

薄膜结构是一种古老的结构型式，自然界中的水泡、蝙蝠翼、日常生活中气球、救生圈、雨伞、风帆、风筝、帐篷以及乐器大鼓等都是薄膜结构的实例。

在薄膜结构中，在膜面上建立张力（预拉应力）对于维持膜的空间工作状态非常重要。

1. 薄膜结构的工程特点

1）薄膜结构材质柔软，重量轻，易于折叠和搭设，便于携带。

2）薄膜结构是靠膜面张力工作的，与传统的结构不同。膜材本身抗弯刚度几乎为零，通过不同的支撑体系使薄膜产生张力，形成具有一定刚度的稳定曲面，可承受较大的荷载作用。

3）力学特性优良。以织物与有机涂料复合而成的薄膜材料的抗拉强度很高，薄膜材料只承受膜面张力，可充分发挥材料的受拉性能。膜材厚度小、重量轻，是结构效能最大的一种结构类型。

4）抗震和防灾性能好。薄膜结构自重轻，地震反应小，本身为柔性结构具有良好的变形性能，易于耗散地震能量。地震发生时，薄膜结构即使破坏也不会造成人员伤亡，更不会造成支承结构或下部承重结构的连锁性破坏。膜材大多为不燃或阻燃材料，耐火性好，增强了建筑物的防灾能力。

5）建筑物理性能好。薄膜材料防雨、挡风、半透光，可降低室内照明能源消耗。薄膜材料的透光率能基本满足大跨度建筑平时采光要求，白天使用一般不需要人工照明。

6）结构制作方便，施工速度快，造价低。薄膜材料轻质、柔软，可在工厂预加工后运往施工现场，搬运和现场施工均较方便。它施工时不需要脚手架，可使屋盖工程工期显著缩短。国外的数据表明，运动场的薄膜结构屋盖比一般结构如钢筋混凝土薄壳或钢桁架降低单项工程造价 50%，工程总造价可降低 15% ～ 20%，工期缩短 1/2 ～ 1/4。

7）薄膜结构耐久性较差。一般认为薄膜结构的设计寿命在 20 年左右，作为永久性屋盖结构不大适宜，所以"水立方"是将其作为围护结构使用的。另外，由于薄膜张力的连续性，薄膜局部破坏就会造成整个薄膜结构的失效。

2. 薄膜结构的分类

薄膜结构可分为充气薄膜结构、悬挂薄膜结构和骨架支撑薄膜结构三类。

1）充气薄膜结构。充气薄膜结构是气囊式结构，经充气后利用气囊内外的空气压差维持结构形状并承受荷载。充气结构通常分为气压式、气承式和混合式三种。

（1）气压式薄膜结构

气压式薄膜结构也称气胀式薄膜结构，它是在若干充气肋或充气被的密闭空间内充气保持气囊压力、形成具有支承能力的结构，如图 2-107 所示，工作原理与游泳救生圈相似。薄膜结构可直接落地构成建筑空间，也可作为屋顶搁置在墙、柱等竖向承重构件上。

气压式薄膜结构可分为气肋型和气被型。气肋型类似于游泳场中的气床，由若干充气管肋组成结构框架，管肋内气量不大，结构稳定性较好，适用于小跨度结构。气被型类似于暖水袋，双层薄膜之间充入空气，充气量较大，适用跨度较气肋型大。

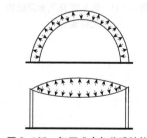

图 2-107　气压式充气薄膜结构

图 2-108 是建于 1959 年的波士顿艺术中心剧场，是一个直径为 44m 的圆盘形充气屋盖，中心高 6m，双层屋面用拉链连接，固定在柱上的受压钢环上。屋面用两台风机充气，整个屋面倾斜，底部凸出有利于音响效果组织。

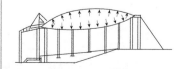

图 2-108　波士顿艺术中心剧场

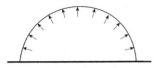

图 2-109　气承式充气薄膜结构

图 2-110　气承式结构拉索布置

（2）气承式薄膜结构

气承式薄膜结构是非密闭型气囊结构，依靠不间断地向气囊内充气以维持适当的正压，使结构自行撑起以承受自重和外荷载的作用，如图 2-109 所示。气承式薄膜结构的室内气压稍高于大气压，具有抬升趋势，一般可采用沿周边布置砂包或沿四周及对角线方向布置拉索来保证屋盖结构的整体稳定性。这种结构对薄膜材料的气密性要求不高，结构简单、使用可靠，建造快、价格低，在内部设拉索时其跨度和面积可无限制扩大，应用较为广泛。

气承式薄膜结构的承载能力依赖于支承薄膜的气压、与地面锚固的手段及进出建筑的方式。它需要不间断地向室内送风，以保证适当的室内外气压差，因此需要有一整套加压送风的机械设备、控制系统和长期的能源消耗。对出入口要进行适当的处置，以防空气泄漏。

当覆盖面积较大时，应在气承式结构中增加拉索系统。拉索的布置应考虑覆盖面积、平面形状、支承结构的形式等因素，可单向亦可双向布置，相互交叉的钢索构成矩形或菱形网格（图 2-110）。对于椭圆形、圆角正方形、切角矩形等平面，拉索的方向应平行于对角线，可使支撑环梁的弯矩为零或最小。而对于长宽比较大的矩形平面，则宜采用单向平行索，拉索的距离，依薄膜强度、膜壳形状和风荷载大小而定。

图 2-111 是几个气承式充气薄膜结构的工程实例。

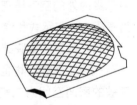

图 2-111　气承式充气薄膜结构工程实例

（3）混合式薄膜结构

由于气压式薄膜结构和气承式薄膜结构都有其局限性，于是便出现了混合式结构。混合式结构有两种形式，一种是将气压式结构与气承式结构混合，以充分发挥它们的各自优点，另一种是将充气结构与其他结构相结合，其变化更是无穷。

图 2-112 是 1960 年美国原子能委员会流动展厅，是由两个高低拱连成的马鞍形混合充气结构。它长 90m，最宽处 38m，最高处 18m，双层涂乙烯基尼龙薄膜，层间有 1.2m 的空气层，分成 8 个气仓，在任何一仓受损时仍能维持整个结构的稳定。内外层薄膜的压力差

分别为 49 个和 8 个水柱，双层膜间的空气可以满足建筑保温和隔热需要，不再需要空调设备。建筑两端出入口处有用刚性框架支撑的转门，两端的充气雨篷起气锁的作用。

在荷载作用下薄膜结构会产生大变形，这对充气结构来说有时是灾难性的。在雪荷载作用下，雪压力会造成膜壳体下沉，下沉的袋状屋面又会加剧冰雪聚集，过大的变形会造成薄膜撕裂。因此，必须采取措施控制屋盖雨雪集积。一般可通过不断改变充气压力来清除积雪，并保持较高的充气压力来维持薄膜结构的形状，有时也需要设置专门的装置对双层薄膜之间的空气进行加热，或直接对薄膜进行加热。

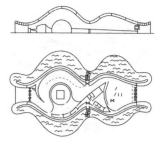

图 2—112 美国原子能委员会流动展厅

北京奥运建筑国家游泳中心（水立方），是世界上最大的混合薄膜结构（图 2-113）。其主体结构为"新型多面体空间钢结构"（为一种变形钢刚架），而以 ETFE（乙烯—四氟乙烯共聚物）薄膜为围护结构，抗压、绝水、环保、节能、透光、保温，代表了我国和世界薄膜结构的最新成就。

2) 悬挂薄膜结构

悬挂薄膜结构类似于雨伞，它采用桅杆、拱、拉索等支承结构将薄膜张挂起来，向膜面施加拉力使膜张紧，形成稳定的薄膜屋盖结构（图 2-114），造型新颖，适合于中小跨度建筑。

图 2—113 国家游泳中心（水立方）

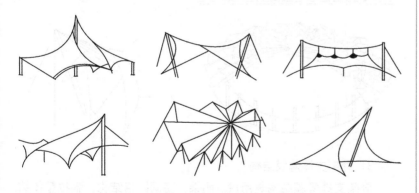

图 2—114 悬挂薄膜结构

与悬索结构类似，薄膜结构在不同的荷载作用下其形状也是不稳定的，需根据荷载情况调整膜形状并施加适当的预应力，使之能承受各种可能出现的荷载。最简单的方法是采用负高斯曲面，使两个曲率方向相反的薄膜纤维相互约束、自相平衡，这时再施加适当的预应力，则可提高其刚度，增强结构的稳定性。预应力的大小应使薄膜在任何荷载条件下均受拉，防止薄膜的任何部分或任何构件松动，亦即预应力所产生的拉力应足以抵消薄膜在荷载作用下可能产生的压力。

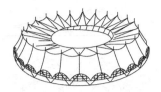

图 2-115　沙特阿拉伯法赫德国际体育场

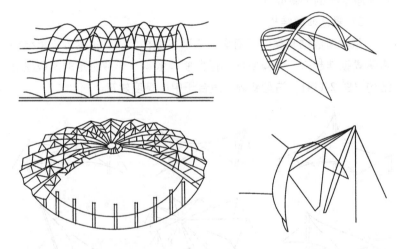

图 2-116　骨架支撑薄膜结构

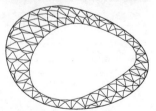

图 2-117　上海体育场

悬挂薄膜结构的支承方式一般有两种：由索或拱所产生的波状曲线支承，或在内部由桅杆形成的点支承。两种支承及其组合使薄膜形成鞍形曲面，使薄膜结构的受力性能相当于悬索结构中的交叉索网体系。

图 2-115 为沙特阿拉伯首都利雅得法赫德国际体育场轻型遮阳屋盖，是世界上最大的悬挂薄膜结构之一。体育场场地 188.7m×128m，平面形状呈椭圆形，遮阳屋盖为圆环形，比赛场的正中敞开，开口直径 134m。屋盖外围直径 290m，覆盖着整个观众席，24 根帐篷主桅杆布置在外围直径为 246m 的圆周上。从主桅杆到中心环梁，屋盖的悬臂长度为 56m。主桅杆高 59m，外径 1027mm，壁厚 20mm；边桅杆长 29.7m，外径 900mm，厚 30mm。屋盖所用镀锌碳素钢索用聚氯乙烯包覆，总长 18.2km，最大直径 74mm。屋盖用玻璃纤维织物加聚四氟乙烯涂层的半透明薄膜覆盖，厚 1mm，整个环状屋盖共 96 块薄膜，每块面积约 800m²，共计 76800m²。

3）骨架支撑薄膜结构

骨架支撑薄膜结构是用拱、刚架、空间网格结构、张拉整体结构等刚性骨架支撑薄膜的结构（图 2-116），类似于帐篷。它以薄膜作为屋盖结构的覆盖层，屋面自重较轻，构造简单，适用于各类大跨度建筑。这种薄膜结构的承载力由骨架支撑结构提供，对薄膜的强度要求较低，保养维护也简单。骨架支撑薄膜结构的典型实例是上海体育场（图 2-117），屋盖结构由 64 榀悬挑主桁架和 2～4 道环向次桁架组成马鞍形大型悬挑钢管空间结构，屋盖最长悬挑达 73.5m，为世界之最；屋面覆以赛福龙涂面玻璃纤维成型薄膜，薄膜覆盖面积为 36100m²。

2.10 混合结构、巨型结构及其他结构

2.10.1 混合空间结构

1. 混合空间结构的概念

混合空间结构是混合结构的一个分支。所谓混合结构，是指在同一结构中采用两种或两种以上不同结构形式或不同材料结构构件的复合型结构。结构形式的复合有筒体—框架结构、筒体—桁架结构、刚架—悬索结构、刚架—网架结构等几种，不同材料结构构件的复合有型钢—钢筋混凝土结构、砌体—钢筋混凝土结构、钢—木结构等几种。混合结构分为高层混合结构和大跨混合结构，这里的混合空间结构是指大跨混合结构。

大跨度建筑的结构形式有刚架结构、桁架结构、拱式结构、薄壳结构、平板网架结构、网壳结构、悬索结构等，混合空间结构则是由这些结构形式中的两种或三种有机组合成的新结构。一般地，混合空间结构中常以巨大的刚架、拱、悬索或斜拉结构作为巨型骨架（也勾勒出了建筑的外形），然后在巨型骨架、侧边构件或周边承重结构之间布置平板网架、网壳、悬索等屋盖系统，形成外形轻巧、造型丰富的建筑体型，是一种经济合理的大跨度结构体系。巨型骨架和屋盖可进行多种组合形成不同的结构方案，见表2-7。

混合空间结构的组成 表2-7

屋盖结构 巨型骨架	平板网架	壳体结构（网壳、薄壳）	悬索
刚架	屋盖结构由刚架、网架和周边柱组成。网架一部分支承在刚柱架上，一部分支承在周边柱上	屋盖结构由刚架、网壳和周边柱组成。网壳一部分支承在刚架上，一部分支承在周边柱上	屋盖结构由刚架、悬索、侧边构件组成。以刚架作为巨型骨架结构，可减小悬索结构的跨度
拱	屋盖结构由拱、网架和周边柱组成，网架一部分支承在拱架上，一部分支承在周边柱上	屋盖结构由拱、壳体和周边柱组成。壳体由拱架、周边柱等承重结构所支承	屋盖结构由拱和悬索组成。悬索一端锚固在拱架上，另一端锚固在侧边构件上
悬索	屋盖结构由悬索、网架组成。悬索可作为网架的中间支承，网架的边支座可为周边柱	屋盖结构由悬索、网壳组成。以悬索作为网壳的中间支承，网壳的边支座可为周边柱	以悬索作为交叉索网屋盖的中间支承。可以改变悬索结构屋盖的跨度
斜拉索	屋盖结构由斜拉索、网架组成。以斜拉索或斜拉桥架作为网架的中间支承，网架的边支座可为周边柱	屋盖结构由斜拉索、壳体组成。以斜拉索或斜拉桥架作为壳体网体的中间支承，壳体的边支座可为周边柱	屋盖结构由斜拉索、交叉索网屋盖及侧边构件组成。可以丰富屋盖结构的造型

混合空间结构不仅传力合理、技术先进，而且更容易满足建筑多样化、多功能化的要求，更好地传达建筑的文化内涵，因此越来越多地受到重视并得到广泛应用。它将不同结构型式、不同结构材料进行合理搭配，取长补短、共同工作、使各种结构充分发挥其结构和材料特长，材尽其用、物尽其利。

"组合结构"与混合结构是不同的概念。组合结构是构件的杆件和元件层次的组合，指几种材料以叠合方式组成同一构件，如钢—钢筋混凝土组合结构、钢—木组合结构等。而混合结构是构件、单元或体系层次的组合，请勿混淆。

2. 混合空间结构的组成原则

1）应满足建筑功能的需要。建筑主题孕育于建筑形式之中，混合空间结构不一定最经济，但它却是某种既定建筑形式的最经济选择，具有很强的造型功能，使建筑艺术与结构技术完美统一，以美化城市环境，满足社会精神文化生活需要。

2）结构受力均匀合理、传力路线短捷，动力性能相互协调，材料强度得到充分发挥。

3）结构刚柔相济，具有良好的整体稳定性。柔性结构具有良好的抗震性能（耗能），刚性结构具有良好的抗风性，两者结合，利于结构的动力性能和整体稳定性。

4）尽量采用预应力等先进技术手段，使结构更轻巧，改善结构的受力性能，节省材料。

5）施工比较简捷，造价比较合理。

3. 混合空间结构的特点

1）混合空间结构能综合利用各种不同结构在受力性能、建筑造型、综合经济指标等方面的优势。结构中各构件分工明确、受力合理，可根据需要选用不同的结构材料，有利于材料潜力的充分发挥。

2）以刚架、拱、悬索或斜拉桥架形成巨型骨架结构作为网架、网壳、悬索等屋盖结构的支座，可有效地减小屋盖结构跨度，提高屋盖刚度，从而降低了屋盖材料用量和工程造价。

3）刚架、拱及悬索或斜拉索的支塔结构往往具有巨大的外形，承受的荷载很大，其截面多采用箱形、工字形、槽形等，并常采用劲性混凝土或预应力技术，可有效地保证巨型骨架结构的刚度和承载能力，既充分发挥材料强度，又利于提高结构的整体稳定性。

4）混合空间结构的建筑造型活泼明快、易于变化，可适应多种边界条件。巨型骨架结构气势磅礴、挺拔刚健，直接赋予建筑物造型独特、清新典雅的艺术形象，给人以稳健强劲、蓬勃向上的艺术感染力，所传达的建筑视觉印象比较深刻，为各方所喜爱。

4. 混合空间结构应用实例

1）刚架—索混合结构

丹东体育馆比赛大厅屋盖采用了刚架—索混合结构，如图2-118所示。大厅平面尺寸为 $45m×80m$，在建筑物横向中轴线处设巨形刚架，刚架横梁为部分预应力钢筋混凝土箱形截面，刚架立柱为矩形截面的钢筋混凝土筒体。两筒体中心的间距即刚架的跨度为48m。刚架的两侧为 40m 跨度单曲面拉索屋盖结构。拉索上端锚固在刚性横梁上，下端锚固在看台斜框架的钢筋混凝土横梁上。建筑中部刚架拔地而起，两侧拉索屋盖坚实秀丽，使体育运动的刚、健、美得到了完美的体现。

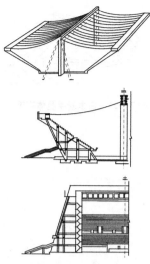

图 2-118　丹东体育馆

2）拱—网架混合结构

江西省体育馆建筑平面呈长八边形，长84.3m，宽74.6m，结构平面、剖面如图2-119所示。大拱上悬吊的空间桁架作为网架的支座，使一个较大跨度的网架分成两榀较小跨度的网架。网架一边通过钢桁架悬挂在大拱上，其余边支承在体育馆周边的看台框架柱上，形成了拱、吊杆桁架与网架组合的大跨度空间结构。拱身为箱形截面的钢管混凝土半刚性骨架，施工时先作为施工期间的承重支架，拱身模板就直接悬挂在这个骨架上，拱混凝土浇筑完毕后这个骨架就留在混凝土拱内作为劲性配筋。钢骨架在工厂制作，便于拱身空间曲面的放样、支模和定位。高大的抛物线拱矢高为51m，跨度88m，正立面呈抛物线形，侧立面呈人字形，给人庄重、稳定和蓬勃向上的感受。

3）拱—悬索混合结构

图 2-120 为美国耶鲁大学冰球馆，建于1958年，为钢筋混凝土拱与交叉索网混合结构体系。建筑中央为 $60.4m×25.9m$ 溜冰场，周围为 3000 个观众席和进出口台阶。垂直布置的钢筋混

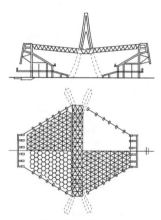

图 2-119　江西省体育馆

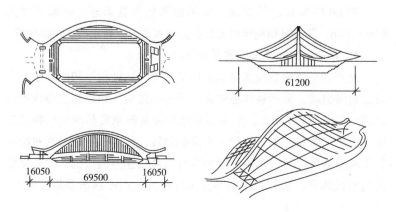

图 2-120　耶鲁大学冰球馆

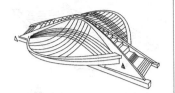

图 2-121 日本岩手县体育馆

凝土落地拱为承重索的中间支座，拱中部高 53.4m，中部截面为 915mm×1530mm，截面高和宽向支座方向逐渐增加。承重索的另一端锚固在建筑周边的墙上，外墙沿着溜冰场的两边形成两面相对的曲线墙，犹如一竖向悬臂构件，承受悬索的拉力。承重索每边 38 根，稳定索在屋脊的两侧，每侧 9 根，锚固在拱脚附近的水平状的四榀钢桁架及弧形外墙上。

图 2-121 为日本岩手县体育馆，轮廓尺寸为 70m×67.4m，亦为拱—索网的混合结构体系。屋盖结构由两个相对倾斜的钢筋混凝土大拱和两侧的预应力索网组成，中央大拱的轴线为平面抛物线，其箱形截面由拱顶向支座逐渐变大。拱脚处设置通长的拉杆以平衡大拱的水平推力。索网悬挂在大拱和外周边的曲梁上，周边曲梁也采用倾斜的抛物线平面拱形式。考虑到当地雪荷载很大，设计采用了在鞍形索网上铺预制混凝土板、灌缝、加预应力的做法，形成悬挂混凝土薄壳屋面。

图 2-122 为四川省体育馆，其平面形状近似矩形，周边尺寸为 73.7m×79.4m，屋盖结构与日本岩手县体育馆屋盖结构相似，亦是由两个相对倾斜的钢筋混凝土大拱和两侧的两片预应力索网组成。中央大拱的跨度为 102.45m，矢高 39.24m。索网中的承重索悬挂在大拱上，另一端则锚固于外周边的直线形钢筋混凝土边梁上。索内的拉力将在钢筋混凝土边梁内产生较大的弯矩，不如采用弧形支撑利用拱的受压性能来得顺畅自然。

图 2-122 四川省体育馆

图 2-123 为青岛体育馆，其平面形状为鹅卵形，轮廓尺寸为 87m×74m，其屋盖结构组成及其受力特点与日本岩手县体育馆相似。

4）悬索—拱—交叉索网混合结构

北京朝阳体育馆屋盖结构由中央"索—拱结构"和两片预应力鞍形索网组成，索网悬挂在中央"索—拱结构"和外侧的边缘构件之间，如图 2-124 所示。中央索拱结构由两条悬索和两个格构式的钢拱组成，索和拱的轴线均为平面抛物线，分别布置在相互对称的四个斜平面内，通过水平和竖向连杆两两相连，构成桥式的立体预应力索拱体系。索和拱的两端支承在四片三角形钢筋混凝土墙上。

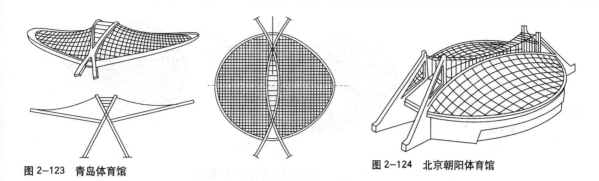

图 2-123　青岛体育馆　　　　　　　　　　　图 2-124　北京朝阳体育馆

为减少中央索拱结构的跨度，将四片三角形的钢筋混凝土支承墙适当嵌入大厅，使拱的跨度减到 57m。位于中央索拱结构两侧的交叉索网体系，分别锚固在格构式钢拱和外缘的钢筋混凝土边拱上，钢筋混凝土边拱的轴线也是位于斜平面内的抛物线。该屋盖的结构形式非常符合体育馆内部空间要求，下垂的索网与看台坡度协调一致，在中央比赛场地上方，由于设置了钢拱因而提高了净空，满足了体育比赛对高度的要求。该混合屋盖结构所形成的室内空间既满足了体育馆的功能需要，又未造成空间浪费，利于建筑节能。

5）悬索—交叉索网混合结构

东京代代木体育中心大体育馆（图 2-125）是 1964 年东京奥运会主馆。该建筑具有十分奇特的造型，平面呈反对称，屋顶用粗钢索形成悬垂的屋脊，钢索支承在两座混凝土塔架上并通过拉锚锚固在混凝土块上，屋面鞍形索网就支承在中间的钢索和周边的拱上。

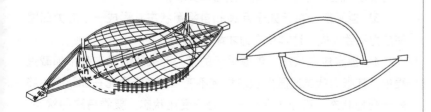

图 2-125　东京代代木体育中心大体育馆

6）其他混合结构

东京代代木体育中心小体育馆（图 2-126），也是 1964 年东京奥运会比赛场馆。它采用了非对称的外形，辐射状排列的屋面构件不是钢索，而是具有一定抗弯能力的桁架。桁架的一端搁置在屋盖周边的一系列柱子上，这些柱同时也是看台框架结构的柱。另一端由中心处的悬吊钢管支承，钢管在混凝土桅杆顶和锚块间形成一个空间螺旋曲线，建筑完全具有雕塑的造型，是建筑艺术的杰作。

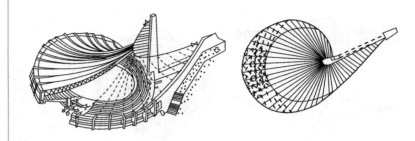

图 2-126　东京代代木体育中心
　　　　　小体育馆

2.10.2　张拉整体结构和索穹顶

1.张拉整体结构体系的概念

张拉整体结构体系是由一组连续的受拉索与一组不连续的受压构件组成的自支承、自应力的空间铰结网格结构。它通过拉索与压杆的不同布置形成各种形态，索的拉力经过一系列受压杆而改变方向，使拉索与压杆相互交织实现平衡。这种结构的刚度依靠对拉索与压杆施加预应力来实现，且预应力值的大小对于结构的外形和结构的刚度起着决定作用。没有预应力，就没有结构形体和结构刚度；预应力值越大，结构的刚度也越大。预应力自平衡体系，以构成合适的应力回路。

2.张拉整体体系的特点

1）自支承。集成单元由张力元（索段）和压力元（压杆）组成，单元的每个角点由一根压杆与几根索段连接。

2）预应力提供刚度。单元刚度来自于预应力，预应力越大则刚度也越大。预应力的获取并不采用任何张拉的方式，而是通过单元内索段和压杆内在的拉伸和压缩来实现。

3）自平衡。单元处于互锁和自平衡状态，形成一个应力回路使应力不致流失，这样预应力才能提供刚度。

4）恒定应力状态。集成单元的张力元或压力元在整个加载过程中，其张力状态或压力状态恒定不变，即其张力元在加载中始终处于受拉状态，而压力元则一直处于受压状态。要维持这种状态，一是要有一定的几何构成；二是需要适当的预应力。

3.张拉整体体系的形式

张拉整体体系在拓扑学和形态学上是复杂的结构形式。

结构由结构单元组成，结构单元由结构构件组成，张拉整体结构也可以看成是由张拉单元组装起来的，这些张拉单元由两种基本构件拉索和压杆组成。与其他结构单元不同的是，张拉单元中的拉索和压杆不是简单的混合或协同，这些构件必须满足某些准则方可形成张力集成单元。从几何学的角度分析，这些张拉单元是由一些

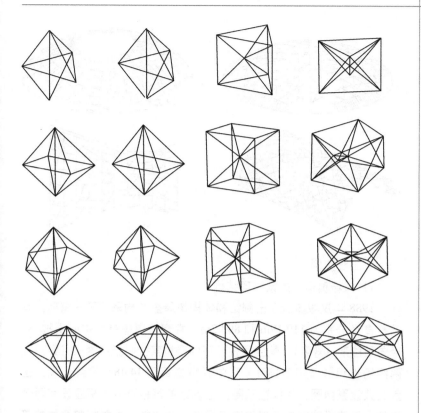

图 2-127 张拉集成单元

正多面体或正多面体的变换组成，见图 2-127。图中依次为正四面体、正五面体、正六面体、正七面体的组合。这些集成单元构造复杂，不能直接为工程结构所采用，故将压杆移至表面，形成反棱柱型及其变换的集成单元。

事实上，张拉集成单元是由压杆支撑着受拉索元，在单元内自支承且自平衡，张拉索形成一个连续的多面体外形，而压杆则彼此相隔。

利用基本张拉单元，可连接形成各种张拉索网，如图 2-128 所示。索网由于压杆的撑开而拉紧，既保证了稳定性，又取得了所期望的形状。按理论方法布置的各压杆在空间交错互不接触，在索网的任何节点上，最多只有一根压杆。通过施加预应力，可提高索网刚度。张拉整体体系可应用于大跨度平面或曲面屋盖结构，其形式可为球壳、扁球壳、筒壳、旋转双曲面壳等，见图 2-129。

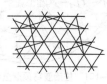

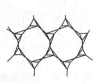

图 2-128 张拉索网

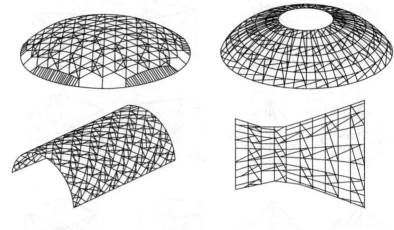

图 2-129 张拉索网屋盖的主要
形式

4. 工程实例

1）汉城奥运会的索穹顶结构

1988 年汉城奥运击剑馆和体操馆屋盖结构采用了索穹顶，其结构直径分别为 119.19m 和 89.92m。索穹顶屋盖是由中心受拉环、径向受拉索（脊索）、受压立柱、环向受拉索、斜张拉索（谷索）及两组铸件组成（图 2-130）。环向受拉索每隔 14.48m 设置一圈，击剑馆共设置两圈，体操馆三圈。击剑馆的每根脊索下相应设有两个立柱，而体操馆则在每根脊索下设有三个立柱，脊索将整个屋盖等分成 16 个扇形，相应地布置有 16 组谷索。

2）亚特兰大奥运会的张拉穹顶结构

1996 年亚特兰大奥运会主体育馆平面为近似椭圆形，240.79m×192.02m，其屋盖结构为张拉穹顶结构体系，见图 2-131，由联方形索网、三根环索、桅杆及中央桁架组成，也称为"佐治亚穹顶"，整个结构只有 156 个节点，分别在 78 根压杆的两端。屋盖周边由 4 个弧段组成，端部弧段及中部弧段的半径不等，中央联方形网格形成双曲抛物面。整个屋盖结构的节点采用焊接节点，屋盖铺设特氟隆玻璃纤维布。

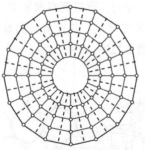

图 2-130 体操馆索网屋盖

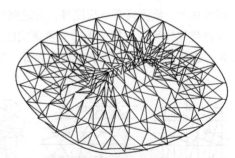

图 2-131 佐治亚穹顶屋盖结构

2.10.3　开闭结构

1. 开闭结构的概念

开闭结构是指大空间屋盖结构中部分屋盖在一定范围内开启、闭合的结构。北京奥运建筑"鸟巢"原计划为可开启屋盖方案，但由于它跨度大、开启屋盖过于复杂，最后不得不取消开闭方案。世界第一座大型开闭结构是1961年建成的美国匹兹堡会堂，平面呈圆形，直径127m，建筑高度33m，回转式开闭屋盖，开启率75%，观众席朝向街区，屋盖开启后街区楼群轮廓一目了然。当今世界最大的开闭结构是日本福冈体育馆，跨度（直径）为222m，1993年3月建成，建筑面积72740m²，是1995年福冈世界大学生运动会主会场。

2. 开闭结构的形式

开闭结构的主要形式有：水平移动式、重叠式（水平重叠、上下重叠、回转重叠等）、折叠式（水平折叠、上下折叠、回转折叠等）及混合式，部分开闭结构的情况参见表2-8。

部分开闭式屋顶体育场开闭方式分类　　　　表2-8

形式	特点	分类	工程实例
移动式	通过单纯屋顶构件（平面、双曲、球面）的移动形成开口	水平移动	日本有明网球中心（1991）
			墨尔本国立网球中心（1985）
			新阿姆斯特丹体育场（1996）
			威尔士卡泡夫体育场（1999）
		空间上下移动	墨尔本殖民体育场（1999）
		组合水平移动	
重叠式	通过屋顶构件的重叠和移动形成开口	平行重叠	日本大分县体育场（2000）、日本小松体育馆
		上下重叠	
		回转重叠	西雅图太平洋公园棒球场（1999）
		组合重叠	
折叠式	屋顶构件采用折叠式卷折收起方式形成开口	上下折叠	
		水平折叠	日本福冈体育馆（1993）
		回转折叠	多伦多天顶总馆（1989）

3. 开闭结构工程实例

日本大分县体育公园主体育馆（图2-132）于2001年建成，馆内为足球场和田径场，下部看台为钢筋混凝土框架结构，建筑面积

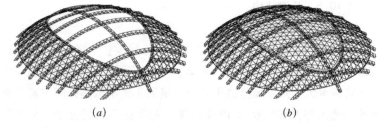

图 2-132　日本大分县屋盖结构
（a）屋盖开启时；
（b）屋盖闭合时

92882m²，高度 57.46m，顶部为开闭式钢结构屋盖。屋盖系统的支撑结构为倒三角形钢桁架混合交叉拱，拱结构上方的固定屋顶为三角形钢结构桁架；移动屋顶分为东、西两部分，均为由 25 台移动台车铰接支承的三角形网格的网壳结构。移动屋顶与行走台车之间配置滑动支承、水平弹簧和气闸，屋顶采用横向开闭方式，屋面采用单层特氟隆薄膜，透光率 25%。

2.10.4　巨型结构

巨型结构是高层建筑结构中，由刚度比一般构件大得多的大型水平构件和竖向构件组成的巨型承载骨架。巨型结构的竖向构件通常由抗侧刚度很大的大型柱、楼电梯间墙体、核心筒、设备井筒等担当，水平构件通常为大型梁（梁高等于层高）或水平桁架（桁架高度等于层高），且少有门窗洞口的设备层、技术层。这些水平构件既连接建筑物四周的柱子，又将核芯筒外柱连接起来，可约束周边框架核心筒的变形，减少结构在水平荷载作用下的侧移量，并使各竖向构件在温度作用下的变形趋于均匀，减少楼盖结构的翘曲。这些大梁或大型桁架与布置在建筑物四周的大型柱或钢筋混凝土大梁井筒连接，可形成具有强大的抗侧刚度的巨型框架结构，见图 2-133。

由于高层建筑中的设备层、技术层每隔一定数量的楼层才设置一层，所以巨型结构可看作是一种放大了的结构，它将其他楼层当作是作用在巨型结构上的"荷载"。巨型结构既可作为其他高层建筑结构体系的补充，即与其他结构共同承受侧向荷载，也可作为独立的承重结构承受整个结构的水平作用和竖向荷载。

将巨型结构作为其他高层结构体系的补充时，可将巨型框架结构与筒体结构结合起来，即将刚度很大的设备层大梁与框筒结构的角柱、其他周边柱及内筒相连接，可有效增强结构刚度，减少建筑物的侧移，这种方式在超高层建筑中应用较多。

如果把巨型框架作为独立的承重结构，则在巨型框架之间的多个楼层就属于"次结构"，可用较小的梁柱构件组成次框架（楼面框

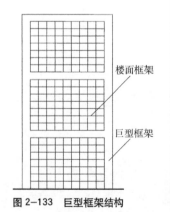

楼面框架

巨型框架

图 2-133　巨型框架结构

架），其水平和竖向荷载全部传给巨型框架，然后再传到基础。

巨型结构代表了高层结构的另一种设计思路。

2.11 地基与基础

2.11.1 地基与基础的基本概念

地基是指支承基础的土体或岩体，而基础是将结构所承受的各种作用传递到地基上的结构设施，地基与基础是建筑结构的重要组成部分。

地基与基础是两个相对独立的部分，如果将基础看作是"外来"的工程设施的话，那么地基就是"原位"的、被人们直接利用的天然设施。基础与上部结构是一个完整的有机整体，一般称建筑标高±0.000以上部分为"上部结构"，以下部分为"基础"；基础的上表面称为"基础顶面"；基础的下表面称为"基础底面"。

1. 地基

建筑地基是指建筑物基础以下的受力土层，不同的地基承受压力与变形的能力不同。地基承受压力的能力通常称为"地基承载力"，当上部结构传到基础顶面的竖向力值一定时，地基承载力越大，基础面积就越小，基础就越经济。

地基是由各种"土层"组成的，基础以下的第一层土称为"持力层"，下面的土层称为"下卧层"，各土层特别是持力层抵抗压缩变形的能力决定了建筑地基（建筑物）的沉降量。土层的压缩性越高，地基沉降量愈大，对上部结构的安全与稳定就越不利。在力学发展史上扮演着重要角色的意大利比萨斜塔就是由于地基不均匀沉降造成的，该塔1273年建成时，南北两端的基础沉降差高达1.8m，整个建筑的倾角达5.8°之多，并以每年1mm的速度继续下沉。直到前些年对地基进行了加固，才有效遏制了塔身下沉。

建筑地基的承载力和抗变形能力是选择和评价地基特性的主要指标。如果某地基持力层满足承载力和变形要求，就直接在该土层上建造基础，这种地基称为"天然地基"；如果地基持力层不满足承载力和变形要求，需对该土层进行人工加固或置换土层（称为"地基处理"），这种地基就称为"人工地基"。有时，地基处理的范围和深度较大，只选择部分土体进行加固增强或置换土体，这种由增强体和其他地基土组成的人工地基又称为"复合地基"。

2. 基础

基础是将上部结构的墙、柱荷载传递到地基，并将传到地基的压应力减少到不大于地基承载力的工程转换设施。

无论天然地基还是人工地基，其地基承载力相对于上部结构的截面应力都小得多，所以上部结构的截面应力必须通过基础转换后才能传给地基。如果上部结构传来的应力超过地基承载力，可造成地基土剪切破坏，引起地基失稳导致上部结构倾斜或倒塌。如加拿大特朗斯康谷仓，由于设计前不了解地基情况，1913年谷仓建成后，谷物堆放荷载超过地基承载力造成地基失稳，致使谷仓西侧陷入土中7.32m，东侧抬高1.52m，仓身整体倾斜了27°53′。

对于基础，地基承载力就是基础底面应力（称"基底反力"）的限定条件，若把基础看作一个受力隔离体的话，则该隔离体的竖向力平衡条件$\sum Y=0$可表示为：

基础顶面应力 × 基础顶面面积 = 基础底面应力 ×

基础底面面积 或 基础顶面处上部结构截面应力 ×

结构截面面积 = 基底反力 × 基础底面面积

由于上部结构截面应力远大于基底反力，故基础底面面积远大于上部结构断面面积。

一般地，基础设计的基本任务是选定基础持力层、确定基础底面面积、验算基底反力、验算基础沉降量。这是对所谓的"浅基础"而言。如果选用桩基础，其"桩尖面积"和"桩周面积"就是广义的"基础底面面积"。

2.11.2 基础的分类

1. 按照基础埋置深度分类

按照基础埋置深度，基础可分为深基础和浅基础两类。基础埋深是指基础底板底面至室外地坪的高度。浅基础埋置深度较小，如在墙体下部设置条形基础、在柱下部设置独立基础或联合基础、在墙或柱下面设置的筏板基础或箱形基础等。深基础的埋置深度较大，主要有桩基础、沉井基础和沉箱基础等。

2. 按照基础所使用的材料分类

按照基础所使用的材料，基础可分为砖基础、块石基础、毛石基础、素混凝土基础、毛石混凝土基础、钢筋混凝土基础以及三合土基础、灰土基础等。

3. 按照基础的受力类型分类

按照基础的受力类型，基础可分为刚性基础和柔性基础，见图2-134。

刚性基础是指用非受拉材料在材料"刚性角"范围内建造的基

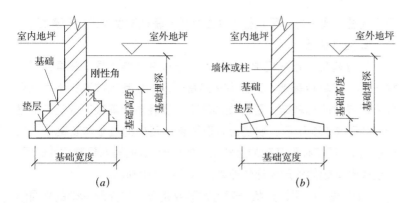

图 2-134 刚性基础和柔性基础
（*a*）刚性基础；
（*b*）柔性基础

础，如用砖、块石、毛石、素混凝土、毛石混凝土、灰土、三合土等建造的条形基础。这类基础的主要特征是，基础高度较大，台阶高度大于宽度且台阶的高宽比小于材料的"刚性角"，基础材料全部处于"刚性角"范围内，基底反力引起的基础弯曲应力和剪切应力很小，基础主要承受压应力。这里的刚性角是指基础应力向地基传递时，应力分布线边缘与中垂线的夹角。

柔性基础也称为"拓展基础"，是指基础材料同时承受压应力和弯曲应力的基础，如钢筋混凝土独立基础、筏板基础、箱形基础等。这类基础的主要特征是，基础宽度大于基础高度，基础底板为倒置的受弯构件，地基反力引起的底板弯矩、剪力（冲切力）均较大，基础为配置受拉钢筋的钢筋混凝土板。

从宏观受力方面看，刚性基础属于受压类构件，柔性基础属于受弯类构件。

4. 按照基础的形状分类

按照基础的形状，基础可分为条形基础、独立基础、交叉梁式基础、筏板基础、箱形基础、桩基础等。

2.11.3 常用基础类型

1. 条形基础

条形基础是沿墙体或单向柱列设置的条带状基础，简称条基。条基分为柱下条基和墙下条基，可以是刚性基础也可以是柔性基础，见图 2-135。

如果上部结构的竖向传力构件为墙体，条形基础是最经济的基础形式。

刚性条形基础主要适用于层数不多的墙体承重结构，如砌体结构、剪力墙结构等，也可

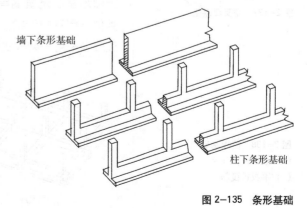

墙下条形基础

柱下条形基础

图 2-135 条形基础

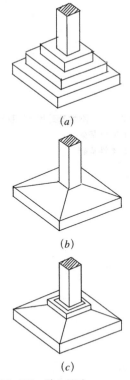

图 2-136　独立基础

(a) 台阶形基础；

(b) 锥形基础；

(c) 杯形基础

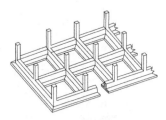

图 2-137　交叉梁基础

图 2-138　筏板基础

(a) 梁板式筏基；

(b) 平板式筏基

用于地基土质不好、采用柱下独立基础时基础宽度受限的框架结构。

2. 独立基础

独立基础是指在框架、排架、刚架或其他结构柱下设置的"一柱一础"式单独基础，又称为柱式基础。独立基础按形式不同又可分为现浇台阶形基础、现浇锥形基础、现浇杯形基础和现浇壳形基础，如图 2-136 所示。现浇台阶形和锥形基础的柱根与基础为一次浇筑而成；现浇杯形基础的上部做成杯口形，以便插入预制柱并嵌固；现浇壳形基础的外形为旋转壳体，以节约基础材料。

独立基础的平面形状一般为方形或矩形，但壳形基础的平面形状多为圆形或椭圆形。

独立基础适用于层数不多、土质较好的框架、排架、刚架或拱结构。

3. 交叉梁基础

交叉梁基础是纵横不同方向的条基相互交叉连成整体的交叉形基础。当建筑物采用框架结构且地基条件较差时，为提高结构的整体性、避免不均匀沉降，可将柱与柱之间沿纵向和横向布置的条形基础连接起来形成十字交叉形基础，见图 2-137。

交叉梁基础适用于层数不多、土质一般的框架、剪力墙和框架—剪力墙结构。

4. 筏形基础

筏形基础是基础底板为整块板的大板式基础，如将地基看作水，该基础就像浮在水面的筏（船），故称为筏形基础或片筏基础，简称筏基。当建筑物上部荷载较大而地基承载能力较差时，十字交叉基础底板宽度较大几乎连成一片，故直接将基础底板连成一块大板形成筏基。

筏形基础可分为平板式和梁板式见图 2-138。平板式筏基是在天然地基上浇筑的等厚度钢筋混凝土板，板上直接连接上部结构，类似于倒置的无梁楼盖。此类基础板厚较大，用料多，刚度差，一般较少采用。梁板式筏基是梁和板的结合，类似于倒置的肋梁楼盖，

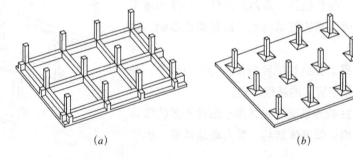

(a)　　　　　　　　　　　　　　　　　　(b)

板厚较小，用料省，刚度大。

筏形基础适用于层数不多土质较弱或层数较多土质较好的框架、剪力墙和框架—剪力墙结构。

5. 箱形基础

箱形基础是由顶板、底板、内壁和外壁四部分组成的空心盒式基础（图 2-139）。当上部结构对基础变形很敏感，而地基又极其软弱且不均匀，需大幅度提高基础刚度但采用片筏基础无法满足刚度要求时，逐将片筏基础的梁高进一步加大并增设顶板，形成箱形基础。如果中空部分高度较大时，可兼作地下室用。

箱形基础适用于层数较多、土质较弱的高层建筑结构。

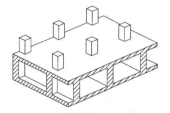

图 2-139　箱形基础

6. 桩基础

桩基础是一种利用土壤摩擦力和（或）桩尖支承力承载上部结构的穿越式基础，见图 2-140。如果地基的上层土承载力较低或压缩性较高而下部土层承载力较高时，利用桩将上部结构荷载传递到下层，这种基础称为桩基础。桩基础由桩身和承台构成，桩身按照材料可分为钢筋混凝土桩、砂桩、灰土桩及灰土复合桩等，按照施工方法可分为预制桩和灌注桩，按照桩的工作特性可分为端承桩和摩擦桩。端承桩依靠桩尖反力承载，直接将上部结构荷载传递到下部坚硬土层或岩石上；摩擦桩主要依靠桩身与地基土层之间的摩擦力承载，将上部结构荷载传递到桩身周围的土层上。

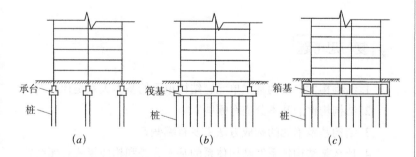

图 2-140　桩基础
(a) 普通桩基础；
(b) 桩—筏基础；
(c) 桩—箱基础

桩基础适用于层数较多、地基持力层较深的高层建筑结构，它可以是由桩和承台构成的普通桩基础，也可以与筏基、箱基结合。

2.11.4　挡土墙

挡土墙属于支挡结构，是为保证结构物两侧的土体具有一定的高差的结构。如交通、铁道工程中的挡土墙、桥台，水利、湾港工程中的岸墙、闸墙，房建工程中的地下室墙、基坑开挖中的支护墙、室外工程中的挡土墙等。近几年一级注册建筑师考试在场地设计和建筑剖面等多种题型上都涉及挡土墙知识。

支挡结构的类型很多，按墙体刚度分为刚性支挡结构和柔性支挡结构，按平衡方式分为重力式、悬臂式和支锚式。

支挡结构的受力也很复杂，简单地讲，它主要承受被挡土及高处地面荷载产生的侧向土压力、水压力的作用，可产生倾覆、滑移、弯曲和剪切等破坏形态。

常见的挡土墙形式有：

1. 重力式挡土墙。

以挡土墙自身重力来保证墙体在水、土作用下的平衡，一般用于墙身高不大于 4m 的低挡土墙，可用砖或石块砌成，厚度较大，墙面直立或倾斜，见图 2-141 （a）。

2. 悬臂式挡土墙。

相当于悬臂构件，靠墙体的抗弯刚度维持平衡，一般用于墙身较高时，见图 2-141 （b）。

3. 扶壁式挡土墙。

当墙身更高（6～8m）时，为增强悬臂式墙身的抗弯能力，常沿墙的纵向每隔一定距离（2～3m）设一道扶壁。

为防止高处地面渗水对墙身产生侧向水压力，一般在墙身内侧设置排水措施，如沿墙背铺置砂砾石排水层、沿墙背埋置排水管或穿墙身埋置排水管等，这些在建筑剖面中需表示清楚。

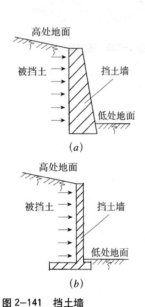

图 2-141 挡土墙
（a）重力式挡土墙；
（b）悬臂式挡土墙

 复习思考题

1. 结构构件、结构基本单元、结构单元的基本关系是什么？
2. 结构构件的基本分类有哪些？
3. 结构基本单元的构成方法主要有哪些？
4. 什么是结构体系？结构体系的基本分类和构成模式有哪些？
5. 梁与桁架（屋架）有哪些共同特性？
6. 曲梁的受力与梁有何不同？
7. 单向板与双向板的主要区别是什么？
8. 梁板结合所形成的楼盖有哪些类型？它们在受力特征方面有何异同点？
9. 双向板与双向密肋楼盖、井字梁楼盖有何内在联系？
10. 框架结构的主要受力和变形特点有哪些？
11. 刚架结构、排架结构与框架结构有哪些内在联系？

12. 拱结构的主要受力特点是什么？它与梁的主要区别有哪些？

13. 墙体结构中在受力方面与柱有何不同？

14. 砌体结构有几种承重方案？每种方案的主要特点是什么？

15. 剪力墙结构有哪几种类型？

16. 框架—剪力墙体系与框架、剪力墙有何不同？

17. 筒体结构有哪些类型？受力与变形方面有哪些特性？

18. 什么是薄壁空间结构？实现"薄"的基本条件是什么？

19. 正高斯曲面的薄壁空间结构主要有哪些？负高斯和零高斯呢？

20. 扭壳结构有何特点？

21. 什么是网格式空间结构？它与平板结构、薄壁空间结构有何联系？

22. 在网格式空间结构中，桁架体系和角锥体系包含了哪些类型？其受力性能是什么？

23. 什么是悬索结构？其主要受力特征是什么？

24. 悬索结构有哪些主要类型？

25. 悬吊结构、斜拉结构与悬索结构有何内在联系？

26. 什么是薄膜结构？其主要分类有哪些？

27. 什么是混合结构？它对于大空间结构有何实用意义？

28. 张拉结构与网架结构有何不同？

29. 什么是开闭结构？它有何特点？

30. 何为巨型结构？其主要特征有哪些？

31. 何为基础？基础的作用是什么？

32. 基础有哪些主要类型？它们的适用条件有何不同？

 习题

1. 从结构的角度，分析中外建筑历史中建筑结构的演变过程与建筑发展史的关系。

2. 分析中国古代木构建筑主要结构构件与现代结构构件的对照关系。

3. 分析建筑结构由低到高时的结构递进关系。

4. 分析建筑结构跨度由小到大的结构递进关系。

3

结构体系的选择与布置

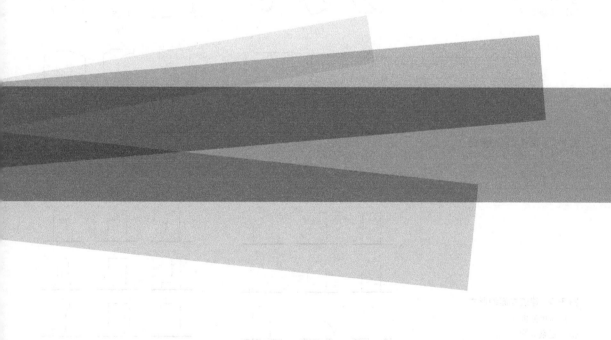

之前介绍了建筑结构体系、结构构件和构成的基本知识，是了解、辨识结构体系和结构构件的基础。然而，要达到正确选择、合理布置和灵活运用结构的最终目的，还需深入掌握结构体系选择和布置的相关知识。

3.1 建筑体型与结构受力的关系

3.1.1 建筑体型的形成

从几何学角度看，建筑平面与立面的图形形状可分为凸形与凹形两类，如图 3-1 所示。凸状图形可称为简单图形，图形中任意两点的连线都不会穿越图形边界；凹状图形可称为复杂图形，图形中某两点的连线可穿越图形边界。因此，任何建筑平面都可分为简单平面和复杂平面，建筑立面同样可分为简单立面和复杂立面，见图 3-2、图 3-3。从二维图形转变为三维实体，任一建筑体型都可由简单或复杂的平面图形与简单或复杂的立面图形组合而成，参见图 3-4。

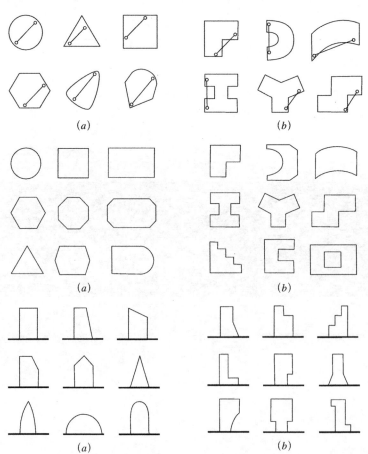

图 3-1 几何图形的分类
(*a*) 简单图形；
(*b*) 复杂图形

图 3-2 建筑平面的形式
(*a*) 简单平面；
(*b*) 复杂平面

图 3-3 建筑立面的形式
(*a*) 简单立面；
(*b*) 复杂立面

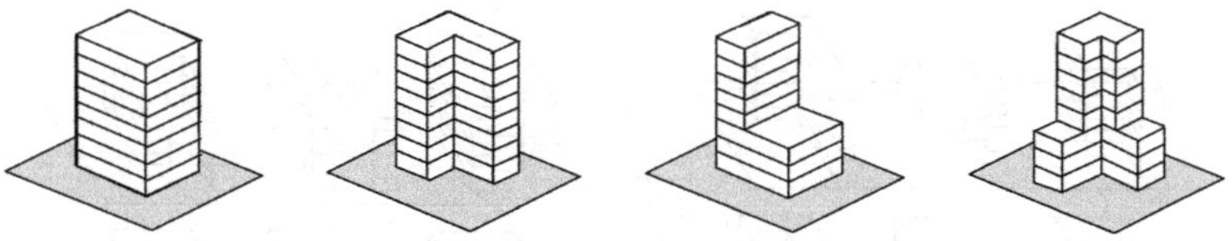

图 3-4 建筑体型的组合方式
(a) 简单平面 + 简单立面；
(b) 复杂平面 + 简单立面；
(c) 简单平面 + 复杂立面；
(d) 复杂平面 + 复杂立面

3.1.2 建筑体型变化对结构受力的影响

在建筑平面与立面的简单图形与复杂图形组合的基础上，通过各部分尺寸关系的变化，可获得不同的建筑体型。建筑体型的尺寸变化，能够对结构受力产生质的影响。

1. 简单平面与简单立面的组合

简单平面的尺寸变化对结构受力的影响包括绝对尺寸和相对尺寸两方面。平面尺寸较大的建筑物的空间整体性要求高，易受到温度应力、混凝土收缩等不利因素影响，比平面尺寸较小的建筑物受力复杂；平面长宽比（L/B）较大的狭长建筑物比平面方正的建筑物更易受到扭转、不均匀沉降的影响。

简单立面的尺寸变化对结构受力的影响也包括绝对尺寸和相对尺寸两方面。建筑物越高，风荷载或地震作用的影响越大；建筑物的高宽比（H/B）越大，结构的抗侧刚度和抗倾覆稳定性就越差；当高宽比一定时，降低建筑物的质量中心则有利于结构的抗侧稳定性。

所以，简单平面与简单立面组合时应注意控制结构的长宽比、高宽比，降低重心和质心高度。

2. 复杂平面与简单立面的组合

复杂平面的形状很多，其基本尺寸以及外伸（称为肢翼）对结构受力的影响也分为绝对尺寸和相对尺寸两方面。一般地，肢翼长度越大、宽度越小，则结构受力越不利。因此，复杂平面与简单立面组合时，重点是控制肢翼长度和肢翼长宽比。

两种常见的复杂平面（L 形和 U 形平面）与简单立面组合后的建筑体型变化见图 3-5。对于 L 形平面，凹角部位常由于应力集中而破坏，特别是当 a_2/a 和 b_1/b 均较大时。而当其均较小或一个较大另一个较小时，则对结构影响较小。有时，也可在结构上采用悬挑手段，使主体结构的平面布置成为简单平面，见图 3-6（a）。对于 U 形平面，b_1/b 越大，则结构受力越复杂，此时也可在结构上设变形缝把它分成两个矩形平面，见图 3-6（b）。再或者，设连梁使其在结构上成为规则平面，见图 3-6（c）。

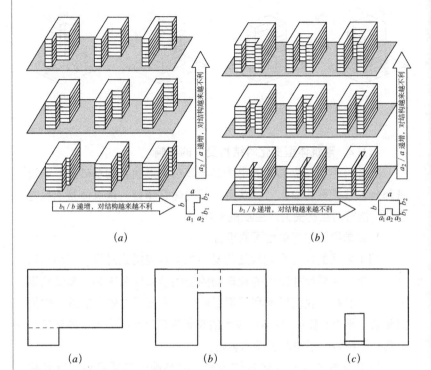

图 3-5 L 形平面和 U 形平面的
　　　　体型变化对结构的影响
(a) L 形平面；
(b) U 形平面

图 3-6 复杂平面向简单平面的
　　　　转换
(a) 设悬挑；
(b) 设变形缝；
(c) 设连梁

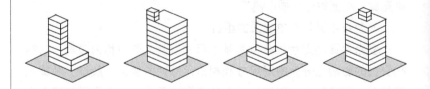

3. 简单平面与复杂立面的组合

当立面为复杂图形时，建筑物在不同的高度有不同的建筑平面，如图 3-7 所示。不同的竖向收进方式及尺寸变化对结构在竖向荷载和水平荷载作用下的内力都将产生较大影响。

图 3-7 简单平面与复杂立面的
　　　　组合

对于带小塔楼（如屋顶电梯机房、水箱间、出屋面楼梯间等）的建筑，在地震作用下，小塔楼由于鞭梢效应产生较大的惯性会造成塔楼根部破坏甚至倒塌，结构布置时要严格控制小塔楼部分的宽高比（b/h），不能突然内收很多，避免刚度突变。对于带裙房的建筑，由于裙房部分与主楼部分相差悬殊，在竖向荷载作用下会引起建筑物的不均匀沉降，甚至导致基础破坏。在水平荷载作用下，裙房与主楼交接处产生刚度突变，抗侧刚度急剧变化、应力集中，对结构极为不利。因此，结构布置时要严格控制内收尺寸，一次不能收进过多。

4. 复杂平面与复杂立面的组合

复杂平面与复杂立面的组合可使建筑体型无限变化（图3-8），在工程实践中应用较多。复杂的建筑体型使建筑物具有明显的个性，但结构受力也更加复杂化。对于复杂平面与复杂立面的组合，结构布置时要强调三点，一是限制，二是加强，三是分割。其中，限制是指限制主体和肢翼部分的长宽比、高宽比、开口宽度、外伸长度等，如限制裙房外伸、限制小塔楼高度、限制内收尺寸等等；加强是指加强结构的整体性，如通过设置刚性基础、刚性层、刚性构件、过渡结构、连梁或采取其他构造措施等来保证结构的整体性。对于特别复杂的建筑平面，在限制、加强的基础上，还可通过分割手段如设置变形缝等，把复杂的建筑体型分解为若干简单规则的结构单元。

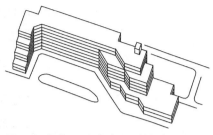
图3-8　复杂平面与复杂立面的组合

建筑体型的变化对结构安全带来许多不利影响。为确保结构正常工作，从结构角度反过来要对建筑体型做出某些限制和要求，如规则性、整体性和适应性等，见本书后详述。

3.2　楼盖和屋盖结构

3.2.1　结构形式选择

楼盖和屋盖结构的结构形式可有多种，如平板楼盖、密肋楼盖、肋梁楼盖、井字梁楼盖、无梁楼盖等，选择时应综合考虑建筑功能、使用性质、荷载类型、层高或净高限制、室内美观要求、设备工艺要求以及材料供应、施工技术、技术经济指标等因素。

1. 平板楼盖和密肋楼盖

平板楼盖主要用于跨度较小的以墙体为支承的结构平面，如用作砌体结构、剪力墙结构、筒体结构或框架结构的楼（屋）盖板等。平板楼盖无梁，单跨板或多跨连续板的最大跨度不应超过 5 ～ 6m。平板楼盖多采用实心板，也可为空心板、槽形板或夹芯板。实心平板多为现浇，板厚较小、板底平整，无需另做顶棚，但跨度不能太大，一般应控制在 5m 以内；非实心平板一般为预制，板厚较大，跨度应控制在 6m 以内。

密肋楼盖适用范围与平板楼盖大体相同，适用跨度 4 ～ 10m，整体现浇式密肋楼盖的经济跨度不超过 6m。采用普通混凝土时，密肋楼盖跨度不应超过 10m，采用预应力混凝土时不应超过 15m。密肋楼盖的肋宽一般取 60 ～ 120mm，单跨简支密肋板的肋高（含板厚）可取跨度的 1/17 ～ 1/20，多跨连续密肋板的肋高不宜小于跨度的 1/25。单向板密肋楼盖的肋距一般不宜大于 700mm，双向板密肋楼盖的肋距一般不宜大于 1500mm。

2. 肋梁楼盖

肋梁楼盖适用于有大开间要求的结构平面，柱或墙体的间距决定了次梁和主梁的跨度，建筑平面的开间、进深尺寸（或柱网尺寸）应满足结构的经济跨度要求。一般情况下，次梁的经济跨度为 4 ~ 6m，主梁的经济跨度为 5 ~ 8m。

肋梁楼盖板为单向板时，板跨（即次梁间距）宜小于 3m，多用 1.7 ~ 2.5m（经济板跨）；楼盖板为双向板时，正方形区格不宜大于 5m×5m，矩形区格的短边不宜大于 4m。肋梁楼盖中板的厚度不宜过大或过小，不进行挠度验算时，板厚可按表 3-1 确定。

主梁和次梁的高度取决于梁的跨度，梁宽一般取梁高的 1/2 ~ 1/3，参见表 3-1。

3. 井字梁楼盖

井字梁（交叉梁）楼盖适用于无柱大开间结构平面，宜用于正方形平面。如必须用于长方形平面时，长短边之比不宜小于 1.5。井字梁楼盖的适用跨度为 10 ~ 35m。1955 年建成的北京政协礼堂井字梁楼盖的跨度为 28.50m，近年建成的太原理工大学多功能文体中心井字梁楼盖的跨度达到了 30m。

井字梁的间距在 2 ~ 3m 时较经济，一般不宜超过 4m。井字梁的梁高一般为跨度的 1/16 ~ 1/20，斜放井字梁的梁高略大于正放井字梁。例如，当井字梁间距为 2m 时，正放井字梁梁高可取跨度的 1/18，斜放可取 1/20；间距为 3m 时可取 1/17 和 1/19，间距大于 3m 时可取 1/16 和 1/18，两个方向井字梁的梁高应相等。

井字梁的梁宽一般取梁高的 1/3（h 较小时）或 1/4（h 较大时），但不小于 120mm。

井字梁楼盖四周可以是墙体支承，也可以是主梁支承。

4. 无梁楼盖

无梁楼盖适用于层高受限或净高较高而不设梁以及设备工艺要求不设梁的多跨工业与民用建筑，如商场、仓库、冷库、车间等。

无梁楼盖属于板柱结构，板的经济跨度为 6m 左右。不进行挠度验算的普通混凝土楼盖板的最小板厚，有柱帽时一般取跨度（长跨）的 1/35，无柱帽时取 1/33。

3.2.2 截面高度估算

楼（屋）盖结构的主要构件高度（梁高、板厚）可参照表 3-1 确定。

楼（屋）盖结构主要构件截面尺寸选择表 表 3—1

构件种类	构件高跨比	附 注
简支单向板 两端连续单向板	简支板：$\frac{h}{l} \geq \frac{1}{35}$；连续板：$\frac{h}{l} \geq \frac{1}{40}$	单向板厚度不应小于： 民用建筑 70mm，工业建筑 80mm
四边简支双向板 四边连续单双向板	简支板：$\frac{h}{l_1} \geq \frac{1}{45}$；连续板：$\frac{h}{l_1} \geq \frac{1}{50}$	l_1 为双向板的短跨； $1600mm \leq h \leq 80mm$
无梁楼板	无柱帽：$\frac{h}{l_1} \geq \frac{1}{35}$；有柱帽：$\frac{h}{l_1} \geq \frac{1}{32}$	l_1 为板区格的长边跨度； $h \geq 150mm$
多跨连续次梁 多跨连续主梁 单跨简支梁	次梁：$\frac{h}{l} \geq \frac{1}{12} \sim \frac{1}{18}$；主梁：$\frac{h}{l} \geq \frac{1}{10} \sim \frac{1}{14}$ 单跨梁：$\frac{h}{l} \geq \frac{1}{8} \sim \frac{1}{12}$	梁的高宽比 $\frac{h}{b}$ 一般为 1.5 ~ 3.0
井字（交叉）梁	$\frac{h}{l_1} \geq \frac{1}{15} \sim \frac{1}{20}$	l_1 为井字梁系的短跨
悬臂梁	$\frac{h}{l} \geq \frac{1}{5} \sim \frac{1}{6}$	

注：板的厚度应以 0.1M（10mm）为模数，如取 70mm、80mm、90mm、100mm、120mm、140mm 等；梁的高度应以 0.5M（10mm）为模数，梁高大于 800 时应以 1M（100mm）为模数；梁宽应以 0.5M 为模数，但可用 180mm 宽。

3.2.3 楼盖结构布置要点

1. 肋梁楼盖

肋梁楼盖应根据房屋的平面尺寸、使用荷载的大小以及建筑的使用要求确定承重墙位置和柱网尺寸。考虑到经济、美观以及方便施工，柱网通常布置成方形或矩形。主梁一般沿墙轴线或柱网布置，以形成完整的竖向抗侧力体系；同一轴线上的梁应对正、贯通，形成连续梁。梁系布置应考虑楼板上的隔墙、设备及板上开洞等要求，板上一般不宜直接作用较大的集中荷载，隔墙处、重大设备处及洞口周边都应设梁加强。同一楼层或同一房间有不同的楼面标高要求时，应通过设梁来调整板面标高。梁板布置应力求受力明确，传力路线短捷，并尽量布置成等跨度，板厚和梁截面尺寸在整个楼盖中力求统一有规律性。当砌体承重时，梁应尽量避免搁置在门窗洞口之上。

2. 井字梁楼盖

井字梁楼盖选择要考虑建筑平面、结构跨度以及室内美观要等求。对于正方形平面，正交正放井字梁受力性能较好，两个方向的梁能同时充分发挥作用；而正交斜放井字梁同一方向梁的长短不一，短梁刚度大长梁刚度小，短梁对长梁有支承作用并在四角区域形成长梁的弹性支座，会造成楼盖结构四角翘起，使角柱受拉，故受力性能不如正交正放好。对于长方形平面，正交正放井字梁的两个方向梁的跨度不同，为保证室内美观一般两个方向梁为等高，致使梁的刚度不一致，结构受力性能不如正方形平面好。若平面长边与短边之比大于 1.5，结构受力性能开始变差，长与短之比大于 2 则结构受力性能很差。长方形平面如果选用正交斜放或斜交斜放井字梁，则结构受力性能比正交正放井字梁好。对于三角形、六边形及梯形平面，三向斜交斜放井字梁具有较好的适应性。

井字梁楼盖布置时，梁格形状可成正方形、矩形、菱形和三角形，各方向梁的间距最好相等，既保证结构经济合理、施工方便，也容易满足顶棚美观的要求。

井字梁楼盖的周边支承最好为承重墙，以使井字梁支承在刚性支点上；若周边为柱，应尽量使每根梁都能直接支承在柱上；若遇柱距与梁距不一致时，应在柱顶设置一道刚度较大的边梁，以保证井字梁支座的刚性。当结构跨度较大时，也可在井字梁交叉点处设柱，形成多点支承的连续跨井字梁。井字梁也可采用混合支承，中间支承在柱上而周边支承在墙上。

3. 无梁楼盖

无梁楼盖的柱网布置通常为正方形或矩形，正方形受力较合理，经济跨度一般 5 ~ 7m。无梁楼盖的周边可布置柱，也可将板在柱外悬挑出适当宽度，有利于减少边跨跨中弯矩和柱的不平衡弯矩，既节省材料又简化了施工。对于冷库建筑，这种方式还有利于简化墙体保温构造，减少冷桥。

1）柱

无梁楼盖结构中柱一般为普通钢筋混凝土结构，截面多为正方形，边柱也可做成矩形，当有建筑方面的要求时，也可采用圆形或其他形状。

2）柱帽

柱帽是无梁楼盖的重要组成部分，它扩大了板在柱上的支承面积，避免板在柱边的冲切破坏，还可减少板的跨度和弯矩。常见的柱帽形式有三种：无顶板柱帽（图 3-9a），适用于楼面荷载较小的情况；折线形柱帽（图 3-9b）和有顶板柱帽（图 3-9c）。其中有顶板柱帽适用于楼面荷载较大的情况。有时为节约层高、减小板厚、降低吊顶高度，在荷载不大时也可采用折线形柱帽或有顶板柱帽。

3）板

无梁楼盖结构中的楼板主要有钢筋混凝土平板、双向密肋板，荷载较大时也可采用预应力板。钢筋混凝土平板板厚不得小于

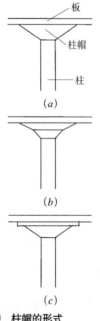

图 3-9 柱帽的形式

120mm，一般为 160 ~ 200mm，为保证楼盖结构的刚度，板厚一般不宜小于柱网区格长边的 1/35。

4. 密肋楼盖

密肋楼盖的布置要求与平板相同，符合单向板条件时按单向密肋板布置，符合双向板条件时按双向密肋板布置。双向密肋板对跨度或荷载较大的楼盖，经济效益更为显著。当施工采用成品模壳时，肋距应根据模壳尺寸确定。采用一般方法施工时，双向密肋板的肋格可填充加气混凝土块，拆模后可获得平整的顶棚，隔声和保温效果较好。

3.3 单层和多层结构

3.3.1 砌体结构

1. 结构承重方案的选择

砌体结构承重方案选择关系到建筑平面划分、房间布置和使用要求，不同承重方案有不同的承重墙体及柱的布置要求，它们不仅影响了荷载的传递路径，也影响到房屋的空间刚度和抗震性能，同时也决定了房屋的静力计算方案。

1）横墙承重方案

横墙承重方案适用于小开间建筑，如住宅、办公、宿舍、旅馆、医院病房等，每开间一道横墙，单向板楼盖两端支承在横墙上，板的荷载全部传到横墙上，结构横向刚度大，利于抗震。纵墙仅为围护墙，开门开窗相对自由。

2）纵墙承重方案

纵墙承重方案适用于有大房间要求的建筑，如教学楼、大开间办公楼、医院病房楼、食堂、仓库等。内外纵墙均为承重墙，楼盖结构中无梁，单向板楼盖两端支承在纵墙上，板的荷载全部传到纵墙上，开门开窗受到一定限制。纵墙承重方案中的横墙多为小隔墙，结构横向刚度较差，对抗震不利。因此，地震区一般不采用纵墙承重方案。

3）纵横墙承重方案

纵横墙承重方案也适用于教学楼、大开间办公楼、医院病房楼、食堂、仓库等有大房间要求的建筑，但楼盖中沿房间内部横向布置了梁，使楼盖既可采用单向板（单向板横向布置），也可采用双向板；板上荷载能同时传到横墙和纵墙，纵、横墙体均承重，改善了结构的受力性能，房屋的横向刚度得到加强，结构整体性较好，利于抗震。

4）内框架承重方案

内框架承重方案适用于纵横向均为多跨的大开间建筑，如商场、车间、库房等。内框架结构的外围墙体仍为砌体墙，内部的承重构件全部为柱，由于内部无墙，房屋的整体刚度较小，对抗震不利。框架梁铰支在周边墙体上，相对抗侧刚度小，框架梁的变形对外部砌体受力产生不利影响。

2. 布置要点

1）横墙承重时，横墙间距应控制在适当范围内，一般取 2.7～4.8m 较经济，横墙间距过大将导致楼板板厚增加，结构自重加大，对结构受力、变形和抗震都不利。

2）纵墙承重时，为提高房屋的整体刚度，仍需布置一定数量的横墙，横墙间距与楼盖类型以及采用的静力计算方案有关。对于普通整体式刚性楼盖，刚性方案的最大横墙间距不应超过 32m，刚弹性方案不应超过 72m。横墙间距直接影响结构的空间工作性能，对于地基不好或其他要求提高结构空间刚度的情况，横墙间距应尽量减小。

3）纵横墙承重时，最大横墙间距也与楼盖类型以及采用的静力计算方案有关。对于教学楼等人员密集、横墙较少的空旷房间，横墙间距应尽量小，以保证结构的整体刚度和空间工作性能。地震区横墙间距要求更严格，如 6、7 度设防时，整体式楼盖的横墙间距不得超过 15m。

4）内框架承重是砌体结构中最不利的结构方案，为了提高结构的可靠性，在地震区，不得采用内框架结构。在非地震区也应控制使用，特别是房屋层数较多时。对于非地震区多层多排柱内框架房屋，房屋宜采用矩形平面且立面宜规则；楼梯间横墙宜贯通房屋全宽；横墙间距不应大于 15m。

5）在多层砌体结构的底层大空间结构中不得采用内框架结构，而应采用底部框架—抗震墙结构。

6）多层砌体房屋的结构体系，应优先采用横墙承重或纵横墙共同承重的结构体系。纵横墙的布置宜均匀对称，沿平面内宜对齐，沿竖向应上下连续；同一轴线上的窗间墙宽度宜均匀。房屋立面高差较大（6m 以上）、有错层且楼板高差较大、各部分结构刚度或质量截然不同时宜设置防震缝，缝两侧均应设置墙体，缝宽应根据烈度和房屋高度确定，多采用 70～100mm。

7）楼梯间不宜设置在房屋的尽端和转角处。

8）烟道、风道、垃圾道等不应削弱墙体；当墙体被削弱时，应对墙体采取加强措施；不宜采用无竖向配筋的附墙烟囱及出屋面的烟囱。

9) 无论何种承重方案,砌体结构都应设置必要的圈梁、构造柱,以加强结构的整体性,提高结构延性。在地震区,要按照抗震设计规范要求设置圈梁、构造柱,并注意房屋高度限制、层数限制、高宽比限制以及局部尺寸限制。

10) 砌体结构的房屋长度不应超过伸缩缝最大间距(见表4-24),超过不多时应采取可靠措施防止温度伸缩对结构造成的损害,超过较多时应设置伸缩缝。

11) 房屋整体刚度较差、地基不均匀、房屋立面高低层数相差较大时,应根据需要在适当部位设置沉降缝,并尽量和伸缩缝、防震缝合并设置。

3.3.2 排架结构

1. 结构选择

排架结构是单层厂房的主要结构形式。除排架外,单层厂房也可选择刚架结构、板架合一结构或壳体结构、网架结构等空间结构。

排架结构是由排架和支撑系统构成的空间受力体系,主要用于单层厂房。它可以是单跨的,也可以是多跨的,各跨可以等高,也可不等高,可以有吊车,也可无吊车,主要由生产工艺决定。单层厂房柱网、高度选择及与起重设备的协调配合见表3-2。

单层厂房柱网及高度选择表　　　　　　表3-2

厂房高度(m)(地面至柱顶)	厂房跨度(m)							起重运输设备(t)
	6	9	12	18	24	30	36	
3.0~3.9	□	□	□					无起重设备或有悬挂起重设备
4.2、4.5	□	□	□					起重量不大于5t
4.8、5.1	□	□	□	□	□			
5.4、5.7	□	□	□					
6.0、6.3	□	□	□	□	□	□		
6.6、6.9			□					
7.2	□	□	□	□	□			
7.8				□				
8.4			□	□	□	□	□	5、8、10、12.5
9.6			□	□	□	□	□	5、8、10、12.5、16、20
10.8				□	□	□	□	5、8、10、12.5、16、20、32
12.0				□	□	□	□	8、10、12.5、16、20、32、50
13.2~14.4					□	□	□	8、10、12.5、16、20、32、50
15.8~18.0						□	□	20、32、50

一般情况下，无吊车或吊车吨位不超过 5t、跨度不超过 15m、柱顶标高不超过 8m、无特殊工艺要求的小型厂房，可采用由砖柱或钢筋混凝土柱与钢筋混凝土屋架或钢—木屋架构成的混合结构排架；吊车吨位不超过 150t（中级工作制）、跨度 12 ～ 30m 时多采用钢筋混凝土柱和钢筋混凝土屋架构成的钢筋混凝土排架；吊车吨位在 250t 以上及跨度大于 30m 的大型厂房以及有特殊要求的厂房，一般采用钢屋架、钢柱构成的钢排架。

排架结构主要由排架、支撑系统、屋盖和天窗系统等构成（图 3-10），结构布置包括柱网布置、屋盖布置和支撑系统布置。

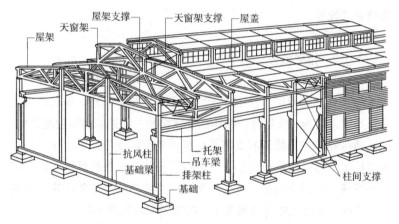

图 3–10　排架结构的组成

2. 柱网布置

排架结构的柱网是指由排架的跨度和两榀排架形成的开间组成的网格，代表了排架结构基本单元的进深（跨度）与开间（柱距），也决定了屋架、屋面板、吊车梁、天窗架以及支撑系统的基本尺寸。除柱和基础外，排架结构的其他构件均为定型构件。因此，排架的开间尺寸对应于屋面板、吊车梁、天窗壁板以及屋盖支撑的跨度，钢筋混凝土排架的柱距一般为 6m（即建筑模数 60M 数列），钢排架的柱距一般为 12m；排架的跨度即为屋架跨度，不大于 18m 时应为 3m 的整倍数（30M 数列），大于 18m 时应为 6m 的整倍数（60M 数列），见图 3-11。

排架结构的尽端有山墙时，应在排架尽端布置抗风柱，使作用在山墙上的风荷载通过抗风柱传给排架系统，抗风柱的柱距应符合 15M 数列，多取 6m。抗风柱影响了尽端屋架的布置，故厂房尽端以及伸缩缝两侧的排架柱应向内侧偏移 600mm。

排架结构的连续长度不能超过伸缩缝最大长度，超过时应设伸缩缝将排架分成不同的温度区段。不同方向的排架纵横向相邻布置

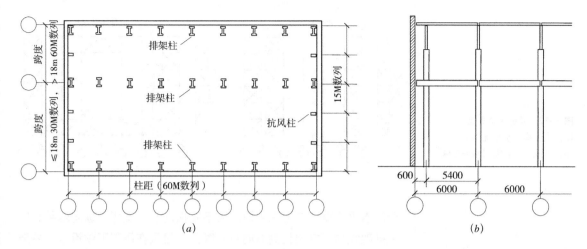

(a)

(b)

图 3-11 排架柱网布置示意图
(a) 平面布置；
(b) 剖面（端柱布置）

时，结构应分开，并设置变形缝。地震区排架还要符合防震缝的有关要求。排架结构变形缝设置条件及要求后文详述。

　　3. 屋盖布置

　　排架结构的屋盖分为有檩体系和无檩体系。有檩体系的屋面板多为轻型屋面板，檩条以屋架为支撑，檩距取决于板的支承跨度和屋架上弦节点间距，一般为 1～5m；无檩体系直接将大型屋面板铰接在屋架上，屋面板尺寸为 1.5m×6m 或 3m×6m，屋架间距为 6m。

　　有时因工艺要求需抽掉部分排架柱，应在抽柱处沿柱列纵向布置托架以支承屋架。

　　4. 支撑系统布置

　　由柱和屋架铰接成的排架在其平面内具有较大的刚度，但在平面外刚度较小，侧向稳定性差；屋架、屋面板形成的四边形机构缺乏结构稳定性，不采取措施则会引起屋架和屋盖系统倾覆。所以，排架结构必须设置支撑系统，将柱、屋架、天窗架等连接成稳定的空间受力体系。当排架结构承受风荷载、吊车刹车荷载以及地震作用等水平作用时，支撑系统还具有传递和分散水平作用的功能。排架结构支撑系统包括屋盖支撑和柱间支撑，它们由各种形式的桁架、交叉杆件或拉杆、压杆构成。

　　1）屋盖支撑

　　屋盖支撑包括屋架支撑和天窗架支撑，它们又分为水平支撑和垂直支撑。屋架水平支撑的桁架平面平行于屋架上弦或下弦平面，垂直支撑也称为竖向支撑，其桁架平面垂直于屋架平面。屋盖水平支撑按布置方向分横向水平支撑和纵向水平支撑（图 3-12），横向水平支撑沿排架横向（屋架跨度方向）布置，在上弦平面时为上弦

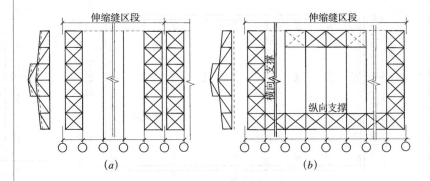

图 3-12 屋盖水平支撑
(*a*) 上弦横向水平支撑；
(*b*) 下弦横向和纵向水平支撑

横向水平支撑，在下弦平面时为下弦横向水平支撑；纵向水平支撑沿排架纵向（排架柱列方向）布置，一般只在屋架下弦设置，屋架上弦已通过屋面板相互联结，可不再设支撑。

（1）横向水平支撑

横向水平支撑一般布置在排架端部第一柱间或第二柱间，其作用是构成刚性框，增强屋盖的整体刚度，减少屋架上弦或下弦的杆件计算长度、保证屋架侧向稳定，同时将抗风柱、山墙承受的风荷载、地震作用以及屋架下弦吊车等传到屋架的水平作用力传到纵向柱列。

通常情况下，无论是有檩体系还是无檩体系，均应设置屋架上弦横向水平支撑，但有檩体系上弦横向支撑的受压杆件可用檩条代替。

具有下列情况之一时，应设屋架下弦横向水平支撑：

①屋架跨度不小于18m时（轻型钢结构的三铰拱屋架及钢筋混凝土屋架无檩体系除外）；

②屋架下弦设有悬挂吊车（或悬挂运输设备），或厂房内设有桥式吊车或振动设备时；

③山墙抗风柱支承于屋架下弦时；

④采用有弯折下弦的钢屋架时；

⑤当屋架设有通长的下弦纵向水平支撑时。

横向水平支撑的距离不应过大。当温度伸缩缝区段长度大于66m，不大于96m时，应在这个区段中部的屋架上弦和下弦分别增设一道上弦横向支撑和下弦横向水平支撑。

屋架下弦设有悬挂吊车（或悬挂运输设备）时，应按下列要求增设下弦横向水平支撑。

当悬挂吊车沿厂房纵向运行，且吊车轨道未通至厂房两端和温度伸缩缝区段两端的屋架下弦横向水平支撑时，应在轨道尽端增设屋架下弦横向水平支撑或刚性系杆，并与下弦横向水平支撑相接；

当悬挂吊车沿厂房横向运行时，应在其两侧的相邻屋架间内增设下弦横向水平支撑并在轨道两端增设水平支撑。

（2）纵向水平支撑

纵向水平支撑应布置在屋架下弦的纵向第一节间之间，其作用是加强屋盖结构的横向水平刚度，分散作用在屋架下弦的局部水平荷载（如屋架下弦悬挂吊车荷载等）。

具有下列情况之一时，应设置屋架下弦纵向水平支撑：

①设有特种桥式吊车（如硬钩、磁力、抓斗、夹钳和刚性料耙等桥式吊车）、壁行吊车或双层吊车的厂房；

②设有一般桥式吊车的厂房，当符合表3-3的条件时；

屋架下弦纵向水平支撑设置参考表 表3—3

厂房跨数	吊车工作制	吊车吨位			
		当屋架下弦标高为			
		≤15m（有天窗）	≤18m（无天窗）	>15m（有天窗）	>18m（无天窗）
单跨	轻、中级	≥50t		≥30t	
	重级	≥15t		≥10t	
多跨	轻、中级	≥75t		≥50t	
	重级	≥20t		≥15t	

③厂房内设有较大振动设备（如不小于5.0t的锻锤、重型水压机或锻压机、铸件水爆池及其他类似的振动设备）时；

④当屋架采用托架支撑时；

⑤在厂房排架柱之间设有墙架柱且墙架柱以下弦纵向水平支撑为支承点时；

⑥在厂房排架计算中考虑空间工作时。

屋架下弦纵向水平支撑应在纵向柱列的屋架端部节间设置。设置部位及要求是：

①单跨和等高双跨厂房屋架两侧边柱列；

②等高三跨以上厂房两侧边柱列以及中列柱的一侧或两侧；

③不等高多跨厂房高跨和低跨的两侧边柱列以及中列柱的一侧或两侧；

④设有托架的柱间；当仅在局部柱间设托架时，应在托架两侧各增加一柱间长度；

⑤重级工作制的起重量较大的厂房，应较其他常规厂房更密一些。

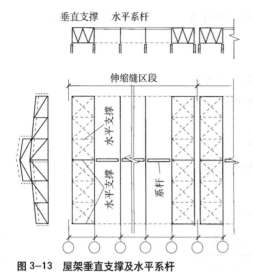

图 3-13　屋架垂直支撑及水平系杆

（3）垂直支撑

屋盖垂直支撑的作用是保证屋架及天窗架在平面外的稳定、缩短杆件平面外长度并传递纵向水平力，一般布置在屋架端部及中部，与屋架下弦横向支撑布置在同一柱间（图 3-13）。

①梯形屋架及平行弦屋架，除在屋架两端各设一道垂直支撑外，还应在屋架中部按以下要求设置：

当屋架跨度不大于 30m 时，无论有无天窗，应在屋架中央竖杆平面内增设一道垂直支撑；

当屋架跨度大于 30m 且无天窗时，应在跨度 1/3 左右的竖杆平面内各增设一道垂直支撑；当屋架跨度大于 30m 且有天窗时，应在天窗侧立柱下的屋架竖杆平面内各增设一道垂直支撑。

②三角形屋架跨中垂直支撑，当跨度不大于 18m 时，应在屋架中央竖杆平面内设置一道。当跨度大于 18m 时，可根据具体情况设置两道。

③当厂房内设有不小于 3.0t 锻锤或类似的振动设备时，应在设有锻锤的跨间及其以锻锤为中心的 30m 范围的屋架间，在设有一般垂直支撑的竖直平面内，每隔一个屋架间距增设一道垂直支撑。

（4）水平系杆

屋盖支撑仅在部分柱间设置，其他柱间的屋架、天窗架则通过水平系杆与屋盖支撑联系，使整个屋盖形成稳定的空间结构体系。

当屋盖设垂直支撑时，应在未设置垂直支撑的屋架间，在相应于垂直支撑平面内的屋架上弦和下弦节点处，设置通常的水平系杆。凡在屋架端部上弦柱顶处和屋架上弦屋脊处的系杆应为刚性系杆，其余杆件应为柔性系杆。

对于无檩屋盖体系，应在未设置垂直支撑的屋架间，相应于垂直支撑平面的屋架上弦和下弦节点处设置通长水平系杆。当屋架跨度大于 30m 且设有天窗，还应在上弦屋脊节点处增设一道水平系杆。对于有檩屋盖体系，屋架上弦水平系杆一般可用檩条代替，仅在相应的屋架下弦节点处设置通长水平系杆。

凡设在屋架端部主要支承节点处和屋架上弦屋脊节点处的通长水平系杆均应采用刚性系杆（压杆），其余均采用柔性系杆（拉杆）。若屋架的横向支撑布置在厂房两端或温度伸缩缝区段两端的第二屋架间时，则第一个屋架间的所有系杆均应采用刚性系杆。当屋架端部主要支承节点处有托架弦杆或设有钢筋混凝土圈梁或连系梁时，可以代替刚性系杆。

在地震区，屋盖支撑还应根据抗震设防烈度按抗震规范的要求布置。

2）柱间支撑

柱间支撑设置在屋盖支撑对应的柱间内，其作用是保证厂房的纵向稳定与空间刚度；决定柱在排架平面外的计算长度；承受厂房端部山墙风力、吊车纵向水平荷载及温度应力等，在地震区，还将承受厂房纵向地震力，并传至基础。柱间支撑由上柱段支撑和下柱段支撑两部分构成（图3-14）。屋架端部垂直支撑、屋架上、下弦水平系杆、吊车梁及辅助桁架、排架柱本身等也是柱间支撑体系的组成部分。

下柱段支撑应尽可能设在温度区段中部，以减少温度应力对结构的影响。当温度区段长度不大时，可在温度区段中部设置一道下柱段柱间支撑；当温度区段长度大于120m时，为保证厂房的纵向刚度，应在温度区段内设置两道下柱柱间支撑，其位置应尽可能布置在温度区段中间1/3范围内，两道支撑间的距离不宜大于66m。

上柱柱间支撑除在有下柱柱间支撑的柱间布置外，为传递端部山墙风力，满足结构安装要求，提高厂房结构上部的纵向刚度，应在温度区段两端布置上柱柱间支撑。

当排架柱为等截面柱且截面高度不大于600mm时，可沿柱中心线设单片支撑。否则，应沿柱的两翼缘设双片支撑，见图3-15。阶形柱的上段柱截面高度不大于1000mm时可设单片支撑，截面高度大于1000mm或有开洞时应设双片支撑。阶形柱的下段柱的柱间支撑，应在两个柱肢内成对设置双片支撑。

5. 木屋盖

木屋盖中的檩条、木梁（或木屋架、木桁架）与搁置木梁的钢筋混凝土柱、砖柱或砌体墙垛形成排架结构。

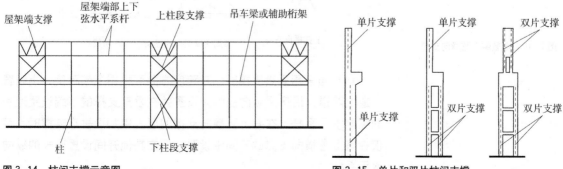

图3-14　柱间支撑示意图　　图3-15　单片和双片柱间支撑

1）桁架和木梁的选择与布置

（1）木屋架（桁架）为木下弦时，采用原木下弦的屋架跨度不宜大于15m，采用方木时不宜大于12m；采用钢下弦时，屋架跨度不宜大于18m。

（2）一般木梁的跨度不应大于6m，超过时，应采用屋架或桁架。

（3）桁架或木梁的间距，采用木檩条时不超过6m，采用钢檩条时不宜超过6m。

（4）桁架的形状一般采用三角形，也可采用弧形、梯形、多边形屋架。

（5）对于复杂四坡顶屋面，斜脊和天沟处应布置木梁，跨度大于6m时，可用半屋架代替。

2）支撑布置

（1）为防止桁架侧倾，保证受压弦杆侧向稳定、承担和传递纵向水平力，应采取有效措施保证结构在施工和使用期间的空间稳定。

（2）屋盖中的支撑应根据结构的形式、跨度、屋面构造及荷载等情况，选用上弦横向支撑或垂直支撑。但当房屋跨度较大或有锻锤、吊车等振动影响时，应同时设置上弦横向支撑及垂直支撑。

（3）当采用上弦横向支撑时，若房屋端部为山墙，则应在房屋端部第二开间内设置（图3-16）；若房屋端部为轻型挡风板，则在第一开间内设置，若房屋纵向很长，对于冷摊瓦屋面或大跨度房屋尚应沿纵向每隔20～30m设置一道。

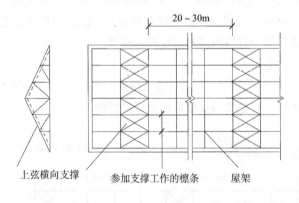

图 3-16　木屋架上弦横向支撑

（4）当采用垂直支撑时，在跨度方向可根据屋架跨度大小设置一道或两道，沿房屋纵向应隔间设置并在垂直支撑的下端设置通长的纵向水平系杆。在有上弦横向支撑的屋盖中加设垂直支撑时，可仅在有上弦横向支撑的开间中设置，而在其他开间设置通长的纵向水平系杆。

（5）下列部位应设垂直支撑：

①梯形屋架的支座竖杆处；

②屋架下弦低于支座呈折线形式，在下弦的折点处；

③设有悬挂吊车时的吊轨处；

④杆系拱、框架及类似结构的受压下弦部分节点处；

⑤屋盖承重胶合大梁的支座处。

以上各项垂直支撑，除第③项应按（4）的规定设置外，其余各项可仅在房屋两端第一开间（无山墙时）或第二开间（有山墙时）设置，但应在其他开间设置通长的水平系杆。

（6）下列非开敞式的房屋可不设置支撑。但若房屋纵向很长，则应沿纵向每隔 20 ~ 30m 设置一道支撑：

①当有密铺屋面板和山墙，且跨度不大于 9m 时；

②当房屋为四坡顶，且半屋架与主屋架有可靠连接时；

③当房屋的屋盖两端与其他刚度较大的建筑物相连时。

（7）当屋架设有天窗时，可根据（3）和（4）设置天窗架支撑。天窗架的两边柱处应设置柱间支撑。在天窗范围内沿主屋架屋脊节点和支撑节点，应设通长的纵向水平系杆。

（8）地震区木屋盖的支撑布置，应符合现行抗震设计规范的要求：

抗震设防烈度为 8 度时，对于满铺望板且有天窗的屋盖，应在天窗架开洞范围内各设一道上弦横向支撑；对于稀铺望板或无望板的屋盖，屋架跨度大于 6m 时，房屋单元两端第二开间及每隔 20m 设一道上弦横向支撑；下弦横向支撑及跨中垂直支撑同非抗震设计。

抗震设防烈度为 9 度时，对于满铺望板的屋盖，屋架跨度大于 6m 时，房屋单元两端第二开间各设一道上弦横向支撑；对于稀铺望板或无望板的屋盖，屋架跨度大于 6m 时，应在房屋单元两端第二开间及每隔 20m 设一道上弦横向支撑和一道下弦横向支撑，并在隔间加下弦通常系杆。

支撑与屋架或天窗架应采用螺栓连接；山墙应沿屋面设置现浇钢筋混凝土卧梁，并应与屋盖构件锚拉。

3.3.3 单层刚架结构

1. 结构选择与布置

单层刚架结构的选择主要包括结构材料、施工方式、支承方式、屋面坡度等方面。刚架材料选择主要考虑结构跨度、使用环境、施工要求等因素。跨度不大、无吊车、火灾危险性较小、处于正常使用环境的厂房或其他建筑可选用胶合木刚架。钢筋混凝土刚架适用于跨度不超过 18m、檐口高度不超过 10m、无吊车或起重量不超过 10t 的工业厂房或民用建筑，超过时应选用钢刚架，外形变化复杂的公共建筑也应选用钢刚架。但是，用作大空间混合结构承重骨架的巨型刚架多为钢筋混凝土结构。

刚架结构的支座约束条件对内力有较大影响，加到结构上的约束越多，结构的内力分布就越均匀、内力峰值越小，结构就越经济合理。因此，大跨度刚架采用无铰刚架比两铰或三铰刚架更合理。

单层刚架结构的布置十分灵活。各刚架可以平行布置、辐射状布置或环状布置，连续排列的各刚架可以等高、等跨，也可以变高、变跨，刚架的外形还可以逐渐变化，形成风格多变的建筑造型，见图 3-17。

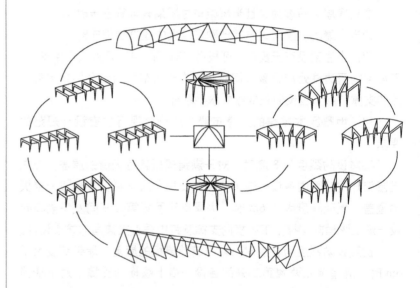

图 3-17 刚架结构的布置与外形变化示意图

刚架结构布置时也要注意正确、合理地设置变形缝。

2. 门式刚架支撑布置

1）屋盖支撑

一般在每个温度区段，须在两端第一开间或第二开间设置横向水平支撑；当在第二开间设置横向水平支撑时，应在第一开间相应位置设置刚性系杆；在横向交叉支撑之间应设刚性系杆，以组成几何不变体系。

2）柱间支撑

（1）在每个温度区段的第一或第二个开间设置柱间支撑，并应与屋盖支撑设在同一开间，见图 3-18。

（2）柱间支撑的间距一般为 36 ~ 45m。

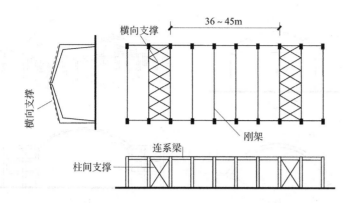

图 3-18　刚架结构的支撑

（3）当房屋高度较大时,柱间支撑应分层设置,并加设水平压杆。

（4）当房屋内有吊车梁时，柱间支撑应分层设置，吊车梁以上的上部支撑应设置在端开间，并在中间或三分点处同时设置上、下部柱间支撑。

（5）当边柱桥式吊车起重量不小于 10t 时，下柱支撑宜设两片；起重量较小时可设单片支撑。

（6）在边柱柱顶、屋脊以及多跨门式刚架中间柱柱顶应沿房屋全长设置刚性系杆。

（7）多跨门式刚架的内柱应设置柱间支撑。

3.3.4　拱结构

1. 支座水平推力平衡方案的选择

拱脚存在水平推力是拱与其他结构的根本区别。为确保拱可靠工作，必须采取有效措施防止拱脚的水平位移。一般有以下几种方式：

1）水平推力直接由拉杆承担

推力平衡方案如图 3-19（a），水平拉杆的拉力与拱的推力自相平衡，拱脚对外水平推力为零。这种布置方式既可用于搁置在墙、柱上的拱式屋盖结构，也可用于落地拱结构，经济合理、安全可靠。缺点是室内有拉杆，影响室内美观，若设吊顶则降低了净高，吊杆以上的空间被浪费。落地拱结构的拉杆做在地坪以下，可使基础受力简单，节省材料，当地质条件较差时，其优点尤为明显。

2）水平推力通过刚性水平结构传递给总拉杆。

推力平衡方案如图 3-19（b）。在拱脚外侧设置水平刚度很大的天沟板或副跨屋盖作为刚性水平构件以传递拱的推力，并通过刚性水平构件传给设置在两端山墙内的总拉杆。这种方案的优点是两侧

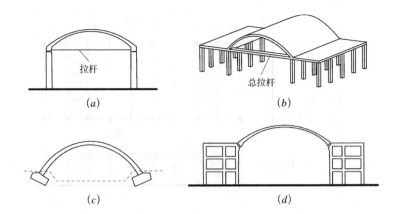

图 3-19　拱脚推力的平衡方案
(*a*) 以拉杆平衡拱脚推力；
(*b*) 以水平结构平衡拱脚推力；
(*c*) 以基础平衡拱脚推力；
(*d*) 以竖向结构平衡拱脚推力

的柱不承受拱的水平推力，两端的总拉杆设置在山墙内，室内没有拉杆，可充分利用室内建筑空间。

3）水平推力直接作用在基础上。

对于落地拱，当地质条件较好或拱脚水平推力较小时，拱的水平推力可直接作用在基础上，通过基础传给地基。为了更有效地抵抗水平推力，防止基础滑移，可将基础底面做成斜面，见图 3-19 (*c*)。

4）水平推力由竖向承重结构承担。

当拱以两侧的竖向承重结构为支座时，可直接将水平推力传给两侧的竖向承重结构，如斜柱墩或框架结构等（图 3-19*d*）。采用这种结构方案时，中跨的拱式屋盖常为两铰拱或三铰拱结构，以减少拱的支座反力对下部支承结构的不利影响。

2. 结构形式选择

1）结构材料选择

大跨度拱结构多采用实腹钢拱和格构式钢拱，中小跨度多采用钢筋混凝土拱，砖石砌体拱在建筑结构中使用较少。以拱作为大跨度混合空间结构的巨型承重骨架时，可选择使用钢筋混凝土拱或型钢混凝土拱，以保证结构的刚度。

2）拱的形式选择

在三铰拱、两铰拱和无铰拱几种形式中，三铰拱为静定结构，跨中的顶铰使拱本身和屋盖结构构造复杂，工程中较少采用。两铰拱受力合理、用料经济、制作和安装比较简单，对温度变化和地基变形的适应性较好，工程中较为常用。无铰拱受力最合理，内力峰值较小，但对支座要求较高，当地基条件较差时不宜采用。

3）拱的矢高和曲线形状

拱的矢高应考虑建筑空间的使用、建筑造型、结构受力、屋面排水构造等的要求和合理性来确定。

（1）应满足建筑使用功能和建筑造型的要求

矢高决定了建筑物的体量、形象、内部空间大小。对于散料仓库、体育馆等建筑，矢高应满足建筑使用功能上对建筑物的容积、净空、设备布置等要求。同时，拱的矢高直接决定拱的外形，因此矢高必须满足建筑造型的要求。

（2）应使结构受力合理

从拱的受力特点可知，拱脚水平推力与拱的矢高成反比。当地基及基础难以平衡拱脚水平推力时，可通过增加矢高来减小拱脚水平推力，减轻地基负担，节省基础造价。但矢高过大，拱身长度增大，拱身及其屋面覆盖材料的用量将增加；同时，还使结构迎风面积增大，加大了结构的水平荷载。

（3）应满足屋面排水构造的要求

矢高的确定应考虑屋面做法和排水方式。对于瓦屋面及构件自防水屋面，要求屋面坡度较大，则矢高较大。对于油毡屋面，为防止夏季高温时引起沥青流淌，坡度不能太大，则相应地矢高较小。

（4）拱的曲线形状

拱的曲线形状应满足合理拱轴线要求，工程中一般根据主要荷载确定合理的拱轴线。大跨度公共建筑的拱结构，主要为竖向荷载，通常采用抛物线作为合理拱轴线。

4）拱身截面估算

拱身截面可采用等截面也可采用变截面，大跨度拱应采用变截面，沿拱的轴线改变截面高度而截面宽度保持不变。拱身截面的变化应根据结构的约束条件与主要荷载作用下的弯矩图确定，弯矩大处截面高度较大，弯矩小处截面高度小。拱身的截面高度可根据拱的跨度 l 按以下方法估算：

实腹钢拱的截面高度可取 $(1/50 \sim 1/80)l$，格构式拱可取 $(1/30 \sim 1/60)l$。对于钢筋混凝土拱，其截面高度可取 $(1/30 \sim 1/40)l$。

拱属于受压构件，估算其受压稳定性时，拱受压计算长度 (l_0) 可根据拱身长度 (S) 确定，三铰拱可取 $0.58S$，两铰拱可取 $0.54S$，无铰拱可取 $0.36S$。

3. 结构布置。

拱式结构的布置与刚架相似，可根据需要进行各种平面布置，如正交布置、斜交（三角形）布置、平行布置以及沿曲线路径自由布置等几种（图 3-20）。正交布置用于圆形平面或正多边形平面，斜交布置用于矩形平面、三角形或六边形平面，平行布置既可用于矩形平面，也可用于其他自由平面，自由布置用于其他不规则的平

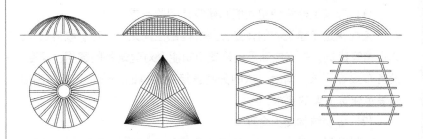

图 3-20　拱结构布置示意

面。除交叉（正交、斜交）布置外，其他布置也可以有变高、变跨等更多的变化方式，以适应灵活多变的建筑造型。

拱结构布置也应注意合理设置变形缝。

4. 支撑布置

拱为平面受压或压弯结构，因此必须设置横向支撑并通过檩条或大型屋面板体系来保证拱在轴线平面外的受压稳定性。为了增强结构的纵向刚度，传递作用于山墙上的风荷载，还应设置纵向支撑并与横向支撑形成整体。拱结构支撑系统的布置原则与单层刚架结构类似。由于拱是梁柱合一的结构，横向支撑与垂直支撑合并为同一支撑构件。

3.3.5　框架结构

1. 结构类型选择

选用框架结构时应注意其适用高度限制（详见 4.5），综合各方面要求，非地震区框架的最大适用高度不超过 70m，地震区 6 度设防时不超过 60m，7 度时不超过 55m，8 度时不超过 40m，9 度时不超过 24m。

框架结构多选用钢筋混凝土结构，有时也用钢结构。在钢筋混凝土框架结构中，现浇框架整体性好、抗震性能好，采用较多；装配式框架工业化程度高、施工速度快，但结构整体性差，不适合地震区使用；装配整体式框架整体性好、抗震性能好、施工较快，但施工难度大、结构构造复杂，有条件时也可采用。

2. 结构布置原则。

结构选型和布置是否得当、合理，对结构的安全性、经济性、适用性至关重要。框架结构布置时，一般应注意以下几点：

1）建筑平面长度不宜过长，突出不宜过多，开口不宜过深，凹角处应采取加强措施；

2）结构应尽可能简单、规则、均匀、对称，构件类型尽可能少；

3）结构受力合理、传力路线明确、短捷；

4）结构平面应控制内部和外部开口、开洞，减少开口、开洞对楼层水平刚度的影响；

5）结构竖向应规则，避免过大、过急的外挑、内收，避免层高不均匀变化和错层；

6）结构的竖向传力构件应连续、贯通、落地，严格控制抽柱；结构抗侧刚度应均匀变化，且宜下大上小，避免刚度突变和出现中间薄弱层；

7）妥善设置变形缝，减少温度变化、地基不均匀沉降以及地震等对结构的影响；

8）结构布置满足建筑功能、建筑造型和经济性要求，并使施工简便。

3. 柱网布置

柱网布置是框架结构平面布置的基础。框架柱网控制着结构基本单元的开间和进深，决定了结构的合理性和经济性。因此，柱网布置既要满足建筑平面布置和生产工艺要求，又要使结构受力合理，构件种类尽可能少，施工方便。柱网布置要形成明确的结构规律，柱列应在其轴线上对正、拉通、均匀分布，避免随意凹凸、转折和错位。图 3-21（a）中的柱网布置过于随意、不符合结构规则性要求，图 3-21（b）为经过调整后的柱网布置，基本符合结构布置要求。

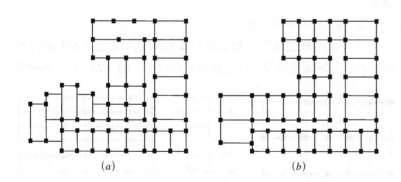

(a)   (b)

图 3-21　框架结构柱网布置
（a）调整前柱网布置；
（b）调整后柱网布置

几种典型的柱网布置见图 3-22。

4. 承重方案选择

柱网布置好后，加上梁即成为框架结构。根据传力路线的不同，框架结构布置可选择横向框架承重方案、纵向框架承重方案和纵横框架双向承重方案。结构平面的长边方向称为纵向，短边方向称为横向。

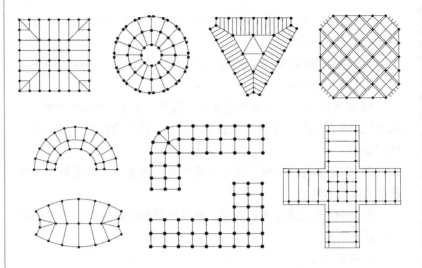

图 3-22　几种典型的框架柱网布置

1）横向框架承重方案

采用横向框架承重方案时，在框架柱网横向布置承重梁形成主框架，而在纵向布置与柱铰接的连系梁形成弱框架，图 3-23（a）。横向框架承受全部竖向荷载和横向水平荷载，纵向连系梁只起传递纵向水平荷载的作用而不承重。框架主梁沿横向布置有利于提高框架横向抗侧刚度；连系梁沿纵向布置，截面较小，有利于建筑采光与通风。

横向框架承重方案仅适用于非地震区的层数不多、风力不大的建筑。

2）纵向框架承重方案

采用纵向框架承重方案是在框架柱网纵向布置主梁形成主框架，在横向布置连系梁与柱铰接形成弱框架，图 3-23（b）。纵向框

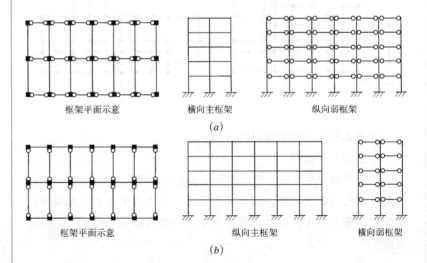

图 3-23　框架结构承重方案

（a）横向框架承重方案；
（b）纵向框架承重方案

框架平面示意　　　横向主框架　　　纵向弱框架

（a）

框架平面示意　　　纵向主框架　　　横向弱框架

（b）

架承受全部竖向荷载和纵向水平荷载，横向弱框架通过柱承受横向水平荷载。纵向框架承重方案的横梁高度较小，可获得较高的室内净空，但房屋的横向刚度较差，仅适用于非地震区的层数不多、风力不大的建筑。

3）纵横向框架双向承重方案

为了克服横向承重框架和纵向承重框架的缺点，工程实际中多采用纵横向双向框架承重方案。双向框架是在框架柱网的两个方向均布置框架主梁形成空间框架体系，楼盖荷载同时传递到纵、横两个方向的承重框架上。当楼面上作用有较大荷载，或当柱网布置为正方形或接近正方形时，采用双向框架承重方案较经济合理；地震区为了增强框架两个方向的抗侧刚度，必须采用双向框架承重方案。

5. 变形缝布置

当框架结构体型复杂或长度较长时，应通过变形缝（伸缩缝、沉降缝、防震缝）将结构分成若干结构区段。当建筑平面面积较大或形状不规则时，应设变形缝。变形缝给施工和使用带来许多不便，因此又希望尽量少设或不设。为此，在工程实际中为达到"减缝"的目的，可采取多种措施防止由于温度变化、不均匀沉降等因素引起的结构或非结构损坏。例如，在建筑设计中，采取调整平面形状、控制尺寸、控制体型；在结构设计中，采取合理选择节点连接方式、配置构造钢筋、设置刚性层；在施工中则采取分段施工、设置后浇带、做好保温隔热层等。

1）伸缩缝

伸缩缝是为避免温度应力和混凝土收缩应力使结构产生裂缝而设置的变形缝。为防止温度伸缩对结构的破坏，结构区段的最大长度不应超过伸缩缝最大间距。否则，应设置伸缩缝将结构分开。钢筋混凝土结构的伸缩缝最大间距见表 4-27。在伸缩缝处，基础顶面以上的结构必须全部分开，伸缩缝应设双柱，最小缝宽应大于 50mm。

2）沉降缝

沉降缝是为防止由于地基不均匀沉降或房屋层数和高度相差过大引起结构开裂及破坏而设置的变形缝。事实上，地基绝对均匀是不存在的，任何结构都应考虑地基不均匀沉降带来的后果。框架结构属相对柔性结构，结构总体刚度较其他多、高层结构体系小，对地基不均匀沉降较敏感。当房屋的地基不均匀或房屋不同部位高差较大时，过大的不均匀沉降可导致结构破坏，为此应设沉降缝将结构从基础到上部结构完全断开。沉降缝的宽度与结构层数有关，参见表4-29。

3）防震缝

地震区为防止房屋或结构单元在发生地震后相互碰撞设置的变形缝称为防震缝。地震区建筑在下列情况下宜设防震缝：

（1）平面长度和外伸长度尺寸超出了规范、规程限值而又未采取加强措施；

（2）各部分质量和结构刚度差异很大，如不同荷载布置、不同材料或不同结构体系时；

（3）各部分建筑高度、体型不同，结构自振周期有明显差异时；

（4）各部分有较大层数、层高或结构高度差异时。

防震缝两侧结构体系不同时，防震缝宽度应按不利的结构类型确定；防震缝两侧的房屋高度不同时，防震缝宽度应按较低的房屋高度确定；当相邻结构的基础存在较大沉降差时，宜增大防震缝的宽度；防震缝应沿房屋全高设置，地下室、基础可不设防震缝，但与防震缝对应处应加强构造和连接；结构单元之间或主楼与裙房之间如无可靠措施不应采用牛腿托梁的做法设置防震缝。

防震缝应尽可能与伸缩缝、沉降缝结合设置，最小缝宽应不小于70mm，具体见后述。

4）施工后浇带

防震缝、伸缩缝、沉降缝为结构中的永久变形缝，施工后浇带则是一种临时变形缝，在近几年建筑师资格考试中对后浇带知识也有所涉及。所谓施工后浇带，是指在结构施工中绑扎好梁板钢筋后留出一段梁板宽度暂不浇筑混凝土，待结构变形或沉降稳定后再浇筑混凝土的临时变形缝。设置后浇带的目的是用临时变形缝代替永久变形缝，以增加温度缝区间长度或消除沉降缝，防震缝不能用施工后浇带代替。

根据《高层建筑混凝土结构技术规程》JGJ 3-2010，当采用构造措施和施工措施减少温度和混凝土收缩对结构的影响时，可适当放宽伸缩缝的间距。一般地，每30～40m间距应留出施工后浇带，带宽800～1000mm，钢筋采用搭接接头，后浇带混凝土宜在两个月后浇灌。

后浇带应设置在梁板的内力较小处，通常选择在柱间的1/3跨度位置。

6. 竖向布置

框架结构竖向布置宜规则，避免过大的外挑、内收；结构的侧向刚度不应突变；为保证结构有良好的抗震性能，宜设置地下室。

结构高度不应超过适用高度，结构的高宽比不应过大。屋顶的水箱间、电梯机房、出屋面楼梯间等屋面小房间的高宽比不应过大。

建筑布置应力求简单、规则、对称，结构的刚度中心和质量中心、平面形心应尽量三心重合，以减少结构扭转。

7. 构件尺寸估算

框架结构的经济柱距为 5 ~ 8m。

框架柱的截面一般为矩形或方形截面，截面宽度一般可取层高的 1/15 ~ 1/10，截面高度为柱宽的 1 ~ 2 倍，柱截面高宽比不宜大于 3。非地震区框架柱的截面边长不宜小于 250mm，地震区框架柱的截面边长不宜小于 300mm，圆柱的截面直径不宜小于 350mm。柱的剪跨比宜大于 2，即柱净高与截面高度之比宜大于 4。

采用梁宽大于柱宽的扁梁时，楼板应现浇，梁中线与柱中心应重合，扁梁应双向布置，梁的宽度应不大于 2 倍柱宽（圆形柱取 0.8 倍柱直径为柱宽），且不应大于柱宽与扁梁高度之和；扁梁高度应不小于 16 倍柱纵筋直径。

由于柱承受的轴压力较大，框架柱必须满足轴压比限制要求。轴压比是指柱的压力与截面面积和混凝土抗压强度乘积的比值，它反映了柱截面压力设计值与其截面承载力的相对关系。轴压比越大，结构安全储备越小，结构失效的概率越大。因此，柱的截面面积不能过小，轴压比一般应控制在 0.7 ~ 0.9 之间。

对主要承受竖向荷载的楼面框架梁，截面可选用矩形、倒 T 形、梯形和花篮形，次梁、连系梁的截面可选用 T 形、矩形、L 形、Γ 形等。框架主梁梁高一般取主梁跨度的 1/10 ~ 1/14，次梁梁高一般取其跨度的 1/12 ~ 1/18。

3.4 高层和超高层结构

3.4.1 结构体系选择

高层建筑的结构形式有框架结构、剪力墙结构、框架—剪力墙结构、筒体结构以及由不同结构体系混合形成的混合结构等。高层和超高层建筑结构上的水平作用是主要控制因素，水平作用的大小及所引起的结构内力又与建筑高度有关。因此，高层建筑的建筑层数（高度）是选择结构体系的主要依据。现代高层结构之父美国工程师 Fazlar R. Khan 曾提出钢结构和钢筋混凝土结构各种结构体系的适用层数建议，见图 3-24。

出于结构安全性、经济性和适用性的考虑，各种结构都有合理

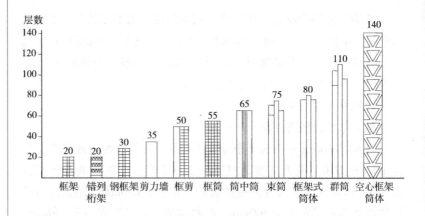

图 3-24　高层建筑各种结构体
　　　　系的适用层数

的高度，我国相关结构设计规范对各种结构的最大适用高度作出了明确的规定。

3.4.2　框架结构

钢筋混凝土框架结构理论上用于高度不超过 70m（地震区不超过 60m）的建筑。框架结构较柔弱，考虑到结构的变形控制要求，一般仅在层数不多时（一般为 12 层以下）采用，超过时应选用框架—剪力墙结构。对于有抗震要求的层数较多的高层建筑，更应优先选用框剪结构，以提高结构的抗侧刚度，有效控制结构的顶点位移和层间位移。

对于层数较少的高层建筑，框架结构的布置要点与多层框架结构相同。

3.4.3　剪力墙结构

1. 结构选择

剪力墙结构的形式选择主要是在小开间剪力墙和大开间剪力墙中选择。一般地，小开间剪力墙墙体密度大，故结构水平刚度大、自振周期短、地震影响大，从结构的安全性、经济性及空间灵活性等方面考虑，均不如大开间剪力墙方案经济合理。

2. 结构布置要点

1）墙体布置

（1）剪力墙结构的平面形状力求简单、规则、对称，避免过大的凹凸。墙体布置力求均匀，使质量中心与刚度中心尽量接近。电梯井尽量与抗侧力结构结合布置。

（2）剪力墙应沿结构平面主要轴线方向布置。一般情况下，当结构平面为矩形、L 形、T 形平面时，剪力墙沿主轴方向布置。对三角形及 Y 形平面，剪力墙可沿三个方向布置。对正多边形、圆形和弧形平面，则可沿径向及环向布置。

（3）剪力墙结构一层有大空间要求而采用框支剪力墙时，剪力墙与落地剪力墙协同工作的结构体系中，以最常用的矩形建筑平面为例，落地横向剪力墙数量占全部横向剪力墙的数量，非抗震设计时，不少于 30%，抗震设计时，不少于 50%。为提高框支层抗侧刚度，落地剪力墙应尽量成组布置，最好能形成落地筒。

（4）内、外墙在平面上应对齐拉通。当两道墙错开距离不大于 $3b_w$（b_w 为墙厚）时，可近似当作一片剪力墙看待；当墙体在平面上有转折时，转折角不大于 15° 也可近似当作一片剪力墙对待。

（5）剪力墙结构应尽量避免竖向刚度突变，墙体沿竖向应贯通全高，墙厚度沿竖向宜逐渐减薄；在同一结构单元内，宜避免错层及局部夹层。墙体上开洞时，门窗洞口应对齐。

（6）剪力墙高宽比不应过小。细高的剪力墙属弯曲变形，受力类似于悬臂柱，而低矮的剪力墙属剪切变形，对结构不利，应予避免。过长的剪力墙应采用跨高比不小于 5 的弱连梁将其分成若干墙段，每个独立墙段的总高度与宽度之比不应小于 3，长度不超过 8m；超过时，应用施工洞或门窗洞口将其分成若干墙肢，墙肢间用跨高比不大于 5 的连梁连接。

（7）连梁布置应注意区分连梁和弱连梁。墙肢之间应布置能与墙体整体工作的连梁，而墙段之间应布置弱连梁。弱连梁是指跨高比大于 5 的连梁，它在受力上相当于普通框架梁。

（8）普通剪力墙墙肢的长度应不大于 8m 并大于 $8b_w$。

（9）墙肢长度为 $(5 \sim 8) b_w$ 的剪力墙为短肢剪力墙。短肢剪力墙比较薄弱，应配合普通剪力墙或筒体使用。抗震设计时，短肢剪力墙应设置翼缘。一字形短肢剪力墙平面外不宜布置与之单侧相交的楼面梁。

（10）剪力墙布置应避免小墙肢。小墙肢是指长度小于 $3b_w$ 的墙肢，它在受力上仅相当于普通框架柱。

（11）剪力墙结构的纵横两方向的刚度宜接近。为增大剪力墙的平面外刚度，剪力墙端部宜有翼缘（与其垂直的剪力墙），使剪力墙形成 T 形、L 形和工字形结构。

（12）跨度较大的梁垂直搁置在抗震墙上时，墙体宜在梁支座处加设暗柱。

（13）框支剪力墙托梁上方的一层墙体不宜设置边门洞，且不得在中柱上方设门洞。落地剪力墙（筒）尽量少开门窗洞，若必须开洞时，宜布置在墙体中部。

（14）顶层取消部分剪力墙时，其余剪力墙应在构造上予以加强；一层取消部分剪力墙时，应设置转换层。

（15）为避免刚度突变，剪力墙的厚度应按阶段变化，每次厚度减小宜为 50 ~ 100mm，不宜过大，使墙体刚度均匀连续改变。厚度改变和混凝土强度等级改变宜错开楼层。剪力墙厚度变化时宜两侧同时内收，外墙及电梯间墙可只单面内收。

2）剪力墙间距

在全剪力墙结构中，所有墙体均为剪力墙，故剪力墙最小间距由建筑开间即横墙间距决定。小开间剪力墙间距为 3.3 ~ 4m；大开间剪力墙间距为 6 ~ 8m。

在框支剪力墙结构中，上部非框支层的剪力墙间距与全剪力墙结构相同，而在下部大空间层，部分剪力墙被框架代替，按照非地震区落地剪力墙数目不少于全部横向剪力墙数目的 30%、地震区不少于 50% 的要求，落地剪力墙最小间距应不大于上部剪力墙间距的 2 ~ 3 倍。

长矩形平面建筑中落地剪力墙的间距 L 宜符合以下规定：

非抗震设计：$L \leqslant 3B$ 且 $\leqslant 36m$。抗震设计时，底部为 1 ~ 2 层框支层时，$L \leqslant 2B$ 且 $\leqslant 24m$；底部为 3 层及 3 层以上框支层时，$L \leqslant 1.5B$ 且 $\leqslant 20m$。

落地剪力墙与相邻框支柱的距离，1 ~ 2 层框支层时不宜大于 12m，3 层及 3 层以上框支层时不宜大于 10m。

3）墙上开洞

（1）剪力墙墙体开洞的位置和大小会从根本上影响剪力墙的受力状态。在设计中要求建筑、结构、设备等专业协作配合，合理布置墙体上的洞口，避免在对抗风、抗震不利的位置开洞。对于较大的洞口，应尽量设计成上、下洞口对齐成列布置，使能形成明确的墙肢和连梁，尽量避免上下洞口错列的不规则布置。

（2）由于建筑使用功能要求，上、下洞口不能对齐成列而需要错开时，应根据《高层建筑混凝土结构技术规程》JGJ 3-2010 采取加强措施。

（3）洞口位置距墙端要保持一定的距离，以使墙体受力合理。相邻洞口之间及洞口与墙边缘之间要避免出现小墙肢，墙肢长度不应小于 500mm。

4）转换层设置

由剪力墙结构转换为框支剪力墙结构的大空间层的交接层称为

转换层。

转换层的结构形式有多种，对于框架结构，可用柱和梁形成框支梁来支承上面的剪力墙；对于板柱结构，则用厚板及柱来支承上部剪力墙。此外，也可用空腹桁架结构及柱来支承上部剪力墙，或采用箱形刚性结构（类似于箱基）作为转换层。

5）刚度调整

剪力墙结构的基本周期应控制在 $T_1 = (0.04 \sim 0.05)\ n$，$n$ 为结构层数。当结构自振周期过短时，地震作用将加大。此时，宜减少剪力墙的数量或调整结构的刚度。

调整剪力墙结构刚度的方法包括：适当减小剪力墙的厚度；降低连梁的高度；增大门窗洞口宽度；对较长的墙肢（超过 8m）设置施工洞，分为两个墙肢。

3. 结构尺寸估算

1）剪力墙厚度

一层厚度可按每层 10mm 估算，最小厚度 160mm。8 ~ 10 层时，小开间剪力墙、大开间剪力墙一层厚度均可取 160mm；10 ~ 16 层时小开间剪力墙取 160mm、大开间剪力墙取 180mm；16 ~ 18 层时小开间取 180mm、大开间取 200mm；18 ~ 20 层时小开间取 180mm、大开间取 200 ~ 220mm；20 ~ 24 层时小开间取 200mm、大开间取 220 ~ 240mm。短肢剪力墙的最小厚度不应小于 200mm。

非抗震设计时，剪力墙厚度不应小于楼层高度的 1/25 和 160mm。

按一、二级抗震等级设计的剪力墙的截面厚度，底部加强部位不应小于层高或剪力墙无支长度的 1/16，且不应小于 200mm；其他部位不应小于层高或剪力墙无支长度的 1/20，且不应小于 160mm。当为无端柱或翼墙的一字形剪力墙时，其底部加强部位截面厚度尚不应小于层高的 1/12；其他部位尚不应小于层高的 1/15，且不应小于 180mm；按三、四级抗震等级设计的剪力墙的截面厚度，底部加强部位不应小于层高或剪力墙无支长度的 1/20，且不应小于 160mm；其他部位不应小于层高或剪力墙无支长度的 1/25，且不应小于 160mm。

结构的抗震等级的划分详见抗震设计知识章节。

2）剪力墙面积

对于 16 ~ 28 层的一般剪力墙结构，一层部分剪力墙截面总面积与楼面面积之比，小开间方案为 6% ~ 8%，大开间方案为 4% ~ 6%。

3）框支柱和框支梁

框支柱宽度宜与梁宽相等，也可比梁宽 50mm，非抗震设计不小于 400mm，抗震设计不小于 450mm。柱截面高度，非抗震设计时不宜小于框支梁跨度的 1/15，抗震设计时不宜小于框支梁跨度的 1/12；柱净高与截面长边尺寸之比不小于 4。

框支梁截面宽度不宜大于框支柱相应方向的截面宽度，不宜小于其上墙体截面厚度的 2 倍，且不宜小于 400mm；当梁上托柱时，尚不应小于梁宽方向的柱截面宽度。梁截面高度，抗震设计时不应小于计算跨度的 1/6，非抗震设计时不应小于计算跨度的 1/8。

3.4.4　框架—剪力墙结构

1. 结构选择

框架—剪力墙结构的选择主要是对框架—剪力墙结构和板柱—剪力墙结构的选择，它实际上就是框架体系和板柱体系的选择。

板柱体系是框架体系的特例，结构中的梁均为暗梁，梁受弯有效高度小，抗弯刚度较弱，结构的经济性能不如框架结构。所以，在没有层高限制或工艺限制的前提下，应优先选用框架体系。同理，框剪结构也应优先选用框架—剪力墙体系而不是板柱—剪力墙体系。

2. 布置要点

1）剪力墙数量

剪力墙的数量对于框架—剪力墙结构的结构性能具有重要影响。若剪力墙数量不足，刚度过小，在地震作用下结构会出现过大的侧向变形，从而导致严重震害；若剪力墙数量过多，刚度过大，结构自振周期变短，同样导致较大的地震作用，构件截面尺寸变大，自重增加，结构的经济性变差。

剪力墙的合理数量通常由结构位移限值或结构自振周期、地震作用计算决定。从控制结构位移角度看，结构应具有必要的刚度，一般装修标准的框剪结构的顶点位移与结构全高的比不宜大于 1/700，较高装修标准时不宜大于 1/850。

从结构自振周期考虑，对于 n 层的框剪结构，较合理的自振周期为 $(0.09 \sim 0.12) n$（实际周期 φ_{T}=1.0），或 $(0.06 \sim 0.08) n$（实际周期 φ_{T}=0.7 ~ 0.8）。

2）布置方式

框架—剪力墙结构中，框架与剪力墙的布置方式主要有：

（1）框架与剪力墙（单片墙、联肢墙或较小井筒）分开布置；

（2）在框架结构的若干跨内嵌入剪力墙（带边框剪力墙）；

（3）在单片抗侧力结构内连续分别布置框架和剪力墙；

（4）上述两种或三种形式的混合。

3）布置要求

（1）框架—剪力墙结构应设计为双向抗侧力体系；主体结构不应采用铰接。需要抗震设防的框架—剪力墙结构宜双向布置剪力墙。

（2）剪力墙应沿两个主轴方向布置并按照"均匀、对称、分散、周边"的原则布置。若在平面中对称布置剪力墙有困难，可调整剪力墙的长度和厚度，使框架—剪力墙结构体系的抗侧刚度中心尽量接近其质量中心，以减轻地震作用对结构产生的扭转作用等不利影响。

（3）剪力墙的适宜布置位置是：竖向荷载较大处、平面形状变化处、楼电梯间处。

（4）不宜布置剪力墙的位置是：伸缩缝、沉降缝、防震缝两侧；建筑物的尽端；纵向剪力墙的端开间。

（5）剪力墙应沿各主要轴线方向布置，矩形、L形和槽形平面中，沿两个正交轴方向布置。纵向与横向的剪力墙宜互相交联成组布置成 T 形、L 形、口形等。

（6）剪力墙应应纵横双向同时布置，并使两个方向的自振周期比较接近。

（7）剪力墙宜贯通建筑物全高，避免沿高度方向突然中断而出现刚度突变。剪力墙厚度沿高度宜逐渐减薄。剪力墙间距应满足规范规定。

（8）剪力墙不宜过长，总高度与长度之比宜大于 3。单肢长度不宜大于 8m，以免剪切破坏。

（9）框剪结构体系中，在设剪力墙后，框架柱应保留，柱作为剪力墙的端部翼缘，可加强剪力墙的承载能力和稳定性，且剪力墙的端部配筋可配置在柱截面内，使剪力墙可一直工作到最后。有试验表明，取消框架柱后的剪力墙的极限承载力将下降 30%。

（10）位于楼层上的框架梁也应保留。虽然在内力分析时不考虑剪力墙上框架梁的受力，但梁作为剪力墙的横向加劲肋，可提高剪力墙的极限承载力。试验表明，无梁的剪力墙极限承载力要降低 10%。当实在无法加梁时，也应设置暗梁，暗梁的高度、纵筋与箍筋均与明梁相同。

（11）剪力墙宜设在框架柱的轴线内，保持对中，不宜设在柱边。剪力墙中线与柱中线宜重合，两者的偏心距不宜大于柱宽的 1/4。

（12）一、二级抗震墙的洞口连梁，跨高比不宜大于 5，且梁截面高度不宜小于 400mm。

4）剪力墙的间距

（1）现浇楼盖结构

非抗震设计时，剪力墙间距不大于 $5B$ 且不大于 60m。抗震设计时，6～7 度，不大于 $4B$ 且不大于 50m；8 度，不大于 $3B$ 且不大于 40m；9 度，不大于 $2B$ 且不大于 30m。其中 B 为结构宽度，单位为 m。

（2）装配式楼盖结构

非抗震设计时，剪力墙间距不大于 $3.5B$ 且不大于 50m。抗震设计时，6～7 度，不大于 $3B$ 且不大于 40m；8 度，不大于 $2.5B$ 且不大于 30m；9 度时不得采用。

（3）剪力墙间距调整

剪力墙之间的楼面有较大洞口时，剪力墙间距应再小些。

实际工程中，剪力墙的间距一般在 $2.5B$ 及 30m 以下，可基本满足建筑功能要求。

3. 构件尺寸估算

框剪结构主要构件的尺寸可参照框架结构和剪力墙结构估算。

抗震设计时，一、二级剪力墙的底部加强部位均不应小于 200mm，且不应小于层高的 1/16；除此以外的其他情况下不应小于 160mm，且不应小于层高的 1/20。

4. 板柱—抗震墙结构布置要点

1）有抗震设防要求时，不允许采用无抗震墙的板柱体系。

2）抗震墙应双向设置。抗震墙的间距应满足表 4-25 的要求。纵、横向抗震墙宜相连。

3）房屋的周边和楼电梯洞口周边梁板结构。无柱帽平板宜在柱上板带中设构造暗梁，暗梁宽度可取柱宽及柱两侧各不大于 1.5 倍板厚。

4）抗震要求

（1）柱（包括抗震墙端柱）的抗震构造措施应符合框架柱的有关规定。

（2）抗震墙应采用带边框的抗震墙，即设置端柱和暗梁。

（3）设防烈度为 8 度时，无梁板宜采用有托板或柱帽的板柱节点。托板或柱帽根部的厚度（包括板厚）不宜小于柱纵筋直径的 16 倍。托板或柱帽的边长不宜小于 4 倍板厚及柱截面相应边长之和。

5）无梁楼板允许开局部洞口。在柱上板带相交区域开洞时，洞口长边不应大于同方向柱宽的 1/4；在柱上板带与跨中板带相交区域开洞且洞口长边平行于板带跨度方向时，洞口长边不应大于跨中板带宽度的 1/4，洞口短边不应大于柱上板带宽度的 1/4；在跨中板带相交区域开洞时，洞口边长不应大于同向板带柱宽度的 1/4。若在同一部位开多个洞时，则同一截面上各个洞宽之和不应大于该部位单个洞的允许宽度。所有洞边均应设置补强钢筋。

5. 部分框支抗震墙结构布置要点

1）在高层建筑结构的底部，当上部楼层有部分竖向构件（抗震墙、框架柱）不能直接连续贯通落地时，应设置结构转换层，在结构转换层布置转换层结构构件。转换结构的构件可采用梁、桁架、空腹桁架、箱形结构、斜撑等；非抗震设计和 6 度抗震设计时可采用厚板，7 度和 8 度抗震设计的地下室的转换构件可采用厚板。

2）底部框支剪力墙高层建筑结构在地面以上的框支层的层数，8 度时不宜超过 3 层，7 度时不宜超过 5 层，6 度时其层数可适当增加；底部带转换层的框架—核心筒结构和外筒为密柱框架的筒中筒结构，其转换层位置可适当提高。

3）框支梁中线宜与框支柱中线重合

4）底部带转换层结构的布置应符合下列要求：

（1）落地剪力墙和筒体底部墙体应加厚。

（2）转换层上部结构与下部结构的侧向刚度比 γ 应满足：

底部大空间为 1 层时：非抗震设计时，$\gamma \leqslant 3$；抗震设计时，$\gamma \leqslant 2$。

底部大空间大于 1 层时：非抗震设计时，$\gamma \leqslant 2$；抗震设计时，$\gamma \leqslant 1.3$。

（3）框支层周围楼板不应错层布置。

（4）落地抗震墙和筒体的洞口宜布置在墙体中部。

（5）框支抗震墙转换梁上一层墙体内不宜设边门洞，不宜在中柱上方设门洞。

（6）长矩形平面建筑中落地剪力墙的间距 L 宜符合以下规定：

非抗震设计，$L \leqslant 3B$ 且 $L \leqslant 36\mathrm{m}$。抗震设计，底部为 1～2 层框支层时，$L \leqslant 2B$，且 $L \leqslant 24\mathrm{m}$；底部为 3 层及 3 层以上框支层时，$L \leqslant 1.5B$，且 $L \leqslant 20\mathrm{m}$。

（7）落地抗震墙与相邻框支柱的距离，1～2 层框支层时不宜大于 12m，3 层及 3 层以上框支层时不宜大于 10m。

（8）转换层上部的竖向抗侧力构件（墙、柱）宜直接落在转换层的主结构上。

5）抗震措施

（1）抗震墙底部加强部位为框支层加上部两层的高度及墙肢总

高的 1/8 二者的较大值。

(2) 转换层位置在 3 层及以上时底部框支柱、抗震墙底部加强部位的抗震等级应比一般结构的抗震等级上提高一级。

(3) 框支梁截面宽度不宜大于框支柱相应方向的截面宽度，不宜小于其上墙体厚度的 2 倍，且不宜小于 400mm；当梁上托柱时，尚应不小于梁宽方向的柱截面宽。梁截面高度抗震时不应小于计算跨度的 1/6，非抗震时不小于 1/8；框支梁可采用加腋梁。

(4) 框支梁不宜开洞。若需开洞时，洞口位置宜远离框支柱边，上、下弦杆应加强抗剪配筋，开洞部位应配置加强钢筋，或用型钢加强，被洞口削弱的截面应进行承载力计算。

(5) 框支柱截面宽度，非抗震设计时不宜小于 400mm；抗震设计时，不应小于 450mm。柱截面高度，非抗震设计时不宜小于框支梁跨度的 1/15；抗震设计时不宜小于 1/12。

(6) 框支梁上部的墙体开有边门洞时，洞边墙体宜设置翼缘墙、端柱或加厚，并应按约束边缘构件的要求进行配筋设计。

(7) 转换层楼板厚度不宜小于 180mm，应双向双层配筋。

6. 剪力墙结构布置示例

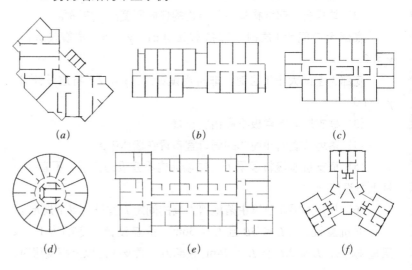

图 3-25　剪力墙结构典型布置

(a) 　　　　　　(b) 　　　　　　(c)

(d) 　　　　　　(e) 　　　　　　(f)

3.4.5　筒体结构

1. 结构选择

筒体结构主要分为框筒、框架—筒体、筒中筒、多重筒、束筒、多筒体等几种形式。一般地，对于正方形或近似正方形的矩形建筑平面，建筑立面为简单立面时，可选用框筒或框架—筒体、筒中筒结构；建筑立面为复杂立面时，选用束筒或多重筒比较合理。对于一字形的长条形建筑平面，可选用框架—筒体结构。对于三角形、六边形等异形建筑平面，选用筒中筒、多重筒、多筒体比较合理。

筒体结构的结构类型选择还应结合建筑平面布置、建筑立面设计综合考虑。

2. 筒体结构布置的一般要求

1）筒体结构的建筑平面以方形、圆形平面为好，也可用对称形的三角形或人字形平面。矩形平面时，长宽比不宜大于2.0。

2）筒体结构只有在细高的情况下才能近似于竖向悬臂箱形断面梁，发挥其空间整体作用。一般情况下，结构高度 H 与结构宽度 B 之比宜大于4。

3. 框筒结构布置

1）框筒结构的外框筒柱距不宜大于4.0m。四角的柱子宜适当加大，一般截面加大 2 ～ 3 倍，可做成 L 形、八字形截面。为保证翼缘框架在抵抗侧向荷载中的作用，以充分发挥筒的空间工作性能，墙面上的窗洞面积不宜大于总面积的50%。

2）由于框筒是空间整体受力体系，主要内力沿框架平面内分布，所以框筒宜采用扁宽矩形柱，柱的边长位于框架平面内。柱截面可采用一字形，一般不宜采用圆形柱和方形柱，因为加大框筒柱壁厚对受力和刚度的增大效果远不如加大柱宽有效。

3）裙梁的截面，宜采用窄而高的围梁。梁高一般为 0.6 ～ 1.5m，宽度取同墙厚，一般不小于 250mm。梁高 h_b 可取 $h_b \geq (1/3 ～ 1/4) l$，$h_b \geq (0.2 ～ 0.25) h$。其中，l 为柱距，h 为层高。

4）框筒结构或筒中筒结构的外筒柱距较密，常常不能满足建筑使用上的要求。为扩大一层出入洞口，减少一层柱的数目，常用拱、梁或桁架等支承上部框筒柱，见图3-26。

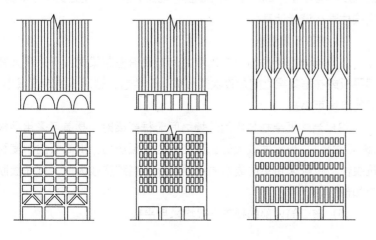

图 3-26　筒体结构底部柱的转换

5）可以在框筒顶部设置 1 ~ 2 层高的刚性环梁来提高整个框筒的空间整体性。

6）也可以将若干框筒并列布置，形成框筒束结构体系。

4. 框架—核心筒结构布置

1）核心筒宜贯通建筑物全高。核心筒的宽度不宜小于筒体总高度的 1/12，当外圈角部设置角筒、剪力墙或其他增强结构整体刚度的构件时，核心筒的宽度可适当减小。

2）核心筒应具有良好的整体性，并满足下列要求：

（1）墙肢宜均匀、对称布置。

（2）筒体角部附近不宜开洞，当不可避免时，筒角内壁至洞口的距离不应小于 500mm 和开洞墙的截面厚度。

（3）核心筒外墙的截面厚度不应小于层高的 1/20 及 200mm，对一、二级抗震设计的底部加强部位不宜小于层高的 1/16 及 200mm；不满足时，应计算墙体稳定，必要时可增设扶壁墙。在满足承载力要求以及轴压比限值（仅对抗震设计）时，核心筒内墙可适当减薄，但不应小于 160mm。

（4）抗震设计时，核心筒的连梁，宜通过配置交叉暗撑，设水平缝或减小梁截面的高宽比等措施来提高连梁的延性。

3）框架—核心筒结构的周边柱间必须设置框架梁。

4）核心筒的外墙与外框架柱的中距，非抗震设计大于 12m、抗震设计大于 10m 时，宜采取另设内柱等措施。

5）核心筒的外墙与外框架柱之间宜加设框架梁，框架梁与核心筒外墙相交处应于墙内加设暗柱或壁柱。框架梁不宜搁置在核心筒的连梁上。

6）核心筒的外墙，不宜在水平方向连续开洞，洞间墙肢的截面高度不宜小于 1.2m；当洞间墙肢的截面高度与厚度之比小于 3 时，应按柱进行设计计算。

7）楼盖布置要求

（1）当外框架柱与内筒外墙之间布置有框架梁时，可采用大开间平板或在框架梁之间加设次梁形成肋形楼盖，这时板的跨度减小，板的厚度可小些。

（2）当外框架柱与内筒外墙之间无框架梁时，楼盖可采用平板（即无梁板），当跨度较大时，可在板内加预应力，提高板的刚度和抗裂性；也可采用单向或双向密肋楼板，当跨度较大时，可在板肋中加预应力。

（3）核心筒内部的楼盖一般均采用平板。

5. 筒中筒结构

筒中筒结构包括外筒为框筒，内筒为混凝土墙的筒中筒，内外筒均为混凝土筒，内外筒均为框筒的结构。筒中筒结构的布置要点：

1）筒中筒结构可采用矩形、正方形、正多边形、圆形、椭圆形、三角形或其他形状的平面，内外筒之间的距离以 10 ～ 16m 为宜，内筒宜居中。内筒大，结构的抗侧刚度大，但内外筒之间的使用面积减少。一般地，内筒的边长宜为外筒相应边长的 1/3 左右。当内外筒之间的距离较大时，可另设柱子作为楼面梁的支承点，以减少楼盖结构的高度。

2）矩形平面的长宽比不宜大于 2，以正方形为好。

3）内筒的边长可为高度的 1/12 ～ 1/15，如有另外的角筒或剪力墙时，内筒平面尺寸可适当减小。内筒宜贯通建筑物全高，竖向刚度宜均匀变化。

4）三角形平面宜切角，外筒的切角长度不宜小于相应边长的 1/8，其角部可设置刚度较大的角柱或角筒；内筒的切角长度不宜小于相应边长的 1/10，切角处的筒壁宜适当加厚。

5）外框筒应符合下列规定：

（1）柱距不宜大于 4m，框筒柱的截面长边应沿筒壁方向布置，必要时可采用 T 形截面。不得采用圆形柱、方形柱，柱应均匀布置。

（2）外框筒洞口面积不宜大于墙面面积的 60%，洞口高宽比宜近似于层高与柱距的比值。

（3）外框筒裙梁的截面高度可取柱净距的 1/4。

（4）角柱截面面积可取中柱的 1 ～ 2 倍。

（5）当相邻层的柱不贯通时，应设置转换梁等构件。转换梁的高度不宜小于跨度的 1/6。

6）筒中筒结构的高度不宜低于 60m，高宽比不应小于 3。

7）内筒的外墙与外框柱间的中距，非抗震设计大于 12m，抗震设计大于 10m 时，宜采取另设内柱等措施。

8）内筒中的剪力墙截面形状宜简单。内筒墙应满足抗震墙结构对墙体的一切要求，如底部加强约束边缘构件等。

9）内筒的外墙不宜在水平方向连续开洞，洞间墙肢的截面高度不宜小于 1.2m。

10）楼盖主梁不宜搁置在内筒的连梁上，主梁搁置在内筒外墙处应在墙内加设暗柱。

11）跨高比不大于 2 的框筒裙梁和内筒连梁宜采用交叉暗撑；跨高比不大于 1 的框筒裙梁和内筒的连梁应采用交叉暗撑。此时梁的宽度不宜小于 200mm。

12）楼盖布置

（1）筒中筒结构在水平力作用下，主要靠内外筒体的空间整体作用来承担水平力，楼盖只是起到将内外筒连成整体及承担楼层竖向荷载的作用，因此楼盖结构可仅考虑承受楼层竖向荷载的作用，单独进行设计。

（2）筒中筒结构的楼盖结构可采用无梁楼板、密肋楼板或肋梁楼板。采用无梁楼板且跨度较大时，可适当加设只承受竖向荷载的柱；也可在无梁板中，施加预应力以提高板的刚度和抗裂能力。采用密肋楼板时，可为单向或双向密肋楼板。采用肋梁楼盖时，在外框筒与内筒外墙之间布置主、次梁及板，主、次梁只承担楼盖竖向荷载，可不参与抵抗水平力。主梁不必与外筒柱刚接，也不一定要支承于柱上。

6. 筒体结构布置示例

一些筒体结构的布置示例见图 3-27 ～图 3-31。

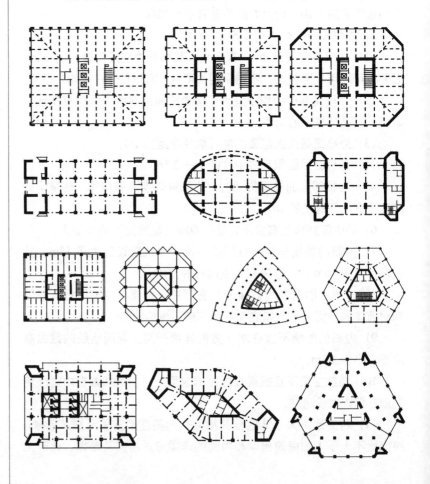

图 3-27　框筒结构布置示例（左）

图 3-28　筒中筒结构布置示例（中、右）

图 3-29　框架—筒体结构布置示例

图 3-30　框架—核心筒结构布置示例

图 3-31　框架—多筒体结构布置示例

3.4.6 其他形式的钢筋混凝土高层结构

1. 刚臂芯筒—框架

刚臂芯筒—框架结构是在核心筒—框架结构中，在高度方向结合设备层、避难层或结构转换层，沿每若干层设置的由芯筒伸出的纵横向刚臂与结构外围框架柱相连，并在结构外圈设置一层楼高的圈梁或桁架。

与核心筒—框架结构相比，刚臂芯筒—框架结构通过"刚臂"将外围框架柱与核心筒连接为一个整体，增加了结构的整体抗弯截面高度，提高了结构抗侧移刚度。这种做法在超高层结构中应用较多，台北 101 大楼、上海金茂大厦都采用了类似的结构。

1）布置要点

（1）刚臂横贯房屋全宽，对建筑空间利用有一定影响。为减少影响，刚臂应布置在设备层或避难层，刚臂材料一般为带通行洞口的钢筋混凝土实腹梁、空腹梁、钢筋混凝土桁架或钢桁架。

（2）刚臂设置在结构顶层效果最好。结构层数较多时应设置多道刚臂，刚臂沿纵向应均匀布置，间距一般不宜超过 20 层。

（3）对于采用正交柱网的方形建筑平面，刚臂应沿建筑纵横两个方向设置；建筑平面及芯筒均为长矩形时，也可沿横向设置多道刚臂；圆形平面建筑，刚臂应沿径向均匀布置，并与外围的环形圈梁相连接。

（4）在楼层平面上，刚臂的轴线应位于芯筒外墙或内隔墙的延长线上，以确保刚臂根部的有效嵌固。在设置刚臂的楼层，应沿建筑物外圈框架设置一层楼高的圈梁或桁架。

2）布置实例

（1）深圳商业中心大厦

深圳商业中心大厦由两座圆柱形主楼及裙房组成。塔楼地下 3 层，地上 49 层，高 167.25m，采用钢筋混凝土刚臂芯筒—框架结构。刚臂为带洞口的实腹刚臂，分别设在第 28 层（设备层及避难层）和第 49 层（设备层），外圈框架设一层楼高的框架环梁，见图 3-32（*a*）。

（2）上海金陵大厦

上海金陵大厦主楼为单轴对称六边形，地下 2 层，地上 37 层，高 140m，钢筋混凝土刚臂芯筒—框架结构。刚臂设在第 20 层（避难层）和第 35 层（设备层），见图 3-32（*b*）。

2. 竖筒悬吊结构

竖筒悬吊结构是用于高层结构的悬挂结构，它由核心筒、水平桁架、吊杆和楼盖构成。其中，核心筒是唯一抗侧、承压和受弯构件，

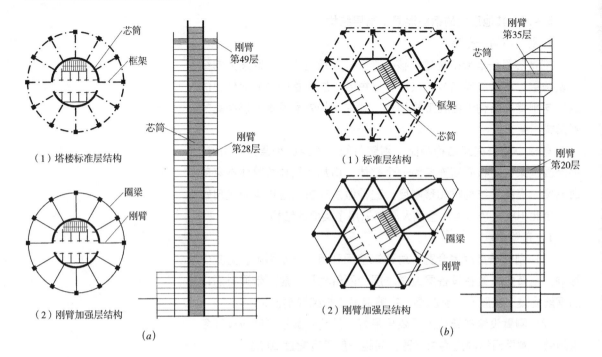

**图 3-32　刚臂芯筒—框架结构
布置示例**

（a）深圳商业中心大厦；
（b）上海金陵大厦

通常为钢筋混凝土墙筒，平面形状有圆形、椭圆形、方形、矩形或多边形等。吊杆承受全部楼层重量，轴向拉力很大，一般采用高强度钢或高强度钢丝索。楼盖一般由径向梁和环向梁组成，径向梁有两种支承方式，一种是一端吊杆式，它的一端悬挂在楼面外圈吊杆上或搁置在由吊杆悬挂的外环梁上，另一端搁在钢筋混凝土芯筒上；另一种是两端吊杆式，内外端均悬挂在吊杆上或搁置在由吊杆悬挂的内、外环梁上，梁的内端不与芯筒连接。

1）布置要点

采用一端吊挂楼盖方案，抗震设防烈度为 6 度和 7 度时，房屋高度不应超过 80m 和 60m，芯筒高宽比不宜大于 6、5；非抗震设防时，芯筒高宽比不宜大于 8。

采用两端吊挂楼盖时，房屋高度及芯筒高宽比可比一端吊挂方案适当放宽。

2）工程实例

德国慕尼黑巴伐利亚发动机公司（BMW，即"宝马"汽车公司）办公大楼建于 1972 年，由一层公共用房、陈列厅和高层办公楼组成。高层办公楼共 22 层，平面由四个花瓣组成，采用竖筒悬挂结构，利用中部和顶层的设备层设置桁架、吊杆，工程实景及结构示意见图 3-33。

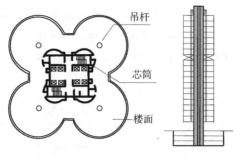

图 3-33　竖筒悬挂结构布置示例

3.4.7　钢结构

1. 结构体系选择

高层建筑特别是超高层建筑往往是一个地区的地标性建筑，个性化特征强，层数较多、占地不大，在结构体系的选择上没有明显的排他性，结构选择的自由度较大。适用于高层建筑的钢结构体系主要是框架结构、框架—支撑结构和筒体结构等，以及这些结构的变体。

钢结构耐火性差，发生火灾时的高温可能导致结构失效（如纽约世贸大楼在 9·11 恐怖袭击中因起火而倒塌），必须采取防护措施。更常见的是将钢结构与钢筋混凝土结构（RC）结合，形成型钢—钢筋混凝土混合结构（SRC）或钢—型钢混凝土混合结构，在充分发挥不同结构的材料优势的同时，也提高了结构的可靠性。

2. 钢结构的基本构件和支撑

1）钢柱与钢梁

钢结构是由钢柱和钢梁组成的金属结构，钢柱与钢梁刚性连接时形成钢框架结构；若在结构中有足够的抗侧力构件如抗震墙、核心筒等时，梁与柱也可铰接。

柱的截面有普通型钢、工字钢、槽钢、角钢以及组合形成的实腹钢柱或格构式钢柱、宽翼缘 H 型钢、焊接方形或矩形钢管、无缝钢管等多种形式，见图 3-34。

梁的形式可直接采用工字钢、槽钢（一般用于次梁），跨度较大时，应采用宽翼缘 H 型钢、实腹钢梁或焊接箱形钢梁等。

2）钢框架结构的支撑

高层结构采用钢框架结构时，为提高结构的抗侧能力，应设置柱间支撑，其形式有：

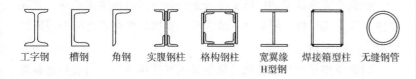

工字钢　槽钢　角钢　实腹钢柱　格构钢柱　宽翼缘 H 型钢　焊接箱型柱　无缝钢管

图 3-34　钢柱的截面形式

（1）中心支撑。支撑与框架梁柱节点的中心相交，见图 3-35。

（2）偏心支撑。支撑底部与梁柱节点的中心点相交、上部偏离梁柱节点与框架梁相交，见图 3-36。

图 3-35 中心支撑示意图

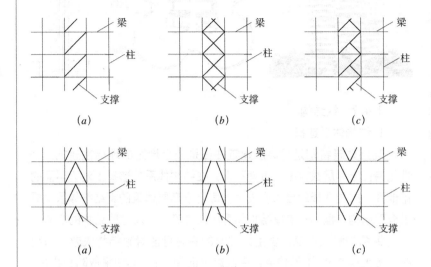

（a）　　　　　（b）　　　　　（c）

图 3-36 偏心支撑示意图

（a）　　　　　（b）　　　　　（c）

3. 布置要点

1）钢框架结构

（1）不超过 12 层的钢结构房屋可采用框架结构，两个主轴方向梁、柱应刚接形成框架。

（2）为提高钢框架结构的抗侧刚度，超过 12 层的钢结构框架应采用框架—支撑结构，12 层以下也可采用框架—支撑结构。

①设置支撑的框架（简称支撑框架），在两个方向都应布置且均宜基本对称，支撑框架之间楼盖的长宽比不宜大于 3。

②不超过 12 层的钢结构宜采用中心支撑，有条件时也可采用偏心支撑等消能支撑；超过 12 层的钢结构，抗震设防 8 度和 9 度时宜采用偏心支撑框架，当已采用偏心支撑框架时，顶层可采用中心支撑。

③中心支撑框架宜采用交叉支撑，也可采用人字支撑或单斜杆支撑，不宜采用 K 形支撑（图 3-37），支撑的轴线应交汇于梁柱构件轴线的交点，确有困难时偏离中心不应超过支撑杆件宽度，并应计入由此产生的附加弯矩。

④偏心支撑框架的每根支撑应至少有一端与框架梁连接，并在支撑与梁交点和柱之间或同一跨内另一支撑与梁交点之间形成消能梁段，见图 3-38。

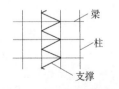

图 3-37 K 形偏心支撑示意图

消能支撑是一种能耗散地震能量的支撑构件，它通过耗能装置

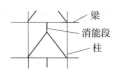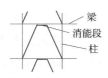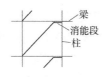

图 3—38　偏心支撑消能段示意图

的非弹性变形吸收地震能量，以减少地震作用对主体结构的影响、确保结构安全，是钢结构独有的支撑方式。

有时，支撑的一个节间可跨越几个楼层高度，这种支撑称为"跨层支撑"。

2）钢框架—抗震墙结构

钢框架—抗震墙结构是由钢框架与抗震墙组成的钢结构体系，适用于超过 12 层的高层钢结构。抗震墙可采用带竖缝的钢筋混凝土抗震墙板（图 3-39）或内藏钢支撑的钢筋混凝土墙板（图 3-40）。

3）简体结构。

钢结构中的简体结构包括框简结构、简中简结构、框简束结构、巨型支撑简结构、刚臂—芯简—框架结构等，有时芯简可采用钢筋混凝土简墙形成混合结构，其布置要点与钢筋混凝土简体结构基本相同。

4）钢结构楼盖布置

（1）对于不超过 12 层的钢结构可采用装配整体式钢筋混凝土楼板、装配式楼板或其他轻型楼盖，一般宜采用压型钢板现浇钢筋混凝土组合楼板或非组合楼板。

（2）对于超过 12 层的钢结构宜采用压型钢板现浇混凝土的组合楼板或非组合楼板，亦可采用现浇楼板。

考虑压型钢板与现浇混凝土共同作用（即代替部分板的受拉钢筋）时，称为组合楼板；当不考虑压型钢板与现浇混凝土共同作用，只作为现浇混凝土的模板时，称为非组合楼板。

（3）采用压型钢板钢筋混凝土组合或非组合楼板和现浇钢筋混凝土时，应与钢梁有可靠连接。采用装配式、装配整体式或轻型楼板时，应将楼板预埋件与钢梁焊接，或采取其他保证楼盖整体性的措施。

（4）对超过 12 层的钢结构，若楼板厚度较薄，楼盖的长宽比较大时，可在楼层处设置水平支撑。

（5）当楼板跨度较大时，应加设钢次梁。

4. 钢结构布置示例

1）框架体系。北京长富宫中心为地下两层、地上 25 层，高 91m 的旅馆建筑，平面尺寸为 48m×25.8m。标准层层高 3.3m，采

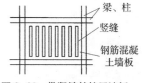

图 3—39　带竖缝的抗震墙板

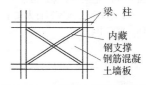

图 3—40　内藏钢支撑的抗震墙板

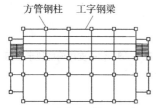

方管钢柱　工字钢梁

图 3-41　钢框架结构平面布置

用钢框架结构，二层以下（含地下室）为型钢混凝土结构，三层以上为钢结构，标准层结构平面布置见图 3-41。

2）框架—支撑结构。加拿大蒙特利尔贝尔公司和国家银行大楼，地上 38 层，高 127m，七层以上为钢结构，采用框架—支撑结构，标准层结构平面布置见图 3-42（a）。支撑布置在建筑中心的服务核心四周，采用每一个节间跨越三个楼层的人字形跨层支撑，支撑节间长、宽度大，同一方向仅布置一列支撑，既方便了施工，又提高了结构的抗侧力。

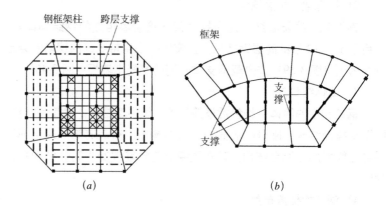

钢框架柱　跨层支撑

框架

支撑

支撑

图 3-42　框架—支撑结构布置
（a）贝尔公司和国家银行大楼；
（b）京广中心

（a）　　　　　　　（b）

北京京广中心大厦为多功能建筑，上部公寓、中部办公、下部旅馆，建筑平面为 90°夹角的扇梯形平面，地下 3 层，地上 52 层，高 196m，采用框架—支撑结构，大厦第 6 ～ 38 层结构平面布置见图 3-42（b）。竖向支撑布置在核心区柱间内，并在核心区两端形成三角形支撑小筒体，提高了结构的抗侧刚度。竖向支撑主要采用带竖缝的预制墙板，地下部分采用型钢混凝土框架和混凝土剪力墙。

3）支撑—刚臂结构。北京京城大厦为多功能建筑（上部公寓下部办公），地下 4 层，地上 48 层，高 173m。主楼平面为齿边正方形，柱网沿楼面对角线方向布置，柱距 4.8m，钢支撑—刚臂结构，支撑为外包混凝土内藏人字形钢板支撑的预制混凝土墙板，平面结构布置见图 3-43（a）。为增强抗侧刚度，在第 48 层和第 27 层各设置 8 榀伸臂桁架与外框架柱相连，并在这两个楼层伸臂桁架外圈设腰桁架和帽桁架。

上海新锦江饭店，地下一层，地上 44 层，高 153m。主楼采用钢支撑—刚臂结构。柱网基本尺寸为 8m×8m。支撑沿楼面中心服务竖井周边布置，形成支撑芯筒。在第 23 层及第 43 层设置两道伸臂桁架，与外柱相连，见图 3-43（b）。

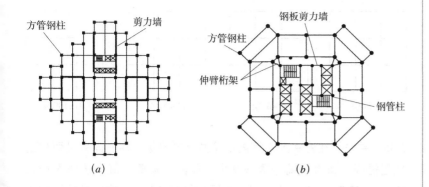

方管钢柱　剪力墙

钢板剪力墙

方管钢柱

伸臂桁架

钢管柱

(a)　(b)

图 3-43　支撑—刚臂结构布置示意图
(a) 京城大厦；
(b) 新锦江饭店

4）框筒结构。美国芝加哥标准石油公司大厦，地下 5 层，地上 82 层，高 342m。楼层平面尺寸为 59.2m×59.2m，楼面核心区尺寸为 29m×29m。大楼主体结构采用框筒结构，见图 3-44 (a)，外圈柱距 3.05m，窗裙梁高 1.68m，由密柱、深梁组成的钢框筒承担全部水平荷载，楼面核心区采用一般框架，仅承担重力荷载，建筑外立面开洞率为 28%。

在美国纽约 9·11 恐怖袭击中倒塌的纽约世贸中心大楼，其结构与上述建筑相似。世贸中心两幢 110 层高的方形塔楼，地下 6 层，地上 110 层。楼层平面尺寸为 63.5m×63.5m，楼面核心区为 42m×42m。两塔楼均为框筒体系，外圈由 240 根钢柱组成密柱框筒，柱距 1.02m；深梁型窗裙梁，高 1.32m，钢框筒承担全部水平荷载。楼面核心区采用一般框架，仅承担重力荷载。建筑外立面开洞率为 24%。为增强框筒的竖向抗剪刚度，减小框筒的剪力滞后效应，利用每隔 32 层所布置的设备层，沿框筒设置一道 7m 高的钢板圈梁。

5）筒中筒结构。北京中国国际贸易中心主楼，地下两层，地上 39 层，高 155m。结构主体采用钢结构筒中筒结构。地下室为钢筋混凝土结构，地面以上 1～3 层采用型钢混凝土结构，4 层以上为钢结构。内、外框筒的平面尺寸分别为 21m×21m 和 45m×45m，柱距均为 3m，见图 3-44 (b)。内、外框筒之间用跨度为 12m 的钢梁连接。为进一步提高结构体系抵抗水平力的能力，在内框筒四个面的两端边柱列内设置支撑。此外，还在第 20 层和第 38 层的设备层内，沿内外框筒各设置一圈高 5.4m 的钢桁架，形成两道钢圈梁。支撑和桁架的布置，有利于减小剪力滞后效应，减轻内框筒角柱的应力集中，提高内框筒的整体抗弯能力。

6）束筒结构。美国芝加哥西尔斯大厦，109 层，高 443m，一层平面尺寸 68.6m×68.6m，高宽比为 6.5，采用钢束筒结构，见图

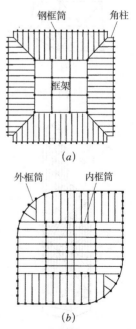

钢框筒　角柱

框架

(a)

外框筒　内框筒

(b)

图 3-44　框筒及筒中筒结构布置示意图
(a) 芝加哥标准石油公司大厦；
(b) 北京中国国际贸易中心主楼

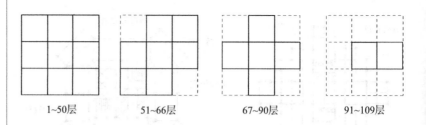

图 3—45　西尔斯大厦结构平面示意

| 1~50层 | 51~66层 | 67~90层 | 91~109层 |

3-45。首先，在外圈大框筒内部按井字形沿纵、横方向各设两榀密柱型框架，将大框筒分隔成 9 个并联的子框筒，每个子框筒均为 22.9m×22.9m，内、外框架的柱距均采用 4.57m。按照各楼层使用面积向上逐渐减少的要求，在第 51 层和第 67 层分别减去对角线上的两个子框筒，在第 91 层再减去 3 个子框筒，仅保留 2 个子框筒到顶。为进一步减小框筒的剪力滞后效应，利用第 35 层、第 66 层和第 90 层的设备层和避难层，沿内、外框架各设置一层楼高的桁架，形成三道圈梁，以提高框筒抵抗竖向变形的能力。

7）竖向桁架结构。美国芝加哥汉考克大厦，100 层，高 332m，是一幢集办公、公寓、停车和商场于一体的多功能建筑。下部各层为商业、办公，中间各层为停车库，上面各层为公寓，顶层为豪华公寓，建筑体型为下大上小的矩形截锥体。一层平面尺寸 79.2m×48.7m，顶层平面尺寸 48.6m×30.4m。结构采用竖向桁架结构，沿框筒周圈设置大型交叉支撑，外圈框筒的柱距在一层的最大尺寸达 13.2m，结构示意见图 3-46（a）。大厦的截锥体形利于抵抗水平作用，其倾斜支撑轴向力的水平分量可抵消部分水平荷载，截锥体形降低了建筑的重心，减小了水平作用引起的倾覆力矩。

中国香港中银大厦，地上 70 层，高 368.5m。一层建筑平面为 52m×52m 的正方形，并沿对角线方向将正方形划分为四个直角三角形，向上每隔若干层（在第 13 层和第 25 层）切去一个三角形，到楼房的顶部，楼层平面为一层的 1/4，结构示意见图 3-46（b）。结构采用竖向桁架（巨型支撑筒），整座建筑由 8 片平面支撑和 5 根型钢混凝土柱所组成。其中 4 片支撑沿方形平面周边布置，另 4 片支撑沿方形平面对角线布置，各片支撑交汇于平面四角和中心的 5 根型钢混凝土柱。在周边支撑和对角线支撑中分别设置 5 根小钢柱和两根小钢柱，承担楼层重力荷载，并向支撑角柱传递。

3.4.8　高层混合结构

高层混合结构系指由钢框架或型钢混凝土框架与钢筋混凝土筒体所组成的共同承受竖向和水平作用的结构。

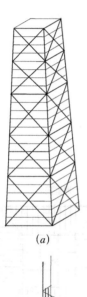

（a）

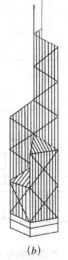

（b）

图 3—46　竖向桁架结构
（a）芝加哥汉考克大厦；
（b）香港中银大厦

1. 结构布置要点

1）建筑平面布置

（1）建筑外形宜简单规则，宜采用方形、矩形等规则对称的平面，尽量使结构的抗侧力中心与水平合力中心重合。

（2）建筑的开间、进深宜统一。房屋的长度、宽度和高度关系应符合长宽比限制、高宽比限制，注意高度和层数限制条件。

2）竖向布置

（1）结构的侧向刚度和承载力沿竖向宜均匀变化，构件截面宜由下至上逐渐减小，无突变。

（2）当框架柱的上部与下部的类型和材料不同时，应设置过渡层。

（3）对于刚度突变的楼层，如转换层、加强层、空旷的顶层、顶部突出部分、型钢混凝土框架与钢框架的交接层及邻近楼层，应采取可靠的过渡加强措施。对于型钢钢筋混凝土框架与钢框架交接的楼层及相邻楼层的柱子，应设置剪力栓钉加强连接，另外顶层的型钢混凝土柱也需设置栓钉。

（4）钢框架部分采用支撑时，宜采用偏心支撑和耗能支撑，支撑宜连续布置，且在相互垂直的两个方向均宜布置，并互相交接；支撑框架在地下部分，宜延伸至基础。

（5）7度抗震设防且房屋高度不大于130m时，宜在楼面钢梁或型钢混凝土梁与钢筋混凝土筒体交接处及筒体四角处设置型钢柱；7度抗震设防且房屋高度大于130m及8度和9度抗震设防时，应在楼面钢梁或型钢混凝土梁与钢筋混凝土筒体交接处及筒体四角设置型钢柱。

（6）混合结构中，外围框架平面内梁与柱应采用刚性连接；楼面梁与钢筋混凝土筒体及外围框架的连接可采用刚接或铰接。

（7）对于钢框架—钢筋混凝土筒体结构，当采用H形截面柱时，宜将柱截面强轴方向布置在外围框架平面内；角柱宜采用方形、十字形或圆形截面，见图3-47。

（8）混合结构中，为了提高结构的抗侧能力，减少侧向变形，可采用外伸桁架加强层，必要时可同时布置周边桁架。外伸桁架平面宜与抗侧力墙体的中心线重合。外伸桁架应与抗侧力墙体刚接且宜伸入并贯通抗侧力墙体，外伸桁架与外围框架柱的连接宜采用铰接或半刚接。

（9）楼面宜用压型钢板现浇混凝土组合（或非组合）楼板、现浇混凝土楼板或预应力叠合楼板，楼板与钢梁应可靠连接。对于楼

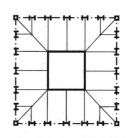

图3-47　钢框架—筒体结构布置

面有较大开口或为转换楼层时，应采用现浇楼板。对楼板开口较大部分应考虑楼板平面内变形对整体计算的影响，或采取设置刚性水平支撑等加强措施。

2. 高层混合结构布置实例

1）台北国际金融中心大厦

台北国际金融中心大厦（也称台北 101 大楼），地面以上 101 层，高 448m，塔尖高度 508m。大厦一层平面尺寸为 63.5m×63.5m，房屋高宽比为 6.8。台湾地处环太平洋地震带，又有台风影响，大厦除应进行抗风设计外，还要作抗震设计。

101 大楼结构采用由型钢和混凝土结构构成的"芯筒—翼柱"体系（图 3-48）：

（1）整个结构体系由支撑芯筒、16 根巨型翼柱与每隔 8 层设置一道的水平桁架（即刚臂）组成，相当于芯筒—刚臂—框架结构。

（2）芯筒平面尺寸为 22.5m×22.5m，4 根角柱为内灌混凝土的方形拼焊钢管；8 根边柱和 4 根内柱为外包混凝土的 T 形截面型钢混凝土柱。第 17 层以下，芯筒各柱之间设置 800mm 厚的钢筋混凝土抗剪墙；

（3）建筑平面四边中段设置的 16 根巨型翼柱为矩形型钢混凝土柱，截面尺寸 5.6m×1.8m ~ 2.7m×0.9m，在其混凝土截面的两端各埋置一根 H 型钢暗柱；

（4）各层楼盖的边梁、芯筒各柱之间连梁以及芯筒与翼柱之间连梁，均采用截面尺寸为 900mm×400mm 的 H 型钢梁，其他楼盖梁采用较小截面钢梁；

（5）各层楼盖均采用以压型钢板为底模的现浇混凝土组合楼板。

2）上海金茂大厦

金茂大厦位于上海浦东新区陆家嘴，地下 3 层，地上主体 88 层，高 420.5m，建筑面积 29 万 m²，为型钢和钢筋混凝土混合结构建筑（图 3-49）。

（1）大厦的主要抗侧力体系是一个正八角形厚壁混凝土筒体与外伸钢桁架和四边外侧正中处的 8 个巨型钢—混凝土组合柱相连接所形成的混合结构体系（核心筒—刚臂—框架体系），结构有效宽度大，抗侧刚度、抗倾覆力矩、抗扭能力均较好。

（2）大厦中部的八角形核心筒为型钢混凝土（SRC）核心筒束，筒壁厚 800 ~ 450mm，筒内设井字形墙形成 9 格束筒直到第 53 层。以上的核心筒内是开敞的，形成一个通高的内天井，使这部分在结构上变为单筒。

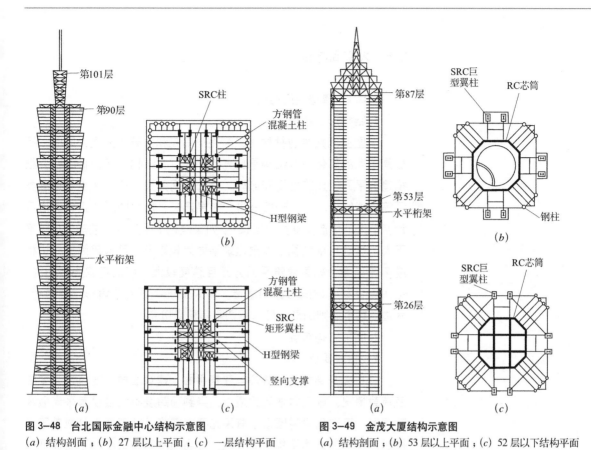

图 3-48 台北国际金融中心结构示意图
(a) 结构剖面；(b) 27 层以上平面；(c) 一层结构平面

图 3-49 金茂大厦结构示意图
(a) 结构剖面；(b) 53 层以上平面；(c) 52 层以下结构平面

(3) 核心筒四周为八根 SRC 大柱，截面由 1.5m×5m 逐渐收到 1m×3.5m，使外形逐渐收进。

(4) 外伸钢桁架位于第 25～26 层间、第 52～53 层间以及第 86～87 层间，各有 8 个由筒壁伸出的桁架（刚臂）和 8 个巨柱相连。这些外伸桁架有两层高，跨度小而刚度却很大，和巨型立柱结合后起到限制混凝土核心筒在侧向荷载作用下的侧移和转角的作用，同时也用来传递核心筒和巨型立柱间的侧向作用力，加大了主体结构的有效宽度，是主体结构中的重要组成部分。

(5) 第 87 层以上为三维的空间钢框架结构系统，直至顶层，用来架设屋顶的钢塔架和承受屋顶设备层的重力荷载。

(6) 楼盖结构为钢梁，中距 4.4m，钢梁间为压型钢板高 76mm，上铺 82.5mm 厚普通混凝土形成楼板。

3.5　大空间结构

3.5.1　薄壁空间结构

1. 结构形式选择

薄壁空间结构包括球壳、筒壳、扁壳和扭壳四大类，同时，折板是筒壳的简化，幕结构是扁壳的简化。在结构形式选择上，要根据建筑平面、建筑立面和造型、室内空间效果、使用环境与荷载类型等因素综合考虑。一般来讲，如果建筑平面为圆形或正多边形且跨度不大，可选用球壳（圆顶）；如果建筑平面为方形或矩形且跨度不大，可选用幕结构；如果建筑平面为长矩形，可选用筒壳、折板或多波扁壳；如果建筑平面方正且跨度较大，可选用扁壳或扭壳，但扭壳更利于建筑形象的塑造。如果建筑平面为三角形、五边形、六边形等不规则图形，可选用切割扁壳或扭壳。

2. 圆顶结构布置

1）布置要点

（1）壳身结构的形式应与建筑平面、建筑立面、通风采光要求及荷载情况、施工方法等相适应。当圆顶跨度不大且没有采光通风孔洞时，可选用平滑圆顶；有采光要求需将圆顶表面划分成若干区格时，或当壳体承受集中荷载时，或当壳身厚度太小、不能保证壳体的稳定性时，或采用装配整体式结构时，可采用肋形圆顶；当建筑平面为正多边形时，可采用多面圆顶结构；为满足建筑造型要求，也可采用弧面圆顶。

（2）支座环的选择既要考虑圆顶受力要求，也要考虑屋面排水方式、下部结构支承方式以及建筑造型等因素。

（3）下部支承结构的形式要综合考虑壳体受力、结构传力、建筑造型、采光通风、基础形式、地基特性等因素，以保证整个结构的安全、稳定，满足建筑功能、造型和室内环境要求。

（4）当建筑上由于通风采光等要求需在壳体顶部开设孔洞时，应在孔边设加强圆环梁（内环梁）。内环梁与壳板的连接可采用中心对齐方式，也可采用板平梁底方式（梁下皮与壳板下皮对齐）或板平梁顶方式（梁上皮与壳板上皮对齐）。

（5）采用装配整体式圆顶结构时，圆顶预制单元的划分一般可沿经向和环向同时切割，把圆顶划分成若干块梯形带肋曲面板，各单元的边线为弧线；为方便各单元预制，也可划分成由梯形平板所组成，各单元的边线为直线；当施工吊装设备起重量较大，而壳体跨度不大（小于 30m）时，也可仅沿经向切割，把圆顶分割成若干块长扇形带肋板。

（6）壳板厚度可按照圆顶半径的 1/600 估算。现浇圆顶结构的板厚不应小于 40mm，预制圆顶结构的板厚不应小于 30mm。

2）圆顶结构布置实例

（1）新疆某机械厂金工车间，参见图 3-50。

（2）罗马小体育宫（图 3-51），钢筋混凝土网状扁球壳结构，球壳直径 59.13m，葵花瓣状网肋把扁壳内力传到斜柱顶，再传至基础。该屋盖为装配整体式叠合结构，预制钢丝网水泥菱形构件既作为现浇壳身的模板，又与壳身现浇层形成整体共同工作。

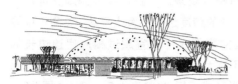

图 3-50　新疆某车间

图 3-51　罗马小体育宫

（3）德国法兰克福市霍希斯特染料厂游艺大厅。该大厅能容纳 1000～4000 名观众，可举行音乐会、体育表演、电影放映、集会等活动。屋盖为正六边形割壳，见图 3-52。球壳半径 50m，矢高 25m。底平面为正六边形，外接圆直径 88.6m。球壳结构为六点支承，球壳边缘呈拱券形，以边缘桁架作为球壳切口支承，跨度 43.3m。壳体的厚度 130mm，壳体的每一点都能承受 20kN 的集中荷载。壳体沿着切口边缘不断地加强，在边缘拱券最高点处厚度增加到 250mm，在支座端处厚度增加到 600mm。

图 3-52　霍希斯特染料厂游艺大厅

3. 扁壳结构布置

1）布置要点

（1）正方形或近似正方形平面应采用单波扁壳，狭长矩形平面应选用双波或多波扁壳。

（2）跨度较大，或扁壳上需设通风采光孔洞时，可采用带肋扁壳。

（3）边缘构件可采用带拉杆的拱或拱形桁架，跨度较小时也可以用等截面或变截面的薄腹梁，当四周为多柱支承或承重墙支承时也可以用柱上的曲梁或墙上的曲线形圈梁作边缘构件。四周的边缘构件在四角交接处应有可靠连接构造措施，使之形成"箍"的作用，以有效地约束壳身的变形。边缘构件在其自身平面内应有足够的刚度，以减少壳身附加内力。

（4）双曲扁壳的矢高与底面短边之比应不大于1/5，但也不能过于扁平。若壳体太扁而壳身又不太薄，壳身边缘处的剪应力和弯曲应力均较大，扁壳向平板转化，承载能力下降，材料用量要增加。

（5）当双曲扁壳双向曲率不等时，较大曲率与较小曲率之比以及底面长边与短边之比均不宜超过2。双曲扁壳允许倾斜放置，但壳体底平面的最大倾角不宜超过10°。

（6）当对建筑造型没有特殊要求时，跨度不大的扁壳可用幕结构代替。幕结构在两个方向的跨度之比不宜大于2。矢高可取较大跨度的1/8～1/12。顶板的平面尺寸不宜超过相应底边边长的0.4～0.6倍，侧板的倾斜角不宜大于35°。当幕结构的跨度为6～7m或更小时，斜板和水平板可设计成平板；当跨度为7～9m或更大时，折板宜设计成带肋的。幕结构布置在侧边构件内的主要受拉钢筋应延伸到支座，并可靠锚固，以便形成环形圈梁。

2）双曲扁壳工程实例

（1）北京火车站。北京火车站中央大厅和检票通廊为双曲扁壳顶盖（图3-53）。中央大厅薄壳平面为35m×35m，矢高7m，壳身厚80mm。壳的四边切割，中央隆起，结合边缘的拱形支撑桁架设采光高窗。检票口通廊上的五个双曲扁壳，中间一个平面为21.5m×21.5m，其余为16.5m×16.5m，矢高为3.3m，壳身厚60mm。五个扁壳间隔放置，均利用边缘支撑桁架设置高侧采光窗。

（2）北京网球馆

北京网球馆（图3-54）也是用双曲扁壳屋盖，平面为42m×42m，壳身厚90mm。扁壳在中央隆起的结构空间，刚好适应了网

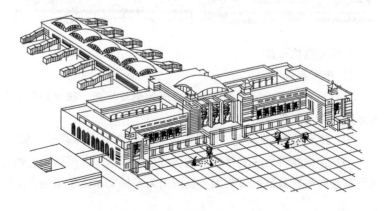

图3-53　北京火车站

球在空中往返运行时的弧形轨迹需要，整个建筑的空间设计很好地满足了建筑的功能要求。

图 3-54 北京网球馆

4. 扭壳结构布置

1）布置要点

（1）扭壳结构布置应根据建筑平面、建筑造型、建筑功能、使用或工艺要求，合理选择单倾或双倾形式；根据平面形状选用单块扭壳或组合、切割扭壳。

（2）当屋盖为落地式单块双倾扭壳时，边缘构件应结合建筑立面、采光通风综合处理；当屋盖由四块单倾扭壳组成四坡屋面时，边缘构件一般为等腰三角形桁架。

（3）矩形平面上的单块扭壳屋盖底边的边长之比一般以 1～2 为宜。单倾单块扭壳矢高 f 与短边 b 之比一般在 1/2～1/4 之间为宜；双倾单块扭壳矢高 $2f$ 与短边 b 之比一般以 1/2～1/8 之间为宜，组合型扭壳的矢高 f 与短边 $2b$ 之比一般以 1/4～1/8 之间为宜。

（4）组合型扭壳，除沿边缘区不小于 $b/10$ 的区域内应予以局部加厚外，在屋脊十字形交接缝附近的局部区域亦应逐渐加厚到壁厚的 3～4 倍，加厚的范围需满足该处弯矩及内力的要求，但不应小于短边边长 $2b$ 的 1/10，同时应使折线表面比较圆滑地过渡。

2）扭壳结构布置实例

（1）北京市丰台电话分局主机楼。该主机楼建于 1981 年，二层装配整体式框架结构，一层柱网横向 9m×3m，纵向 6m×5m，附跨 3.6m，二层为大空间。屋盖采用钢筋土组合型双曲抛物面扭壳结构，见图 3-55。扭壳平面尺寸为 27.0m×33.6m，壳体矢高与边之比为 1/5.4。壳体最薄处 70mm，十字脊线处加厚为 240mm，四周边缘处加厚为 80mm。扭壳的边缘构件采用多拉杆三角形人字架。

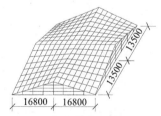

图 3-55 北京丰台电话分局主机楼屋盖结构示意

（2）大连港转运仓库。该仓库建于 1971 年，柱距为 23m×23.5m，屋盖采用钢筋混凝土组合型双曲抛物面扭壳，见图 3-56。每个扭壳平面尺寸为 23m×23m，壳厚为 60mm，十字脊线处加厚

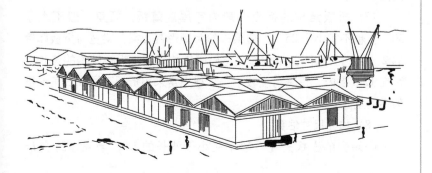

图 3-56 大连港转运仓库

至 200mm，四周边缘处加厚至 150mm。边缘构件为人字形拉杆拱，壳体及边拱均为现浇钢筋混凝土结构。

5. 筒壳、折板结构

1）布置要点

（1）筒壳可以根据建筑平面及剖面的需要做成单波的或多波的，单跨的或多跨的，还可做成悬臂的。

（2）筒壳的侧边构件的形式应结合檐口排水和建筑造型确定，参见圆顶。

（3）筒壳的横隔可采用等高度梁或变高度梁、拱架、弧形桁架或刚架等形式。等高梁式横隔容易积雪，屋面排水处理困难，施工复杂且使用不利，但当壳身波长与横隔跨度不一致时，这种形式较为合理。变高度梁横隔一般用于波长不大的壳体上，否则横隔自重过大。为减轻自重，可在梁内开洞。拱架式横隔通常用在屋盖竖向荷载基本对称的壳体。弧形桁架横隔对于波长较大的装配整体式及装配式壳体较为适宜。刚架式横隔在波长不大的壳体中及带有能承受水平推力的附属建筑物时采用。此外，当横向有墙时，可利用墙上的曲线形圈梁作为横隔，以节省材料。

（4）筒壳的天窗孔及其他孔洞建议沿纵向布置于壳体的上部。在横向，洞口尺寸建议不大于 $(1/4 \sim 1/3)\,l_2$；在纵向，洞口尺寸可不受限制，但在孔洞四周应设边梁收口并沿孔洞纵向每隔 2 ~ 3m 设置横撑加强。

（5）当壳体具有较大的不对称荷载时，除设置横撑外，尚需设置斜撑，形成平面桁架系统。

（6）在纺织厂及某些为避免阳光直射而需设置北面采光窗的厂房建筑中，筒壳也可以倾斜布置，构成锯齿形屋盖。锯齿形筒壳的横隔，当波长在 12m 以内时，可采用带曲线横梁的刚架形式，亦可采用布置在壳体下面的变高度梁。当筒壳横向的柱距大于 12m 时，可把筒壳的波宽缩小，将横隔做成钢筋混凝土桁架的形式，见图 3-57。

（7）折板结构的折板一般为等厚度薄板，倾角一般不大于 30°，也不宜小于 25°。边梁一般为矩形截面梁，梁宽为折板厚度的 2 ~ 4 倍。横隔的结构形式与筒壳结构相同。折板结构的波长大都在 12m 以内，横隔跨度较小，工程中常采用折板下梁或三角形框架梁的型式。

（8）构件尺寸估算

①短壳的壳板矢高一般不应小于波长的 1/8。当壳体跨度 l_1=

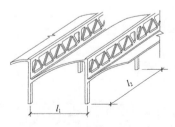

图 3-57　锯齿形筒壳屋盖

6 ～ 12m、波长 $l_2 ≤ 30m$ 时，在一般荷载条件下，壳板的参照厚度为：横隔间距 6m 时壳板可取厚度 5 ～ 6mm，7m 时板厚取 6mm，8m 时板厚取 7mm，9m 时板厚取 7 ～ 8mm，10m 时板厚取 8mm，11m 时板厚取 9mm，12m 时板厚取 10mm。

②长壳的截面高度建议采用跨长 l_1 的 1/10 ～ 1/15，其壳板的矢高不应小于波长 l_2 的 1/8。壳板厚度可取波长 l_2 的 1/300 ～ 1/500，但不能小于 50mm。

③现浇整体式折板结构的波长 l_2 一般不应大于 10 ～ 12m。折板结构的跨度 l_1 则可达 27m 甚至更大。

④长折板的矢高一般不宜小于 （1/10 ～ 1/15）l_1，短折板的矢高一般不宜小于 (1/8 ～ 1/10) l_1。折板的厚度一般可取 (1/40 ～ 1/50) b，且不宜小于 30mm，其中 b 为折板斜向宽度。

2）布置实例

（1）山西平遥县棉织厂厂房扩建工程，建筑面积 1656m²，柱网 36m×12m，采用锯齿形锥壳（为筒壳的变形）屋盖方案，见图 3-58。

（2）巴黎联合国教科文组织总部会议大厅。它采用两跨连续的折板刚架结构，大厅两边支座为折板墙，中间支座为支承于 6 根柱子上的大梁，见图 3-59。

（3）美国伊利诺大学会堂。会堂平面呈圆形，直径 132m，屋顶为预应力钢筋混凝土折板组成的圆顶，由 48 块同样形状的膨胀页岩轻质混凝土折板拼装而成，形成 24 对折板拱。拱脚水平推力由预应力圈梁承受，见图 3-60。

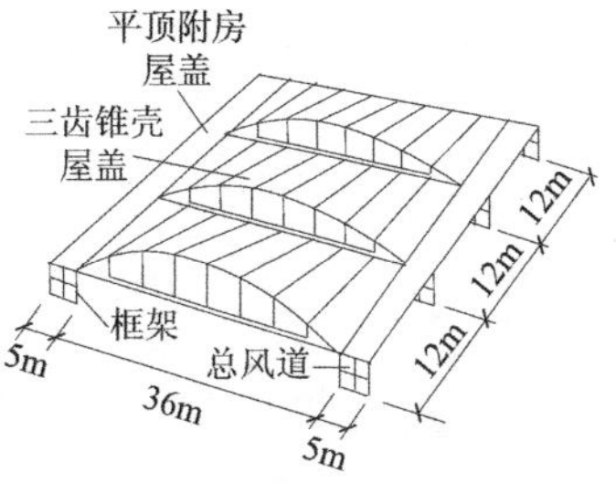

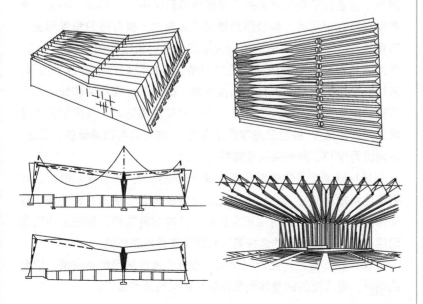

图 3-58 锯齿形锥壳屋盖

图 3-59 联合国教科文组织总部会议大厅

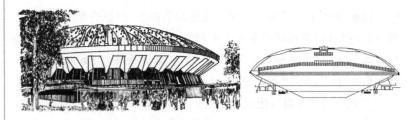

图 3-60　伊利诺大学会堂

3.5.2　网架与网壳结构

1. 结构形式选择

对于网架结构，结构形式的选择应考虑平面形状、荷载类型、结构跨度以及结构耗钢量等技术经济指标。桁架体系网架构造简单、施工方便，但材料消耗较多，总体技术经济指标不如角锥体系网架。

1）网架结构。

（1）对于正方形或近似平面，桁架体系可选用两向正交正放网架或斜放网架，荷载不大时也可用单向折线形网架；角锥体系可选用正放四角锥网架、正放抽空四角锥网架、斜放四角锥网架、棋盘形四角锥网架以及蜂窝型三角锥网架，跨度不大时也可用星形四角锥网架。

（2）对于长矩形平面，桁架体系可选用两向斜交斜放网架；角锥体系与正方形平面同。

（3）对于三角形、梯形、正六边形、多边形或圆形平面，桁架体系可选用三向交叉网架；角锥体系可选用三角锥网架、抽空三角锥网架、蜂窝形三角锥网架。

（4）除了适用平面条件外，还应注意网架用钢量和结构刚度方面的差异，它们往往也是选择网架形式的重要依据。对于周边支撑网架，在适合于矩形平面的四角锥体系网架中，若网格大小、支承条件和荷载相同时，斜放四角锥用钢量最少，棋盘形四角锥和星形四角锥次之，正放四角锥用钢量最多。从网架结构的刚度方面看，斜放四角锥、星形四角锥和正方四角锥刚度最好。在适合于圆形、多边形平面的三向网架、三角锥网架、抽空三角锥网架和蜂窝形三角锥网架中，在网格大小、支承条件和荷载相同时，蜂窝型三角锥网架用钢量最少，抽空三角锥网架次之，三向网架用钢量最多。但是，三角锥网架和三向网架刚度较好。

（5）网架支承条件对网架选择有深刻影响。四点支承时，正放网格比斜放网格经济合理。因此，四点或多点支承时，宜选用正放网格类型的网架，如两向正交正放、正放四角锥和正放抽空四角锥网架。三边支承网架的选择要求与周边支撑网架相似。

（6）在适合使用组合网架时，应优先考虑采用组合网架，以节约钢材、提高结构的整体刚度并简化结构构造和施工。

2）网壳结构

（1）网壳结构与网架结构的不同之处并不只是形状。网架源于平板，其厚度决定了承载能力和刚度，所以网架结构应至少包括两层杆件（上弦、下弦）；而网壳源于薄壳，靠的是合理形状而不是构件厚度来获得承载力，跨度不大时可使用只有一层杆件的单层网壳。因此，跨度不大于 40m 的中小跨度网壳在一般荷载条件下可选用单层网壳，荷载复杂、吊挂设备较多以及跨度较大时（大于 40m）应选用双层网壳。

（2）从建筑平面角度选择，跨度不大的矩形平面可选用筒网壳，跨度较大时可选用切割扁网壳或扭网壳；圆形平面、正多边形平面可选用球网壳，三角形平面可选用扭网壳；其他复杂的不规则平面可选用扭网壳或组合网壳。

（3）对于双层网壳，内外两层杆件可组成桁架体系或角锥体系。

2. 网架布置要点及尺寸估算

1）网格尺寸

网格尺寸与网架的跨度、柱距、屋面构造和杆件材料以及网架的结构形式有关。一般情况下，上弦网格尺寸与网架短向跨度 l_2 之间的关系可按表 3-4 取值。在可能条件下，网格尺寸宜取大些，以减少节点总数，使杆件材料利用充分，减少用钢量；当屋面材料为钢筋混凝土板时，网格尺寸不宜超过 3m，否则板吊装困难，配筋增大。当采用轻型屋面材料时，网格尺寸应为檩条间距的倍数。当杆件为钢管时，网格尺寸可大些，当采用角钢杆件或只有小规格的钢材时，网格尺寸应小些。

网架上弦网格尺寸及网架高度　　　　表 3-4

网架的短向跨度（L_2）	上弦网格尺寸	网架高度
≤ 30m	$(1/6 \sim 1/12)\ l_2$	$(1/10 \sim 1/14)\ l_2$
30 ~ 60m	$(1/10 \sim 1/16)\ l_2$	$(1/12 \sim 1/16)\ l_2$
> 60m	$(1/12 \sim 1/20)\ l_2$	$(1/14 \sim 1/20)\ l_2$

2）网架高度

网架的高度主要取决于网架的跨度，此外还与荷载大小、节点形式、平面形状、支承条件及起拱等因素有关，同时也要考虑建筑功能及建筑造型的要求。网架高度与网架短向跨度之比可按表 3-4 取用。当屋面荷载较大或有悬挂式吊车时，网架高度可取大一些；如采用螺栓球节点，则希望网架高一些，使弦杆内力相对小一些；当平面形状接近正方形时，网架高跨比可小些；当平面为长条形时，网架高跨比宜大些，当为点支承时，支承点外的悬挑产生的负弯矩可平衡一部分跨中正弯矩，并使跨中挠度变小，其受力和变形与周边支承网架不同。有柱帽的点支承网架，其高跨比可取小一些。

3）弦杆层数

网架结构跨度较大时，普通上下弦两层网架难以满足要求，应采用多层网架。一般认为，当网架跨度大于 50m 时，三层网架的用钢量比两层网架小，且跨度越大，节约越明显。

4）腹杆体系

网格尺寸及网架高度确定以后，腹杆长度及倾角随之而定。一般地，腹杆与上、下弦平面的夹角以 45° 左右为宜，对节点构造有利，倾角过大或过小都不太合理。

角锥体系网架的腹杆布置方式是固定的，既有受拉腹杆，也有受压腹杆。交叉桁架体系网架的腹杆布置有多种方式，一般应将斜腹杆布置成受拉杆比较合理。当上弦网格尺寸较大、腹杆过长或上弦节间有集中荷载作用时，为减少压杆的计算长度或跨中弯矩，应采用再分式腹杆。设置再分式腹杆应注意保证上弦杆在再分式腹杆平面外的稳定性。

5）悬臂长度

为减少网架跨中弯矩，使网架杆件的内力较为均匀，四点及多点支承的网架宜设悬臂段。悬臂段长度一般取跨度的 1/4 ～ 1/3。单跨网架宜取跨度的 1/3 左右，多跨网架宜取跨度的 1/4 左右。

6）屋面排水

平板网架结构屋面排水坡度的形成方式，通常采取在上弦节点加小立柱找坡、网架变高找坡、网架等高而整体起坡、支承柱变高而网架斜置等方法，选择时应根据各影响因素综合确定。

3.5.3　悬索结构

1. 结构形式选择

悬索结构体系的形式选择与平面形状、使用功能、屋盖类型、建筑造型等有关。矩形平面、梯形平面可选用平行索系，圆形平面、正多边形平面、扁多边形平面、椭圆形平面可选用辐射索系，椭圆形、长圆形平面、长多边形平面可选用交叉索网；平行索系和辐射索系采用重型屋盖时可选用单层索系，其他屋盖则应选用双层索系。零高斯的单曲面屋面应选用平行索系，正高斯的双曲面屋面应选用辐射索系，负高斯的马鞍形屋面应选用交叉索网。

2. 结构布置要点

1）悬索的垂度要适当。垂度过小索的拉力及支座反力将增大，垂度过大则屋面面积增大，室内净空高度减少。根据工程经验，承重索垂跨比多在 1/10 ~ 1/15 之间，稳定索矢跨比多在 1/10 ~ 1/20 之间。

2）索的边缘构件应与建筑平面形状、索系类型、建筑造型等相适应。单曲面平行索系的边缘构件可选用竖向支承结构、斜向支承结构、锚索、水平结构、水平桁架，辐射索系的边缘构件常选用平面环梁，交叉索网体系的边缘构件可选曲面环梁、交叉拱、非交叉拱或拉索结构等。

3）索的稳定措施应结合屋面形状、屋面形式、使用要求等因素考虑。单层索系可采取增加索荷载的措施，也可结合施工采用预应力索—壳组合结构、索—梁组合结构、索—桁架组合结构，增设反向曲梁稳定索；交叉索网则主要通过对承重索和稳定索施加预应力来提高屋盖体系的稳定性和刚度。

4）混合结构中的索系部分的布置要求与纯悬索结构基本相同。

3.5.4　混合结构

1. 结构形式选择

用于大空间结构的混合结构的形式很多，且在不断发展中。对应于某个具体确定的建筑平面，很难确切说明应采用何种结构形式，实际工程中，选择屋盖形式考虑的最主要因素恐怕是建筑造型或建筑形象问题，其他因素都在其次。尽管有许多已建成的大空间结构可参照，但要想建造出与众不同、流芳百世的佳作，就要在符合建筑功能和使用要求的前提下，推陈出新，因此结构形式的选择至关重要。

应当注意，尽管单一形式的刚架、桁架、拱、薄壳、网架、网壳或悬索都可用于大空间结构，但它们的适用跨度毕竟有限，建筑造型的变化也不是很丰富，对于跨度较大、功能复杂且要求形象独特的大空间结构而言，最有效的途径是采用混合结构。

2. 结构布置要点

1）根据建筑平面、使用功能、室内净空、建筑造型等要求合理确定巨型骨架和屋盖结构的形式，既要考虑建筑形象的塑造需要，又应使结构合理、经济、可靠。

2）刚性巨型结构应具有合理的断面形式和尺寸，一般应选用箱型、工字型、槽型等惯性矩较大的截面形式，以保证结构骨架的刚度，减少结构变形。

3）采用斜拉结构时，结构平面和拉索的布置应有利于减小甚至完全消除塔柱的弯矩，如采用多跨、设附跨等措施。

4) 斜拉结构的拉索布置应尽量采用构造简单、受力合理的竖琴式、扇形等索形，避免采用星形、辐射形等形式。

 复习思考题

1. 建筑体型设计时，如何考虑建筑体型与结构受力的关系？

2. 楼盖结构体系选择应注意哪些问题？

3. 砌体结构的布置要点有哪些？

4. 排架结构的支撑体系如何布置？

5. 刚架结构的外形可有哪些变化？它们对建筑造型有何意义？

6. 拱结构该如何布置？需要支撑吗？

7. 框架结构布置应主要注意哪些方面？

8. 高层结构的适用体系有哪些？

9. 剪力墙结构和框架—剪力墙结构布置的基本要求有哪些？

10. 筒体结构布置的一般要求是什么？

11. 高层钢结构有哪些常用结构类型？高层钢结构的支撑有哪些形式？

12. 高层混合结构布置的主要要求有哪些？

13. 各类薄壁空间结构布置应注意哪些方面？

14. 网架与网壳结构布置的注意事项有哪些？

15. 悬索结构的布置要点是什么？

16. 混合结构对于大跨度结构的造型有何作用？

 习题

1. 从资料、刊物、网络等渠道，选取一个当代高层建筑典型工程（不包含在本书示例中的）进行结构剖析，描述其结构布置特点。

2. 从资料、刊物、网络等渠道，选取一个有代表性的大跨建筑进行结构剖析，描述其结构布置特点。

3. 随意构思一座跨度在 60 ～ 90m 之间的大跨建筑（建筑长度不小于跨度），为其选择几种不同的结构形式，绘制结构布置示意图。

4. 结合你做过的或正在做的建筑快题设计题目，为其布置合理的结构，并说明布置结构以后建筑方案布局发生了哪些变化。

4

建筑结构概念设计

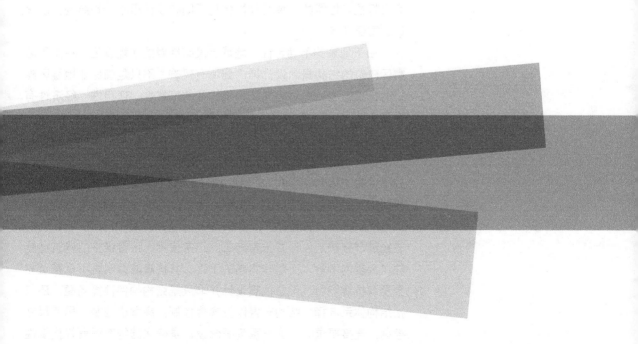

4.1　建筑结构概念设计概述

　　建筑结构设计可分为结构方案选择、结构布置、构件计算或验算等主要过程。结构方案选择需结合建筑方案设计进行，主要是对可能采用的结构体系和结构形式进行比较和选择，既要满足建筑功能要求，也要考虑结构的可行性、合理性和经济性，然后进行结构布置。结构选择和布置既要体现一定的设计思想，也应遵循某些设计原则；既要借鉴以往的成功经验，也要从历史的失败中吸取教训，防止同类事件重演。结构设计的最后步骤是结构构件计算或验算并绘制施工图纸。结构设计按工作性质可分为非数值设计阶段（构思、决策）和数值设计阶段（计算、绘图），其中非数值设计即为概念设计。

　　建筑结构概念设计源于结构抗震设计。1976 年唐山地震后，人们逐步认识到良好的结构抗震性能并不只依赖于结构计算，那些靠不断摸索总结得来的工程抗震经验比数值计算更重要、更有效，后来逐步深化为对场地选择、建筑布置、结构体系、构件选型、细部构造等原则的一系列要求和限制。结构概念设计体现了保证结构具有良好抗震性能的一种经验性优化原则和设计思路，是结构抗震设计的重要环节。

　　由于地震的不确定性，地球上没有绝对的非地震区。将用于地震区建筑的结构概念设计推广到所有建筑，不只是确保非地震区建筑的抗震性能，更对提高结构及构件的可靠性、适用性、经济性有重要意义。

　　结构概念设计体现在结构设计理念、设计思想和设计原则等方面。例如，结构在地震作下要求"大震不倒、小震不坏"，结构布置应尽可能使结构"简单、规则、均匀、对称"，这些设计思想、原则和要求对结构功能的影响和贡献远远超过构件计算和验算自身。唐山地震后提出的抗震设防思想在 2008 年汶川地震中得到了验证，那些经过严格抗震设计并正常施工、正常使用、正常维护的建筑经受住了大震的考验；而那些倒塌的工程，其抗震能力明显不足甚至完全没有抗震能力。可见抗震设计并非只是结构构件计算问题，还包括结构体系选择、结构布置以及高度控制、高宽比控制、局部尺寸控制、连接要求等，这一系列概念设计是确保结构获得良好抗震性能的关键和保障。

　　结构的规则性、整体性和适用性是结构概念设计的核心。若结

构严重不规则，或只注意结构构件的承载能力而忽略了结构的整体工作性能，那么结构犹如积木堆叠一推即倒，其抗震、抗风、抗冲击能力必然薄弱；结构的适用性体现了对结构的限定，各种结构自有其合理的适用范围，超越范围就意味着超过了结构的适应能力，结构将不堪忍受，遇到突发情况，破坏、倒塌便在所难免。

结构概念设计是结构设计的必备阶段和重要内容，是实现结构具有良好工作性能的基本途径。所以，结构概念设计比数值计算更重要。

4.2 结构概念设计的主要内容

结构概念设计体现为结构设计基本理念、设计思想和设计原则，并提出一些设计要求和限制条件。

4.2.1 设计理念、思想和原则

结构概念设计所体现的设计理念、思想和原则很多。可以认为，凡是结构设计中涉及的非数值计算问题，都应归属于结构概念设计的范畴。

例如，建筑抗震中使建筑物具有必要的抗震、防振、减振、隔振能力代表了工程抗震的基本理念，而"大震不倒、中震可修、小震不坏"是建筑物抗震设防的设计目标，为达到这一目标，就必须对结构提出要求，诸如结构体系选择要求、建筑体型控制要求、结构工作性能要求、结构和构件抗震措施与构造要求等。

为了实现结构的安全、经济和适用性要求，必须对结构提出一系列最基本的原则性要求。

4.2.2 结构设计要求

结构概念设计所体现的设计理念、思想和原则是对结构的总的要求，具体工程设计中在结构概念设计时将其转化成对结构的具体特性要求——规则性、整体性、适应性。这种划分只是为了叙述方便，它们紧密联系、相互影响，是概念设计整体特性的不同方面。

1. 规则性

结构规则性要求包括平面规则性要求、竖向规则性要求。规则性要求又包括形状规则、质量规则、刚度规则等要求。结构布置时，提出简单、对称、均衡、连续、降低重心、周边加强、传力短捷等要求，

体型复杂的限制开洞、限制内收、限制外凸、设变形缝分割不规则体型等，可看作是规则性要求的具体体现。

2. 整体性

结构整体性要求主要是保证结构各构件之间的可靠连接、相互协调以及能量合理传递，使结构成为完整、协调、高效的一体化系统。例如在砌体结构中设构造柱和圈梁，在排架、刚架和拱等"片式结构"和屋盖结构中设置支撑系统，在高层结构中设侧向支撑，在砖基础中设置基础圈梁、在桩基础中设置承台等，都是加强结构整体性的重要措施。

3. 适应性

结构适应性要求是对结构适用条件的限定，包括房屋高度限制、高宽比限制、横墙间距限制、变形缝间距限制、楼盖长宽比限制以及房屋局部尺寸限制等。有些限制性要求不单独提出，而是结合在有关计算中，比如结构工作条件与环境控制、变形控制、裂缝宽度限制等，甚至像结构最小断面限制等也属于适应性问题。

4.2.3　结构布置

结构布置既是结构概念设计的主要过程，也是结构概念设计的结果。结构选择、布置与结构概念设计不能截然分开，概念设计是为更合理地布置结构，结构布置体现了概念设计的思想。

结构布置已在之前详细表述，本章仅介绍与概念设计有关的内容。

4.3　结构的规则性

建筑结构的规则性要求体现在建筑体型（平面和立面的形状）简单，抗侧力体系的刚度和承载力上下变化连续、均匀，平面布置基本对称；在平面、竖向图形或抗侧力体系上，没有明显的、实质的不连续（突变）。

《建筑抗震设计规范》对结构不规则的定义见表4-1和表4-3。当结构的不规则指标超过其中一项（或多项）时为"不规则"；各项均超过其中不规则指标或某一项超过规定指标较多时为"特别不规则"。多项不规则指标超过规定的上限值或某一项大大超过规定值时为"严重不规则"。特别不规则的结构具有较明显的抗震薄弱部位，将会引起不良后果。体型复杂的结构严重不规则，具有严重的抗震薄弱环节，会导致严重的地震破坏后果。

4.3.1 平面规则性要求

结构平面规则性要求主要是控制扭转、限制凹凸和避免楼层局部不连续（开洞）。结构平面布置时应尽可能规则，避免不规则、特别不规则和严重不规则。

1. 结构平面不规则的定义

平面不规则的类型   表 4-1

不规则类型	定义
扭转不规则	楼层的最大弹性位移（或层间位移）大于该楼层两端弹性位移（或层间位移）平均值的 1.2 倍
凹凸不规则	结构平面凹进的一侧尺寸，大于相应投影方向总尺寸的 30%
楼层局部不连续	楼板的平面尺寸或刚度急剧变化，如有效楼板宽度小于该层楼板典型宽度的 50%，或开洞面积大于楼层面积的 30%，或较大的楼层错层

2. 结构平面布置要求

1）凹凸控制

建筑中的结构平面布置应相对规则、齐整，平面长宽比不宜过大，凹凸不宜过多。结构平面长宽比 L/B、肢翼长宽比 l/b 等（图 4-1）应满足表 4-2 的要求，凹角处应采取加强措施。

结构平面规则性要求   表 4-2

设防烈度	L/B	l/B_{max}	l/b
6 度、7 度	≤ 6.0	≤ 0.35	≤ 2.0
8 度、9 度	≤ 5.0	≤ 0.30	≤ 1.5

注：设防烈度是建筑抗震概念，表示结构的抗震设计条件。

2）扭转控制

当结构平面不对称时，在水平作用下将产生扭转，如图 4-2 所示。若楼层最大弹性位移（或层间位移）大于该楼层两端弹性位移（或层间位移）平均值的 1.2 倍，即 $\delta_2 > 1.2\left(\dfrac{\delta_1+\delta_2}{2}\right)$ 时，即属于扭转不规则。结构的扭转控制应满足以下条件：

$$\delta_2 \leqslant 1.5\left(\frac{\delta_1+\delta_2}{2}\right) \qquad (4\text{-}1)$$

3）结构平面开洞限制

结构平面布置应"简单、规则、均匀、对称"，避免局部不连续。当建筑中的门厅、大厅、中庭等跨越多个楼层形成结构平面大

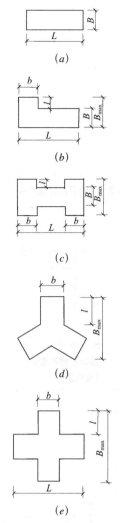

图 4-1 建筑平面规则性要求

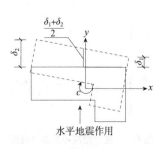

图 4-2 平面扭转不规则

面积开洞时，不应过多削弱结构层平面，参见图 4-3。结构有错层时，等同于结构平面在错层部位不连续，对结构很不利，应予避免，见图 4-4。

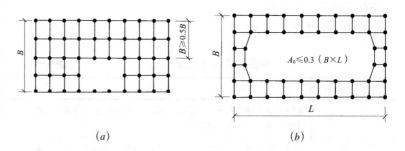

(a)　　　　　　　　　(b)

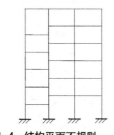

图 4-3 结构平面开洞限制

4）其他要求

对平面不规则尚有抗侧力构件上下错位、与主轴斜交或不对称布置，对竖向不规则且相邻楼层质量比大于 150%，或竖向抗侧力构件在平面内收进的尺寸大于构件的长度（如棋盘式布置）等。

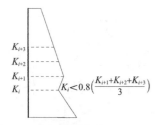

图 4-4 结构平面不规则
（有错层）

4.3.2 竖向规则性要求

1. 竖向不规则的定义

竖向规则性要求包括抗侧刚度规则性要求、抗侧力构件竖向连续性要求和楼层承载力无突变要求等，《建筑抗震设计规范》GB 50011-2010 定义的不规则类型见表 4-3。

竖向不规则的类型　　　　　　　表 4-3

不规则类型	定义
侧向刚度不规则	该层的侧向刚度小于相邻上一层的 70%，或小于其相邻三个楼层侧向刚度平均值的 80%；除顶层外，局部收进的水平向尺寸大于相邻下一层的 25%
竖向抗侧力构件不连续	竖向抗侧力构件（柱、抗震墙、抗震支撑等）的内力由水平转换构件（梁、桁架等）向下传递
楼层承载力突变	抗侧力结构的层面受剪承载力小于相邻上一楼层的 80%

2. 竖向不规则的几种情况

1）抗侧刚度不规则

（1）有柔软层

抗侧刚度是指层剪力和层间位移的比值。结构各层抗侧刚度 K 改变时，应由下至上逐渐减小。若某层侧向刚度小于相邻上一层的 70%，或小于其相邻三个楼层侧向刚度平均值的 80%，则属于有柔软层，为抗则刚度不规则，参见图 4-5。

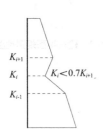

K_{i+1}

K_i　　$K_i < 0.7K_{i+1}$

K_{i-1}

K_{i+3}
K_{i+2}
K_{i+1}
K_i　$K_i < 0.8\left(\dfrac{K_{i+1}+K_{i+2}+K_{i+3}}{3}\right)$

图 4-5 抗侧刚度不规则（有柔软层）

（2）局部收进或外挑过多

除顶层外，局部收进的水平向尺寸大于相邻下一层的 25%，属于刚度突变，也是抗侧刚度不规则的一种表现。

抗震设计时，当结构上部楼层收进部位到室外地面的高度 H_1 与房屋高度 H 之比大于 0.2 时，上部楼层收进后的水平尺寸 B_1 不宜小于下部楼层水平尺寸 B 的 0.75 倍（图 4-6a、b）；当上部结构楼层相对于下部楼层外挑时，下部楼层的水平尺寸 B 不宜小于上部楼层水平尺寸 B_1 的 0.9 倍，且水平外挑尺寸 a 不宜大于 4m（图 4-6c、d）。

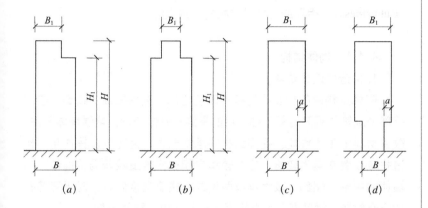

（a）　　　　　（b）　　　　　（c）　　　　　（d）

图 4-6　结构竖向收进和外挑

2）楼层抗侧力构件不连续

当结构的某些竖向抗侧力构件（柱、抗震墙、抗震支撑等）的内力由水平转换构件（梁、桁架等）向下传递时，属于抗侧力构件不连续。例如框架结构中一层抽柱，剪力墙结构中在下部设置框支层等，都使抗侧力构件内力不能直接传递到基础，形成抗侧力构件不连续，参见图 4-7。

3）楼层承载力突变

抗侧力结构的层面受剪承载力小于相邻上一楼层的 80% 时（图 4-8），即属于楼层承载力突变，应予避免。

图 4-7　抗侧力构件不连续

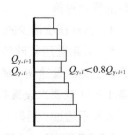

$Q_{y,i+1}$
$Q_{y,i}$　　$Q_{y,i} < 0.8 Q_{y,i+1}$

图 4-8　楼层承载力突变

4.4　结构的整体性

如果结构的规则性是保证结构具有合理的受力和传力特性的话，那么结构的整体性就是为使结构具有良好的整体工作性能，各构件配合协调、连接可靠，确保在各种可能的突发作用出现时结构不致倾覆、漂移、滑移或倒塌。汶川地震后，结构的整体牢固性问题日益受到重视，新修编的《建筑抗震设计规范》调整并加强了构造柱、圈梁的设置要求。也有学者将结构的整体牢固性称作"鲁棒性"（Rubustness），相反的含义是结构的"易损性"。

4.4.1　砌体结构

1. 构造柱设置要求

砌体结构中的构造柱是指先砌筑墙体，然后在墙的端部、中部等部位浇筑的钢筋混凝土柱，目的是约束砌体变形、增强墙体延性、改善材料的工作性能、提高结构的承载能力。为充分发挥作用，构造柱应设置在震害较重、应力较集中和连接构造较薄弱的部位，如墙体的中部、端部、较大洞口两侧或纵横墙交接处等。对于有芯孔的空心砌块，钢筋混凝土直接灌注在芯孔内，称为芯柱。

（1）多层普通砖、多孔砖砌体房屋构造柱设置部位

1）多层普通砖、多孔砖砌体房屋构造柱设置部位，一般情况下应符合表 4-4 的要求。

2）外廊式和单面走廊式的多层房屋，应根据房屋增加一层后的层数，按表 4-4 设置构造柱，且单面走廊两侧的纵墙均应按外墙处理。

3）教学楼、医院等横墙较少的房屋，应根据房屋增加一层后的层数，按表 4-4 的要求设置构造柱；当教学楼、医院等横墙较少的房屋为外廊式或单面走廊式时，应按 2 款要求设置构造柱，但 6 度不超过四层、7 度不超过三层和 8 度不超过二层时，应按增加二层后的层数对待。

4）各层横墙很少的房屋，应按增加二层的层数设置构造柱。

5）采用蒸压灰砂砖和蒸压粉煤灰砖的砌体房屋，当砌体的抗剪强度仅达到普通黏土砖砌体的 70% 时，应根据增加一层的层数按本条 1 ~ 4 款要求设置构造柱；但 6 度不超过四层、7 度不超过三层和 8 度不超过二层时，应按增加二层的层数对待。

多层砖砌体房屋构造柱设置要求　　　　　　　　　　　　表 4—4

房屋层数				设 置 部 位	
6 度	7 度	8 度	9 度		
四、五	三、四	二、三		楼、电梯间四角，楼梯斜梯段上下端对应的墙体处；外墙四角和对应转角；错层部位横墙与外纵墙交接处；大房间内、外墙交接处；较大洞口两侧	隔 12m 或单元横墙与外纵墙交接处；楼梯间对应的另一侧内横墙与外纵墙交接处
六	五	四	二		隔开间横墙（轴线）与外墙交接处；山墙与内纵墙交接处
七	≥六	≥五	≥三		内墙（轴线）与外墙交接处；内墙的局部较小墙垛处；内纵墙与横墙（轴线）交接处

注：较大洞口，内墙指不小于 2.1m 的洞口；外墙在内外墙交接处已设置构造柱时应允许适当放宽但洞侧墙体应加强。

（2）小砌块房屋芯柱设置部位

多层小砌块房屋应按表 4-5 的要求设置钢筋混凝土芯柱。对外廊式和单面走廊式的多层房屋、横墙较少的房屋、各层横墙很少的房屋，尚应分别按规范第 7.3.1 条（即前述多层砖房构造柱设置部位）第 2、3、4 款关于增加层数的对应要求，按表 4-5 的要求设置芯柱。

多层小砌块房屋芯柱设置要求　　　　　　　　　　　　表 4—5

房屋层数				设 置 部 位	设 置 数 量
6 度	7 度	8 度	9 度		
四、五	三、四	二、三		外墙转角，楼、电梯间四角，楼梯斜梯段上下端对应的墙体处；大房间内外墙交接处；隔 12m 或单元横墙与外纵墙交接处	外墙转角，灌实 3 个孔；内外墙交接处，灌实 4 个孔；楼梯斜梯段上下端对应的墙体处，灌实 2 个孔；
六	五	四		同上；隔开间横墙（轴线）与外纵墙交接处	
七	六	五	二	同上；各内墙（轴线）与外纵墙交接处；内纵墙与横墙（轴线）交接处和洞口两侧	外墙转角，灌实 5 个孔；内外墙交接处，灌实 4 个孔；内墙交接处，灌实 4 ~ 5 个孔；洞口两侧各灌实 1 个孔
	七	≥六	≥三	同上；横墙内芯柱间距不宜大于 2m	外墙转角，灌实 7 个孔；内外墙交接处，灌实 5 个孔；内墙交接处，灌实 4 ~ 5 个孔；洞口两侧各灌实 1 个孔

注：外墙转角、内外墙交接处、楼电梯间四角等部位，应允许采用钢筋混凝土构造柱替代部分芯柱。

2. 圈梁设置要求

圈梁是指在砌体一定水平位置沿墙体设置的钢筋混凝土封闭环梁，主要作用是与钢筋混凝土构造柱或芯柱共同构成墙体边缘构件，约束墙体变形，限制斜裂缝的开展和延伸，提高墙体的承载能力，并增强房屋的整体性。圈梁和构造柱共同工作,对砌体结构形成了"五花大绑"式的约束和加强,对提高砌体结构的整体牢固性至关重要。

(1) 多层砖砌体房屋

装配式钢筋混凝土楼、屋盖或木楼、屋盖的砖房,横墙承重时应按表4-6设置圈梁,纵墙承重时每层均应设置圈梁,且抗震横墙上的圈梁间距应比表内要求适当加密。

1) 多层砖砌体房屋的现浇钢筋混凝土圈梁设置应符合下列要求:

①装配式钢筋混凝土楼、屋盖或木屋盖的砖房,应按要求设置圈梁;纵墙承重时,抗震横墙上的圈梁间距应比表内要求适当加密。

②现浇或装配整体式钢筋混凝土楼、屋盖与墙体有可靠连接的房屋,应允许不另设圈梁,但楼板沿抗震墙体周边均应加强配筋并应与相应的构造柱钢筋可靠连接。

多层砖砌体房屋现浇钢筋混凝土圈梁设置要求　　　　　　　　表4-6

墙 类	烈　　度		
	6、7	8	9
外墙和内纵墙	屋盖处及每层楼盖处	屋盖处及每层楼盖处	屋盖处及每层楼盖处
内横墙	同上; 屋盖处间距不应大于4.5m; 楼盖处间距不应大于7.2m; 构造柱对应部位	同上; 各层所有横墙,且间距不应大于4.5m; 构造柱对应部位	同上; 各层所有横墙

2) 现浇或装配整体式钢筋混凝土楼、屋盖与墙体有可靠连接的房屋,应允许不另设圈梁,但楼板沿墙体周边应加强配筋并应与相应的构造柱钢筋可靠连接。

3) 圈梁应闭合,遇有洞口圈梁应上下搭接。圈梁宜与预制板在同一标高处,或紧靠板底。

4) 圈梁在上述1)、2)条要求的间距内无横墙时,应利用梁或板缝中配筋替代圈梁。

5) 圈梁的截面高度不应小于120mm。

软土地基、液化地基、新近填土地基和严重不均匀地基上的多层砖房,应增设基础圈梁。

(2) 多层小砌块房屋

多层小砌块房屋的现浇钢筋混凝土圈梁的设置位置应按抗震规范关于多层砖砌体房屋圈梁的要求执行。

4.4.2 钢筋混凝土框架、框剪、剪力墙和筒体结构

对于高层结构，地震作用、风荷载等水平作用是结构上的主要作用，无论是框架结构、剪力墙结构、框剪结构还是筒体结构、混合结构，其抵抗水平作用能力的主要取决于结构的抗侧刚度，但也需借助于抗侧构件与水平构件的有效连接来发挥结构的整体受力作用。例如筒体结构，要发挥筒体整截面工作性能，筒体墙应与楼板有可靠连接，成为整体。

高层结构中结构的整体性主要表现在两方面，一是各构件可靠连接，二是多道设防。

1. 构件连接的可靠性

构件连接可靠性是指结构体系中的抗侧力构件（墙、柱）和水平承载构件（梁、板）具有可靠的连接状态，主要工程措施体现为"强节点"、"强锚固"。

（1）强节点

在钢筋混凝土结构中，各构件的连接部位往往是结构的薄弱环节。如在框架结构的框架梁和框架柱的交接部位即框架节点处，由于各构件各方向钢筋均在此交汇，钢筋多而密，缝隙很小，浇筑混凝土时很难浇注密实，使得节点处的混凝土强度低于构件强度，可导致梁柱之间的刚性连接被严重削弱甚至变成铰接，框架可能变成机构而丧失稳定导致结构失效或坍塌。类似的情况也可出现在板柱结构、剪力墙结构等的板墙、墙柱、板柱结合处。

因此，结构设计中要贯彻"强柱弱梁"、"强剪弱弯"、"强节点弱构件"等设计原则，以使梁的破坏先于柱的破坏、受弯破坏先于受剪破坏、构件破坏先于节点破坏。在这一系列预先设定的"破坏次序"中，节点可靠性处于极重要的地位。如果节点破坏，无论构件破坏与否，结构都会变成机构而失效。只有保证节点完好无损，结构的整体性才能得以保证。

实现强节点弱构件的主要途径是提高节点的可靠性，如按塑性内力重分布进行设计、实施梁端弯矩调幅、进行节点核芯区的抗震验算等。

（2）强锚固

强锚固包括构件锚固和受力钢筋锚固。构件锚固是保证构件可靠工作的基础，受力钢筋的锚固是保证钢筋充分受力和可靠工作的前提。在设计中，体现为对构件的支承条件、支承长度以及对锚固钢筋的数量及长度等要求。强锚固的设计目标是，锚固部位的破坏晚于被锚固构件的破坏，或者不破坏。

2. 多道设防

多道设防是指将结构构件抵抗地震和其他作用的能力划分为不同的强弱次序，通过科学合理安排各层次构件破坏的先后顺序构筑多道防线，以部分次要构件的破坏、变形来消耗地震能量，最终保证作为最后一道防线的主要抗侧力构件能安全工作，防止结构倒塌，确保结构整体安全。

在结构设计中，有意识地将某些次要构件设计得相对较弱，使其首先破坏以消能，继而使某些梁、板以形成塑性铰的方式继续消耗剩余能量，将传递到墙、柱等主要抗侧力构件上的能量降到最低，以保证墙、柱等主要抗侧力构件可靠工作，最终实现"大震不倒"的抗震设防目标。在钢结构中，设置耗能支撑也是基于这种考虑。

可通过多种手段进行多道设防。例如，采用超静定结构、混合结构，有目的地设置人工塑性铰、摩擦铰，利用框架的填充墙消耗能量，以及设置耗能元件或耗能装置等。

无论采取何种措施都应注意，不同的设防阶段应使结构自振周期有明显差别，避免共振；最后一道防线要有足够的安全储备和变形潜力。

4.4.3 排架结构、刚架结构、拱结构及桁架结构

在排架结构、刚架结构、拱结构和桁架结构等"片式结构"中，结构在平面内（横向）具有较好的承载能力和变形性能，而在平面外（纵向）则很薄弱，一般应设置支撑予以加强，保证结构横向和纵向协调工作，充分发挥空间工作能力，共同抵御各种作用。

保证排架结构（含刚架结构、拱结构和桁架结构等，下同）具有良好空间整体工作性能的关键是，一方面要保证构件之间有效、可靠的连接，另一方面通过合理设置结构的支撑系统来加强结构纵向刚度，提高结构的空间工作性能。由此，结构设计规范对排架结构的支撑设置提出了一系列严格的要求。限于篇幅，这里仅介绍与结构布置有关的内容。

1. 钢筋混凝土单层厂房（排架结构）屋盖构件的连接及支撑布置

（1）有檩屋盖构件的连接及支撑布置，应符合下列要求：

1）檩条应与混凝土屋架（屋面梁）焊牢，并应有足够的支承长度。

2）双脊檩应在跨度 1/3 处相互拉结。

3）压型钢板应与檩条可靠连接，瓦楞铁、石棉瓦等应与檩条拉结。

4）支撑布置宜符合表 4-7 的要求。

钢筋混凝土单层厂房有檩屋盖的支撑布置　　　　　　　　　　　　表4-7

支撑名称		烈　度		
		6、7	8	9
屋架支撑	上弦横向支撑	单元端开间各设一道	单元端开间及单元长度大于66m的柱间支撑开间各设一道；天窗开洞范围的两端各增设局部的支撑一道	单元端开间及单元长度大于42m的柱间支撑开间各设一道；天窗开洞范围的两端各增设局部的上弦横向支撑一道
	下弦横向支撑 跨中竖向支撑	同非抗震设计		
	端部竖向支撑	屋架端部高度大于900mm时，单元端开间及柱间支撑开间各设一道		
天窗架支撑	上弦横向支撑	单元天窗端开间各设一道	单元天窗端开间及每隔30m各设一道	单元天窗端开间及每隔18m各设一道
	两侧竖向支撑	单元天窗端开间及每隔36m各设一道		

（2）无檩屋盖构件的连接及支撑布置，应符合下列要求：

支撑的布置宜符合表4-8的要求；8度和9度跨度不大于15m的厂房屋盖采用屋面梁时，可仅在厂房单元两端各设竖向支撑一道；单坡屋面梁的屋盖支撑布置，宜按屋架端部高度大于900mm的屋盖支撑布置执行。其他布置要求详见规范规定。

钢筋混凝土单层厂房无檩屋盖的支撑布置　　　　　　　　　　　　表4-8

支撑名称			烈　度		
			6、7	8	9
屋架支撑	上弦横向支撑		屋架跨度小于18m时同非抗震设计，跨度不小于18m时在厂房单元端开间各设一道	单元端开间及柱间支撑开间各设一道，天窗开洞范围的两端各增设局部的支撑一道	
	上弦通长水平系杆		同非抗震设计	沿屋架跨度不大于15m设一道，但装配整体式屋面可仅在天窗开洞范围内设置；围护墙在屋架上弦高度有现浇圈梁时，其端部处可不另设	沿屋架跨度不大于12m设一道，但装配整体式屋面可仅在天窗开洞范围内设置；围护墙在屋架上弦高度有现浇圈梁时，其端部处可不另设
	下弦横向支撑			同非抗震设计	同上弦横向支撑
	跨中竖向支撑				
	两端竖向支撑	屋架端部高度≤900mm		单元端开间各设一道	单元端开间及每隔48m各设一道
		屋架端部高度＞900mm	单元端开间各设一道	单元端开间及柱间支撑开间各设一道	单元端开间、柱间支撑开间及每隔30m各设一道
天窗架支撑	天窗两侧竖向支撑		厂房单元天窗端开间及每隔30m各设一道	厂房单元天窗端开间及每隔24m各设一道	厂房单元天窗端开间及每隔18m各设一道
	上弦横向支撑		同非抗震设计	天窗跨度≥9m时，单元天窗端开间及柱间支撑开间各设一道	单元端开间及柱间支撑开间各设一道

2. 单层砖柱厂房（砖排架）屋盖支撑布置

单层砖柱厂房木屋盖的支撑布置，宜符合表 4-9 的要求，支撑与屋架或天窗架应采用螺栓连接；木天窗架的边柱，宜采用通长木夹板或铁板并通过螺栓加强边柱与屋架上弦的连接。钢屋架、压型钢板、瓦楞铁等轻型屋盖的支撑，可按表 4-11 的规定设置，上、下弦横向支撑应布置在两端第二开间。

单层砖柱厂房木屋盖支撑布置　　　　　　　　　　　　表 4-9

支撑名称		烈　度		
		6、7		8
		各类屋盖	满铺望板	稀铺望板或无望板
屋架支撑	上弦横向支撑	同非抗震设计		屋架跨度大于 6m 时，房屋单元两端第二开间及每隔 20m 设一道
	下弦横向支撑	同非抗震设计		
	跨中竖向支撑	同非抗震设计		
天窗架支撑	天窗两侧竖向支撑	同非抗震设计		不宜设置天窗
	上弦横向支撑			

3. 钢结构排架（单层厂房）的屋盖支撑布置

（1）屋盖支撑

1）无檩屋盖的支撑布置宜符合表 4-10 的要求；有檩屋盖的支撑布置宜符合表 4-11 的要求。

钢结构单层厂房无檩屋盖的支撑系统布置　　　　　　　　表 4-10

支撑名称			烈　度		
			6、7	8	9
屋架支撑	上、下弦横向支撑		屋架跨度小于 18m 时同非抗震设计；屋架跨度不小于 18m 时，在厂房单元端开间各设一道	厂房单元端开间及上柱支撑开间各设一道；天窗开洞范围的两端各增设局部上弦支撑一道；当屋架端部支承在屋架上弦时，其下弦横向支撑同非抗震设计	
	上弦通长水平系杆			在屋脊处、天窗架竖向支撑处、横向支撑节点处和屋架两端处设置	
	下弦通长水平系杆			屋架竖向支撑节点处设置；当屋架与柱刚接时，在屋架端节间处按控制下弦平面外长细比不大于 150 设置	
	竖向支撑	屋架跨度小于 30m	同非抗震设计	厂房单元两端开间及上柱支撑各间屋架端部各设一道	同 8 度，且每隔 42m 在屋架端部设置
		屋架跨度大于等于 30m		厂房单元的端开间，屋架 1/3 跨度处和上柱支撑开间内的屋架端部设置，并与上、下弦横向支撑相对应	同 8 度，且每隔 36m 在屋架端部设置

续表

支撑名称		烈 度		
		6，7	8	9
纵向天窗架支撑	上弦横向支撑	天窗架单元两端开间各设一道	天窗架单元端开间及柱间支撑开间各设一道	
	竖向支撑 跨中	跨度不小于12m时设置，其道数与两侧相同	跨度不小于9m时设置，其道数与两侧相同	
	竖向支撑 两侧	天窗架单元端开间及每隔36m设置	天窗架单元端开间及每隔30m设置	天窗架单元端开间及每隔24m设置

钢结构单层厂房有檩屋盖的支撑系统布置　　　　表4-11

支撑名称		烈 度		
		6，7	8	9
屋架支撑	上弦横向支撑	厂房单元端开间及每隔60m各设一道	厂房单元端开间及上柱柱间支撑开间各设一道	同8度，且天窗开洞范围的两端各增设局部上弦横向支撑一道
	下弦横向支撑	同非抗震设计；当屋架端部支承在屋架下弦时，同上弦横向支撑		
	跨中竖向支撑	同非抗震设计		屋架跨度大于等于30m时，跨中增设一道
	两侧竖向支撑	屋架端部高度大于900mm时，厂房单元端开间及柱间支撑开间各设一道		
	下弦通长水平系杆	同非抗震设计	屋架两端和屋架竖向支撑处设置；与柱刚接时，屋架端节间处按控制下弦平面外长细比不大于150设置	
纵向天窗架支撑	上弦横向支撑	天窗架单元两端开间各设一道	天窗架单元两端开间及每隔54m各设一道	天窗架单元两端开间及每隔48m各设一道
	两侧竖向支撑	天窗架单元端开间及每隔42m各设一道	天窗架单元端开间及每隔36m各设一道	天窗架单元端开间及每隔24m各设一道

2）屋盖纵向水平支撑的布置，尚应符合下列规定：

①当采用托架支承屋盖横梁的屋盖结构时，应沿厂房单元全长设置纵向水平支撑；

②对于高低跨厂房，在低跨屋盖横梁端部支承处，应沿屋盖全长设置纵向水平支撑；

③纵向柱列局部柱间采用托架支承屋盖横梁时，应沿托架的柱间及向其两侧至少各延伸一个柱间设置屋盖纵向水平支撑；

④当设置沿结构单元全长的纵向水平支撑时，应与横向水平支撑形成封闭的水平支撑体系。多跨厂房屋盖纵向水平支撑的间距不宜超过两跨，不得超过三跨；高跨和低跨宜按各自的标高组成相对独立的封闭支撑体系。

（2）柱间支撑

1）柱间支撑应符合下列要求：

①厂房单元的各纵向柱列，应在厂房单元中部布置一道下柱柱间支撑；当 7 度厂房单元长度大于 120m（采用轻型围护材料时为 150m）、8 度和 9 度厂房单元大于 90m（采用轻型围护材料时为 120m）时，应在厂房单元 1/3 区段内各布置一道下柱支撑；当柱距数不超过 5 个且厂房长度小于 60m 时，亦可在厂房单元的两端布置下柱支撑。上柱柱间支撑应布置在厂房单元两端和具有下柱支撑的柱间。

②柱间支撑宜采用 X 形支撑，条件限制时也可采用 V 形、A 形及其他形式的支撑。X 形支撑斜杆与水平面的夹角、支撑斜杆交叉点的节点板厚度，应符合规范规定。

③柱间支撑宜采用整根型钢，当热轧型钢超过材料最大长度规格时，可采用拼接等强接长。

④有条件时，可采用消能支撑。

2）厂房柱间支撑的设置和构造，应符合下列要求：

①一般情况下，应在厂房单元中部设置上、下柱间支撑，且下柱支撑应与上柱支撑配套设置；

②有起重机或 8 度和 9 度时，宜在厂房单元两端增设上柱支撑；

③厂房单元较长或 8 度 I、II 类场地和 9 度时，可在厂房单元中部 1/3 区段内设置两道柱间支撑。

④柱间支撑应采用型钢，支撑形式宜采用交叉式，其斜杆与水平面的交角不宜大于 55°。

4. 刚架结构、拱结构和桁架结构支撑布置

刚架结构、拱结构和桁架结构也需要布置支撑，具体请查阅相关结构设计规范。

4.5　结构的适应性

为了使结构合理有效工作，减少设计盲目性、降低计算难度，必须对结构的某些方面作出限定，这就是结构的适应性。结构适应性的问题主要涉及结构高度（或层数、层高）限制、结构高宽比限制、变形缝和横墙间距限制、横墙间楼层宽长比限制以及局部尺寸限制等；其他适应性问题如结构工作条件限制、结构及构件变形控制、裂缝宽度控制构件最小断面控制等，参见有关章节。

4.5.1 结构高度限制

1. 砌体结构

（1）普通砌体结构

1）房屋层数与高度限制

①一般情况下，砌体房屋的层数和总高度不应超过表 4-12 的规定。

砌体房屋的层数和总高度限值（m）　　　　表 4-12

房屋类型		最小抗震墙厚度（mm）	烈度和设计基本地震加速度										
			6		7				8				9	
			0.05g		0.10g		0.15g		0.20g		0.30g		0.40g	
			高度	层数	高度	层数	高度	层数	高度	层数	高度	层数	高度	层数
多层砌体房屋	普通砖	240	21	7	21	7	21	7	18	6	15	5	12	4
	多孔砖	240	21	7	21	7	18	6	18	6	15	5	9	3
	多孔砖	190	21	7	18	6	15	5	15	5	12	4	—	—
	小砌块	190	21	7	21	7	18	6	18	6	15	5	9	3
底部框架-抗震墙房屋	普通砖、多孔砖	240	22	7	22	7	19	6	16	5	—	—	—	—
	多孔砖	190	22	7	19	6	16	5	13	4	—	—	—	—
	小砌块	190	22	7	22	7	19	6	16	5	—	—	—	—

注：1. 房屋的总高度指室外地面到主要屋面板板顶或檐口的高度，半地下室从地下室室内地面算起，全地下室和嵌固条件好的半地下室应允许从室外地面算起；对带阁楼的坡屋面应算到山尖墙的 1/2 高度处；

2. 室内外高差大于 0.6m 时，房屋总高度应允许比表中的数据适当增加，但增加量应少于 1.0m；

3. 乙类的多层砌体房屋仍按本地区设防烈度查表，其层数应减少一层且总高度应降低 3m；不应采用底部框架-抗震墙砌体房屋；

4. 本表小砌块砌体房屋不包括配筋混凝土小型空心砌块砌体房屋。

②横墙较少的多层砌体房屋，总高度应比上表的规定降低 3m，层数相应减少一层；各层横墙很少的多层砌体房屋，还应再减少一层。

注：横墙较少是指同一楼层内开间大于 4.2m 的房间占该层总面积的 40% 以上；其中，开间不大于 4.2m 的房间占该层总面积不到 20% 且开间大于 4.8m 的房间占该层总面积的 50% 以上为横墙很少。

③ 6、7 度时，横墙较少的丙类多层砌体房屋，当按规定采取加强措施并满足抗震承载力要求时，其高度和层数应允许仍按上表的规定采用。

④采用蒸压灰砂砖和蒸压粉煤灰砖的砌体的房屋，当砌体的抗剪强度仅达到普通黏土砖砌体的 70% 时，房屋的层数应比普通砖房减少一层，总高度应减少 3m；当砌体的抗剪强度达到普通黏土砖砌体的取值时，房屋层数和总高度的要求同普通砖房屋。

2）层高限制

①多层砌体承重房屋的层高，不应超过 3.6m。

②底部框架 - 抗震墙砌体房屋的底部，层高不应超过 4.5m；当底层采用约束砌体抗震墙时，底层的层高不应超过 4.2m。

③当使用功能确有需要时，采用约束砌体等加强措施的普通砖房屋，层高不应超过 3.9m。

（2）石砌体结构

1）高度和层数限制

砂浆砌筑的料石砌体（包括有垫片或无垫片）承重的多层石砌体房屋的总高度和层数不应超过表 4-13 的规定。

多层石砌体房屋层数和总高度限值（m） 表 4—13

墙体类别	烈 度					
	6		7		8	
	高度	层数	高度	层数	高度	层数
细、半细料石砌体（无垫片）	16	五	13	四	10	三
粗料石及毛料石砌体（有垫片）	13	四	10	三	7	二

注：1. 房屋总高度的计算同表 4-12 注；
　　2. 横墙较少的房屋，房屋总高度应降低 3m，层数相应减少一层。

2）层高限制

多层石砌体房屋的层高不宜超过 3m。

2. 钢筋混凝土结构

（1）现浇钢筋混凝土结构

《建筑抗震设计规范》规定的现浇钢筋混凝土结构适用的最大高度见表 4-14。

（2）高层钢筋混凝土结构

《高层钢筋混凝土结构技术规程》将钢筋混凝土高层建筑结构的最大适用高度区分为 A 级和 B 级。建筑的最大高度和高宽比超过 A 级高度限制时，可采用 B 级高度，抗震要求更加严格。A 级高度钢筋混凝土乙类和丙类高层建筑的最大适用高度应符合表 4-15 的规

现浇钢筋混凝土房屋适用的最大高度（m） 表 4—14

结构类型		烈　度				
		6	7	8 (0.2g)	8 (0.3g)	9
框架		60	50	40	35	24
框架 - 抗震墙		130	120	100	80	50
抗震墙		140	120	100	80	60
部分框支抗震墙		120	100	80	50	不应采用
筒体	框架 - 核心筒	150	130	100	90	70
	筒中筒	180	150	120	100	80
板柱 - 抗震墙		80	70	55	40	不应采用

注：1. 房屋高度指室外地面到主要屋面板板顶的高度（不包括局部突出屋顶部分）；
　　2. 框架—核心筒结构指周边稀柱框架与核心筒组成的结构；
　　3. 部分框支抗震墙结构指首层或底部两层为框支层的结构，不包括仅个别框支墙的情况；
　　4. 表中框架，不包括异形柱框架；
　　5. 板柱—抗震墙结构指板柱、框架和抗震墙组成抗侧力体系的结构；
　　6. 乙类建筑可按本地区抗震设防烈度确定其适用的最大高度；
　　7. 超过表内高度的房屋，应进行专门研究和论证，采取有效的加强措施。

A 级高度钢筋混凝土高层建筑的最大适用高度（m） 表 4—15

结构体系		非抗震设计	抗震设防烈度				
			6 度	7 度	8 度		9 度
					0.20g	0.30g	
框架		70	60	55	40	35	—
框架—剪力墙		150	130	120	100	80	50
剪力墙	全部落地剪力墙	150	140	120	100	80	60
	部分框支剪力墙	130	120	100	80	50	不应采用
筒体	框架—核心筒	160	150	130	100	90	70
	筒中筒	200	180	150	120	100	80
板柱—剪力墙		110	80	70	55	40	不应采用

注：1. 表中框架不含异形柱框架；
　　2. 部分框支剪力墙结构指地面以上有部分框支剪力墙的剪力墙结构；
　　3. 甲类建筑，6、7、8 度时宜按本地区抗震设防烈度提高一度后符合本表的要求，9 度时应专门研究；
　　4. 框架结构、板柱—剪力墙结构以及 9 度抗震设防的表列其他结构，当房屋高度超过本表数值时结构设计应有可靠依据，并采取有效的加强措施。

定，B 级高度钢筋混凝土乙类和丙类高层建筑的最大适用高度应符合表 4-16 的规定。平面和竖向均不规则的高层建筑结构，其最大适用高度宜适当降低。

B 级高度钢筋混凝土高层建筑的最大适用高度（m）　　表 4—16

结构体系		非抗震设计	抗震设防烈度			
			6 度	7 度	8 度	
					0.20g	0.30g
框架—剪力墙		170	160	140	120	100
剪力墙	全部落地剪力墙	180	170	150	130	110
	部分框支剪力墙	150	140	120	100	80
筒体	框架—核心筒	220	210	180	140	120
	筒中筒	300	280	230	170	150

注：1. 部分框支剪力墙结构指地面以上有部分框支剪力墙的剪力墙结构；

　　2. 甲类建筑，6、7、8 度时宜按本地区抗震设防烈度提高一度后符合本表的要求，9 度时应专门研究；

　　3. 当房屋高度超过本表数值时结构设计应有可靠依据，并采取有效的加强措施。

其中，甲类建筑、乙类建筑、丙类建筑分别为现行国家标准《建筑工程抗震设防分类标准》GB 50223 中特殊设防类、重点设防类、标准设防类的简称。

3. 钢结构

《建筑结构抗震规范》规定的钢结构房屋适用的最大高度见表 4-17。

钢结构房屋适用的最大高度（m）　　表 4—17

结 构 类 型	6、7 度 (0.10g)	7 度 (0.15g)	8 度		9 度 (0.40g)
			(0.20g)	(0.25g)	
框架	110	90	90	70	50
框架—中心支撑	220	200	180	150	120
框架—偏心支撑（延性墙板）	240	220	200	180	160
筒体（框筒、筒中筒、桁架筒、束筒）和巨型桁架	300	280	260	240	180

4. 混合结构

高层混合结构是指由钢框架或型钢混凝土框架与钢筋混凝土筒体所组成的共同承受竖向和水平作用的高层建筑结构。根据《高层钢筋混凝土结构技术规程》，混合结构高层建筑适用的最大高度应符合表 4-18 的要求。

混合结构高层建筑适用的最大高度（m）　　表 4—18

结构体系		非抗震设计	抗震设防烈度				
			6 度	7 度	8 度		9 度
					0.20g	0.30g	
框架—核心筒	钢框架—钢筋混凝土核心筒	210	200	160	120	120	70
	型钢（钢管）混凝土框架—钢筋混凝土核心筒	240	220	190	150	150	70
筒中筒	钢外筒—钢筋混凝土核心筒	280	260	210	160	140	80
	型钢（钢管）混凝土外筒—钢筋混凝土核心筒	300	280	230	170	150	90

注：平面和竖向均不规则的结构，最大适用高度应适当降低。

4.5.2 结构最大高宽比限制

1. 砌体结构

多层砌体房屋总高度与总宽度的最大比值，宜符合表 4-19 的要求。

多层砌体房屋总高度与总宽度的最大高宽比　　　　表 4-19

烈　度	6 度	7 度	8 度	9 度
最大高宽比	2.5	2.5	2.0	1.5

注：1. 单面走廊房屋的总宽度不包括走廊宽度；
　　2. 建筑平面接近正方形时，其高宽比宜适当减小。

2. 钢筋混凝土结构

新版《高层钢筋混凝土结构技术规程》统一了 A 级和 B 级高度钢筋混凝土高层结构的最大高宽比。钢筋混凝土高层结构的最大高宽比不宜超过表 4-20 的规定。

钢筋混凝土高层结构适用的最大高宽比 H/B　　　　表 4-20

结 构 体 系	非抗震设计	抗震设防烈度		
		6 度、7 度	8 度	9 度
框 架	5	4	3	—
板柱—剪力墙	6	5	4	—
框架—剪力墙、剪力墙	7	6	5	4
框架—核心筒	8	7	6	4
筒中筒	8	8	7	5

3. 钢结构

根据《建筑抗震设计规范》，钢结构房屋适用的最大高宽比不宜超过表 4-21 的规定。

钢结构房屋适用的最大高宽比 H/B　　　　表 4-21

设 防 烈 度	6 度、7 度	8 度	9 度
最 大 高 宽 比	6.5	6.0	5.5

注：塔形建筑的底部有大底盘时，高宽比可按大底盘以上计。

4. 混合结构

《高层钢筋混凝土结构技术规程》规定，混合结构高层建筑适用的最大高宽比不宜大于表 4-22 的规定。

钢—混凝土混合结构房屋高宽比限值 H/B
表 4—22

结 构 体 系	非抗震设计	抗震设防烈度		
		6度、7度	8度	9度
框架—核心筒	8	7	6	4
筒中筒	8	8	3	5

4.5.3 横墙最大间距

1. 多层砖砌体房屋

根据《建筑抗震设计规范》，多层砖砌体房屋的抗震横墙间距不应超过表 4-23 的规定。

多层砌体房屋的抗震横墙间距（m）
表 4—23

房屋类型		抗震设防烈度			
		6	7	8	9
多层砌体房屋	现浇或装配整体式钢筋混凝土楼、屋盖	15	15	11	7
	装配整体式钢筋混凝土楼、屋盖	11	11	9	4
	木屋盖	9	9	4	—
底部框架抗震墙砌体房屋	上部各层	同多层砌体房屋			—
	底层或底部两层	18	15	11	—

2. 多层石砌体结构

多层石砌体房屋的抗震横墙间距，不应超过表 4-24 的规定。

多层石砌体房屋的抗震横墙间距（m）
表 4—24

楼、屋盖类型	抗震设防烈度		
	6度	7度	8度
现浇及装配整体式钢筋混凝土	10	10	7
装配整体式钢筋混凝土	7	7	4

3. 框架—剪力墙结构

高层框架—剪力墙结构的抗震横墙最大间距不应超过表 4-25 的规定，抗震横墙之间的楼、屋盖的长宽比不应超过表 4-26 的规定。

框架—剪力墙结构中剪力墙最大间距（m）
表 4—25

结 构	非抗震	6～7度	8度	9度
现 浇	≤5B 且 ≤60m	≤4B 且 ≤50m	≤3B 且 ≤40m	≤2B 且 ≤30m
装配整体	≤3.5B 且 ≤50m	≤3B 且 ≤40m	≤2.5B 且 ≤30m	

注：B——建筑物的宽度，单位为 m。

抗震墙之间楼、屋盖的长宽比（m）　　　　表 4—26

楼、屋盖类型		抗震设防烈度			
		6 度	7 度	8 度	9 度
框架—抗震墙结构	现浇或叠合楼、屋盖	4	4	3	2
	装配整体式楼、屋盖	3	3	2	不宜采用
板柱—抗震墙结构的现浇梁楼、屋盖		3	3	2	—
框支层的现浇梁楼、屋盖		2.5	2.5	2	—

4.5.4 变形缝

1. 伸缩缝

为防止由于温差和混凝土干缩引起钢筋混凝土构件的开裂，过长的结构构件应设置伸缩缝。钢筋混凝土结构伸缩缝的最大间距宜符合表 4-27 的规定。

钢筋混凝土结构伸缩缝最大间距（m）　　　　表 4—27

结构类别		室内或土中	露天
排架结构	装配式	100	70
框架结构	装配式	75	50
	现浇式	55	35
剪力墙结构	装配式	65	40
	现浇式	45	30
挡土墙、地下室墙壁等类结构	装配式	40	30
	现浇式	30	20

注：1. 装配整体式结构房屋的伸缩缝间距宜按表中现浇式的数值取用；

2. 框架—剪力墙结构或框架—核心筒结构房屋的伸缩缝间距可根据结构的具体布置情况取表中框架结构与剪力墙结构中间的数值；

3. 当屋面无保温或隔热措施时，框架结构、剪力墙结构的伸缩缝间距宜按表中露天栏的数值取用；

4. 现浇挑檐、雨罩等外露结构的伸缩缝间距不宜大于 12m。

下列情况，伸缩缝最大间距宜适当减小：柱高（从基础顶面算起）低于 **8m** 的排架结构；屋面无保温或隔热措施的排架结构；位于气候干燥地区、夏季炎热且暴雨频繁地区的结构或经常处于高温作用下的结构；采用滑模类施工工艺的剪力墙结构；材料收缩较大、室内结构因施工外露时间较长等。

如有充分依据，对某些情况，伸缩缝最大间距可适当增大：采取减小混凝土收缩或温度变化的措施；采用专门的预加应力或增配构造钢筋的措施；采用低收缩混凝土材料，采取跳仓浇筑、后浇带、控制缝等施工方法，并加强施工养护。当伸缩缝间距增大较多时，尚应考虑温度变化和混凝土收缩对结构的影响。

砌体结构伸缩缝的最大间距宜符合表 4-28 的规定。

砌体房屋伸缩缝最大间距   表 4—28

屋盖或楼盖类别			间距（m）
钢筋混凝土结构	装配式或装配整体式	有保温层或隔热层的屋盖、楼盖	50
		无保温层或隔热层的屋盖	40
	装配式无檩体系	有保温层或隔热层的屋盖、楼盖	60
		无保温层或隔热层的屋盖	50
	装配式有檩体系	有保温层或隔热层的屋盖	75
		无保温层或隔热层的屋盖	60
瓦材屋盖、木屋盖或楼盖、轻钢屋盖			100

注：1. 对烧结普通砖、多孔砖、配筋砌块砌体房屋取表中数值；对石砌体、蒸压灰砂砖、蒸压粉煤灰砖和混凝土砌块房屋取表中数值乘以 0.8 的系数。当有实践经验并采取有效措施时，可不遵守本表规定；

2. 在钢筋混凝土屋面上挂瓦的屋盖应按钢筋混凝土屋盖采用；

3. 按本表设置的墙体伸缩缝，一般不能同时防止由于钢筋混凝土屋盖的温度变形和砌体干缩变形引起的墙体局部裂缝；

4. 层高大于 5m 的烧结普通砖、多孔砖、配筋砌块砌体结构单层房屋，其伸缩缝间距可按表中数值乘以 1.3；

5. 温差较大且变化频繁地区和严寒地区不采暖的房屋及构筑物墙体的伸缩缝的最大间距，应按表中数值予以适当减小；

6. 墙体的伸缩缝应与结构的其他变形缝相重合，在进行立面处理时，必须保证缝隙的伸缩作用。

2. 沉降缝

为防止由于地基不均匀沉降引起结构开裂，某些结构中应设置沉降缝。当建筑物体形比较复杂，地基土比较软弱或压缩性不均匀时，宜根据其平面形状和高度差异情况，在适当部位用沉降缝将其划分成若干个刚度较好的单元；当高度差异或荷载差异较大时，可将两者隔开一定距离，拉开距离后的两单元必须连接时，应采用能由沉降的连接构造。

（1）建筑物的下列部位，宜设置沉降缝：

1）建筑平面的转折部位；

2）高度差异或荷载差异处；

3）长高比过大的砌体承重结构或钢筋混凝土框架结构的适当部位；

4）建筑结构或基础类型不同处；

5）建筑结构或基础类型不同处；

6）分期建造房屋的交界处。

（2）沉降缝的宽度

沉降缝应有足够的宽度，缝宽可按表 4-29 选用。

房屋沉降缝宽度（mm） 表4—29

房屋层数	二~三层	四~五层	五层以上
沉降缝宽度（mm）	50~80	80~120	≮120

（3）相邻建筑物基础间的净距，可按表4-30选用。

相邻建筑物基础间的净距（m） 表4—30

被影响建筑的长高比 ＼ 影响建筑的预估平均沉降量（mm）	70~150	160~250	260~400	＞400
$2.0 \leqslant \dfrac{L}{H_f} < 3.0$	2~3	3~6	6~9	9~12
$3.0 \leqslant \dfrac{L}{H_f} < 5.0$	3~6	6~9	9~12	≥12

注：1. L 为建筑物长度或沉降缝分隔的单元长度（m）；H_f 为自基础底面标高算起的建筑物高度（m）；
2. 当被影响建筑的长高比为 $1.5 < \dfrac{L}{H_f} < 2.0$ 时，其净间距可适当缩小。

3. 防震缝

在抗震设计中，当结构不规则时，为防止不同结构单元由于震动频率不同而发生碰撞，应在适当位置设置防震缝。防震缝应符合下列规定：

（1）防震缝最小宽度应符合下列要求：

1）框架结构（包括设置少量抗震墙的框架结构）的防震缝宽度，当高度不超过15m时不应小于100mm；超过15m时，6度、7度、8度和9度相应每增加高度5m、4m、3m和2m，宜加宽20mm。

2）框架—抗震墙结构房屋的防震缝宽度不应小于1）项规定数值的70%，抗震墙结构房屋的防震缝宽度可采用1）项规定数值的50%；且均不宜小于100mm。

3）防震缝两侧结构类型不同时，宜按需要较宽防震缝的结构类型和较低房屋高度确定缝宽。

（2）8、9度框架结构房屋防震缝两侧结构层高相差较大时，防震缝两侧框架柱的箍筋应沿房屋全高加密，并可根据需要在缝两侧沿房屋全高各设置不少于两道垂直于防震缝的抗撞墙。抗撞墙的布置宜避免加大扭转效应，其长度可不大于1/2层高，抗震等级可同框架结构；框架构件的内力应按设置和不设置抗撞墙两种计算模型的不利情况取值。

（3）有抗震设防要求的建筑物，当需要设置伸缩缝或沉降缝时，其缝宽及结构布置均应满足防震缝的要求。

（4）防震缝两侧应形成各自独立的结构单元，即在防震缝处，应设置双柱（双墙）。

（5）防震缝只需设置于上部结构。

（6）砌体结构房屋有下列情况之一时宜设置防震缝，缝两侧均应设置墙体，缝宽应根据烈度和房屋高度确定，可采用 70mm ~ 100m：

1）房屋立面高差在 6m 以上；

2）房屋有错层，且楼板高差大于层高的 1/4；

3）各部分结构刚度、质量截然不同。

4.5.5 房屋局部尺寸限值

多层砌体结构房屋的局部尺寸应符合表 4-31 的规定。

砌体房屋局部尺寸限值（m） 表 4-31

部 位	6 度	7 度	8 度	9 度
承重窗间墙最小宽度	1.0	1.0	1.2	1.5
承重外墙尽端至门窗洞边的最小距离	1.0	1.0	1.2	1.5
非承重外墙尽端至门窗洞边的最小距离	1.0	1.0	1.0	1.0
内墙阳角至门窗洞边的最小距离	1.0	1.0	1.5	2.0
无锚固女儿墙（非出入口处）的最大高度	0.5	0.5	0.5	0.0

注：局部尺寸不足时，应采取局部加强措施弥补，且最小宽度不宜小于 1/4 层高和表列数据的 80%；2 出入口处的女儿墙应有锚固。

复习思考题

1. 什么是结构概念设计？其意义是什么？

2. 结构概念设计提出的对结构的基本要求有哪些？

3. 结构的规则性主要体现在哪些方面？

4. 建筑抗震设计规范规定的不规则定义是什么？

5. 结构的规则性主要应从哪几方面进行控制？

6. 结构的整体性的本质是指什么？

7. 砌体结构的整体性要求主要有哪些具体措施？

8. 钢筋混凝土高层结构的整体性如何实现？

9. 排架结构的整体性措施主要有哪些方面？

10. 什么是结构的适应性？

11. 结构的适应性对多层和高层结构有哪些限制？

12. 结构的适应性对结构的变形缝有哪些限制？

5
建筑结构数值设计基础知识

5.1 结构上的作用及其效应

5.1.1 结构上的作用

1. 作用的概念

结构上的作用是指引起结构内力或变形的原因的统称，包括直接作用和间接作用。直接作用也称作"荷载"，是指以力的形式施加到结构并引起作用效应（如内力、变形与裂缝）的那部分作用，如结构构件自重、楼面上的人群、家具、设备重量，屋面积雪、积灰、检修工具等重量，以及墙面上的风力、水平运输设备的吊车荷载等。间接作用是指能够引起约束变形或外加变形并引发结构内力（如弯矩、剪力、轴力等）的那部分作用，如地震、地基沉降、温度变化、焊接、材料收缩、徐变等。

2. 作用的分类

1）按作用与时间的关系，可分为永久作用、可变作用和偶然作用。

永久作用：也称恒载，是指在设计基准期内其值不随时间变化，或其变化与平均值相比可忽略不计，或其变化是单调的并能趋于限值的荷载，如结构自重、土压力、预应力等。

可变作用：也称活载，是指在设计基准期内其值随时间而变化，且其变化与平均值相比不可忽略不计的作用，如楼面使用荷载、屋面活荷载和积灰荷载、风荷载、雪荷载、吊车荷载、温度作用等。

偶然作用：是指在设计基准期内不一定出现，而一旦出现其量值很大且持续时间很短的作用，如爆炸力、撞击力等。地震作用也具有偶然作用的性质，但一般视为可变作用。

设计基准期是为确定可变荷载代表值而选用的时间参数。我国规定设计基准期为 50 年。

2）按作用随空间位置的变异情况，可分为固定作用和自由作用。固定作用是指在结构上具有固定位置的作用，如结构自重、固定安装的设备重量等。自由作用是指在结构的一定范围内随机分布的作用，如楼面上的人群荷载、吊车荷载、风荷载等。

3）按结构的动力反应，可分为静态作用和动态作用。静态作用加载缓慢，使结构产生的加速度可忽略不计；动态作用加载急促，使结构产生的加速度不可以忽略不计。一般的结构荷载如自重、楼面人群荷载、屋面雪荷载等可视为静态作用，而风荷载、地震作用、吊车荷载、设备振动等，按动态作用考虑。

3. 作用的随机性

结构上的作用具有随机性。楼面屋面活荷载、积灰荷载、风荷载、雪荷载以及吊车荷载等都不是固定不变的，其值可能较大也可能较小；它们可能出现也可能不出现；而一旦出现，大小和位置均可测定；风荷载、地震作用等还具有方向的差异。对于结构构件的自重，由于制作过程存在不可避免的尺寸偏差以及材料性能差异，其实际值也不可能与理论值完全相等，这些不确定性表征了作用的随机性。

4. 作用的度量

结构设计中不仅要确定结构上的作用的位置、方向和作用方式等，更要确定作用的量值大小，这就是作用的度量或取值问题。直接作用（荷载）、温度作用以及爆炸、撞击等偶然作用应按《建筑结构荷载规范》取值；地震作用应按《建筑结构抗震规范》确定；其他作用目前还没有统一的方法，应根据实际情况经专门研究确定。这里只介绍部分直接作用（荷载）的确定方法，未详部分请查阅荷载规范。

1）荷载的基本参数——荷载代表值

荷载代表值是指设计中用以验算极限状态所采用的荷载量值，例如标准值、组合值、频遇值和准永久值。

（1）永久荷载代表值。永久荷载只有一个代表值，即标准值。荷载标准值可以理解为设计基准内最大荷载统计分布曲线上的某一特征值或公称值。

由于荷载的随机特性，其统计分布规律不同，不同性质的荷载取值方法不同，如取均值、众值、中值或某分位值，其保证率（超越概率）也不同。

（2）可变荷载代表值。可变荷载有四个代表值，即标准值、组合值、频遇值和准永久值。

①荷载标准值。荷载标准值是可变荷载的基本取值，是根据统计资料确定的具有 95% 保证率的荷载特征值。

②荷载组合值。当结构上有两种或以上可变荷载作用时，考虑到各可变荷载同时达到最大值的概率不大，经折减后用于组合的可变荷载值称为荷载组合值。

③荷载频遇值。考虑到荷载随时间的变异性，在设计基准期内对可变荷载 Q 超越某水平 Q_x 的总时间或频度（次数）作出限定，对应于某水平 Q_x 的荷载值即为荷载频遇值。

④荷载准永久值。某些可变荷载在较长一段时间内不发生变化，类似于永久荷载，称为准永久荷载。在设计基准期内，可变荷载超

越总时间约为设计基准期一半的荷载值即为荷载准永久值。

可变荷载标准值由《荷载规范》直接给定，其他代表值按标准值乘以相应系数确定。

2）荷载的折减

计算结构构件时，考虑到各楼面活荷载同时达到最大值的概率不大，规范规定可对楼面活荷载标准值进行折减，表 5-1 是折减规定的一部分，其他详见荷载规范。

活荷载按楼层的折减系数　　　　　　　　　表 5-1

墙、柱、基础计算截面以上的层数	1	2～3	4～5	6～8	9～20	＞20
计算截面以上各楼层活荷载总和的折减系数	1.00 (0.90)	0.85	0.70	0.65	0.60	0.55

3）荷载的计算参数——荷载设计值

荷载代表值表征了某类荷载的特征值，具有规定的保证率，但由于荷载的变异性，结构上的实际荷载可能超过其代表值，即"超载"。为了结构安全，结构构件设计中将荷载代表值乘以一个大于 1 的荷载分项系数 γ 作为荷载设计值，即：

荷载设计值＝荷载分项系数 × 荷载代表值

永久荷载分项系数用 γ_G 表示。当作用对结构不利时取 $\gamma_G=1.2$，当永久荷载对结构起控制作用时取 $\gamma_G=1.35$，当作用对结构有利时取 $\gamma_G=1.0$，验算倾覆、滑移、漂浮时取 $\gamma_G=0.9$。

可变荷载分项系数用 γ_Q 表示。一般情况下取 $\gamma_Q=1.4$，厂房结构计算有时也取 $\gamma_Q=1.3$。

荷载分项系数对荷载标准值的调整，适用于结构构件承载能力（强度）计算。在验算构件变形、裂缝宽度时，不考虑荷载分项系数，取 $\gamma_G=1.0$，$\gamma_Q=1.0$。

4）多个荷载的共同作用——荷载的组合

作用在结构上的荷载是多种多样的，但它们往往并不同时作用在结构上，根据不同的计算需要，应对可能同时出现的各种荷载进行合理组合。荷载组合包括基本组合、偶然组合、标准组合、频遇组合和准永久组合。

（1）基本组合：承载能力极限状态计算时，永久作用和可变作用进行的组合。

（2）偶然组合：承载能力极限状态计算时，永久作用、可变作用和一个偶然作用的组合。

（3）标准组合：正常使用极限状态计算时，以标准值或组合值为荷载代表值的组合。

（4）频遇组合：正常使用极限状态计算时，对可变荷载采用频遇值或准永久值为荷载代表值的组合。

（5）准永久组合：正常使用极限状态计算时，对可变荷载采用准永久值为荷载代表值的组合。

5.1.2 结构主要荷载的代表值

1. 结构自重荷载

结构构件自重是结构上的主要恒载，其标准值可按构件设计尺寸与材料容重乘积确定。例如，梁自重为梁断面面积与材料容重的乘积，板自重为板厚与材料容重的乘积。常用材料和构件的自重可查《荷载规范》。作用常识，应熟记几种常用结构材料的容重：

素混凝土　22 ~ 24 kN/m³　　钢筋混凝土　　24 ~ 25 kN/m³
水泥砂浆　20 kN/m³　　　　机制砖及砌体　19 kN/m³

对于某些自重变异较大的材料构件（如现场制作的保温材料、混凝土薄壁构件等），自重的标准值应根据对结构的不利状态，取上限值或下限值。

2. 楼面、屋面均布荷载

主要楼面、屋面均布荷载的代表值参见表 5-2、表 5-3。

楼面均布荷载代表值　　　　　　　　　　　　　　表 5-2

项次	类　别	标准值 (kN/m²)	组合值系数 ψ_c	频遇值系数 ψ_f	准永久值系数 ψ_q
1	住宅、宿舍、旅馆、办公楼、医院病房、托幼，以及其中的走廊、门厅，住宅楼梯	2.0	0.7	0.5	0.4
2	试验室、阅览室、会议室、门诊部，一般厨房	2.0	0.7	0.6	0.5
3	教室、食堂、餐厅、一般资料档案室、卫生间、浴室、盥洗室、办公、餐厅和医院门诊部的走廊、门厅	2.5	0.7	0.6	0.5
4	礼堂、影剧院、有固定座位的看台、公共洗衣房*	3.0	0.7	0.5 (0.6*)	0.3 (0.5*)
5	商店、展览厅、车站、港口、机场大厅及旅客等候室，无固定座位的看台*，其他楼梯*	3.5	0.7	0.6 (0.5*)	0.5 (0.3*)
6	健身房、演出舞台，运动场*、舞厅*、餐厅**	4.0	0.7	0.6 (0.6*、0.7**)	0.5 (0.3*、0.7**)
7	书库、档案库、储藏室，密集柜书库*	5.0 (12.0*)	0.9	0.9	0.8
8	通风机房、电梯机房	7.0	0.9	0.9	0.8
9	一般阳台，有人员密集时的阳台*	2.5 (3.5*)	0.7	0.6	0.5

注：本表按《建筑结构荷载规范》摘录和整理，原表及注解未列出，详请查阅规范原表。

屋面均布荷载代表值　　　　　　　　　　　　　　　表 5-3

项次	类别	标准值 (kN/m²)	组合值系数 ψ_c	频遇值系数 ψ_f	准永久值系数 ψ_q
1	不上人屋面	0.5	0.7	0.5	0
2	上人屋面	2.0	0.7	0.5	0.4
3	屋顶花园	3.0	0.7	0.6	0.5
4	屋顶运动场地	3.0	0.7	0.6	0.4

3. 风荷载

墙面、屋面上单位面积的风荷载标准值应按《荷载规范》规定的当地基本风压确定，并根据建筑体型、建筑高度等进行风振、风载体型和风压高度调整。垂直于建筑物表面的风荷载标准值 w_k 按下式确定：

$$w_k = \beta_z \mu_s \mu_z w_0 \tag{5-1}$$

式中　w_0——当地 50 年重现期的基本风压；

　　　β_z——高度 z 处的风振系数；

　　　μ_s——风载体型系数；

　　　μ_z——地面粗糙度与风压高度变化系数。

4. 雪荷载

屋面单位面积的雪荷载标准值应按《荷载规范》规定的当地基本雪压确定，并根据建筑体型进行积雪分布的调整。雪荷载标准值 s_k 按下式确定：

$$s_k = \mu_r s_0 \tag{5-2}$$

式中　s_0——当地 50 年重现期的基本雪压；

　　　μ_r——与屋面形式有关的屋面积雪分布系数。

5. 地震作用

作为一种间接作用，地震作用的确定方法比较特殊，本书后面详述。

5.1.3　作用效应

1. 作用效应的概念

结构上的作用引起的结构或构件的反应称为作用效应。作用效应主要包括结构构件的内力（如轴力、弯矩、剪力、扭矩等）和变形（如位移、挠度、转角、裂缝、伸缩等），一般用符号 S_d 表示。

2. 作用效应的组合

既然作用效应是结构上的作用的结果，故结构的荷载组合可表示为作用效应组合。作用效应组合分为基本组合、偶然组合、标准组合、频遇组合及准永久组合。

1）荷载效应基本组合

荷载效应基本组合用于结构承载能力极限状态（强度）的计算，荷载效应组合设计值 S_d 应从下列组合值中选取最不利值确定：

（1）由可变荷载效应控制的组合：

$$S_d = \sum_{j=1}^{m} \gamma_{Gj} S_{Gjk} + \gamma_{Q1} \gamma_{L1} S_{Q1k} + \sum_{i=2}^{n} \gamma_{Qi} \gamma_{Li} \psi_{ci} S_{Qik} \qquad (5-3)$$

（2）由永久荷载效应控制的组合：

$$S_d = \sum_{j=1}^{m} \gamma_{Gj} S_{Gjk} + \sum_{i=2}^{n} \gamma_{Qi} \gamma_{Li} \psi_{ci} S_{Qik} \qquad (5-4)$$

式中　　γ_{Gj}——第 j 个永久荷载的分项系数；

　　　　γ_{Qi}——第 i 个可变荷载的分项系数，其中 γ_{Q1} 为其控制作用的可变荷载 Q_1（称为主导可变荷载，其余可变荷载称为伴随荷载）的分项系数；

　　　　γ_{Li}——第 i 个可变荷载考虑设计使用年限的调整系数，其中 γ_{L1} 为主导可变荷载 Q_1 考虑设计使用年限的调整系数。对于楼面和屋面活荷载，结构设计使用年限为 5 年时 $\gamma_L=0.9$，50 年时 $\gamma_L=1.0$，100 年时 $\gamma_L=1.1$。当设计使用年限不为表中数值时，只可按线性内插确定。其他情况详见荷载规范规定；

　　　　S_{Gjk}——按永久荷载标准值 G_k 计算的荷载效应值；

　　　　S_{Qik}——按可变荷载标准值 Q_{ik} 计算的荷载效应值，其中 S_{Q1k} 为诸可变荷载效应中起控制作用者；

　　　　ψ_{ci}——第 i 个可变荷载 Q_i 的组合值系数；

　　m、n——参与组合的永久荷载数、可变荷载数。

承载能力极限状态、正常使用极限状态是结构设计方法"极限状态设计法"中的概念，见 5.2.3。

2）荷载效应标准组合

荷载效应标准组合用于结构正常使用极限状态（变形、沉降、裂缝）的验算，荷载效应标准组合设计值 S_d 应按下式计算：

$$S_d = \sum_{j=1}^{m} S_{Gjk} + S_{Q1k} + \sum_{i=2}^{n} \psi_{ci} S_{Qik} \qquad (5-5)$$

3）荷载效应其他组合

荷载效应偶然组合、频遇组合及准永久组合的计算方法详见荷载规范。

5.2 结构的功能要求、工作机理和设计方法

5.2.1 结构的功能要求

结构作为建筑的重要功能系统，应满足一定的功能要求。对结构的功能要求是在规定的设计基准期内（我国规定为 50 年），在规定的条件下（正常设计、正常施工、正常使用、正常维修）必须完成预定的功能。结构的功能要求包括：

1. 安全性。结构必须能够承受可能出现的各种作用（如荷载、温度变化、基础不均匀沉降），并且能在偶然事件（如地震、爆炸）发生时和发生后保持必需的结构整体稳定性。

2. 适用性。结构在正常使用过程中应保持良好的工作性能，如结构构件应有足够的刚度，以免产生过大的振动、变形或过宽的裂缝，使人产生不舒适的感觉。

3. 耐久性。结构在正常使用和维护条件下，应在规定的使用年限内具有足够的耐久性能，如不出现材料腐蚀、锈蚀、碳化或风化等现象。

结构的安全性、适用性和耐久性称为结构的可靠性。结构可靠性的概率度量值称为结构的可靠度，是指在规定的时间内和规定的条件下，结构完成预定功能的概率。

5.2.2 结构的工作机理

1. 结构的工作机理

结构能够完成承受荷载作用、抵抗变形等功能，根本原因是结构材料的微观结构决定了其具有抵抗各种作用和变形的能力，这是材料学常识。根据工程力学原理，结构上的作用引起结构构件的内部应力，致使材料微元体产生应力，而材料微元体微观结构的粒子结合力又具有抵抗应力与变形的能力，这种能力的聚合使材料形成抵抗外部作用的能力。

结构构件的截面形状决定了截面应力的分布规律，所以结构构件抵抗荷载和变形的能力不仅与材料种类有关，也与结构构件断面形状及几何尺寸有关，这种由结构材料力学特性和截面面积及几何特性共同构成的结构构件抵抗荷载和变形的能力称为结构抗力。

显然，结构能够正常工作的机理是荷载效应不大于结构抗力。若以 R 表示结构抗力，S_d 表示荷载效应，结构正常工作的机理可表示为：

$$S_d \leqslant R \qquad (5-6)$$

2. 结构抗力

结构抗力是结构或结构构件承受作用效应的能力。结构抗力与结构材料的力学性能和构件截面几何特性等有关。若以 f_k 表示结构材料的力学性能，α_k 表示构件的几何参数，则结构抗力可表示为材料性能和构件几何特性的函数：

$$R=R\ (f_k,\ \alpha_k,\ \cdots\cdots) \qquad (5-7)$$

5.2.3　结构设计方法——极限状态设计法

根据《建筑结构可靠度设计统一标准》，现行结构设计规范规定的设计方法是以概率理论为基础的极限状态设计法。

1. 极限状态的概念

结构能否满足功能要求，是判断结构工作性能的依据。当结构满足预定的功能要求时，就认为结构或构件"可靠"，否则便是"失效"。极限状态是判断结构可靠或失效的界线。极限状态的概念的含义是，当整个结构或某一构件超过规定的某一特定状态就不能满足设计所规定的某一功能要求，这种特定的状态称为该功能的极限状态。

极限状态分为两类，即承载能力极限状态和正常使用极限状态。

1) 承载能力极限状态

承载能力极限状态对应于结构或结构构件达到最大承载能力或不适于继续承载的变形。当结构或结构构件出现下列状态之一时，应认为超过了承载能力极限状态：

（1）整个结构或其一部分作为刚体失去平衡，例如烟囱在风荷载作用下整体倾翻。

（2）结构构件或其连接因超过材料强度而破坏（包括疲劳破坏），例如轴心受压短柱中的混凝土和钢筋分别达到抗压强度而破坏，或构件因塑性变形过大而不适于继续承载。

（3）结构转变为机动体系，如简支梁跨中截面达到抗弯承载力形成三铰共线的机动体系，从而丧失承载能力。

（4）结构或构件因达到临界荷载而丧失稳定，例如细长受压柱达到临界荷载后因压屈失稳而破坏。

（5）地基丧失承载能力而破坏（如失稳等）。

2）正常使用极限状态

正常使用极限状态对应于结构或构件达到正常使用或耐久性能的某项规定限值。出现下列状态之一时，即认为结构或结构构件超过了正常使用极限状态：

（1）影响正常使用或出现明显的难以接受的变形，如梁的挠度过大影响正常使用。

（2）影响正常使用或耐久性能的局部破坏（包括裂缝）。

（3）影响正常使用的振动，如楼板的振幅过大而影响使用。

（4）影响正常使用的其他特定状态，如基础产生的不均匀沉降过大。

2. 结构极限状态的表达式

1）承载能力极限状态的设计表达式

结构构件的承载能力极限状态可用下式表示：

$$\gamma_0 S_d \leqslant R \qquad (5\text{-}8)$$

其中　γ_0——结构重要性系数，见表 5-4；

　　　S_d——结构荷载效应组合的设计值；R 为结构构件抗力设计值。

建筑结构的安全等级及结构重要性系数 γ_0　　表 5-4

安全等级	破坏后果	建筑物类型	结构重要性系数 γ_0
一级	很严重	重要的工业与民用建筑物或设计使用年限大于等于 100 年的建筑	$\geqslant 1.1$
二级	严重	一般的工业与民用建筑物或设计使用年限等于 50 年的建筑	$\geqslant 1.0$
三级	不严重	次要的建筑物或设计使用年限等于 5 年的建筑	$\geqslant 0.9$

2）正常使用极限状态的设计表达式

结构构件正常使用极限状态可用下式表示：

$$S_d \leqslant C \qquad (5\text{-}9)$$

其中　S_d——变形、裂缝宽度等荷载效应设计值；

　　　C——设计规范对变形、裂缝宽度等规定的限值。

可见，无论是承载能力的极限状态，还是正常使用的极限状态，其表述型式是相同的。

结构的极限状态也可用图形来表达。极限状态是判别结构可靠或失效的唯一条件，结构可靠时 $S < R$，结构失效时 $S > R$，那么结构的极限状态对应于直线 $S=R$（图 5-1）。如果结构或结构构件的工作状态处于直线 $S=R$ 左上方，则结构可靠；否则结构不可靠，也就是结构失效。

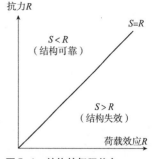

图 5-1 结构的极限状态

5.3 建筑主要结构材料及其力学性能

结构抗力是结构或结构构件承受作用效应的能力，结构抗力由结构材料的力学性能和结构构件的截面形状两个主要因素决定的，而结构设计的主要任务可归结为选择结构材料、进行结构布置和结构构件设计验算等。要全面掌握结构知识，就要对主要结构材料的性能有较全面的了解。可用作结构构件的建筑材料很多，本节仅介绍建筑钢材、混凝土、砌体等主要结构材料。

5.3.1 建筑钢材

建筑钢材是指含碳量较低的结构用钢，主要包括钢筋、钢丝、钢绞线、钢板及各种型钢。

1. 钢材的分类

钢材的主要化学成分为金属铁，也含有少量碳、硅、锰、磷、硫等元素。

钢材按所含化学成分不同可分为碳素钢和普通低合金钢两类。其中，碳素钢分为低碳钢（含碳量 < 0.25%）、中碳钢（含碳量为 0.25% ~ 0.60%）和高碳钢（含碳量 > 0.60%）；普通低合金钢是指在碳素钢中添加硅、锰、钒、钛、铬等合金元素的钢材，分为低合金钢（合金元素总含量 < 5.0%）、中合金钢（合金元素总含量为 5.0% ~ 10%）和高合金钢（合金元素总含量 > 10%）。

建筑用钢主要包括钢筋、型钢和钢板。钢筋分为热轧钢筋、中高强钢丝和钢绞线三大系列。其中，用于钢筋混凝土结构的钢筋主要是热轧钢筋，用于预应力混凝土结构的预应力钢筋有消除应力钢丝、螺旋肋钢丝、刻痕钢丝、钢绞线及热处理钢筋。

热轧钢筋按其外形分为光圆钢筋和带肋钢筋两类。光圆钢筋俗称"圆钢"，带肋钢筋外表经过加肋变形处理，表面有人字形肋、月牙形肋、螺旋形肋等形状，俗称"螺纹钢"。根据材料强度的高低，热轧钢筋分为 HPB300 级（Ⅰ级钢，符号—ϕ）、HRB335 级（Ⅱ级钢，符号Φ）、HRB400 级（Ⅲ级钢，符号Φ）和 RRB400 级（新Ⅲ级钢，

符号 Φ^R）。其中，HPB300 级为光圆钢筋，HRB335 级、HRB400 级和 RRB400 级为带肋钢筋。新规范还列入了细晶粒带肋钢筋，包括 HRBF335、HRBF400、HRBF500、HRBF500 等几种牌号。

RRB 余热处理钢筋由热轧钢筋经高温穿水淬火，余热处理后提高强度，但其延性、可焊性、机械连接性能及施工适应性降低，一般可用于对变形性能及加工性能要求不高的构件中，如基础、大体积混凝土、楼板、墙体以及次要的中小结构构件等。

2．钢材的力学性能

1）应力—应变曲线

在建筑结构中所用的钢材分为两类，即有明显屈服点的软钢（如热轧钢筋、型钢）和无明显屈服点的硬钢（如中碳钢、高碳钢）。

钢材的应力—应变曲线也称为"本构曲线"，是根据钢材拉伸的应力和应变关系绘制的描述其主要力学性能的曲线图形，有明显屈服点的钢材的应力—应变曲线如图 5-2 所示。

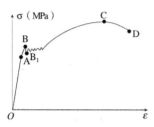

图 5-2　有明显屈服点的钢材的应力—应变曲线

可以看出，钢材从开始受拉到拉断经历了四个阶段，分别是弹性阶段、屈服阶段、强化阶段和颈缩阶段。

（1）弹性阶段（OA 段）。弹性阶段是拉伸的初始阶段，此阶段应力与应变呈正比，若卸去荷载构件变形完全消失，材料表现为完全弹性性质，对应于 A 点的应力值称为弹性极限强度，记为 σ_P。弹性阶段应力与应变之比为常量，称为钢材的弹性模量，用 E_s 表示

（2）屈服阶段（AB 段）。如果继续加载至超过 A 点后卸去荷载，试件变形不能完全消失，此不可恢复的变形称为塑性变形。在此阶段，试件应力没有太大提高而变形明显增加且伴有波动现象，称为屈服或塑性流动。与屈服阶段应力最低点 B_1 对应的应力值称为屈服强度，记为 σ_s，是材料强度的一项重要指标。

（3）强化阶段（BC 段）。当试件变形在荷载作用下继续增加时，由于材料内部结构发生变化，使其抵抗变形能又重新提高，因此在应变快速增加的同时，应力也明显增大，最后达到材料能够承受的最大应力点（C 点），此阶段称为强化阶段，与之对应的应力 σ_b 称为极限应力强度，代表材料的最大抗拉能力。

（4）颈缩阶段（CD）。当试件的应力超过 C 点后，试件的抗变形能力明显下降，在最薄弱的部位截面显著减小，称为颈缩现象。最终试件在颈缩部位发生断裂而破坏。

2）材料的力学性能指标

拉伸性能是建筑钢材最重要的性能，钢材拉伸试验所测量的弹性模量、屈服强度、极限抗拉强度和伸长率是钢材四个重要力学性

能指标。

（1）弹性模量。钢材的弹性模量反映了钢材受力时抵抗弹性变形的能力，它是计算静荷载作用下钢结构变形的重要指标。主要钢材的弹性模量见表 5-5。

（2）屈服强度。屈服强度也称为屈服极限，一般以有明显屈服台阶的钢材拉伸应力—应变曲线的屈服下限应力作为屈服强度，参见图 5-3。对于高强钢丝等无明显屈服台阶的硬钢，取应力—应变曲线 0.2% 残余变形 $f_{0.2}$ 对应的应力作为屈服强度，见图 5-3。屈服强度对钢材有重要意义，当构件的实际应力超过屈服强度时，将产生较大的、不可恢复的、永久的变形，这是结构所不允许的，因此，屈服强度是确定钢结构容许应力的主要依据。

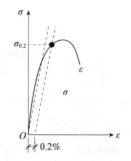

图 5-3　无明显屈服点钢材的应力—应变曲线

（3）极限抗拉强度。极限抗拉强度为材料能够承受的最大拉应力。虽然极限抗拉强度不能作为设计的依据，但屈服强度与极限抗拉强度的比值（称为屈强比）在工程上有重要意义。屈强比越小，结构的强度储备越大，结构的可靠度越高，但材料强度的利用率也就越低。钢材屈强比一般在 0.6 ~ 0.75 之间。

（4）疲劳强度。材料疲劳破坏是由于材料内部损伤不断积累的结果，一般把钢材承受 10^5 ~ 10^7 次反复荷载时发生破坏的最大应力称为疲劳强度。

3）材料的变形性能指标

（1）伸长率。伸长率是指试件拉伸破坏后长度的相对增量，是衡量钢筋塑性性能的重要指标。若试件拉伸前长度为 l，拉伸破坏后长度为 l_1，则伸长率 δ 为：

$$\delta = \frac{l_1 - l}{l} \times 100\% \qquad (5\text{-}10)$$

伸长率 δ 越大，钢材塑性越好。良好的材料塑性可将结构上超过屈服点的应力进行重分布，使材料强度利用更充分，从而避免结构过早破坏。

（2）冷弯试验。冷弯试验是检验钢材塑性性能的另一种方法，用以评价常温条件下材料承受弯曲变形的能力。冷弯试验是指将直径或厚度为 d 的试件按规定角度 α 和直径 D 弯曲，通过观察弯曲处有无裂纹、起层、鳞落和断裂等情况来间接评价钢筋的塑性性能和内在质量。冷弯试验比拉伸试验更易于暴露材料内部的某些缺陷。

3. 钢筋的强度

由钢筋的应力—应变曲线可知，钢筋屈服时的应力为屈服强度 σ_s，该指标同时也是钢筋出厂时的合格产品强度控制值，保证率

为 **97.73%**。在结构设计中，钢筋的屈服强度以强度标准值 f_{yk} 表示。考虑到材料强度的随机波动性，结构设计规范规定将钢筋强度标准值除以一个大于 1 的材料分项系数 γ_s 作为钢筋的强度设计值 f_y，即 $f_y=f_{yk}/\gamma_s$。钢筋的材料分项系数 $\gamma_s=1.10$，普通热轧钢筋的强度标准值和强度设计值及弹性模量见表 5-5。预应力钢筋的强度标准值和设计值等详见《混凝土结构设计规范》。

普通钢筋的强度标准值、设计值（N/mm²）及弹性模量（×10⁵N/mm²）　　　　表 5-5

牌 号	符 号	公称直径 d （mm）	屈服强度标准值 f_{yk}	极限强度标准值 f_{yk}	抗拉强度设计值 f_y	抗压强度设计值 f_y'	弹性模量 E_s
HPB300	ϕ	6 ~ 22	300	420	270	270	2.10
HRB335 HRBF335	Φ Φ^F	6 ~ 50	335	455	300	300	
HRB400 HRBF400 RRB400	Φ Φ^F Φ^R	6 ~ 50	400	540	360	360	2.00
HRB500 HRBF500	Φ Φ^F	6 ~ 50	500	630	435	410	

4. 钢结构中的钢材

钢结构使用的钢材主要是结构钢中的型钢和钢板，按牌号分为 Q235 钢、Q345 钢（16Mn）、Q390 钢（15MnV）和 Q420 钢（15MnVN）。Q235 钢属于低碳素钢，其他属于低合金钢。

钢结构中钢材的强度设计值与板厚有关。如 Q235 钢抗拉、抗压、抗弯强度设计值 f，当板厚＜ 16mm 时 $f=215N/mm^2$；当板厚＞ 16 ~ 40mm 时 $f = 205N/mm^2$；当板厚＞ 40 ~ 60mm 时 $f = 200N/mm^2$；当板厚＞ 60mm 时 $f = 190N/mm^2$。

5.3.2　混凝土

混凝土是由水泥、砂子、石子和水等材料经混合、搅拌、浇筑、养护硬化后形成的人工石材，也称为"砼"。

1. 混凝土的应力一应变曲线（本构关系）

混凝土棱柱体试件在一次短期加荷下，混凝土受压应力一应变曲线反映了受荷各阶段混凝土内部结构变化及破坏机理，是混凝土结构极限强度理论的重要基础。曲线分为上升段 OC 和下降段 CE，见图 5-4。OA 段应力一应变关系接近直线，称为弹性阶段；A 点称为比例极限，其应力 σ 约为 $0.3f_c$。当应力在 $(0.3 \sim 0.8)f_c$ 之间时，应变增量逐步加大，曲线开始弯曲，随着应力不断加大，微裂

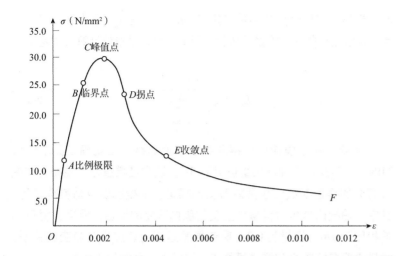

图 5-4　混凝土棱柱体受压应
力—应变曲线

缝出现、扩展并出现新的裂缝。混凝土在 AB 段表现出明显的塑性性质，$\sigma=0.8f_c$（B 点）可作为长期荷载作用下混凝土的极限强度。当 $\sigma>0.8f_c$，微裂缝发展并贯通，应变 ε 增长加快，曲线曲率随荷载不断增加，应变加大，表现为混凝土体积加大，直至应力峰值点 C，此时应变为 ε_c（通常取 0.002）。C 点以后裂缝迅速发展，由于坚硬骨料颗粒的存在，沿裂缝面产生摩擦滑移，试件能继续承受一定的荷载，并产生变形，使应力—应变曲线出现下降段 CE，这对构件延性有重要的意义。下降段曲线在 D 点开始改变弯曲方向，D 点称为拐点。此时，试件在宏观上已完全破碎，压应变约 0.003 ～ 0.006，称为混凝土的极限压应变。以后，试件破裂，但破裂的碎块逐渐挤密，仍保持一定的应力，至收敛点 E，曲线平缓下降，这时贯通的主裂缝已经很宽，E 点以后的曲线已无实际意义。

从以上应力—应变曲线可以看出，应力达到曲线 C 点时，已达强度峰值，但此时混凝土变形能力未达极限。当混凝土应变达极限值 ε_{max} 时，其应力已下降。可见，混凝土最大应力和最大应变不在同一点。

2. 混凝土的变形

1）混凝土的变形模量

在结构计算时，经常用到混凝土的弹性模量。由混凝土的本构关系曲线可见，混凝土的应力 σ 与应变 ε 之间不存在完全线性关系，不能简单地用虎克定律来表示，工程上一般通过"变形模量"来表示。混凝土的变形模量分为原点切线模量、割线模量及切线模量等，代表曲线上不同点的应力—应变关系。我国设计规范对混凝土弹性模量的确定方法是，采用棱柱体试件，取应力上限为 $0.5f_c$，重复加载 5 ～ 10

次，当残余变形逐步减小并稳定时，σ—ε 曲线接近于直线，以此作为确定混凝土的弹性模量的依据。混凝土弹性模量的计算公式是：

$$E_c = \dfrac{10^5}{2.2+\dfrac{34.7}{f_{cu,k}}} \tag{5-11}$$

混凝土弹性模量应根据混凝土强度等级按上式确定，单位为 MPa。规范规定的弹性模量值见表 5-7。除弹性模量外，混凝土与变形有关的模量参数还包括疲劳变形模量、泊松比以及剪变模量等。其中，泊松比是指材料横向应变与纵向应变的比值，混凝土材料的泊松比为 1/6，钢材为 0.3。剪变模量是指剪切应力与应变的关系，材料的剪变模量 G 与弹性模量 E、泊松比 μ 之间的关系是：

$$G = \dfrac{E}{2\,(1+\mu)} \tag{5-12}$$

2）混凝土在长期荷载作用下的变形——徐变

混凝土在长期载荷作用下（外力不变）随时间而增长的变形称为徐变，参见图 5-5。影响徐变的主要因素是混凝土所受应力 σ 的大小。当 $\sigma \leqslant 0.5f_c$ 时，徐变变形的大体规律是，若加荷后立即出现的弹性变形为 ε_{el}，它的徐变变形在前 4 个月增长较快，6 个月后达最终徐变的 70% ~ 80%，以后增长逐渐缓慢，两年后的徐变变形为 $(2 \sim 4)\,\varepsilon_{el}$；若在两年后卸荷，有一部分变形可瞬时恢复；再经过约 20 天时间又可恢复部分变形，称为弹性后效。当应力 $\sigma=(0.5 \sim 0.8)f_c$ 时，上述徐变规律不变，徐变变形大小与应力成正比。当 $\sigma>0.8f_c$ 时，徐变的发展是非收敛的，最终会导致混凝土的破坏，这或许正是某些构件设计中特别重视截面压应力控制（如框架结构中控制轴压比）的根本原因。

混凝土的变形还包括非受力变形，如材料收缩变形、温度变化所致伸缩变形等。

3. 混凝土材料的强度

1）立方体抗压强度 $f_{cu,k}$

混凝土立方体抗压强度 $f_{cu,k}$ 是根据边长为 150mm 的立方体试件，用标准方法制作和养护（温度 20±3℃、相对湿度 ≥ 90%），经 28 天龄期用标准试验方法（加荷速度 0.20 ~ 0.30N/mm² · s）加载至破坏时所测得的具有 95% 保证率的抗压强

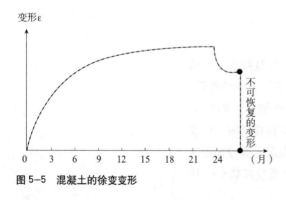

图 5-5　混凝土的徐变变形

度极限值。立方体抗压强度是混凝土各种力学指标的基本代表值，称为混凝土强度等级，用 Cn 表示。其中符号 C 表示混凝土，后面的数字 n 表示立方体抗压强度标准值，单位为 N/mm^2。《混凝土结构设计规范》将混凝土强度等级分为 14 级，分别是 C15、C20、C25、C30、C35、C40、C45、C50、C55、C60、65、C70、C75 和 C80。

2）轴心抗压强度

（1）混凝土轴心抗压强度标准值 f_{ck}

钢筋混凝土结构中混凝土材料主要用于抗压，因此轴心抗压强度是混凝土最基本的强度指标。由于实际结构中的受压构件通常不是立方体而是长度大于边长的棱柱体，也可以 150×150×450mm 的棱柱体试件测定轴心抗压强度，但一般是通过立方体抗压强度确定轴心抗压强度。《混凝土结构设计规范》规定，混凝土轴心抗压强度标准值 f_{ck} 按下式确定：

$$f_{ck} = 0.88\alpha_{c1}\alpha_{c2}f_{cu,k} \tag{5-13}$$

式中　0.88——试件混凝土强度修正系数，

　　　α_{c1}——轴心抗压强度与立方体抗压强度的比值，

　　　α_{c2}——C40 以上混凝土考虑脆性影响的折减系数，α_{c1} 和 α_{c1} 均小于 1。

（2）轴心抗压强度设计值 f_c

类似地，考虑到材料强度的随机波动性，规范规定将材料强度标准值除以大于 1 的材料分项系数 γ 作为强度设计值。混凝土材料分项系数 $\gamma_c=1.40$，轴心抗压强度设计值取 $f_c= f_{ck}/\gamma_c$，不同强度等级的混凝土轴心抗压强度设计值见表 5-6。

3）混凝土抗拉强度

混凝土抗拉强度取 100×100×500mm 棱柱体试件进行拉伸，试件破坏时的平均拉应力即为轴心抗拉强度 f_t。混凝土的抗拉能力很差，抗拉强度标准值 f_{tk} 约是轴心抗压强度标准值 f_{ck} 的 1/8 ～ 1/16。设计规范规定的混凝土抗拉强度标准值 f_{tk} 按下式确定：

$$f_{tk} = 0.88 \times 0.395 f_{cu,k}^{0.55} (1-1.645\delta)^{0.45} \times \alpha_{c2} \tag{5-14}$$

其中，δ 为混凝土立方体强度变异系数，在 0.21 ～ 0.11 之间根据不同强度等级取值。混凝土抗拉强度设计值为 $f_t = f_{tk}/\gamma_c$，混凝土轴心抗压强度设计值见表 5-6。

混凝土强度标准值、设计值（N/mm²）及弹性模量（×10⁴N/mm²）　　表5-6

强度种类		混凝土强度等级													
		C15	C20	C25	C30	C35	C40	C45	C50	C55	C60	C65	C70	C75	C80
标准强度	轴心抗压 f_{ck}	10.0	13.4	16.7	20.1	23.4	26.8	29.6	32.4	35.5	38.5	41.5	44.5	47.4	50.2
	轴心抗拉 f_{tk}	1.27	1.54	1.78	2.01	2.20	2.39	2.51	2.64	2.74	2.85	2.93	2.99	3.05	3.11
设计强度	轴心抗压 f_c	7.2	9.6	11.9	14.3	16.7	19.1	21.1	23.1	25.3	27.5	29.7	31.8	33.8	35.9
	轴心抗拉 f_t	0.91	1.10	1.27	1.43	1.57	1.71	1.80	1.89	1.96	2.04	2.09	2.14	2.18	2.22
弹性模量 E_c		2.20	2.55	2.80	3.00	3.15	3.25	3.35	3.45	3.55	3.60	3.65	3.70	3.75	3.80

5.3.3　钢筋混凝土

1. 钢筋混凝土的基本概念

钢筋混凝土是由混凝土和钢筋两种材料组成的复合材料。混凝土材料的抗压强度很高但抗拉强度很低，在拉应力很小时即可出现裂缝，构件的承载能力有限。为提高承载力，在构件的受拉部位配置一定数量的钢筋以承担截面拉力，而使混凝土只承受压力，以充分发挥钢筋和混凝土两种材料的特性，从而使构件的承载能力得到提高。

2. 钢筋混凝土的特点

1）节约钢材。由于合理利用了两种材料的各自特性，使构件强度较高，刚度较大，较钢结构可大量节约钢材；

2）耐久性、耐候性和耐火性较好。由于混凝土对钢筋的保护作用，便构件的耐久性、耐候性和耐火性明显好于钢结构；

3）可塑性好。钢筋混凝土可根据需要浇筑成各种形状，利于建筑构件制作；

4）利于抗震。结构现浇钢筋混凝土结构整体性好、刚度大，又具有一定的延性，适用于抗震结构；

5）降低造价。钢筋混凝土中的砂、石一般可以就地取材，利于降低工程造价。

由于钢筋混凝土的以上优点，使其在建筑结构中得到了广泛的应用。但是，钢筋混凝土也存在着自重大、抗裂性差、隔热隔声性能较差、施工现场作业劳动量大等缺点。随着技术的逐步，这些将会逐步得到克服和改善。

3. 钢筋与混凝土共同工作的基础

1）粘结。钢筋和混凝土这两种材料能有效地结合在一起共同工作，主要是由于混凝土硬结后，钢与混凝土之间产生了良好的粘结力，使两者可靠地结合在一起，从而保证了在荷载作用构件中的钢筋与混凝土协调变形、共同受力。

2）变形协调。钢筋与混凝土两种材料的温度线膨系数很接近，当温度变化时，不致产生较大的温度应力而破坏两者之间的粘结，从而保证了钢筋混凝土材料工作的可靠性。

3）锚固。钢筋混凝土构件中钢筋与混凝土的基本分工是明确的，即混凝土承压而钢筋承拉。钢筋受拉时，拉应力沿钢筋全长为非均匀分布，中间应力大而端部应力小，为充分发挥钢筋的抗拉能力需将其两端固定在构件内部，对构件内钢筋的固定作用同样是靠钢筋与混凝土之间的粘结力实现的，这种混凝土对钢筋的固定作用被称为锚固。钢筋混凝土结构中存在大量的受拉构件，如梁或墙（弯曲受拉）、轴心或偏心受拉杆、大偏心受压柱等，这些构件中受拉钢筋的锚固的重要性不亚于结构计算本身。

5.3.4 砌体

1. 砌体的概念和分类

砌体是指用砌筑砂浆将砖、石、砌块等块体材料砌筑成的墙体或柱。

砌体分为无筋砌体、配筋砌体和约束砌体。无筋砌体是指在砌筑时不配置钢筋的普通砌体，因所用块材不同分为砖砌体、砌块砌体和石砌体。配筋砌体是在砌体的内外表面、芯孔或平缝中配置受力钢筋的砌体。约束砌体是指在砌体中配置钢筋混凝土构造柱及圈梁等边缘构件的砌体。

2. 砌体材料的强度等级

1）砖

包括烧结普通砖、烧结多孔砖和非烧结硅酸盐砖，按强度等级分为 MU30、MU25、MU20、MU15、MU10；非烧结蒸压灰砂砖和蒸压粉煤灰砖，分为 MU25、MU20 和 MU15；混凝土普通砖和混凝土多孔砖强度等级分为 MU30、MU25、MU20 和 MU15。此外还有砌筑自承重墙用空心砖，强度等级分为 MU10、MU7.5、MU5 和 MU3.5。

2）砌块

承重用砌块主要指普通混凝土空心砌块和轻骨科混凝土空心砌块。普通凝土砌块及轻骨料混凝土砌块强度等级分为 MU20、MU15、MU10、MU7.5、MU5；砌筑自承重墙用轻骨料混凝土砌块强度等级分为 MU10、MU7.5、MU5 和 MU3.5。

3）石材

用作承重砌体的石材分重质岩石和轻质岩石。石材按加工后的外形规则程度不同，可分为料石和毛石。料石中又分为细料石、半细料石、粗料石和毛料石。石材按强度等级分为 MU100、MU80、MU60、MU50、MU40、MU30 和 MU20。

4）砂浆

砂浆是由胶结料、细骨料、掺合料加水搅拌成的块体粘结材料，按用途分为砌筑砂浆和装饰砂浆，结构中的砂浆是指砌筑砂浆。普通砌体砌筑砂浆包括混合砂浆和水泥砂浆，按强度等级分为 M15、M10、M7.5、M5、M2.5；砌筑非烧结砖的专用砂浆分为 Ms15、Ms10、Ms7.5、Ms5.0；砌筑混凝土普通砖、混凝土多孔砖、混凝土砌块、煤矸石砌块、轻骨料砌块用专用砂浆，按强度等级分为 Mb20、Mb15、Mb10、Mb7.5、Mb5；砌筑石砌体的砂浆强度等级分为 M7.5、M5、M2.5。

5）灌孔混凝土

混凝土空心砌块灌孔混凝土是砌体结构灌注芯柱、孔洞的专用混凝土，按强度等级分为 Cb40、Cb35、Cb30、Cb25、Cb20 五个等级。

3. 砌体的受力性能

1）砌体受压性能

砖砌体轴心受压时，从加载至破坏，可分为三个受力阶段。

第一阶段：弹性阶段。加载开始至第一条裂缝出现（图 5-6a），压力约为破坏时压力的 50%～70%。第二阶段：弹塑性阶段。随着压力增大，单块砖内裂缝增多、发展，出现穿过几块砖的竖向裂缝，并有新的裂缝产生（图 5-6b）。此时即使压力不再增加，裂缝仍会继续开展，砌体已处于临界破坏状态，其压力约为破坏时压力的 80%～90%。第三阶段：破坏阶段。压力继续增加，裂缝加长加宽，使砌体形成若干小柱体，砖被压碎或小柱体失稳，整个砌体也随之破坏（图 5-6c）。此时，以破坏时的压力除以砌体横截面面积所得应力即称为砌体的极限强度。

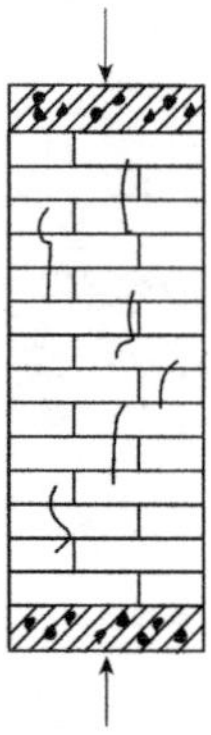

在砌体内，由于水平灰缝厚度的不均匀性、砂浆不饱满、砌体表面不平整以及竖向灰缝不饱满、块材和砂浆弹性模量和变形差异等原因，轴心受压砌体内的砖并非均匀受压而是处于受拉、受弯和受剪的复杂应力状态，且在垂直灰缝处易产生应力集中现象。砌体受压时单块块材处在复杂应力状态下工作，使块材抗压强度不能充分发挥，因此砌体的抗压强度低于所用块材的抗压强度。

另外，块材和砂浆强度、块材的表面平整度和几何尺寸以及砌体的砌筑质量等，也会影响砌体的抗压强度。

2）砌体的受拉、受弯和受剪性能

（1）砌体轴心受拉。根据拉力作用方向，有三种破坏形态。当

（a）

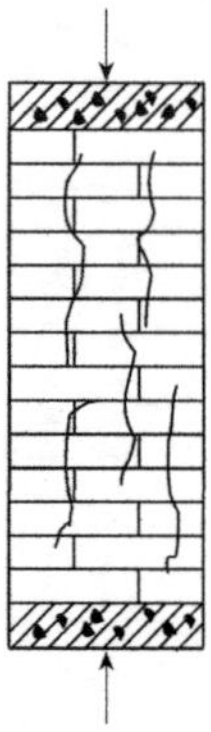

（b）

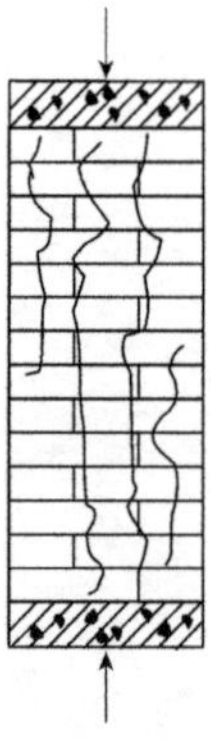

（c）

图 5-6　砖砌体的受压破坏形态

轴心拉力与砌体水平灰缝平行时，砌体可能沿灰缝截面破坏（图5-7a），也可能沿块体和竖向灰缝破坏（图5-7b）；当轴心拉力与砌体水平灰缝垂直时，砌体沿通缝截面破坏（图5-7c）。

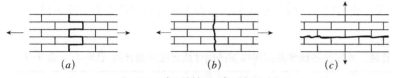

图5-7 砖砌体轴心受拉破坏形态

块材强度较高而砂浆强度较低时，砌体沿齿缝受扭破坏，当块材强度较低砂浆强度较高时，砌体受拉破坏可能通过块体和竖向灰缝连成的截面发生。

（2）砌体弯曲受拉

砌体弯曲受拉时也有三种破坏形态，即砌体沿齿缝受拉破坏、沿块体和竖向灰缝受拉破坏、沿通缝受拉破坏，参见图5-8。

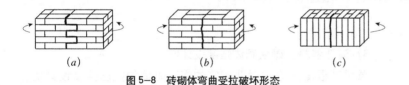

图5-8 砖砌体弯曲受拉破坏形态

（3）砌体受剪

砌体受剪破坏时同样有三种破坏形态，即沿通缝剪切破坏；沿齿缝剪切破坏；沿阶梯形缝剪切破坏，参见图5-9。

4. 砌体强度标准值与设计值

1）砌体强度标准值

砌体强度标准值是砌体结构设计时采用的强度基本代表值。考虑到材料强度的变异性，强度标准值按下式确定（保证率95%）：

$$f_k = f_m(1-1.645\delta_f) \tag{5-15}$$

其中 f_k——砌体强度标准值，

f_m——强度平均值，

δ_f——砌体材料强度变异系数，砖砌体δ_f=0.17，抗拉、抗弯、抗剪时取δ_f=0.20。

2）普通砌体抗压强度设计值

同钢筋、混凝土等主要结构材料一样，砌体强度设计值也是由

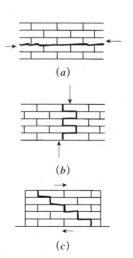

图5-9 砖砌体剪切破坏形态

强度标准值除以一个大于 1 的材料分项系数确定，并经由可靠度分析或工程经验法校准。《砌体结构设计规范》规定的各类砌体的材料分项系数均为 $\gamma_f = 1.5$。

砌体强度设计值 f 与标准值 f_k 的关系为 $f = f_k / \gamma_f$。常用砌体的抗压、轴心抗拉、弯曲抗拉和抗剪强度设计值见表 5-7 ~ 表 5-11。

烧结普通砖、烧结多孔砖、蒸压灰砂砖和蒸压粉煤灰砖砌体抗压强度设计值（MPa）　表 5-7

砖强度等级	砂浆强度等级					砂浆强度
	M15	M10	M7.5	M5	M2.5*	0
MU30*	3.94	3.27	2.93	2.59	2.26	1.15
MU25	3.60	2.98	2.68	2.37	2.06	1.05
MU20	3.22	2.67	2.39	2.12	1.84	0.94
MU15	2.79	2.31	2.07	1.83	1.60	0.82
MU10		1.89	1.69	1.50	1.30	0.67

注：1. 当烧结多孔砖的孔洞率大于 30% 时，表中数值应乘以 0.9；
　　2. MU30* 所在行及 M2.5* 所在列数值仅用于烧结普通砖和烧结多孔砖砌体。

3）灌孔混凝土砌块砌体强度设计值

单排孔混凝土砌块对孔砌筑的灌孔砌体的抗压强度设计值 f_g，应按下列公式计算：

$$f_g = f + 0.6\alpha f_c \qquad (5\text{-}16)$$

其中　f_g——灌孔砌体的抗压强度设计值，并不应大于未砌体抗压强度设计值的 2 倍；

　　　f——未灌孔砌体的抗压强度设计值，应按表 5-8 采用；

　　　α——砌块砌体中灌孔混凝土面积和砌体毛面积的比值，$\alpha = \delta\rho$；

　　　δ——混凝土砌块的孔洞率；

　　　ρ——混凝土砌块砌体的灌孔率，ρ 不应小于 33%；

　　　f_c——灌孔混凝土的轴心抗压强度设计值。

4）混凝土普通砖、混凝土多孔砖砌体抗压强度设计值

混凝土普通砖、混凝土多孔砖砌体抗压强度设计值应按表 5-9 采用。

5）毛料石砌体、毛石砌体抗压强度设计值

毛石砌体和块体高度为 180~350mm 的毛料石砌体抗压强度设计值应按表 5-10 采用。

单排、双排、多排孔混凝土和轻骨料混凝土砌块砌体的抗压强度设计值（MPa）　　　表 5—8

强度等级		砂浆强度等级					砂浆强度
		Mb20	Mb15	Mb10	Mb7.5	Mb5	0
MU20		6.30	5.68	4.95	4.44	3.94	2.33
MU15			4.61	4.02	3.61	3.20	1.89
MU10	单排孔			2.79	2.50	2.22	1.31
	双排孔、多排孔			3.08*	2.76*	2.45*	1.44*
MU7.5	单排孔				1.93	1.71	1.01
	双排孔、多排孔				2.13*	1.88*	1.12*
MU5	单排孔					1.19	0.70
	双排孔、多排孔					1.31*	0.78*
MU3.5	双排孔、多排孔					0.95*	0.56

注：1. 对错孔砌筑的砌体，应按表中数值乘以 0.8；对独立柱或厚度为双排组砌的砌块砌体，应按表中数值乘以 0.7；对 T 形截面砌体，应按表中数值乘以 0.85；

　　2. 表中轻骨科混凝土砌块为煤矸石和水泥煤渣混凝土砌块；标"*"的数据对应的砌块为火山渣、浮石和陶粒轻骨料混凝土砌块；

　　3. 对厚度方向为双排组砌的双排、多排孔混凝土轻骨料混凝土砌块砌体的抗压强度设计值，应按表中数值乘以 0.8。

混凝土普通砖和混凝土多孔砖砌体的抗压强度设计值（MPa）　　　表 5—9

强度等级	砂浆强度等级					砂浆强度
	Mb20	Mb15	Mb10	Mb7.5	Mb5	0
MU30	4.61	3.94	3.27	2.93	2.59	1.15
MU35	4.21	3.60	2.98	2.68	2.37	1.05
MU20	3.77	3.22	2.67	2.39	2.12	0.94
MU15		2.79	2.31	2.07	1.83	0.82

毛料石、毛石砌体的砌块砌体的抗压强度设计值（MPa）　　　表 5—10

强度等级	砂浆强度等级						砂浆强度	
	M7.5		M5		M2.5		0	
	毛料石砌体	毛石砌体	毛料石砌体	毛石砌体	毛料石砌体	毛石砌体	毛料石砌体	毛石砌体
MU100	5.42	1.27	4.80	1.12	4.18	0.98	2.13	0.34
MU80	4.85	1.13	4.29	1.00	3.73	0.87	1.91	0.30
MU60	4.20	0.98	3.71	0.87	3.23	0.76	1.65	0.26
MU50	3.83	0.90	3.39	0.80	2.95	0.69	1.51	0.23
MU40	3.43	0.80	3.04	0.71	2.64	0.62	1.35	0.21
MU30	2.97	0.69	2.63	0.61	2.29	0.53	1.17	0.18
MU20	2.42	0.56	2.15	0.51	1.87	0.44	0.95	0.15

6）砌体抗拉、抗弯、抗剪强度设计值

龄期为 28d 的以毛截面计算的各类砌体的轴心抗拉强度设计值、弯曲抗拉强度设计值和抗剪强度设计值，当施工质量控制等级为 B 级时，强度设计值应按表 5-11 采用。

沿砌体灰缝截面破坏时砌体的轴心抗拉强度设计值、弯曲抗拉强度设计值和抗剪强度设计值（MPa） 表 5—11

强度类别	破坏特征及砌体种类		砂浆强度等级			
			≥ M10	M7.5	M5	M2.5
轴心抗拉	沿齿缝	烧结普通砖、烧结多孔砖	0.19	0.16	0.13	0.09
		混凝土普通砖、混凝土多孔砖	0.19	0.16	0.13	
		蒸压灰砂砖，蒸压粉煤灰砖	0.12	0.10	0.08	
		混凝土和轻骨料混凝土砌块	0.09	0.08	0.07	
		毛石		0.07	0.06	0.04
弯曲抗拉	沿齿缝	烧结普通砖、烧结多孔砖	0.33	0.29	0.23	0.17
		混凝土普通砖、混凝土多孔砖	0.33	0.29	0.23	
		蒸压灰砂砖，蒸压粉煤灰砖	0.24	0.20	0.16	
		混凝土砌块	0.11	0.09	0.08	
		毛石		0.11	0.09	0.07
	沿通缝	烧结普通砖、烧结多孔砖	0.17	0.14	0.11	0.08
		混凝土普通砖、混凝土多孔砖	0.17	0.14	0.11	
		蒸压灰砂砖，蒸压粉煤灰砖	0.12	0.10	0.08	
		混凝土砌块	0.08	0.06	0.05	
抗剪	烧结普通砖、烧结多孔砖		0.17	0.14	0.11	0.08
	混凝土普通砖、混凝土多孔砖		0.17	0.14	0.11	
	蒸压灰砂砖，蒸压粉煤灰砖		0.12	0.10	0.08	
	普通混凝土砌块和轻骨料混凝土砌块		0.09	0.08	0.06	
	毛石			0.19	0.16	0.11

注：砌体强度设计值在某些特殊情况下取值与各表所列数值列有所不同，具体请查阅《砌体结构设计规范》。

5. 砌体强度设计值的调整

下列情况砌体强度设计值取 $\gamma_a f$。其中，γ_a 为砌体强度设计值调整系数，按下列规定采用：

1）无筋砌体构件，其截面面积小于 $0.3m^2$ 时，γ_a 为其截面面积加 0.7。配筋砌体构件，当其砌体截面面积小于 $0.2m^2$ 时，γ_a 为其截面面积加 0.8。

2）当采用强度等级低于 5.0 的水泥砂浆砌筑时，对表 5-7 至表 5-10，γ_a 为 0.9；对表 5-11，γ_a 为 0.8；对配筋砌体构件，当其中的砌体采用水泥砂浆砌筑时，仅对砌体的强度设计值乘以调整系数 γ_a。

3）当验算施工中房屋的构件时，γ_a 为 1.1。

复习思考题

1. 什么是结构的作用？它们如何分类？

2. 什么是结构的"设计基准期"？"设计基准期"的年限是如何规定的？

3. 什么是永久作用？什么是可变作用？什么是偶然作用？

4. 什么是作用效应？什么是结构抗力？

5. 结构必须满足哪些功能要求？

6. 如何划分结构的安全等级？

7. 什么是荷载的代表值？永久荷载和可变荷载有哪些代表值？如何选用？

8. 什么情况下要考虑荷载组合系数？为什么荷载组合系数值小于或等于1?

9. 什么是荷载分项系数？其意义如何？

10. 荷载设计值与荷载标准值有什么关系？

11. 什么是结构的极限状态？如何划分结构的极限状态？

12. 结构超过承载力极限状态的表现有哪些？超过正常使用极限状态的表现有哪些？

13. 极限状态的一般表达式是什么？其物理意义如何？

14. 钢材、混凝土的应力应变曲线对于确定材料标准强度有何意义？

15. 什么是混凝土的强度等级？它对于确定混凝土的标准强度、设计强度有何作用？

16. 砌体结构常用材料有哪些？其标准强度和设计强度是何关系？

17. 砌体结构受压构件的破坏形态是什么？

习题

1. 某简支梁，计算跨度 l_0=4m，梁上均布荷载（恒载）标准值 g_k=3000N/m，活荷载为跨中集中活载，标准值 Q_k=1000N。若结构的安全等级为二级，设计使用年限为 50 年，求由可变荷载效应控制和由永久荷载效应控制的梁跨中截面的弯矩设计值。

2. 某混凝土砌块墙体，采用 MU10 单排孔砌块和 Mb5 砌块专用砂浆砌筑，单排孔孔洞率为 45%，空心部位用 C_b20 细石混凝土灌实，灌孔率 ρ=50%，请确定该砌体的抗压强度设计值。如果砌块孔洞率改为 65%，灌孔方式改为隔 2 孔灌 1 孔，那么该砌体的抗压强度设计值是多少？

6

钢筋混凝土结构计算基础

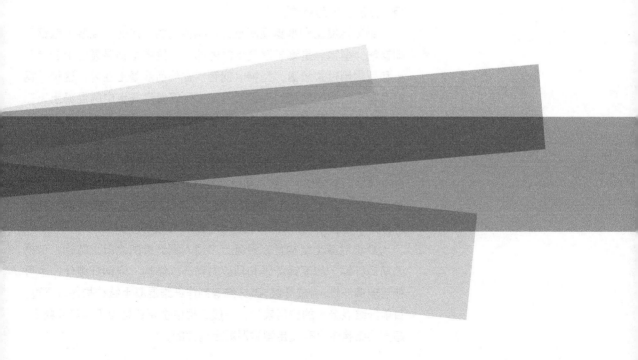

6.1 钢筋混凝土结构的基本概念

6.1.1 混凝土结构的分类

以混凝土为主要材料制作的混凝土结构包括素混凝土结构、钢筋混凝土结构、型钢混凝土结构、钢管混凝土结构以及纤维混凝土结构等。

素混凝土结构是指仅使用混凝土材料而不配置任何钢材（钢筋、型钢、钢管）的无筋混凝土结构。由于混凝土材料的抗拉强度很低，除刚性基础外，建筑结构的其他承重构件不使用素混凝土。

钢筋混凝土结构是配置受力的普通钢筋、钢筋网或钢筋骨架的混凝土结构（也称 RC 结构）。如果在混凝土结构构件中配置预应力钢筋（这部分钢筋在结构构件承载以前已有预先施加的拉应力），则称为预应力钢筋混凝土结构。如果将钢筋混凝土结构构件中的钢筋改为型钢（角钢、槽钢、工字钢、H 型钢或焊接 H 型钢等），则称为型钢混凝土或 SC（也称钢骨混凝土），而同时使用钢筋和型钢的混凝土结构又称为型钢—钢筋混凝土结构或 SRC 结构。钢筋混凝土可用于单层、多层及高层结构，型钢混凝土和型钢—钢筋混凝土多用于高层及大跨结构。

钢筋混凝土和型钢混凝土结构构件的共同点是"混凝土包钢"，即钢筋、型钢总是置于混凝土的内部。如果将型钢混凝土中的混凝土和型钢倒过来放置，型钢（钢管）在外而混凝土在内，这种"钢包混凝土"式的结构称为钢管混凝土。钢管混凝土中的混凝土为三向约束受压，混凝土材料的抗压承载力较普通混凝土高，故钢管混凝土多用于桥梁工程中。

钢筋混凝土、型钢混凝土和钢管混凝土中的钢和混凝土实际上是一种"融合关系"，即一种材料放置在另一种材料的内部。如果将其处理成"并置关系"，使两种材料并列（即叠合）所形成的结构构件称为"组合结构"，例如组合梁、组合楼板等。

纤维混凝土结构是在混凝土中掺入钢纤维的混凝土结构，包括无筋钢纤维、加筋钢纤维和预应力钢纤维结构。除钢纤维外，也可使用玻璃纤维、合成纤维、碳纤维等制作纤维混凝土结构构件。不过，目前纤维混凝土的应用较少，一般工程中主要还是使用钢筋混凝土，超高层结构中也有使用型钢混凝土构件的。

6.1.2　钢筋混凝土结构的基本原理

混凝土是一种抗压强度相对较高但抗拉强度很低的人工合成的各向异性脆性材料，仅用混凝土制作的结构构件无法承受较大的荷载。以图 6-1 所示的简支梁为例，在荷载作用下梁的跨中向下弯曲，梁上部受压而下部受拉，由于混凝土抗拉强度很低，当梁的受拉边缘拉应力超过混凝土抗拉强度时，梁的下部就会开裂而导致破坏，如图 6-1（a）。此时，梁的受压区混凝土应力远未达到混凝土的抗压强度，材料的抗压能力没有得到充分利用，梁的承载力由混凝土的抗拉强度决定，所以素混凝土梁的承载力很低。

可以看到，一方面是梁混凝土的抗拉强度低导致梁的承载力低，另一方面是受压区混凝土的承压能力没有得到充分利用而被浪费，所以提高梁的承载力的关键是提高材料的抗拉性能，有效的解决办法是在梁受拉区以抗拉强度很高的钢筋代替混凝土受拉，如图 6-1（b）。这样，钢筋配置在受拉区承受截面拉力，受压区仍以混凝土承受压力，两种材料分工配合，有效提高了构件的承载力，这就是钢筋混凝土的工作原理。为使两种材料对结构构件承载力的贡献作用协调一致，在结构构件设计中控制钢筋用量，达到混凝土受压破坏时而钢筋也同时受拉屈服的理想状态，这就是钢筋混凝土结构构件设计的目标。

在结构构件的几种受力状态中，受压构件中的大偏心受压和受弯的梁属同一问题，受剪构件是主拉应力下的抗拉问题，受扭构件本质上也是环向受拉。即使是轴心或小偏心受压构件，当混凝土材料的抗压强度不足时，也常以受压钢筋的抗压能力来补充。所以，受压、受拉、受弯、受剪和受扭构件都涉及材料的拉应力问题，在这些结构构件中都需要用钢筋承受拉应力，这就是为什么钢筋混凝土结构构件被大量使用的真正原因。

6.1.3　钢筋与混凝土共同工作的基础

钢筋与混凝土是两种性质完全不同的材料，它们能有效地结合在一起共同工作的条件主要有三点。第一，混凝土硬化后与钢筋之间产生良好的粘结力，使两者牢固地结合在一起，相互间不致相对滑动而能整体工作；第二，钢筋和混凝土的温度线膨胀系数非常接近，钢筋为 $1.2 \times 10^{-5}/°C$，而混凝土为 $(1.0 \sim 1.5) \times 10^{-5}/°C$，温度变化不会因产生较大的相对变形而破坏两者之间的粘结；第三，钢筋外表面至构件边缘间的混凝土保护层起着防止钢筋锈蚀的作用，以保证结构的耐久性。

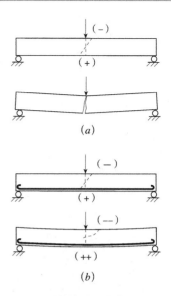

**图 6-1　钢筋混凝土梁的工作
　　　　　原理**
（a）素混凝土梁；
（b）钢筋混凝土梁

在以上几点中，粘结是钢筋和混凝土形成整体共同工作的基础。粘结包含了水泥胶体与钢筋的粘着力、钢筋与混凝土之间的摩擦力以及钢筋的凹凸表面与混凝土之间的机械咬合作用等。钢筋受拉时需要在其两端建立固定钢筋的锚点，称为钢筋的锚固，它通过钢筋端部的一定长度（称为锚固长度，用 l_a 表示）的钢筋与混凝土的粘结来实现。

应注意区分粘结与锚固的概念。粘结代表了钢筋与混凝土整体协同工作的特性，钢筋的全长都与混凝土存在着粘结关系。锚固是建立在粘结基础上的对钢筋端部的固定作用，它是钢筋承受拉力的基础，没有锚固，钢筋就不能承拉；锚固不足或失效，钢筋的拉力就丧失了。所以，钢筋的锚固是钢筋混凝土中发挥钢筋承拉作用的关键。

6.1.4 钢筋混凝土结构的优缺点

1.优点

1）便于就地取材。制作混凝土需用大量的石子和砂，它们一般可就近获得供应。

2）节约钢材。钢筋混凝土充分利用了材料的性能，以混凝土代替钢材承压，可大量节约钢材，结构成本相对较低，利于降低工程造价。

3）耐久性和耐火性好。钢筋埋在混凝土中，受混凝土保护不易锈蚀，提高了结构的耐久性。发生火灾时，钢筋混凝土结构不会像木结构那样起火燃烧，也不会像钢结构那样很快软化而失去承载力。

4）可模性好。钢筋混凝土可根据需要浇筑成各种需要的形状和尺寸，便于制作各类结构构件。

5）整体性好。现浇或装配整体式钢筋混凝土结构的整体性较好，构件有一定的截面面积，刚度大，结构变形小；钢筋混凝土具备必要的延性，利于结构抗震；同时它的防振性和防辐射性也好，适用于防护结构。

2.缺点

1）自重大。钢筋混凝土的重度约为 $25kN/m^3$，比砌体和木材都大。尽管比钢材的重度要小，但结构截面尺寸比钢结构大，故其自重远远超过相同跨度或高度的钢结构。

2）抗裂性差。混凝土的抗拉强度很低，普通钢筋混凝土结构经常带裂缝工作，当裂缝较多或宽度较大时，不但影响结构的耐久性，还会给人造成不安全的感觉。

3）施工不便。现浇混凝土需要大量湿作业，费工、费时、费模板材料，露天作业还会受到气候条件的限制。

6.2 受弯构件

受弯构件是指截面主要承受弯矩和剪力作用而轴力可忽略不计的构件，梁和板是典型的受弯构件。梁的截面形式通常有矩形、T形、工字形、倒 L 形等；板的截面有矩形实心截面、槽形截面和空心形截面等。

在荷载作用下，受弯构件有可能发生两种形式的破坏，一是沿弯矩最大截面的破坏，见图 6-2（a），破坏截面与构件的轴线垂直，称为正截面破坏；二是沿剪力最大或弯矩和剪力都较大的截面破坏见图 6-2（b），破坏截面与构件的轴线斜交，称为斜截面破坏。

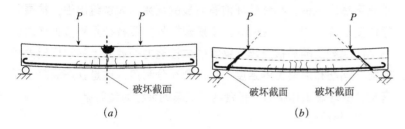

（a） （b）

图 6-2　受弯构件的截面破坏形式

（a）正截面破坏；
（b）斜截面破坏

6.2.1 受弯构件正截面的承载力计算

1. 受弯构件正截面的破坏形态

受弯构件的正截面破坏形态与钢筋的用量有关，构件截面单位面积上的钢筋用量称为配筋率，用 ρ 表示。梁的纵向受拉钢筋配筋率等于纵向受拉钢筋截面面积与梁截面有效面积的比值，即

$$\rho = \frac{A_s}{bh_0} \qquad (6\text{-}1)$$

式中　A_s——纵向受拉钢筋面积；

　　　b——截面宽度；

　　　h_0——截面有效高度（受拉钢筋合力点到截面受压边缘的距离）。

试验研究表明，在其他条件相同的情况下，根据配筋率的不同，梁截面的破坏形态可分为少筋破坏、适筋破坏和超筋破坏三类。

1）少筋破坏

当构件的受拉钢筋过少时，随着荷载的增加，受拉区混凝土边缘出现裂缝，混凝土退出工作，截面拉力全部转由钢筋承担，钢筋应力突增，很快超过屈服极限直至被拉断，裂缝急速发展，犹如素混凝土受弯，构件随即破坏，被称为少筋破坏，如图6-3（a）所示。构件少筋破坏是突然发生的，破坏前无明显征兆，称为脆性破坏。构件少筋破坏的主要特征是受拉钢筋屈服时受压混凝土尚未达到抗压强度，钢筋的抗拉能力和混凝土的抗压能力不匹配，故其承载力和素混凝土构件接近，等同于素混凝土梁。少筋构件在工程中不得采用。

2）适筋破坏

当构件的受拉钢筋适量时，随着荷载的增加，受拉区边缘出现裂缝，裂缝处混凝土退出工作，截面拉力全部转由钢筋承担，随着荷载的继续增加，受拉钢筋屈服，截面受压区高度不断减小，受压区混凝土应力不断增加，最后混凝土被压碎导致构件破坏，这种破坏称为适筋破坏，如图6-3（b）所示。构件适筋破坏具有渐进性而不是突然发生的，构件破坏前有明显的征兆，如裂缝出现、扩展和塑性变形等，称为塑性破坏。适筋破坏的主要特征是受拉钢筋屈服后受压混凝土随后被压碎，钢筋的抗拉能力和混凝土的抗压能力相匹配，钢筋和混凝土的强度都能得到充分利用，这是钢筋混凝土受弯构件的理想工作状态，符合这一状态的梁称为适筋梁。

3）超筋破坏

通过对构件少筋破坏和适筋破坏的分析可知，提高构件的配筋率可以提高其承载力。但是，配筋也应适量，过多的配筋不但不能继续提高构件的承载力，还会导致构件的脆性破坏。当构件中配置了过多的受拉钢筋时，受压区混凝土被压碎时受拉钢筋尚未屈服，破坏是由于混凝土被过早压碎所导致的，这种破坏称为超筋破坏，如图6-3（c）所示。构件超筋破坏是突然发生的，破坏前同样无明显征兆，也属脆性破坏。构件超筋破坏的主要特征是受压混凝土被压碎时受拉钢筋并未屈服，钢筋的抗拉能力和混凝土的抗压能力不匹配。超筋构件在工程中应予避免。

2.适筋受弯构件正截面受力的三个阶段

试验表明，对于配筋量适中的受弯构件，从开始加载到正截面破坏，截面的受力状态可分为三个主要阶段：

1）第一阶段——弹性阶段

当荷载很小时，截面应力很小，应力与应变成正比，截面的应力分布为直线，见图6-4（a）称为第Ⅰ阶段。

当荷载不断增大时，截面应力也不断增加，由于混凝土的塑性性能，刚刚达到抗拉极限强度的受拉区混凝土并不会立刻开裂，而

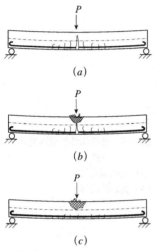

图6-3　受弯构件的破坏形态
（a）少筋破坏；
（b）适筋破坏；
（c）超筋破坏

会有一个〝僵持阶段〞，同时其上方的混凝土压应力逐步增大，所以受拉区混凝土的应力图形下端呈矩形的曲线状。当荷载再增大时，受拉区边缘的混凝土达到抗拉极限，截面处于开裂前的临界状态，见图6-4（b），这标志着第一阶段的结束，该临界状态称为第 I_a 阶段。

2）第二阶段——开裂阶段

截面受力达到 I_a 阶段后，即使荷载有极少量的增加，截面也将立刻开裂，截面应力将重新分布，裂缝处混凝土抗拉能力丧失殆尽，混凝土拉应力转至钢筋，受压区混凝土出现明显的塑性变形，应力图形呈曲线，见图6-4（c），这一受力阶段称为第 II 阶段。

荷载继续增加，裂缝进一步开展，钢筋和混凝土的应力不断增大混凝土受压区高度不断减小。当荷载增加到某一数值时，纵向受力钢筋开始屈服，钢筋应力达到屈服强度，见图6-4（d），该特定的受力状态称 II_a 阶段。

3）第三阶段——破坏阶段

纵向受拉钢筋屈服后，截面承载能力无明显增加，但混凝土中的裂缝开展迅速并向受压区延伸，受压区高度进一步缩减，混凝土受压区面积越来越小，压应力迅速增大，这是截面受力的第 III 阶段，见图6-4（e）。

此状态的进一步发展是，裂缝进一步急剧开展，荷载几乎保持不变，受压区混凝土出现纵向裂缝，然后被完全压碎，截面破坏，图6-4（f），这一特定的受力状态称为第 III_a 阶段。

有一点需注意，根据试验结果，在构件整个受力过程中，构件正截面的纵向钢筋、混凝土的平均应变始终呈线性分布，即应变大小与到中和轴的距离成正比，见图6-4，这被称为〝平截面假定〞，是钢筋混凝土构件计算中一个非常重要的条件。

在受弯构件的分析计算中，特定的问题会和特定的受力阶段相

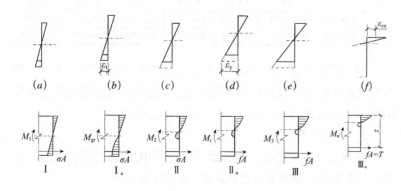

图6-4　梁正截面的破坏的应力应变关系

联系。如截面抗裂验算针对的是第 I_a 阶段，构件使用阶段的变形和裂缝宽度验算针对的是第 II_a 阶段，而截面的承载能力计算则针对第 III_a 阶段。

3. 单筋矩形截面受弯构件正截面承载力计算

受弯构件通常分为单筋受弯构件和双筋受弯构件。只在截面受拉区配置钢筋的称为单筋受弯构件；在截面的受拉区和受压区同时配置受力钢筋的称为双筋受弯构件。

1）基本假定

为简化计算，对受弯构件正截面的承载力计算有如下假定：

（1）截面应变在变形前后仍保持平面（即"平截面假定"）。

（2）不考虑混凝土的抗拉强度。

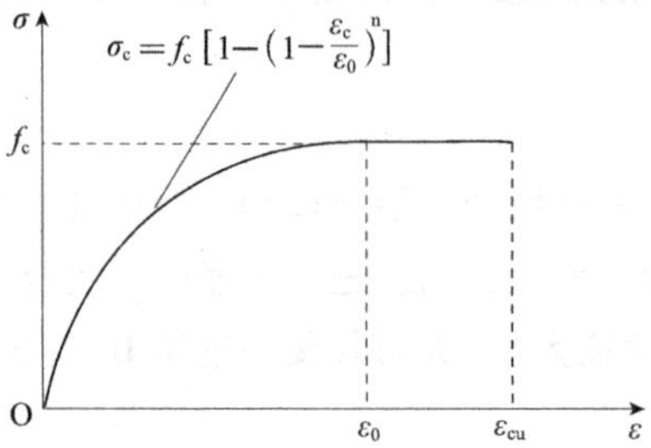

（3）混凝土受压的应力与应变关系曲线按下列规定取用（图6-5）：

$$\sigma_c = f_c \left[1 - \left(1 - \frac{\varepsilon_c}{\varepsilon_0} \right)^n \right]$$

图6-5 混凝土的应力应变关系曲线

其中，σ_c 为对应于混凝土应变为 ε_c 时的混凝土压应力；ε_0 为对应于混凝土压应力刚好达到 f_c 时的混凝土压应变，规范规定 $\varepsilon_0 = 0.002 + 0.5 (f_{cu,k} - 50) \times 10^{-5}$。当计算的 ε_0 值小于 0.002 时，应取为 0.002；ε_{cu} 为正截面处于非均匀受压时的混凝土极限压应变，规范规定 $\varepsilon_{cu} = 0.0033 - (f_{cu,k} - 50) \times 10^{-5}$。当计算的 ε_{cu} 值大于 0.0033 时，应取为 0.0033；$f_{cu,k}$ 为混凝土立方体抗压强度标准值；n 为系数，$n = 2 - (f_{cu,k} - 50)/60$。当计算的 n 值大于 2.0 时，应取为 2.0。n、ε_0 和 ε_{cu} 的取值见表6-1。

n、ε_0 和 ε_{cu} 取值表　　　　　　表6-1

	≤ C50	C55	C60	C65	C70	C75	C80
n	2	1.917	1.832	1.750	1.667	1.583	1.500
ε_0	0.00200	0.002025	0.002050	0.002075	0.002100	0.002125	0.002150
ε_{cu}	0.00330	0.00325	0.00320	0.00315	0.00310	0.00305	0.00300

（4）钢筋的应力 σ_s 取等于钢筋应变与其弹性模量的乘积，但其绝对值不应大于相应的强度设计值。受拉钢筋的极限拉应变应取 0.01，即 $\sigma_s = \varepsilon_0 E_s \leqslant f_y$，$\sigma'_s = \varepsilon'_0 E'_s \leqslant f'_y$，$\varepsilon_{s,max} = 0.01$。

2）基本计算公式

按照上述基本假定，根据适筋梁在第 III_a 阶段的受力特点，即可绘制单筋矩形截面受弯计算简图，如图6-6所示。

由图 6-6（c）可以看出，混凝土在截面高度范围内的压应力分布比较复杂（受压区高度为 x_0，截面边缘应力为 σ_c），为简化计算，可将实际应力图形用等效矩形应力图形代替。所谓等效，一是两图形的压应力合力必须相等，二是合力的作用位置必须相同。经等效处理后，原应力图形受压区高度由 x_0 变为等效应力图形受压区高度 x（$x=\beta_1 x_0$，β_1 取值见表 6-2），原应力图形的非均匀压应力变为等效应力图形的平均压应力 $\alpha_1 f_c$，α_1 取值见表 6-2。

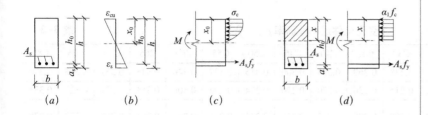

图 6-6 单筋矩形截面的计算图式
（a）截面示意；
（b）截面应变；
（c）截面实际应力；
（d）截面受力计算简图

系数 α_1 和 β_1 取值表　　　　表 6-2

混凝土强度等级	≤C50	C55	C60	C65	C70	C75	C80
α_1	1.0	0.99	0.98	0.97	0.96	0.95	0.94
β_1	0.80	0.79	0.78	0.77	0.76	0.75	0.74

由此，可得受弯构件正截面承载力计算基本公式：

$$\sum X=0，\quad \alpha_1 f_c bx = f_y A_s \tag{6-2}$$

$$\sum M=0，\quad M \leqslant \alpha_1 f_c bx\left(h_0 - \frac{x}{2}\right)，\text{或} \ M \leqslant f_y A_s\left(h_0 - \frac{x}{2}\right) \tag{6-3、6-3a}$$

式中　M——截面弯矩设计值；

f_c——混凝土轴心抗压强度设计值；

f_y、A_s——受拉钢筋抗拉强度设计值和受拉钢筋截面面积；

b——矩形截面宽度；

h_0——截面有效高度，$h_0=h-a_s$，a_s 为受拉钢筋合力点至截面下边缘的距离，也即受拉钢筋保护层厚度 c 加受力钢筋直径的 1/2。

当梁的纵向受力钢筋按一排布置时，$a_s=35\text{mm}$；按两排布置时，$a_s=60\text{mm}$；计算板时，$a_s=20\text{mm}$（按梁受力钢筋保护层厚度 25mm、板保护层厚度 15mm 确定）。

3）基本公式的适用条件

基本公式是按照适筋梁的受力情况建立的，只适用于适筋构件的计算，所以应用基本公式计算或验算构件承载力时，必须满足以下条件：

（1）为防止构件少筋破坏，构件的配筋率 ρ 不得小于其最小配筋率 $\rho_{\min}$，即

$$\rho \geqslant \rho_{\min}，\text{或} A_s \geqslant \rho_{\min} bh \qquad (6\text{-}4)$$

式中　$\rho_{\min}$——受弯构件的最小配筋率。$\rho_{\min}$ 为 0.2% 或 $45f_t / f_y$（%）中的较大值（见表 6-3）。

受弯构件最小配筋率 $\rho_{\min}$（%）　　　　　　表 6-3

	C15	C20	C25	C30	C35	C40	C45	C50	C55	C60	C65	C70	C75	C80
HPB300	0.200	0.200	0.212	0.238	0.262	0.285	0.300	0.315	0.327	0.340	0.348	0.357	0.363	0.370
HRB335	0.200	0.200	0.200	0.215	0.236	0.270	0.270	0.284	0.294	0.306	0.314	0.321	0.327	0.333
HRB400 RRB400	0.200	0.200	0.200	0.200	0.200	0.225	0.225	0.236	0.245	0.255	0.261	0.268	0.273	0.278
HRB500	0.200	0.200	0.200	0.200	0.200	0.200	0.200	0.200	0.202	0.211	0.216	0.221	0.223	0.230

（2）为防止构件超筋破坏，截面相对受压区高度 ξ 不得超过其相对界限受压区高度 ξ_b，即

$$\xi = \frac{x}{h_0} \leqslant \xi_b，\text{或} \rho = \frac{A_s}{bh_0} \leqslant \rho_{\max} = \xi_b \frac{\alpha_1 f_c}{f_y} \qquad (6\text{-}5)$$

其中，截面相对界限受压区高度 ξ_b 是适筋构件与超筋构件的界限值，有屈服点钢筋的 ξ_b 按式（6-6）确定，常用钢筋的 ξ_b 见表 6-4。

$$\xi_b = \frac{\beta_1}{1 + \dfrac{f_y}{\varepsilon_{cu} E_s}} \qquad (6\text{-}6)$$

受弯构件有屈服点钢筋配筋时的 ξ_b 值　　　表 6-4

	≤C50	C55	C60	C65	C70	C75	C80
HPB300	0.576	0.566	0.556	0.547	0.537	0.528	0.518
HRB335	0.550	0.541	0.531	0.522	0.512	0.503	0.493
HRB400 RRB400	0.518	0.508	0.499	0.490	0.481	0.472	0.463
HRB500	0.491	0.482	0.473	0.465	0.456	0.445	0.438

对于无屈服点的钢筋，ξ_b 按式（6-7）确定：

$$\xi_b = \frac{\beta_1}{1 + \dfrac{0.002}{\varepsilon_{cu}} + \dfrac{f_y}{\varepsilon_{cu} E_s}} \qquad (6\text{-}7)$$

截面相对界限受压区高度 ξ_b 表示截面受压区界限高度与截面有效高度之比 (x_b/h_0)，所以，限制了 $\xi \leqslant \xi_b$ 即是限制了受压区高度 $x \leqslant x_b$。对应于 $x=x_b$ 的截面配筋即为截面最大配筋率 ρ_{max}。

常用钢筋的最大配筋率 ρ_{max} 见表6-5。

受弯构件的截面最大配筋率 ρ_{max}（%） 表6—5

	C15	C20	C25	C30	C35	C40	C45	C50	C55	C60	C65	C70	C75	C80
HPB300	1.54	2.06	2.54	3.05	3.56	4.07	4.50	4.93	5.25	5.55	5.84	6.07	6.28	6.47
HRB335	1.32	1.76	2.18	2.62	3.07	3.51	3.89	4.24	4.52	4.77	5.01	5.21	5.38	5.55
HRB400 RRB400	1.03	1.38	1.71	2.06	2.40	2.74	3.05	3.32	3.53	3.74	3.92	3.92	4.21	4.34
HRB133500	0.95	1.27	1.58	1.89	2.21	2.53	2.79	3.06	3.26	3.44	3.62	3.77	3.90	4.02

构件适筋破坏和超筋破坏的共同之处是破坏时受压区混凝土均被压碎，混凝土达到极限压应变 ε_{cu}，此应变情况可用图6-7（a）表示，故

$$\frac{x_{0b}}{h_0} = \frac{\varepsilon_{cu}}{\varepsilon_{cu}+\varepsilon_s},$$

即 $\xi_b = \dfrac{x_b}{h_0} = \dfrac{\beta_1 x_{0b}}{h_0} = \dfrac{\beta_1 \varepsilon_{cu}}{\varepsilon_{cu}+\varepsilon_s}$，

或 $\xi_b = \dfrac{\beta_1 \varepsilon_{cu}}{\varepsilon_{cu}+\varepsilon_s} = \dfrac{\beta_1}{1+\dfrac{\varepsilon_s}{\varepsilon_{cu}}} = \dfrac{\beta_1}{1+\dfrac{f_y}{\varepsilon_{cu}E_s}}$

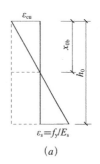

(a)

所以，只要限制混凝土极限压应变 ε_{cu}，即可达到限值受压区高度的目的。若钢筋配置过多，则钢筋拉应力 $\sigma_s < f_y$，钢筋应变 $\varepsilon_1 < \varepsilon_s$，根据平截面假定，超筋时（图6-7$b$），必有混凝土受压区高度 $x > x_{0b}$。

4）计算方法

受弯构件计算通常分成两类，一类是截面设计，另一类是截面复核。截面设计是指已知截面内力，将假定的构件截面尺寸、混凝土强度等级、钢筋的品种作为已知条件，计算出所需的受拉钢筋面积，确定钢筋的数量和直径并布置钢筋。如果已知构件尺寸、混凝土强度等级、钢筋的品种、数量和配筋方式，计算截面能否够承受某一已知的荷载，则为截面复核。

在计算中，应注意核算最小配筋率和截面最大受压区高度，以符合 $\rho \geqslant \rho_{min}$ 及 $\xi \leqslant \xi_b$。

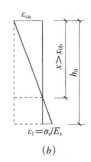

(b)

图6—7 界限配筋和超筋时的应变

（a）界限应变；
（b）超筋时的应变

（1）截面设计

已知条件为设计内力 M、截面尺寸 b、h_0 以及材料强度 f_y、f_c，待求参数为钢筋面积 A_s。计算时先利用式（6-3）求解 x：

$$x=h_0-\sqrt{h_0^2-2M/\alpha_1f_cb}, \quad (x\leqslant\xi_bh_0) \tag{6-8}$$

代入式（6-2）即可求出 A_s：

$$A_s=\frac{\alpha_1f_cbx}{f_y}, \quad (A_s\geqslant\rho_{min}bh_0) \tag{6-9}$$

若 $x>\xi_bh_0$，说明构件截面偏小，应加大截面高度，或采用双筋截面。若 $\rho<\rho_{min}$，说明截面偏大，可减小截面高度。若截面不变，可取 $A_s=\rho_{min}bh$。

用以上方法计算需求解一元二次方程，工程实际中为方便起见，常利用计算表格（见附表 6-3）进行计算，这些表格实际上是基本公式的翻版。根据式（6-3），有

$$M=\alpha_1f_cbx\left(h_0-\frac{x}{2}\right)=\alpha_1f_cbh_0^2\xi(1-0.5\xi)=\alpha_s\alpha_1f_cbh_0^2 \tag{6-10}$$

根据式（6-3a），有

$$M=f_yA_s\left(h_0-\frac{x}{2}\right)=f_yA_sh_0\left(1-\frac{x}{h_0}\right)=f_yA_sh_0(1-0.5\xi)=f_yA_sh_0\gamma_s \tag{6-11}$$

其中，$\alpha_s=\xi(1-0.5\xi)$，称为截面抵抗矩系数；$\gamma_s=(1-0.5\xi)$，称为截面抵抗矩的内力臂系数。由 $\alpha_s=\xi(1-0.5\xi)$ 可得

$$\xi=1-\sqrt{1-2\alpha_s} \tag{6-12}$$

代入 $\gamma_s=(1-0.5\xi)$，可得

$$\gamma_s=\frac{1+\sqrt{1-2\alpha_s}}{2} \tag{6-13}$$

可见，参数 ξ、γ_s 相当于基本公式中的二次方程的解的某种表达，而 α_s 是方程的系数项。给定某 α_s 值，便有一个 ξ 值或 γ_s 值与之对应。因此可预先设定一系列 α_s 值，算出对应的解 ξ 和 γ_s，依此编制出计算用表，如附表 6-3 所示。

【例 6-1】某钢筋混凝土梁，截面尺寸 $200mm\times400mm$，跨中弯矩设计值 $M=47.5kN\cdot m$。混凝土强度等级为 C25，纵向受拉钢筋采用 HRB335 级，求受拉钢筋面积。

【解】已知 $M=47.5kN\cdot m$，$b=200mm$，$h=400mm$，C25 混凝土、HRB335 级钢筋，查表 5-6、表 5-7，$f_c=11.9N/mm^2$，$f_y=300 N/mm^2$；

查表 6-2，$\alpha_1=1.0$，查表 6-4，$\xi_b=0.550$；

按布置一排钢筋考虑，$h_0=h-a_s=400-35=365mm$；

$$x=h_0-\sqrt{h_0^2-2M/\alpha_1 f_c b}=365-\sqrt{365^2-2\times47.5\times10^6/1.0\times11.9\times200}=59.53mm$$

$\xi=59.53/365=0.163<\xi_b=0.550$，受压区高度符合要求。

$$A_s=\frac{\alpha_1 f_c bx}{f_y}=\frac{1.0\times11.9\times200\times59.53}{300}=472.27mm^2；选配 3\Phi14，$$

$A_s=462mm^2$；

验算最小配筋率：$A_s=462mm^2>\rho_{min}bh=0.200\%\times200\times400=160.00mm^2$。

【例 6-2】某楼面梁截面尺寸 250mm×500mm，跨中最大弯矩设计值 $M=180kN\cdot m$，梁混凝土强度等级 C30，钢筋采用 HRB400 级，求受拉钢筋面积。

【解】先假定布置一排钢筋，则 $h_0=h-a_s=500-35=465mm$。

查表 5-6、表 5-7，$f_c=14.3N/mm^2$，$f_y=360N/mm^2$；查表 6-2，$\alpha_1=1.0$，查表 6-4，$\xi_b=0.518$；

$$\alpha_s=\frac{M}{\alpha_1 f_c bh_0^2}=\frac{180\times10^6}{1\times14.3\times250\times465^2}=0.2328，查附表 6-3，插值，$$

得 $\xi=0.268<\xi_b=0.518$；

$$A_s=\xi bh_0\frac{\alpha_1 f_c}{f_y}=0.268\times250\times465\times\frac{14.3}{360}=1238mm^2；$$

验算最小配筋率：$A_s=1238mm^2>\rho_{min}bh=0.2\%\times250\times500=250.0mm^2$。选配 3$\Phi$25，$A_s=1473mm^2$。

（2）截面复核

在截面复核类问题中，参数 b、h_0、f_y、f_c 以及 A_s 均已知，直接利用式（6-2）计算 x，然后代入式（6-3）的右边计算出构件的承载力 M_u（结构抗力），最后和已知荷载的内力 M（荷载效应）比较，如 $M_u\geqslant M$，则构件截面承载力满足要求（截面安全）。

【例 6-3】某预制钢筋混凝土走道板，计算跨长 $l_0=1820mm$，板宽 480mm，板厚 60mm，混凝土的强度等级为 C25，受拉区配有 4 根直径 8mm 的 HPB300 级钢筋（配筋记为 4ϕ8），当使用荷载及板自重产生的跨中最大弯矩设计值为 $M=1.1kN\cdot m$ 时，试复核该截面承载力。

【解】根据已知条件，$b=480mm$，$h=60mm$，C25 混凝土 HPB300 级钢筋，查表 5-5、表 5-6，$f_c=11.9N/mm^2$，$f_y=270N/mm^2$；查表 6-2，

$\alpha_1=1.0$，查表 6-4，$\xi_b=0.576$；配筋 4φ8，查附表 6-1，$A_s=201mm$。

$h_0=h-c-d/2=60-15-8/2=41mm$，

根据式（6-3），受压区高度 x 为

$$x=\frac{f_y A_s}{\alpha_1 f_c b}=9.51<\xi_b h_0=0.576\times41=23.6mm$$，受压区高度符合要求。

截面承载力 M_u 为

$$M_u=\alpha_1 f_c bx(h_0-\frac{x}{2})=1.0\times11.9\times480\times9.51\times(41-\frac{9.51}{2})=1968868.9(N\cdot mm)$$

$$\approx1.97kN\cdot m>M=1.1kN\cdot m$$，

截面承载力满足承载要求。

4. 双筋矩形截面受弯构件正截面承载力计算

1）截面最大承载力

由截面承载力计算基本公式可知，截面弯矩越大，混凝土受压区高度越大，由于 $x\leq x_b$，那么适筋梁的最大受压区高度 $\xi_b h_0$ 对应的截面弯矩即是截面能够承受的最大弯矩：

$$M_{max}=\alpha_1 f_c b\xi_b h_0(h_0-\frac{\xi_b h_0}{2})=\alpha_1 f_c bh_0^2 \xi_b(1-\frac{\xi_b}{2}) \tag{6-14}$$

当构件承受的弯矩超过 M_{max} 时，说明截面承载力不足。此时，可提高截面高度，或提高材料强度等级，或采用同时配置受压钢筋的双筋截面。

由于钢筋受压不经济，但在下列情况下必须采用双筋截面：截面弯矩大于单筋截面所能承受的最大弯矩而无法增大构件截面尺寸时；在不同的内力组合中，截面承受变号弯矩；由于某种原因，构件截面的受压区预先已经布置了一定数量的受力钢筋（如连续梁的支座截面）。

2）双筋矩形截面承载力的计算公式及适用条件

双筋矩形截面是在单筋矩形截面的基础上，用受压钢筋承受部分截面压力所形成的截面，根据其计算简图（图6-8），可得基本计算公式为

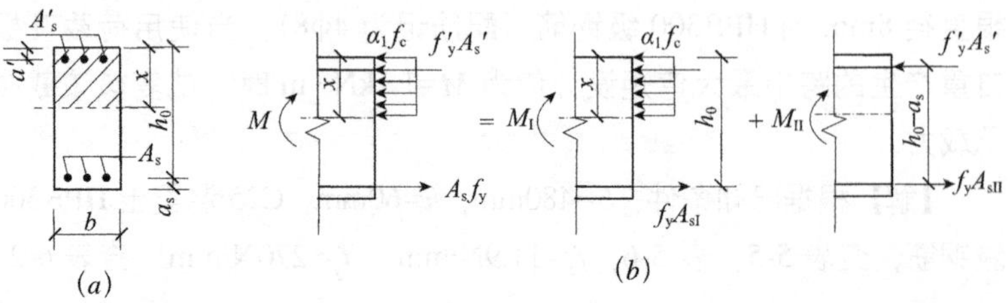

图 6-8 双筋矩形截面的计算图式

(a) 截面示意；
(b) 截面受力计算简图

$$\sum X = 0，\quad \alpha_1 f_c bx + f_y' A_s' = f_y A_s \tag{6-15}$$

$$\sum M = 0，\quad M \leqslant f_y' A_s'(h_0 - a_s') + \alpha_1 f_c bx\left(h_0 - \frac{x}{2}\right) \tag{6-16}$$

式中　A_s'——受压钢筋面积；

　　　f_y'——受压钢筋的抗压强度设计值；

　　　a_s'——从受压区边缘到受压钢筋合力作用点的距离，取值方法同 a_s；

其他符号的意义同单筋矩形截面。

单筋矩形截面受弯构件承载力计算中的各项假定均适用于双筋矩形截面，此外还假定当 $x \geqslant 2a_s'$ 时，受压钢筋的应力等于其抗压强度设计值 f_y'。

双筋矩形截面受弯构件正截面承载力基本计算公式的适用条件是

$$x \leqslant \xi_b h_0，\quad x \geqslant 2a_s' \tag{6-17，6-18}$$

规定 $x \leqslant \xi_b h_0$，可防止受压区混凝土在受压钢筋屈服前被压碎；规定 $x \geqslant 2a_s'$，可防止受压钢筋在构件破坏时达不到其抗压强度设计值。因为当 $x < 2a_s'$ 时，受压钢筋的应变 ε_s' 很小，受压钢筋不可能屈服。因此，当 $x < 2a_s'$ 时，受压钢筋的应力达不到 f_y' 而成为未知数，这时可近似地取 $x = 2a_s'$，并将各力对受压钢筋的合力点取矩，得

$$M \leqslant f_y A_s (h_0 - a_s') \tag{6-19}$$

此时，用式（6-19）可直接确定受拉钢筋面积 A_s。但若求得的 A_s 比不考虑受压钢筋的存在而按单筋矩形截面计算还要大时，应按单筋截面的计算结果配筋。

3）计算公式的应用

（1）截面设计

①受压钢筋和受拉钢筋面积均未知。

已知截面弯矩设计值 M、截面尺寸 $b \times h$、材料种类和强度等级，求受拉钢筋面积 A_s 和受压钢筋面积 A_s'。

此时应按基本公式 [式（6-15）和式（6-16）] 计算，但两个方程中含有三个未知数 A_s、A_s' 和 x，需补充一个条件方可求解。补充条件时，以充分发挥混凝土的抗压能力为出发点，让混凝土充分承压以节约钢材，故假定混凝土受压区的高度等于其界限高度，即 $x = \xi_b h_0$，故有

$$A_s' = \frac{M - \alpha_1 f_c bx\left(h_0 - \dfrac{x}{2}\right)}{f_y'(h_0 - a_s')} = \frac{M - \alpha_1 f_c b \xi_b h_0\left(h_0 - \dfrac{\xi_b h_0}{2}\right)}{f_y'(h_0 - a_s')} = \frac{M - \alpha_{sb} \alpha_1 f_c b h_0^2}{f_y'(h_0 - a_s')} \tag{6-20}$$

其中，$a_{sb}=\xi_b(1-0.5\xi_b)$，称为截面最大抵抗矩系数。

由式（6-15），得

$$A_s=\frac{f'_yA'_s+\alpha_1f_cbx}{f_y}=\frac{f'_yA'_s+\alpha_1f_cb\xi_bh_0}{f_y} \qquad (6\text{-}21)$$

应注意假定 $x=\xi_bh_0$ 的含义。此假定表明，在截面弯矩超过单筋截面最大承载力时，先让混凝土充分承压（可理解为图6-8中对应于 $x=\xi_bh_0$ 时的 M_I），不足部分再以受压钢筋辅助承压（可理解为图6-8中对应于 $x=\xi_bh_0$ 时的 M_{II}），这便是双筋截面的工作原理和计算思路。

②受压钢筋面积已知，受拉钢筋面积未知

已知截面的弯矩设计值 M、截面尺寸 $b\times h$、材料种类和强度等级及受压钢筋截面面积 A'_s，求受拉钢筋面积 A_s。

此时，A'_s 已知，未知数只有 A_s 和 x，可利用基本公式直接求解：

$$x=h_0-\sqrt{h_0^2-2[M-f'_yA'_s(h_0-a'_s)]/\alpha_1f_cb} \qquad (6\text{-}22)$$

$$A_s=\frac{f'_yA'_s+\alpha_1f_cbx}{f_y} \qquad (6\text{-}21a)$$

按式（6-22）求出受压区高度 x 后，如果不满足式（6-17），说明受压钢筋截面面积 A'_s 太小，这时应按式（6-20）和式（6-21）求 A'_s 和 A_s。如果不满足条件式（6-18），说明受压钢筋未屈服，此时仍应按式（6-19）计算受拉钢筋面积。

如果受压钢筋和受拉钢筋为同一钢号（$f_y=f'_y$），则上式变为

$$A_s=A'_s+\frac{\alpha_1f_cbx}{f_y} \qquad (6\text{-}21b)$$

式（6-21b）的 α_1f_cbx/f_y 项便是式（6-9），为原单筋截面的受拉钢筋 A_s（这里记作 A_{sl} 以示区别），其合力 f_yA_{sl} 和受压钢筋合力 $A'_sf'_y$ 所构成的力偶便是图6-8中 M_{II}，它代表了由截面受压钢筋承担的额外截面弯矩，也就是超过单筋截面最大弯矩 M_{max} 的那部分弯矩 M_{II}。

（2）截面复核

截面承载力校核时，材料强度等级、截面弯矩 M、截面尺寸 $b\times h$、受压钢筋截面面积 A'_s、受拉钢筋面积 A_s 等均已知，应先利用式（6-15）计算混凝土受压区高度 x。

若 $2a<x<\xi_bh_0$，则直接用式（6-16）计算截面抵抗弯矩 M_u；若 $x\leqslant 2a_s$，应按式（6-19）计算 M_u；若 $x>\xi_bh_0$，则属于超筋梁，原截面设计不合理，此时可取 $x=\xi_bh_0$，近似按式（6-14）计算 M_u。然后，将 M_u 与截面弯矩 M 比较，以确定截面是否安全。

【例6-4】某楼面梁截面尺寸 $b\times h=250\text{mm}\times600\text{mm}$，混凝土强

度等级 C20（f_c=9.6N/mm²），采用 HRB400 钢筋（f_y=f_y'=360N/mm²，ξ_b=0.518），梁截面弯矩设计值为 M=450kN·m。求截面所需的受力钢筋面积。

【解】先判断是否需要设计成双筋梁。受拉钢筋考虑按两排放置，h_0=600-60=540mm；

单筋截面所能承受的最大弯矩为：

$$M_1=\alpha_1 f_c b h_0^2 \xi_b(1-0.5\xi_b)=1\times9.6\times250\times540^2\times0.518\times(1-0.5\times0.518)$$

$$=2.686\times108N\cdot mm=269kN\cdot m<450kN\cdot m，因此应将截面设$$

计成双筋梁。

按一排受压钢筋考虑，α_{sb}=$\xi_b(1-0.5\xi_b)$=0.518×（1-0.5×0.518）=0.384，由式（6-20）得：

$$A_s'=\frac{M-\alpha_{sb}\alpha_1 f_c b h_0^2}{f_y'(h_0-a_s')}=\frac{450\times10^6-0.384\times1\times9.6\times250\times540^2}{360\times(540-35)}=997mm^2，$$

选 2Φ25；

$$A_s=\frac{f_y'A_s'+\alpha_1 f_c b\xi_b h_0}{f_y}=\frac{360\times997+1\times9.6\times250\times0.518\times540}{360}=$$

2862mm²，选 6Φ25。

适用条件验算从略。

5. T 形截面受弯构件正截面承载力计算

在受弯构件受力分析及承载力计算中，多处提到过不考虑混凝土的抗拉能力。因此，为减轻结构自重，截面受拉区混凝土应尽可能减少，于是将受拉区两侧混凝土挖去，形成 T 形截面（图6-9）。工程实际中 T 形截面很多，如一般工程中的 T 形梁、Γ 形梁、工字型梁、薄腹梁、箱形梁、槽形板、空心板，以及厂房中的吊车梁等都属于 T 形截面。

T 形截面的翼缘是其受压区，实际压应力分布沿翼缘宽度方向呈不均匀状态，见图6-10（a）。为简便起见，计算时可取等效均布压应力，翼缘等效计算宽度为 b_f'，如图6-10（b）。按混凝土结构设计规范，b_f' 应按表6-6取用。

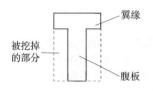

图 6-9　T 形截面

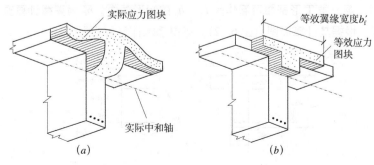

(a)　　　　　(b)

图 6-10　T 形截面应力分布

T 形、I 形、倒 L 形截面受弯构件翼缘计算宽度 b_f' 表 6-6

情况		T 形、I 形截面		倒 L 形截面
		肋形梁（板）	独立梁	肋形梁（板）
1	按计算跨度 l_0 考虑	$l_0/3$	$l_0/3$	$l_0/6$
2	按梁（肋）净距 s_n 考虑	$b+s_n$	—	$b+s_n/2$
3	按翼缘高度 h_f' 考虑　$h_f'/h_0 \geqslant 0.1$	—		$b+5h_f'$
	$0.1 > h_f'/h_0 \geqslant 0.05$	$b+12h_f'$	$b+16h_f'$	$b+5h_f'$
	$h_f'/h_0 < 0.05$	$b+12h_f'$	b	$b+5h_f'$

注：1. 表中 b 为梁的腹板宽度；

2. 如肋形梁在梁跨内设有间距小于纵肋间距的横肋时，可不考虑表中情况 3 的规定；

3. 加腋的 T 形、I 形和倒 L 形截面，当受压区加腋的高度 $h_h \geqslant h_f'$ 且加腋的宽度 $b_h \leqslant 3h_h$ 时，则其翼缘计算宽度可按情况 3 的规定分别增加 $3b_h$（T 形、I 形截面）和 b_h（倒 L 形截面）；

4. 独立梁受压区的翼缘板在荷载作用下经验算沿纵肋方向可能产生裂缝时，其计算宽度应取腹板宽度 b。

1）两类 T 形截面

T 形截面受弯构件按受压区的高度不同，可分为两种类型（图 6-11）：

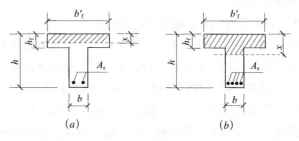

图 6-11　两类 T 形截面
（a）第一类 T 形截面；
（b）第二类 T 形截面

第一类 T 形截面，中和轴在翼缘内，即 $x \leqslant h_f'$；第二类 T 形截面，中和轴在腹板内，即 $x > h_f'$。两类截面的界线是中和轴位于翼缘底边处，即 $x = h_f'$。

2）基本计算公式

（1）第一类 T 形截面

第一类 T 形截面可看作是 $b_f' \times h_0$ 的矩形截面，b_f' 为翼缘计算宽度，根据其计算简图（图 6-12），可得基本计算公式为

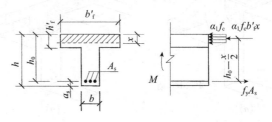

图 6-12　第一类 T 形截面计算简图

$$\alpha_1 f_c b_f' \ x = f_y A_s \qquad (6\text{-}23)$$

$$M \leqslant \alpha_1 f_c b_f' x \left(h_0 - \frac{x}{2}\right) \qquad (6\text{-}24)$$

基本公式的适用条件仍为式（6-5）和式（6-6），即 $\xi \leqslant \xi_b$；$\rho \geqslant \rho_{\min}$。

T 形截面 b_f'/h_0 较小，均能满足 $\xi \leqslant \xi_b$，故不必验算；计算 ρ 时不考虑翼缘的外伸部分，即 $\rho = A_s/bh_0$。

（2）第二类 T 形截面

第二类 T 形截面（图 6-13）可看作矩形截面 $b \times h_0$ 和 $(b_f'-b) \times h_f'$ 的叠加（h_f' 为翼缘高度），基本计算公式为

$$\alpha_1 f_c b_f' x + \alpha_1 f_c (b_f'-b) \ h_f' = f_y A_s \qquad (6\text{-}25)$$

$$M \leqslant \alpha_1 f_c b x \left(h_0 - \frac{x}{2}\right) + \alpha_1 f_c (b_f'-b) \ h_f' \left(h_0 - \frac{h_f'}{2}\right) \qquad (6\text{-}26)$$

其适用条件不变，仍为式（6-5）和式（6-6），即 $\xi \leqslant \xi_b$；$A_s \geqslant \rho_{\min} bh$。后一个条件一般均能满足，不必验算。

（3）两类截面的判别

根据两类截面的判别条件 $x = h_f'$，代入式（6-23）、式（6-24）可得

$$\alpha_1 f_c b_f' \ h_f' = f_y A_s \qquad (6\text{-}27)$$

$$M = \alpha_1 f_c \ h_f' \left(h_0 - \frac{h_f'}{2}\right) \qquad (6\text{-}28)$$

上式为 T 形截面中和轴位于两类截面分界线，即 $x = h_f'$ 时的最大内力。因此，若 $\alpha_1 f_c b_f' h_f' \leqslant f_y A_s$ 或 $M \leqslant \alpha_1 f_c h_f' \ (h_0 - 0.5 h_f')$，必有 $x \leqslant h_f'$，此时截面中和轴在翼缘内，为第一类 T 形截面；反之，若 $\alpha_1 f_c b_f' h_f' > f_y A_s$ 或 $M > \alpha_1 f_c h_f' \ (h_0 - 0.5 h_f')$，必有 $x > h_f'$，中和轴在腹板内，为第二类 T 形截面。

3）计算方法

对于截面设计类问题，已知条件为弯矩设计值 M，截面参数 b、h、b_f'、h_f'，以及材料强度指标 f_c、f_y 和 α_1，需要计算受拉钢筋面积 A_s。

首先用式（6-28）判别截面类型，若为第一类 T 形截面，按矩形截面 $b_f' \times h$ 计算；若为第二类 T 形截面，采用基本公式计算时，$x = h_0 - \sqrt{h_0^2 - 2[\alpha_1 f_c (b_f'-b) h_f' (h_0 - h_f'/2)] / \alpha_1 f_c b}$，然后代入式（6-25）即可求得 A_s。不过直接计算较繁琐，为简便起见也可采用表 6-6 计算，方法如下：

将截面弯矩 M 分解成两部分 M_{I}、M_{II}（$M = M_{\mathrm{I}} + M_{\mathrm{II}}$），受拉钢筋

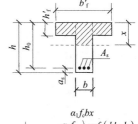

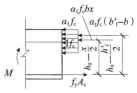

图 6-13 第二类 T 形截面计算简图

A_s 分解成两部分 A_{sI}、A_{sII}（$A_s = A_{sI} + A_{sII}$）；

第一部分 M_I、A_{sI} 对应于矩形截面 $b \times h$，计算公式与式（6-2）及式（6-3）相同：

$$\alpha_1 f_c b x = f_y A_{sI}, \quad M_I = \alpha_1 f_c b x (h_0 - \frac{x}{2}) \qquad (6\text{-}2a)、(6\text{-}3b)$$

第二部分 M_{II}、A_{sII} 对应于翼缘部分的其余截面 $(b_f' - b) \times h_f'$，计算公式为

$$\alpha_1 f_c (b_f' - b) h_f' = f_y A_{sII}, \quad M_{II} = \alpha_1 f_c (b_f' - b) h_f' (h_0 - \frac{h_f'}{2}) \qquad (6\text{-}29)、(6\text{-}30)$$

式（6-29）、式（6-30）中不包含未知数 x，所以可根据已知条件直接计算出 A_{sII} 和 M_{II}，然后利用 $M = M_I + M_{II}$ 计算出 M_{II}，此时即可查表计算 A_{sI}，最终的受拉钢筋面积为 $A_s = A_{sI} + A_{sII}$。

【例 6-5】已知 T 形截面梁，$b_f' = 600\text{mm}$、$h_f' = 120\text{mm}$、$b = 250\text{mm}$、$h = 650\text{mm}$，混凝土强度等级 C20，采用 HRB335 钢筋，梁弯矩设计值 $M = 414\text{kN} \cdot \text{m}$。试求受拉钢筋截面面积。

【解】已知混凝土强度等级 C20，$\alpha_1 = 1.0$，$f_c = 9.6\text{N/mm}^2$；HRB335 级钢筋，$f_y = 300\text{N/mm}^2$，$\xi_b = 0.550$；考虑布置两排钢筋，取 $a_s = 60\text{mm}$，则 $h_0 = h - a_s = 650 - 60 = 590\text{mm}$；

$$\alpha_1 f_c h_f' (h_0 - \frac{h_f'}{2}) = 9.6 \times 120 \times 600 \times (590 - \frac{120}{2}) = 366.336 \times 10^6 \text{ N·mm}$$

$$\leqslant M = 414 \text{kN·m}$$

根据截面类型判别条件，属第二类 T 形截面。

本例仍采用表格计算，利用基本公式计算的过程请自行练习。

由式（6-29）得 $A_{sII} = \alpha_1 f_c (b_f' - b) h_f' / f_y = 1.0 \times 9.6 \times (600 - 250) \times 120 / 300 = 1344\text{mm}^2$

由式（6-30）得

$M_{II} = \alpha_1 f_c (b_f' - b) h_f' (h_0 - h_f'/2) = 1.0 \times 9.6 \times 350 \times 120 \times (590 - 120 \times 0.5) = 213696000\text{N} \cdot \text{mm}$；

$M_I = M - M_{II} = 414 \times 10^6 - 213.696 \times 10^6 = 200.304 \times 10^6 \text{ kN} \cdot \text{m} \approx 200 \times 10^6 \text{ kN} \cdot \text{m}$；

$$\alpha_s = \frac{M_I}{\alpha_1 f_c b h_0^2} = \frac{200 \times 10^6}{1 \times 9.6 \times 250 \times 590^2} = 0.239,$$

查附表 6-3，插值，得 $\xi = 0.277 < \xi_b = 0.518$；

$$A_{sI} = \xi b h_0 \frac{\alpha_1 f_c}{f_y} = 0.277 \times 250 \times 590 \times \frac{9.6}{300} \approx 1307\text{mm}^2;$$

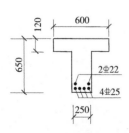

图 6-14　T 形截面配筋图

所以，$A_s=A_{sI}+A_{sII}=1344+1307=2651\text{mm}^2$，配筋可选 $4\underline{\Phi}25+2\underline{\Phi}22$，$A_s=2724\text{mm}^2$，见图 6-14。

6.2.2 受弯构件斜截面承载力的计算

大多数受弯构件是同时承受弯矩和剪力的构件。在弯矩和剪力共同作用下，受弯构件的主拉应力使其在支座附近出现斜裂缝，并可最终导致构件的斜截面破坏。与正截面破坏相比，斜截面破坏带有脆性性质，比正截面破坏更危险，所以受弯构件应具有足够的抗剪能力。

1. 受弯构件斜截面的受力特点

受弯构件在弯矩和剪力共同作用下，随着荷载的增加，剪弯段内的应力状态不断变化。荷载较小时，裂缝尚未出现，构件基本处于弹性阶段，应力分布规律类似于均质材料。梁的弯矩 M 引起正应力 σ，剪力 V 引起剪切应力 τ，σ、τ 构成主拉应力 σ_{tp} 和主压应力 σ_{cp}。材料微元体上只有正应力且剪切应力为零的应力方向，称为主应力。

随着荷载的增大，梁主应力也不断增大，当截面主拉应力 σ_{tp} 超过混凝土的极限抗拉强度时，即在受拉区产生正交于主拉应力方向的斜裂缝。随后，裂缝处混凝土退出工作，拉力全部由与斜裂缝相交的箍筋和弯起钢筋承担，应力突增，应变增大，致使斜裂缝继续扩展，尾端的剪压区面积减小、应力增大，处于复杂应力状态。

荷载继续增大，剪弯段内斜裂缝条数增加，裂缝宽度增大，斜裂缝向集中荷载作用点发展。在接近破坏时，斜裂缝中的一条发展成为临界斜裂缝（破坏斜裂缝）。由于临界斜裂缝向荷载作用点方向延伸，使剪压区高度继续减小，最后，剪压区混凝土在剪应力和压应力作用下达到复合应力极限强度，梁破坏。

剪压区的应力状态由 σ、τ 的相对关系决定，因 σ 与 M 呈正比，τ 与 V 呈正比，故 σ/τ 也可表示为 M/Vh_0，称为广义剪跨比（用 λ 表示），即 $\lambda=M/Vh_0$。剪跨比反映了斜截面受力状态，是影响斜截面破坏形态的重要因素。对于集中荷载作用下的简支梁，剪跨比为

$$\lambda=\frac{M}{Vh_0}=\frac{Fa}{Fh_0}=\frac{a}{h_0} \qquad (6\text{-}31)$$

其中，a 为集中力作用点到支座边缘的距离，称为剪跨。

2. 梁斜截面破坏的形态

梁的斜截面破坏形态与剪跨比 λ 和截面的配箍率 ρ_{sv} 有关。配箍率 ρ_{sv} 为梁的单位长度的箍筋截面面积与对应的混凝土截面面积的比值：

$$\rho_{sv} = \frac{A_{sv}}{bs} \tag{6-32}$$

式中　A_{sv}——配置在同一截面内各肢箍筋的截面面积之和；

　　　　b——截面宽度；

　　　　s——构件轴线方向上箍筋的间距。

梁斜截面受剪破坏的形态有斜拉破坏、斜压破坏和剪压破坏三类。

1）斜拉破坏

当梁剪跨比 $\lambda > 3$ 且配箍率过低时，一般发生斜拉破坏。由于箍筋过少，斜裂缝一旦出现很快向梁顶发展，并形成临界斜裂缝，导致梁破坏，见图 6-15（a）。斜拉破坏是突然发生的，破坏荷载与出现斜裂缝时的荷载相差无几，所以抗剪能力很低。斜拉破坏的本质是混凝土斜向受拉破坏，梁抗剪承载力取决于混凝土在复合受力下的抗拉强度，类似于少筋梁的正截面破坏。

2）剪压破坏

当配筋率适中且剪跨比 $1 \leqslant \lambda \leqslant 3$ 时发生的破坏为剪压破坏。由于箍筋的抗拉作用，斜裂缝出现后荷载仍可有较大增长，并陆续形成新的斜裂缝。荷载继续增加，其中一条发展成临界斜裂缝，并向截面顶部延伸。箍筋屈服后，其限制裂缝开展的作用消失，破坏时斜裂缝上端混凝土被压碎，见图 6-15（b）。这类破坏是由于受压区混凝土在压应力 σ、剪切应力 τ，以及荷载的局部竖向压应力的共同作用下，发生的主压应力破坏，受剪承载力主要取决于混凝土强度、截面尺寸和配筋率。

3）斜压破坏

当梁剪跨比 $\lambda < 1$ 且配箍率过高时，一般发生斜压破坏。由于剪跨比 λ 很小，斜裂缝使集中荷载与支座之间的混凝土形成斜向受压短柱，当斜裂缝间的混凝土压应力达到抗压强度时发生受压破坏，但箍筋尚未屈服，见图 6-15（c）。斜压破坏的本质是裂缝间混凝土斜向压碎，箍筋未发生作用，类似于超筋梁的正截面破坏。

以上三类破坏都属于脆性破坏，但斜拉破坏和斜压破坏急促突然，可通过选择合理断面尺寸、配置适量的抗剪钢筋等措施避免其发生，将梁的受剪破坏控制在剪压破坏状态。

3. 受弯构件斜截面的受剪承载力计算

1）影响斜截面抗剪承载力的主要因素

影响梁斜截面抗剪承载力的主要因素包括梁的截面尺寸、截面形状、剪跨比、混凝土抗拉强度、箍筋配箍率，以及纵向钢筋的配筋率。

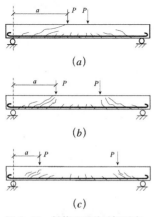

图 6-15　斜截面受剪破坏形态
（a）斜拉破坏；（b）剪压破坏；
（c）斜压破坏

纵向钢筋的配筋率对梁的斜截面抗剪承载力的影响是：纵向钢筋配筋率越大，斜截面抗剪承载力较大。配筋率越大时，剪压区高度增大，从而提高了混凝土的抗剪能力；同时，穿越斜裂缝的纵筋可以抑制斜裂缝的开展，纵筋本身的横截面也能抵抗少量剪力。

2）计算公式

板类构件承受的荷载不大，剪力较小，一般不必进行斜截面承载力计算，也不设抗剪钢筋。受弯构件斜截面承载力的计算主要针对梁，梁的隔离体受力图见图 6-16。

梁的抗剪能力主要来自于混凝土的抗剪能力 V_c、箍筋的抗剪能力 V_s 以及弯起钢筋的抗剪能力 V_{sb}，由于 V_c 和 V_s 不易单独确定，一般将它们合并为综合抗剪能力 V_{cs}。因此梁的抗剪承载力可表示为

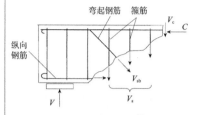

图 6-16　斜截面受剪计算隔离体

$$V \leqslant V_{cs} + V_{sb} \qquad (6\text{-}33)$$

式中　V_{cs}——混凝土和箍筋共同承担的剪力；

V_{sb}——弯起钢筋承受的剪力。

当仅配置箍筋时，上式变为 $V \leqslant V_{cs}$。

（1）不配置箍筋和弯起钢筋时

不配置箍筋和弯起钢筋的一般板类受弯构件，其斜截面的受剪承载力按下列公式计算：

$$V \leqslant 0.7\beta_h f_t b h_0 \qquad (6\text{-}34)$$

式中　V——构件斜截面最大剪力设计值；

β_h——截面高度影响系数，$\beta_h = (800/h_0)^{1/4}$，当 $h_0 \leqslant 800\text{mm}$ 时，取 $h_0 = 800\text{mm}$；当 $h_0 \geqslant 2000$ 时，取 $h_0 = 2000\text{mm}$；

f_t——混凝土抗拉强度设计值。

（2）配置箍筋和弯起钢筋时

对于矩形、T 形、I 形截面等一般受弯构件，V_{cs} 可按下式计算：

$$V_{cs} = 0.7 f_t b h_0 + 1.25 f_{yv} \frac{A_{sv}}{s} h_0 \qquad (6\text{-}35)$$

式中　f_t——混凝土抗拉强度设计值；

b——截面宽度；

h_0——截面有效高度；

f_{yv}——箍筋抗拉强度设计值；

A_{sv}——配置在同一截面内各肢箍筋的截面面积之和（$A_{sv} = nA_{sv1}$，n 为同一截面内箍筋的肢数；A_{sv1} 为单肢箍筋截面面积）；

s——构件轴线方向上箍筋的间距。

对集中荷载作用的独立梁（包括作用有多种荷载，且其中集中荷载对支座截面或节点边缘所产生的剪力值占总剪力值的 75% 以上的情况），应考虑剪跨比的影响。此时

$$V_{cs}=\frac{1.75}{\lambda+1}f_t bh_0+f_{yv}\frac{A_{sv}}{s}h_0 \tag{6-36}$$

式中　λ——计算截面的剪跨比。

取 $\lambda=a/h_0$，a 为计算截面至支座截面或节点边缘的距离，计算截面取集中荷载作用点处的截面。当 $\lambda<1.5$ 时，取 $\lambda=1.5$；当 $\lambda>3$ 时，取 $\lambda=3$。计算截面至支座之间的箍筋，应均匀配置。

弯起钢筋承受的剪力为：

$$V_{sb}=0.8f_y A_{sb}\sin\alpha \tag{6-37}$$

式中　V_{sb}——与斜裂缝相交的弯起钢筋受剪承载力设计值；

f_y——弯起钢筋抗拉强度设计值；

A_{sb}——弯起钢筋的截面面积；

α——弯起钢筋与梁轴线夹角，一般取 45°，当梁高 $h>$ 800mm 时，取 60°；

0.8——应力不均匀系数，用来考虑靠近剪压区的弯起钢筋在斜截面破坏时可能达不到钢筋抗拉强度设计值的影响。

3）公式的适用条件

梁的斜截面受剪承载力计算公式仅适用于剪压破坏计算。为防止斜拉破坏和斜压破坏，还应规定截面最小尺寸和最小配箍率要求，通常称为上、下限值。

（1）上限值——最小截面尺寸

斜压破坏是由截面过小而导致的。为防止斜压破坏，受弯构件的最小截面尺寸应满足下列要求：

当 $\dfrac{h_w}{b}\leqslant4$ 时（即一般梁），$V\leqslant0.25\beta_c f_c bh_0$ $\tag{6-38}$

当 $\dfrac{h_w}{b}\geqslant6$ 时（即薄腹梁），$V\leqslant0.2\beta_c f_c bh_0$ $\tag{6-39}$

当 $4<\dfrac{h_w}{b}<6$ 时，按线性内插法取用，或

$$V\leqslant0.025(14-\frac{h_w}{b})\beta_c f_c bh_0 \tag{6-40}$$

式中　V——构件斜截面最大剪力设计值；

β_c——混凝土强度影响系数，当混凝土强度等级不超过 C50

时，取 $\beta_c=1.0$；当混凝土强度等级为 C80 时，取 $\beta_c=0.8$；其间按线性内插法取用（表 6-7）；

b——矩形截面的宽度、T 形截面或 I 字形截面的腹板宽度；

h_w——截面的腹板高度。矩形截面取有效高度 h_0，T 形截面取有效高度减去翼缘高度，I 字形截面取腹板净高。

混凝土强度影响系数 β_c　　　　　　　表 6-7

混凝土强度	≤ C50	C55	C60	C65	C70	C75	C80
β_c	1.000	0.9667	0.9333	0.9000	0.8667	0.8333	0.8000

如果构件截面不满足最小截面尺寸要求，应加大构件截面或提高混凝土强度等级。

（2）下限值——最小配箍率和箍筋最大间距

斜拉破坏是由于截面抗剪钢筋过少导致的。为了防止斜拉破坏，梁中箍筋间距不宜大于表 6-8 规定，直径不宜小于表 6-8 规定，也不应小于纵向受压钢筋的最大直径 d 的 1/4。

梁中箍筋最大间距 s_{max}（mm）和梁中箍筋最小直径（mm²）　　　　　　　表 6-8

梁高 h	$V>0.7f_tbh_0$	$V<0.7f_tbh_0$	最小箍筋直径	梁高 h	$V>0.7f_tbh_0$	$V<0.7f_tbh_0$	最小箍筋直径
150<h ≤ 300	150	200	6	500<h ≤ 800	250	350	6
300<h ≤ 500	200	300		h>800	300	500	8

当 $V>0.7f_tbh_0$ 时，配箍率尚应满足最小配箍率要求，即：

$$\rho_{sv}\geq\rho_{sv,\,min}=0.24\frac{f_t}{f_{yv}} \tag{6-41}$$

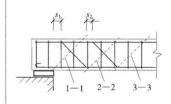

4）斜截面抗剪承载力的计算位置

构件斜截面抗剪承载力位置关系到剪力取值，计算位置应按下列规定采用（图 6-17）。

（1）支座边缘处截面（图 6-17 中 1—1 截面）。计算该截面剪力设计值时，跨度应取净跨 l_n。用支座边缘的剪力设计值确定第一排弯起钢筋和 1—1 截面的箍筋。

（2）受拉区弯起钢筋弯起点处截面（2—2 截面和 3—3 截面）。

（3）箍筋截面面积或间距改变处截面（图中 4—4 截面）。

（4）腹板宽度改变处截面。

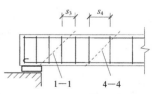

图 6-17　斜截面受剪承载力计算截面的位置

弯起钢筋距支座边缘距离 s_1 及弯起钢筋之间的距离 s_2 均不应大于箍筋最大间距 s_{max}，以保证可能出现的斜裂缝与弯起钢筋相交。

5）斜截面受剪承载力计算步骤

一般步骤为：截面尺寸验算；验算可否仅按构造配箍；需配置腹筋（箍筋、弯起钢筋）时，计算腹筋数量；布置腹筋并绘配筋图。

【例6-6】某钢筋混凝土矩形截面简支梁，净跨 $l_n=3660\text{mm}$；截面尺寸 $b\times h=200\text{mm}\times 500\text{mm}$。梁均布荷载设计值 $q=93.0\text{kN/m}$；混凝土强度等级为 C20（$f_c=9.6\text{N/mm}^2$，$f_t=1.1\text{N/mm}^2$），箍筋为 HPB300 钢筋（$f_{yv}=270\text{N/mm}$），已选配 3Φ25 纵向受力钢筋（HRB335 级，$f_y=300\text{N/mm}^2$），试计算抗剪钢筋。

【解】取 $a_s=35\text{mm}$，$h_0=h-a_s=500-35=465\text{mm}$

（1）计算截面的确定和剪力设计值计算：

支座边缘处剪力最大，故应选择该截面进行抗剪计算。

该截面的剪力设计值为（图6-18）：

$$V_1=\frac{1}{2}ql_n=\frac{1}{2}\times 93\times 3.66=170.19\text{kN}$$

（2）复核梁截面尺寸：$h_w=h_0=465\text{mm}$，$h_w/h_0=465/200=2.325<4$，属一般梁。

$0.25\beta_c f_c b h_0=0.25\times 9.6\times 200\times 465\div 1000=223.2\text{kN}>170.19\text{kN}$，截面尺寸满足要求。

（3）验算可否按构造配筋

$0.7f_t b h_0=0.7\times 1.1\times 200\times 465\div 1000=71.61\text{kN}<170.19\text{kN}$，

应按计算配置腹筋，且应 $\rho_{sv}\geq\rho_{sv,\min}$。

（4）所需腹筋计算

① 仅配置箍筋

由 $V_{cs}=0.7f_t b h_0+1.25f_{yv}\dfrac{A_{sv}}{s}h_0$ 得

$$\frac{A_{sv}}{s}=\frac{nA_{sv1}}{s}=\frac{V_{cs}-0.7f_t b h_0}{1.25f_{yv}h_0}=\frac{170190-71610}{1.25\times 270\times 465}\approx 0.628\text{mm}^2/\text{mm}$$

选用双肢箍筋 $\phi 8@150$，则

$$\frac{nA_{sv1}}{s}=\frac{2\times 50.3}{150}\approx 0.671\text{mm}^2/\text{mm}>0.628$$

配箍率 $\rho_{sv}=\dfrac{A_{sv}}{bs}=\dfrac{2\times 50.3}{200\times 150}\approx 3.35\times 10^{-3}=0.335\%\geq\rho_{sv,\min}=0.24\dfrac{f_t}{f_{yv}}$

$=0.24\times\dfrac{1.1}{270}\approx 0.00098\times 100\%=0.10\%$，满足最小箍筋直径要求（6mm）和最大间距（200mm）要求。

也可这样计算：选用双肢箍筋 $\phi 8$，则 $A_{sv1}=50.3\text{mm}^2$，可求得 $s\leq\dfrac{2\times 50.3}{0.628}\approx 160\text{mm}$，取 $s=150\text{mm}$，箍筋布置见图6-19（a）。

② 同时配置箍筋和弯起钢筋

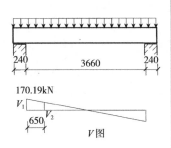

240   3660   240

170.19kN

V_1

650   V_2

V 图

图6-18 梁的荷载及剪力图

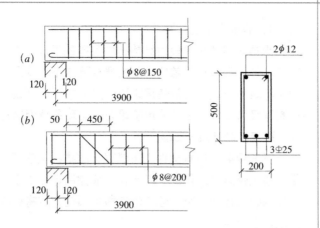

图 6-19 例 6-6 梁配筋图

按表 6-8，先选配 φ8@200 双肢箍筋，则

$$\rho_{sv} = \frac{A_{sv}}{bs} = \frac{2 \times 50.3}{200 \times 200} \approx 0.252\% \geqslant \rho_{sv.min} = 0.24\frac{f_t}{f_{yv}} = 0.24 \times \frac{1.1}{270} \approx 0.10\%$$

$$V_{cs} = 0.7f_t bh_0 + 1.25f_{yv}\frac{A_{sv}}{s}h_0 = (71610 + 1.25 \times 270 \times \frac{2 \times 50.3}{200} \times 465) \div 1000 \approx 150.55\text{kN}$$

需要由弯起钢筋承担的剪力为 $V_{sb} = V - V_{cs} = 170.19 - 150.55 = 19.64\text{kN}$，取 $\alpha = 45°$，由式（6-33）及式（6-35）得

$$A_{sb} \geqslant \frac{V_{sb}}{0.8f_y\sin\alpha} = \frac{19.64 \times 10^3}{0.8 \times 300 \times \sin45°} \approx 116\text{mm}^2$$

选用纵向钢筋中的 1⊈25 作弯起钢筋，$A_{sb} = 491\text{mm}^2 > 116\text{mm}^2$，满足要求。

核算是否需要弯起第二排钢筋：

取 $s_1 = 50\text{mm}$，弯起钢筋水平投影长度 $s_b = h - 50 = 450\text{mm}$，

则截面 2-2 的剪力可由相似三角形关系求得

$$V_2 = V_1(1 - \frac{50+450}{0.5 \times 3660}) = 123.69\text{kN}$$

此处剪力小于 V_{cs}，故不需要第二排弯起钢筋，其配筋如图 6-19（b）所示。

6.2.3 受弯构件的裂缝宽度和挠度验算

受弯构件除进行正截面和斜截面承载力计算外，还需进行裂缝宽度和挠度验算，以满足正常使用极限状态要求。

1. 裂缝宽度验算

混凝土受弯构件的裂缝成因包括荷载因素和非荷载因素。前者是截面的主拉应力超过混凝土抗拉强度所致，后者则由温差、混凝土收缩、钢筋锈蚀、地基不均匀沉降等因素引起。裂缝宽度验算仅针对荷载作用下的受弯构件的正截面。

1）裂缝宽度验算要求

根据正常使用阶段对结构构件裂缝的不同要求，正截面裂缝控制等级分为三级：正常使用阶段严格要求不出现裂缝的构件，裂缝控制等级为一级；正常使用阶段一般要求不出现裂缝的构件，裂缝控制等级为二级；正常使用阶段允许出现裂缝但需控制其宽度的构件，裂缝控制等级为三级。

钢筋混凝土结构构件由于混凝土的抗拉强度低，在正常使用阶段一般是带裂缝工作的，因此其裂缝控制等级属于三级。若要提高构件的裂缝控制等级，必须对其施加预应力，将结构构件做成预应力混凝土构件。

对于允许开裂的钢筋混凝土构件，应按下式验算最大裂缝宽度 w_{max}：

$$w_{max} \leqslant w_{lim} \tag{6-42}$$

式中　w_{max}——按荷载的标准组合或准永久组合并考虑长期作用影响计算的最大裂缝宽度；

w_{lim}——规范规定的最大裂缝宽度限值，应按表6-9采用。

结构构件的裂缝控制等级及最大裂缝宽度限值 w_{lim}（mm）　表6-9

环境类别	钢筋混凝土结构		预应力混凝土结构	
	裂缝控制等级	w_{lim}	裂缝控制等级	w_{lim}
一		0.3（0.4）	三级	0.2
二 a	三级			0.10
二 b		0.2	二级	—
三 a、三 b			一级	—

《规范》此处有若干注解，此处从略。

2）裂缝宽度验算方法

由受弯构件的正截面破坏形态分析可知，构件裂缝宽度验算对应于截面受力的第Ⅱ阶段，此阶段构件荷载小于破坏荷载，构件受拉区会出现一系列纵向裂缝。试验表明，当此阶段构件荷载达到一定程度时，构件裂缝间距基本稳定，平均裂缝间距 l_{cr} 与裂缝平均宽度 $\bar{w}$ 成正比。

裂缝宽度的本质是相邻两条裂缝之间的受拉钢筋伸长量与混凝土伸长量之差，而平均裂缝宽度则是构件裂缝区受拉钢筋总伸长量与混凝土总伸长量差值的平均值。根据试验分析结果并考虑长期作用影响，构件的最大裂缝宽度按下式计算：

$$w_{max} = 2.1\psi \frac{\sigma_s}{E_s} l_{cr} = 2.1\psi \frac{\sigma_s}{E_s}\left(1.9c_s + 0.08\frac{d_{eq}}{\rho_{te}}\right) \tag{6-43}$$

式中　σ_s——按荷载准永久组合计算的构件纵向受拉钢筋应力；

E_s——钢筋弹性模量；

ψ——钢筋应变不均匀系数；

c_s——最外层纵向受拉钢筋外边缘至受拉区底边的距离（mm），当 $c_s<20$ 时，取 $c_s=20$，当 $c_s>65$ 时，取 $c_s=65$；

d_{eq}——受拉区纵向钢筋的等效直径（mm）；

ρ_{te}——按有效受拉混凝土截面面积计算的纵向受拉钢筋配筋率，当 $\rho_{te}<0.01$ 时取 $\rho_{te}=0.01$。

（1）钢筋应变不均匀系数 ψ

由于混凝土对钢筋的粘结作用，相邻两裂缝间的受拉钢筋的应力（或应变）是非均匀分布。系数 ψ 为裂缝之间钢筋的平均应变（或平均应力）与裂缝截面钢筋应变（或应立力）之比，$\psi=\sigma_{sm}/\sigma_s=\varepsilon_{sm}/\varepsilon_s$，它反映了裂缝之间混凝土协助钢筋抗拉工作的程度。规范规定，ψ 可按下列经验公式计算：

$$\psi=1.1-\frac{0.65 f_{tk}}{\rho_{te}\sigma_s} \qquad (6\text{-}44)$$

当 $\psi<0.2$ 时，取 $\psi=0.2$；当 $\psi>1$ 时，取 $\psi=1$；对直接承受重复荷载的构件，取 $\psi=1$。

（2）纵向受拉钢筋应力 σ_s

在荷载准永久组合作用下，构件裂缝截面处纵向受拉钢筋的应力 σ_s 应根据使用阶段（II 阶段）的应力状态计算，受弯构件的受拉钢筋应力可按下式计算：

$$\sigma_{sq}=\frac{M_q}{0.87 h_0 A_s} \qquad (6\text{-}45)$$

式中　M_q——混凝土构件按荷载准永久组合计算的弯矩值。

轴心受拉、偏心受拉和偏心受压构件的钢筋应力 σ_s 按规范规定计算，不再介绍。

（3）平均裂缝间距 l_{cr}

平均裂缝间距 l_{cr} 按下式计算：

$$l_{cr}=1.9 c_s+0.08\frac{d_{eq}}{\rho_{te}} \qquad (6\text{-}46)$$

式中　$\rho_{te}=(A_s+A_p)/A_{te}$；

A_s、A_p——受拉区纵向非预应力钢筋和预应力钢筋截面面积；

A_{te}——计算的纵向受拉钢筋配筋率（对受弯构件，$A_{te}=0.5bh+(b_f-b) h_f$；

当 $\rho_{te}<0.01$ 时，取 $\rho_{te}=0.01$）；

d_{eq}——受拉区纵向钢筋的等效直径，$d_{eq}=\Sigma n_i d_i^2/\Sigma n_i v_i d_i$；

n_i——第 i 种纵向钢筋根数；

d_i——第 i 种纵向钢筋的公称直径；

v_i——纵向受拉钢筋相对粘结特征系数，变形钢筋取 $v_i=1.0$，光面钢筋取 $v_i=0.7$。

式（6-42）是受弯构件裂缝最大宽度 w_{max} 的计算公式，它也可以扩展成适用于所有构件的裂缝最大宽度计算公式：

$$w_{max}=\alpha_{cr}\psi\frac{\sigma_s}{E_s}(1.9c_c+0.08\frac{d_{eq}}{\rho_{te}}) \qquad (6-43a)$$

式中　α_{cr}——构件受力特征系数。对轴心受拉构件，$\alpha_{cr}=2.7$；对偏心受拉构件，$\alpha_{cr}=2.4$；对受弯和偏心受压构件，$\alpha_{cr}=1.9$。

2. 受弯构件挠度验算

1）挠度验算要求

受弯构件的挠度应符合下式要求：

$$a_{f,max}\leqslant a_{f,lim} \qquad (6-47)$$

式中　$a_{f,max}$——受弯构件按荷载效应的标准组合并考虑荷载长期作用影响计算的挠度最大值；

$a_{f,lim}$——受弯构件的挠度限值，应按表6-10采用。

受弯构件的挠度限值　　　　　　　　　　　　　　表6-10

构件类型		挠度限值	构件类型		挠度限值
吊车梁	手动吊车	$l_0/500$	屋盖、楼盖及楼梯构件	当 $l_0<7m$ 时	$l_0/200$（$l_0/250$）
	电动吊车	$l_0/600$		当 $7m\leqslant l_0\leqslant 9m$ 时	$l_0/250$（$l_0/300$）
				当 $l_0>9m$ 时	$l_0/300$（$l_0/400$）

注：1 表中 l_0 为构件的计算跨度；计算悬臂构件时，计算跨度按实际悬臂长度2倍取用；

　　2 表中括号内的数值适用于使用上对挠度有较高要求的构件；

　　3 如果构件制作时预先起拱，且使用上也允许，则在验算挠度时，可将计算所得的挠度值减去起拱值；对预应力混凝土构件，尚可减去预加力所产生的反拱值；

　　4 构件制作时的起拱值和预加力所产生的反拱值，不宜超过构件在相应荷载组合作用下的计算挠度值；

　　5 当构件对使用功能和外观有较高要求时，设计可对挠度限值适当加严。

2）构件挠度最大值 $a_{f,max}$ 的计算方法。

钢筋混凝土受弯构件在正常使用状态下的挠度，可按材料力学方法计算。例如，承受均布荷载（g_k+q_k）、计算跨度为 l_0、抗弯刚度为 EI 的简支梁，其跨中挠度 a_f 为

$$a_f=\frac{5(g_k+q_k)l_0^4}{384EI}=\frac{5M_kl_0^2}{48EI}$$

理想弹性材料的弯矩与挠度成正比。钢筋混凝土梁为弹塑性材料，其弯矩与挠度呈非线性关系，不同的弯矩使梁的塑性变形及开裂程度不同，其抗弯刚度是变化的，不能用常量 EI 表示。同时，由于混凝土的徐变、收缩等因素的长期影响，随着时间的推移，梁的抗弯刚度还会进一步降低，所以其抗弯刚度在短期和长期也是不同的，一般用 B_s 表示钢筋混凝土梁在荷载短期效应组合作用下的截面抗弯刚度，简称短期刚度；而用 B 表示荷载长期效应组合影响的截面抗弯刚度，简称长期刚度。

（1）短期刚度 B_s

在荷载效应的标准组合下，考虑到混凝土受拉区的开裂和受压区的塑性变形，根据试验分析和理论推导，受弯构件的短期刚度 B_s 可按如下公式计算：

$$B_s = \frac{E_s A_s h_0^2}{1.15\psi + 0.2 + \dfrac{6\alpha_E \rho}{1 + 3.5\gamma_f'}} \tag{6-48}$$

式中　α_E——钢筋弹性模量与混凝土弹性模量之比，$\alpha_E = E_s / E_c$；

　　　ψ——裂缝间纵向受拉钢筋应变不均匀系数，同前；

　　　ρ——纵向受拉钢筋配筋率；

　　　γ_f'——受压翼缘面积与腹板有效面积的比值，$\gamma_f' = (b_f' - b) h_f' / bh_0$；

　b_f'、h_f'——受压区翼缘的宽度、高度，当 $h_f' > 0.2 h_0$ 时，取 $h_f' = 0.2 h_0$。

（2）长期刚度 B

考虑荷载长期作用的影响，构件的长期刚度 B 可按下列公式计算：

$$B = \frac{M_k}{M_q(\theta - 1) + M_k} B_s \tag{6-49}$$

式中　M_k、M_q——按荷载效应的标准组合、准永久组合计算的弯矩，取计算区段内的最大弯矩值；

　　　θ——考虑荷载长期作用时的挠度增大系数，$\theta = 2.0 - 0.4\rho'/\rho$（其中 $\rho = A_s/bh_0$，$\rho' = A_s'/bh_0$），当 $\rho' = 0$ 时，取 $\theta = 2.0$；$\rho' = \rho$ 时，取 $\theta = 1.6$；当 ρ' 为中间数值时，θ 按线性内插法取用。对翼缘位于受拉区的倒 T 形截面，θ 应增大 20%。

6.2.4　结构构件的耐久性设计

1. 结构工作环境分类

混凝土结构耐久性与结构工作的环境有密切关系。为便于针对

混凝土结构的环境类别 表6-11

环境类别		环 境 条 件
一		室内干燥环境；无侵蚀性静水浸没环境
二	a	室内潮湿环境；非严寒和非寒冷地区的露天环境；非严寒和非寒冷地区与无侵蚀性的水或土壤直接接触的环境；严寒和寒冷地区的冰冻线以下与无侵蚀性的水或土壤直接接触的环境
	b	干湿交替环境；水位频繁变动环境；严寒和寒冷地区的露天环境；严寒和寒冷地区冰冻线以上与无侵蚀性的水或土壤直接接触的环境
三	a	严寒和寒冷地区冬季水位变动区环境；受除冰盐影响环境；海风环境
	b	盐渍土环境；受除冰盐作用环境；海岸环境
四		海水环境
五		受人为或自然的侵蚀性物质影响的环境

注：1 室内潮湿环境是指构件表面经常处于结露或湿润状态的环境；

　　2 严寒和寒冷地区的划分应符合国家现行标准《民用建筑热工设计规范》GB 50176 的有关规定；

　　3 海岸环境和海风环境宜根据当地情况，考虑主导风向及结构所处迎风、背风部位等因素的影响，由调查研究和工程经验确定；

　　4 受除冰盐影响环境为受到除冰盐盐雾影响的环境；受除冰盐作用环境指被除冰盐溶液溅射的环境以及使用除冰盐地区的洗车房、停车楼等建筑。

不同的环境种类采取不同的对策，混凝土结构设计规范把结构的工作环境分为五类，见表6-11。

2.受力钢筋的保护层厚度

构件中普通受力钢筋及预应力钢筋的混凝土保护层厚度 c 不应小于钢筋的直径，设计使用年限为 50 年的混凝土结构，最外层钢筋的保护层厚度应符合表6-12的规定。

3.结构耐久性等级

耐久性设计的目标是要保证结构的使用年限，即"工程合理使用年限"。《建筑结构可靠度设计统一标准》GB 50068—2001 将建筑结构的合理使用年限分为四类，临时性结构为 1 类，设计使用年限为 5 年；易于替换的结构构件为 2 类，设计使用年限为 25 年；普通建筑物和构筑物为 3 类，设计使用年限为 50 年；纪念性建筑和特别重要的建筑结构为 4 级，设计使用年限为 100 年。

混凝土保护层的最小厚度 c（mm） 表6-12

环境等级		板、墙、壳	梁、柱、杆
一		15	20
二	a	20	25
	b	25	35
三	a	30	40
	b	40	50

注：1 混凝土强度等级不大于 C25 时，表中保护层厚度数值应增加 5mm；

　　2 钢筋混凝土基础宜设置混凝土垫层，其受力钢筋的混凝土保护层厚度应从垫层顶面算起，且不应小于 40mm。

4.对混凝土的基本要求

混凝土的质量是影响结构耐久性的重要因素。对混凝土的质量要求包括控制水灰比、渗透性、密实性以及控制氯离子和碱的含量等。

设计使用年限为 50 年的结构混凝土应符合表 6-13 的规定。

结构混凝土材料的耐久性基本要求　　　　表 6-13

环境等级		最大水胶比	最低强度等级	最大氯离子含量（%）	最大碱含量（kg/m³）
一		0.60	C20	0.30	不限制
二	a	0.55	C25	0.20	3.0
	b	0.50(0.55)	C30(C25)	0.15	
三	a	0.45(0.50)	C35(C30)	0.15	
	b	0.40	C40	0.10	

注：1 氯离子含量系指其占胶凝材料总量的百分比；
2 预应力构件混凝土中的最大氯离子含量为 0.05%；最低混凝土强度等级应按表中的规定提高两个等级；
3 素混凝土构件的水胶比及最低强度等级的要求可适当放松；
4 有可靠工程经验时，二类环境中的最低混凝土强度等级可降低一个等级；
5 处于严寒和寒冷地区二 b、三 a 类环境中的混凝土应使用引气剂，并可采用括号中的有关参数；
6 当使用非碱活性骨料时，对混凝土中的碱含量可不作限制。

此外，规范还对一至三类环境中设计使用年限为 100 年的混凝土结构的最低混凝土强度等级、最大氯离子含量、保护层厚度以及使用维护等做出了具体规定。另对混凝土结构的抗冻、抗渗以及构件的保护等也提出了相应的要求，以确保结构的耐久性。

6.2.5 受弯构件的有关构造要求

1.纵向受拉钢筋布置

1）钢筋布置的概念

受弯构件纵向受拉钢筋面积 A_s 是根据构件的最不利截面上的最大弯矩确定的，由于构件沿全长的内力（弯矩、剪力）是变化的，为节约钢材、简化构造且便于施工，可有计划地将部分纵向钢筋切断、弯起并到另一侧等等，这个过程即为钢筋布置，简称"布筋"。

2）材料图

受拉钢筋布置时切断、弯起的依据是"材料图"。材料图实际上是以钢筋面积表示的构件长度范围内各截面抗力图，也称 M_u 图。理想的材料图（代表结构抗力 R）应将构件内力图（代表荷载效应 S）完全包含在内，以满足极限状态设计要求 $S \le R$，参见图 6-20。当构件内力图变化时，弯起或切断部分钢筋，以充分利用材料强度。

图 6-20　受弯构件的材料图

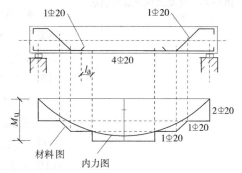

3）受拉钢筋布置与材料图的关系

（1）钢筋的切断

每个截面应将截面内力值按面积比分配给每一根钢筋，当某截面内力减小时，则切断部分钢筋调整材料图，但应使材料图剩余部分仍能包含内力图。当某钢筋完全不需要时，应在材料图对应切断点以外部分保留一定长度，该保留长度称为钢筋的"延伸长度"。《规范》对钢筋的切断有具体规定。例如，梁底钢筋不得切断，必须全部伸入支座内。

（2）钢筋的弯起

在竖向荷载作用下，一般梁跨中弯矩最大，靠近支座处很小。按跨中最大弯矩配置的梁下部纵筋在支座附近不能充分发挥作用，可将支座附近梁底部的部分钢筋向上弯折45°或60°到梁上部后再弯折成与轴线平行方向，弯起钢筋在梁的支座处可作为承受负弯矩的受拉钢筋，不作负弯矩筋使用时应使水平段具有规定的锚固长度。弯起钢筋的倾斜段即为抗剪用的弯起钢筋。弯起钢筋弯起点的位置及数量要同时满足抗剪计算位置、正截面抗弯及斜截面抗弯的要求。钢筋的弯起有许多具体规定，如梁两侧的钢筋不得弯起等。

2. 梁的钢筋布置有关规定

1）钢筋间距。见图 6-21，梁上部纵向钢筋水平方向的净间距 d_2 不应小于30mm和1.5d（d 为钢筋的最大直径）；下部纵向钢筋水平方向的净间距 d_1 不应小于25mm和 d。梁的下部纵向钢筋配置多于两层时，两层以上钢筋水平方向的中距应比下面两层的中距增大一倍。各层钢筋之间的净间距 d_3 不应小于25mm和 d。

2）混凝土保护层。混凝土保护层厚度是最外层钢筋外边缘到构件混凝土边缘的距离（图 6-21）。各类混凝土构件保护层的厚度 c 应满足表 6-12 的要求。

3）钢筋的锚固。伸入梁支座范围内的纵向受力钢筋，不应少于两根；钢筋在支座的锚固长度应满足纵筋受力要求。

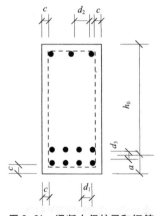

图 6-21　混凝土保护层和钢筋间距

4）架立钢筋。梁内架立钢筋的直径，当梁的跨度小于4m时，不宜小于8mm；当梁的跨度为 4～6m 时，不应小于10mm；当梁的跨度大于6m 时，不宜小于12mm。简支梁的架立钢筋应伸至梁端，当考虑其受力时，架立钢筋两端在支座内应有足够的锚固长度。

5）腰筋。当梁的腹板高度 $h_w \geqslant 450mm$ 时，在梁的两个侧面应沿高度配置纵向构造钢筋，每侧纵向构造钢筋（不包括梁上、下部受力钢筋及架立钢筋）的截面面积不应小于腹板截面面积 bh_w 的0.1%，且其间距不宜大于200mm。

6）箍筋。按计算不需要箍筋的梁，当截面高度 $h>300mm$ 时，应沿梁全长设置构造箍筋；当截面高度 $h=150 \sim 300mm$ 时，可仅在构件端部各 1/4 跨度范围内设置构造箍筋；当在构件中部 1/2 跨度范围内有集中荷载作用时，应沿梁全长设置箍筋；当截面高度 $h<150mm$ 时，可不设箍筋。

6.3 受压构件

以承受轴向压力为主的杆件称为受压构件，如钢筋混凝土框架柱、排架柱以及屋架或桁架的受压弦杆、受压腹杆等。

按照轴向力作用位置的不同，受压构件可分为轴心受压杆件和偏心受压杆件。当轴向力 N 作用在构件截面形心时为轴心受压，偏离截面形心时为偏心受压。偏心受压又可分为单向偏心受压和双向偏心受压两类。

6.3.1 轴心受压构件

1. 轴心受压构件的受力特征

轴心受压构件截面多为正方形，根据需要也可采用矩形、多边形或圆形。轴心受压构件应配置纵向钢筋和箍筋。纵向钢筋用来与混凝土共同承担轴向压力，也能承担由于初始偏心或其他偶然因素引起的附加弯矩在构件中产生的拉应力。箍筋有两种配置方式，一种是普通箍筋，另一种是螺旋箍筋。

受压构件中的普通箍筋的作用是固定纵向受力钢筋位置，防止纵向钢筋在混凝土压碎之前压屈，保证纵筋与混凝土共同受力直到构件破坏，而螺旋箍筋还具有环向约束混凝土变形、提高构件承载力和延性的作用。根据构件的长细比（构件的计算长度 l_0 与构件的截面回转半径 i 之比）的不同，轴心受压柱分为短柱（对一般截面 $l_0/i \le 28$；对矩形截面 $l_0/b \le 8$，b 为截面宽度）和长柱（对一般截面 $l_0/i>28$；对矩形截面 $l_0/b>8$）。

对于钢筋混凝土轴心受压短柱，试验表明，柱的初始偏心对承载力无明显影响，无论是普通钢筋还是高强度钢筋，不论破坏时钢筋是否屈服，柱的破坏都以混凝土被压碎丧失承载力而结束。

对于钢筋混凝土轴心受压长柱，试验表明，加载时由于种种因素形成的初始偏心将使构件产生不容忽略的附加弯矩和弯曲变形，若构件的长细比较大，则有可能在截面应力尚未达到抗压强度时即由于构件丧失稳定而破坏，见图 6-22。显然，柱越细长，其承载力

钢筋混凝土轴心受压柱的稳定系数 φ 　　　　　　　　　表 6—14

l_0/b	≤ 8	10	12	14	16	18	20	22	24	26	28
l_0/d	≤ 7	8.5	10.8	12	14	15.5	17	19	21	22.5	24
l_0/i	≤ 28	35	42	48	55	62	69	76	83	90	97
φ	1.0	0.98	0.95	0.92	0.87	0.81	0.75	0.70	0.65	0.60	0.56
l_0/b	30	32	34	36	38	40	42	44	46	48	50
l_0/d	26	28	29.5	31	33	34.5	36.5	38	40	41.5	43
l_0/i	104	111	118	125	132	139	146	153	160	167	174
φ	0.52	0.48	0.44	0.4	0.36	0.32	0.29	0.26	0.23	0.21	0.19

注：表中 l_0 为构件的计算长度；b 为矩形截面的短边尺寸；d 为圆形截面的直径；i 为截面的回转半径。

图 6—22　细长柱的破坏

越低，这种受压构件长细比对承载力的影响用稳定系数 φ 表示，见表 6-14。

　　确定轴心受压柱的稳定系数 φ 时，需确定柱的计算长度 l_0，框架柱、排架柱的计算长度应按表 6-15 执行。其中，对于框架，H 为层高，一层取从基础顶面到一层楼盖顶面的距离，其他各层取其层高。对于排架柱，H 为柱高，H_u 为上柱高度，H_1 为下柱高度。

　　2. 配置普通箍筋的轴心受压构件正截面承载力计算。

　　在轴向力设计值 N 作用下，轴心受压构件的计算简图如图 6-23 所示。由静力平衡条件并考虑长细比等因素的影响后，承载力按下式计算：

$$N \leqslant 0.9\varphi\left(f_c A + f_y' A_s'\right) \tag{6-50}$$

式中　N——轴向压力设计值；

　　　　φ——钢筋混凝土轴心受压构件的稳定系数；

　　　　f_c——混凝土抗压强度设计值；

　　　　A——构件的截面面积（当纵向钢筋配筋率 $\rho = A_s'/A > 3\%$ 时，A 应改为 $A_c = A - A_s'$）；

　　　　f_y'——纵向钢筋受压强度设计值；

　　　　A_s'——全部纵向钢筋的截面面积。

　　当现浇钢筋混凝土轴心受压构件截面长边或直径小于 300mm 时，式（6-50）中混凝土强度设计值应乘以系数 0.8，构件质量确有保障时可不受此限。

　　【例 6-7】某多层钢筋混凝土结构房屋底层轴心受压柱，轴向力设计值 1500kN。该柱计算长度 $l_0 = 6000\mathrm{mm}$，混凝土强度等级 C25（$f_c = 11.9\mathrm{N/mm^2}$），钢筋采用 HRB335 级钢（$f_y' = 300\mathrm{N/mm^2}$），试设计柱截面并配筋。

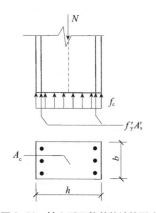

图 6—23　轴心受压构件的计算图式

【解】由于截面尺寸未知，无法确定稳定系数 φ 值。先不考虑长细比的影响设 $\varphi=1.0$，并假定 $\rho=1.0\%$，估算柱的截面。

由基本公式和 $\rho=A_s'/A$ 得

$$A=\frac{N}{0.9\varphi(f_c+f_y'\rho)}\approx 111857\text{mm}^2 ;$$

拟采用方柱，则边长 $b=\sqrt{A}=\sqrt{111857}\approx 334\text{mm}$，取 $b=350\text{mm}$，$A=122500\text{mm}^2$。

配筋计算

$l_0=6000\text{mm}$，$l_0/b=6000\text{mm}/350\text{mm}\approx 17.1$，由表 6-14，$\varphi=0.837$

混凝土重度取 25kN/m^3，计入柱自重后的轴向力设计值

$N=1500+1.2\times 25\times 0.35^2\times 6\approx 1522\text{kN}$;

$$A_s'=\frac{\dfrac{N}{0.9\varphi}-f_cA}{f_y'}=1876\text{mm}^2，配 8\underline{\Phi}18，A_s'=2036\text{mm}^2，$$

$$\left(\rho=\frac{A_s'}{A}=\frac{2036}{122500}=1.66\%>\rho_{\min}=0.6\%\right)$$

3. 配置螺旋箍筋的轴心受压构件正截面承载力计算

配置螺旋箍筋（或焊接环式箍筋）的轴心受压构件的受力状况与普通箍筋柱不同。螺旋箍筋为封闭式箍，箍筋间距较密，能够有效地约束混凝土受压后的横向变形，使箍筋内部的核心混凝土处于三向受压应力状态，从而提高了核心部分混凝土的抗压强度。配置螺旋箍筋的钢筋混凝土受压构件正截面承载力应按下式计算：

$$N\leqslant 0.9(f_cA_{cor}+f_y'A_s'+2\alpha f_yA_{ss0}) \tag{6-51}$$

式中　f_c——混凝土抗压强度设计值；

A_{cor}——构件核心截面面积（$A_{cor}=\pi d_{cor}^2/4$，d_{cor} 为核芯混凝土截面直径）；

f_y'——纵向钢筋抗压强度设计值；

A_s'——全部纵向钢筋的截面面积；

α——螺旋箍筋对混凝土约束的折减系数（当混凝土强度等级不大于 C50 时，α 取 1.0；当混凝土强度等级为 C80 时，α 取 0.85，其间按直线内插法确定）；

A_{ss0}——螺旋箍筋或焊接环式箍筋的箍筋面积（$A_{ss0}=\pi d_{cor}A_{ss1}/s$，$A_{ss1}$ 为螺旋箍筋的截面面积，s 为箍筋间距）。

当遇到下列情况之一时，不考虑螺旋箍筋的约束作用，仍应按式（6-50）进行计算：

1）当 $l_0/d > 12$ 时；

2）当按式（6-51）算得的受压承载力小于按式（6-50）算得的受压承载力时；

3）当螺旋箍筋的换算截面面积 A_{ss0} 小于纵向钢筋的全部截面面积的 25% 时。

6.3.2 偏心受压构件

钢筋混凝土偏心受压构件是工程实际中应用较为广泛的构件。当受压构件同时受到轴向力 N 及弯矩 M 作用时，等效于对截面形心的偏心距为 $e_0 = M / N$ 的偏心力作用。钢筋混凝土偏心受压构件的受力性能、破坏形态介于受弯构件与轴心受压构件之间。

工程中的偏心受压柱除承受轴向力 N、弯矩 M 外，还承受剪力 V，构件破坏可能由正截面受压承载力不足引起，也可能由斜截面受剪承载力不足引起。所以，偏心受压柱承载力计算分为正截面受压承载力计算和斜截面受剪承载力计算，下面仅介绍正截面受压承载力计算。

1. 偏心受压柱正截面的破坏类型和特征

钢筋混凝土偏心受压构件也分长柱和短柱。以工程中常用的截面两侧纵向受力钢筋为对称配置的（$A_s = A_s'$）偏心受压短柱为例，随轴向力 N 在截面上的偏心距 e_0 的不同和纵向钢筋配筋率（$\rho = A_s/bh_0$）的不同，偏心受压构件有以下两种破坏形态。

1）受拉破坏——大偏心受压破坏

当轴向力 N 的偏心距较大时，构件截面应力状态为临近纵向力一侧受压而远离纵向力一侧受拉。试验研究表明，当纵向钢筋配筋率不高时，随着轴向压力 N 的不断增加，受拉区混凝土较早出现横向裂缝，受拉钢筋的应力逐渐增大并首先屈服，继而因横向裂缝的开展促使受压区混凝土高度迅速减小，最后因达到极限压应变值而压碎，受压钢筋（A_s'）也达到屈服。由于这类破坏首先由受拉钢筋屈服引起，而后混凝土被压碎，类似于适筋梁的正截面破坏，故称受拉破坏。柱的这种受拉破坏状态通常称为大偏心受压，破坏时柱的承载力取决于受拉钢筋的抗拉能力。

2）受压破坏——小偏心受压破坏

当纵向力 N 的偏心距较小或虽然偏心距较大但截面上距轴向压力较远一侧的纵向钢筋较多时，柱截面大部分甚至全部受压。试验研究表明，随着纵向力 N 的增大，首先在靠近纵向力的一侧出现纵向裂缝，破坏时截面上该侧受压混凝土达到极限压应变而压碎、纵向受压钢筋屈服。离纵向力的较远一侧的受力钢筋可能受拉也可能受压，钢筋应力较小而未屈服。这类破坏首先由受压混凝土压碎和受压钢筋屈服引起，故称受压破坏。柱的这种类似于超筋梁的受压破坏形态通常称为小偏心受压，受压破坏时柱的承载力取决于混凝土和受压侧钢筋的抗压能力。

2. 两类偏心受压破坏的界限

大小偏心受压破坏的根本区别在于构件破坏时，远离纵向力一侧的钢筋是否屈服。与受弯构件类似，也把受压区混凝土达到极限压应变同时受拉钢筋屈服的破坏称为界限破坏，对应于界限破坏时的混凝土受压区相对高度也用 ξ_b 表示。因此，构件受压区相对高度 $\xi \leqslant \xi_b$ 时为受拉破坏，构件处于大偏心受压状态；当 $\xi > \xi_b$ 时为受压破坏，构件处于小偏心受压状态。

3. 弯矩和轴心压力对偏心受压构件正截面承载力的影响

偏心受压构件是弯矩和轴力共同作用的构件，弯矩与轴力之间具有相互牵制作用，并影响构件的破坏形态。对给定材料、截面尺寸和配筋的偏心受压构件，在达到承载力极限状态时，截面轴力与弯矩具有相关性，构件可以在不同的轴力和弯矩组合下达到承载力极限状态。具体来说，在大偏压破坏时，随着构件轴力的增加，构件的抗弯能力提高，但在小偏心受压破坏情况下，随着构件轴力的增加，构件的抗弯能力反而减小，而在界限状态时，一般构件承受弯矩的能力达到最大，见图6-24。

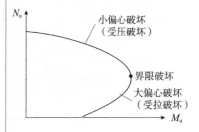

图6-24 M_u—N_u 关系曲线

4. 柱的偏心距和偏心距增大系数 η

柱的偏心距包括名义偏心距 e_0、附加偏心距 e_a、初始偏心距 e_i。名义偏心距 $e_0 = M / N$。由于施工偏差、混凝土的不均匀性、荷载作用的不确定性以及计算误差等原因，都可能使名义偏心距 e_0 有所增大，这个增量即为附加偏心距，记作 e_a，两者之和称为初始偏心距 e_i，即

$$e_i = e_0 + e_a \qquad (6\text{-}52)$$

规范规定，轴向力在偏心方向的附加偏心距 e_a 应取20mm和偏心方向截面尺寸的1/30两者中的较大值。

在偏心压力作用下受压构件将产生纵向弯曲变形——侧向挠度 a_f，侧向挠度又会引起附加弯矩 Na_f，当受压构件的长细比较大时，这种纵向弯曲变形的影响不能忽略，为此规范规定将初始偏心距 e_i 乘以偏心距增大系数 η 来考虑纵向弯曲变形的影响（图6-25）。偏心距增大系数 η 可按下式计算：

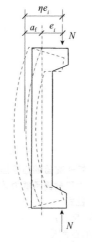

图6-25 柱的偏心距

$$\eta = 1 + \frac{1}{1400\frac{e_i}{h_0}}\left(\frac{l_0}{h}\right)^2 \zeta_1 \zeta_2 \tag{6-53}$$

式中　l_0——构件的计算长度，按表 6-15 确定；

　　　h、h_0——截面高度和截面有效高度；

　　　ζ_1——构件截面曲率修正系数；

　　　ζ_2——构件长细比对截面曲率影响系数。其中，$\zeta_1 = \dfrac{0.5f_c A}{N}$，

　　　当 $\zeta_1 > 1.0$ 时，取 $\zeta_1 = 1.0$；$\zeta_2 = 1.15 - 0.01\dfrac{l_0}{h}$，当 $\dfrac{l_0}{h} < 15$ 时，

　　　取 $\zeta_2 = 1.0$。

柱的计算长度 l_0　　　　　　　　　　　　　　　　表 6—15

框架结构各层柱			刚性屋盖单层房屋排架柱、露天吊车柱和栈桥柱				
楼盖类型	柱的类别	l_0	柱 的 类 别		排架方向 l_0	垂直排架方向 l_0	
						有柱间支撑	无柱间支撑
现浇楼盖	底层柱	1.0H	无吊车房屋柱	单跨	1.5H	1.0H	1.2H
	其余各层柱	1.25H		两跨及多跨	1.25H	1.0H	1.2H
装配式楼盖	底层柱	1.25H	有吊车房屋柱	上柱	$2.0H_u$	$1.25H_u$	$1.5H_u$
	其余各层柱	1.5H		下柱	$1.0H_l$	$0.8H_l$	$1.0H_l$
			露天吊车柱和栈桥柱		$2.0H_l$	$1.0H_l$	—

对于 $l_0/h \leqslant 5$（或 $l_0/i \leqslant 17.5$）的短柱，可不考虑纵向弯曲对偏心距的影响，取 $\eta = 1$。

5. 矩形截面偏心受压构件正截面承载力计算

1）基本计算公式

偏心受压构件计算采用的基本假定与受弯构件相同。根据偏心受压构件破坏时的应力状态和基本假定，可得计算简图，见图 6-26。

图 6-26　矩形截面偏心受压构件正截面承载力计算图式

（a）大偏心受压；

（b）界限偏心受压；

（c）小偏心受压

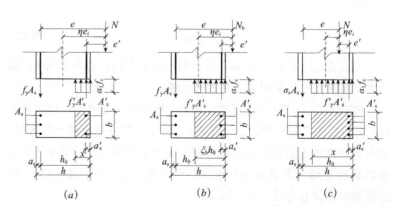

(a)　　　　　　(b)　　　　　　(c)

（1）大偏心受压（$\xi \leqslant \xi_b$）

大偏心受压时，受拉钢筋屈服，应力 $\sigma_s = f_y$（图 6-26a），轴力和弯矩的平衡方程为：

$$N \leqslant \alpha_1 f_c bx + f_y' A_s' - f_y A_s \tag{6-54}$$

$$Ne \leqslant \alpha_1 f_c bx \left(h_0 - \frac{x}{2}\right) + f_y' A_s' (h_0 - a_s') \tag{6-55}$$

式中　N——偏心压力设计值；

　　　e——轴向力 N 到受拉钢筋合力点之间的距离。

$$e = \eta e_i + \frac{h}{2} - a_s \tag{6-56}$$

为了保证受压钢筋 A_s' 应力达到 f_y'，受拉钢筋 A_s 应力达到 f_y，式（6-55）适用条件为：

$$x \geqslant 2a_s' ; \ x \leqslant \xi_b h_0 \tag{6-57}$$

当 $x < 2a_s'$ 时，受压钢筋不屈服，正截面承载力应按下式验算：

$$Ne' \leqslant f_y A_s (h_0 - a_s') \tag{6-58}$$

式中　e'——轴向压力作用点到纵向受压钢筋合力作用点的距离。

$$e' = \eta e_i - \frac{h}{2} + a_s' \tag{6-59}$$

（2）小偏心受压（$\xi > \xi_b$）

小偏心受压时，远离纵向力一侧的纵向钢筋不屈服，钢筋应力 $\sigma_s < f_y$（图 6-26c），平衡方程为：

$$N \leqslant \alpha_1 f_c bx + f_y' A_s' - \sigma_s A_s \tag{6-60}$$

$$Ne \leqslant \alpha_1 f_c bx \left(h_0 - \frac{x}{2}\right) + f_y' A_s' (h_0 - a_s') \tag{6-61}$$

受拉钢筋应力 σ_s 理论上可根据应变的平截面假定由 $\sigma_s = \varepsilon_s E_s$ 确定，但计算过于复杂，工程中一般根据实测结果近似地按下式计算（β_1 取值见表 6-2）：

$$\sigma_s = f_y \frac{\xi - \beta_1}{\xi_b - \beta_1} \tag{6-62}$$

按上式求得的钢筋应力 σ_s 应符合 $-f_y' \leqslant \sigma_s \leqslant f_y$ 的条件。当 $\xi \geqslant 2\beta_1 - \xi_b$ 时，取 $\sigma_s = -f_y'$。

（3）大小偏心受压的判别条件

在式（6-54）中取 $x = \xi_b h_0$，可求出对应于界限偏心受压时的轴

向力 N_b（图6-26b）：

$$N_b = \alpha_1 f_c \xi_b b h_0 + f_y' A_s' - f_y A_s \tag{6-63}$$

如轴向力设计值 $N \leqslant N_b$，则为大偏心受压；若 $N > N_b$，则为小偏心受压。

2）计算方法

（1）截面设计

柱的弯矩由结构上的竖向作用和水平作用引起，而水平作用（风荷载、地震作用）的方向是不确定的，所以柱计算时要考虑弯矩的不同方向即弯矩变号。因此，为了构件安全和便于施工，柱常采用两侧对称的配筋方式，即 $A_s' = A_s$，$f_y' = f_y$，$a_s' = a_s$。此时，由于 $f_y' A_s' = f_y A_s$，所以，$N_b = \alpha_1 f_c \xi_b b h_0$。

①当 $N \leqslant N_b$ 时，为大偏心受压，$x = N / \alpha_1 f_c b$，代入式（6-55），得

$$A_s' = A_s = \frac{Ne - \alpha_1 f_c b x \left(h_0 - \dfrac{x}{2}\right)}{f_y'(h_0 - a')} \tag{6-64}$$

如果 $x < 2a_s'$，近似取 $x = 2a_s'$，上式变为

$$A_s' = A_s = \frac{N\left(\eta e_i - \dfrac{h}{2} + a_s\right)}{f_y'(h_0 - a_s')} \tag{6-65}$$

②当 $N > N_b$ 时，为小偏心受压，远离纵向力一侧的钢筋不屈服，其应力为 σ_s。按式（6-62）计算 σ_s 时，ξ 可近似按下式计算：

$$\xi = \frac{N - \alpha_1 f_c \xi_b b h_0}{\dfrac{Ne - 0.43\alpha_1 f_c b h_0^2}{(\beta_1 - \xi_b)(h_0 - a_s')} + \alpha_1 f_c b h_0} + \xi_b \tag{6-66}$$

据此，矩形截面对称配筋的小偏心受压构件钢筋面积 A_s'、A_s 为

$$A_s' = A_s = \frac{Ne - \xi(1 - 0.5\xi)\alpha_1 f_c b h_0^2}{f_y'(h_0 - a_s')} \tag{6-67}$$

矩形截面非对称配筋的小偏心受压构件，当 $N > f_c b h$ 时，尚应按下列公式进行验算：

$$Ne' \leqslant f_c b h \left(h_0' - \dfrac{h}{2}\right) + f_y' A_s'(h_0' - a_s) \tag{6-68}$$

$$e' = \frac{h}{2} - a_s' - (e_0 - e_a) \tag{6-69}$$

式中　e'——轴向压力作用点到受压区纵向钢筋合力点的距离；

　　　　h_0'——纵向受压钢筋合力点到截面远边的距离。

偏心受压构件截面设计时，已知条件包括 M、N、$b \times h$、f_c、f_y、f_y'，待求未知数为 A_s、A_s'，采用对称配筋时，计算过程可概括为：

A. 由截面上的设计内力 M、N 计算理论偏心距 $e_0 = M/N$，确定附加偏心距 e_a，并计算初始偏心距 $e_i = e_0 + e_a$。

B. 由构件的长细比 l_0/h，确定是否考虑偏心距增大系数 η，然后计算 η。

C. 计算对称配筋时的 N_b，将 ηe（或 ηe_i）与 $0.3h$ 比较，或将 N_b 与 N 比较来判别大小偏心。

D. 当 $N \leqslant N_b$ 时，为大偏心受压。用式（6-64）计算 $A_s = A_s'$。

E. 当 $N > N_b$，为小偏心受压，按式（6-66）求 ξ，再按式（6-67）计算 $A_s = A_s'$。

F. 将计算所得的 A_s、A_s'，根据截面构造要求确定钢筋的直径和根数，并绘出截面配筋图。

如果截面为非对称配筋，$A_s \neq A_s'$，基本公式中包含 x、A_s、A_s' 三个未知数，此时无法用 ξ 和 ξ_b 判别大小偏心，一般采用预判法，$\eta e_i > 0.3h$ 时先按大偏压计算，$\eta e_i \leqslant 0.3h$ 时则按小偏压计算，求得 x 后再用 ξ 和 ξ_b 进行正确判别。计算 A_s、A_s' 时，可参照双筋受弯构件的计算方法，取 $\xi = \xi_b$，既可充分发挥柱混凝土的抗压能力，又可使总用钢量（$A_s + A_s'$）最少。

（2）截面复核

偏心受压构件的截面复核分为几种情况：

①弯矩作用平面内的构件承载力复核

已知构件的截面尺寸 $b \times h$、偏心距 e_0（或已知 M）、材料强度等级（f_c、f_y、f_y'）以及配筋面积 A_s、A_s'，复核构件的承载力 N_u 是否满足 $N \leqslant N_u$。

由于 N_u 未知，故无法根据 $N_u \leqslant N_b$ 或 $N_u > N_b$ 判断受压类型。一般可以先假定为大偏心受压，解由大偏心基本计算公式组成的联立方程，得 x 及 N。如果 $x \leqslant \xi_b h_0$，则原假定正确，N 即为 N_u。如果 $x > \xi_b h_0$，则原假定错误，需改用小偏心计算公式计算。可将式（6-60）、式（6-61）和式（6-62）联立，消去未知数 N 后可解得 x，代回基本公式求得 N，以此作为 N_u。

这类问题有时也可变成已知 N 及 e_0 复核 M，或已知 e_0 复核 M 及 N 等等。

②垂直于弯矩作用平面的受压承载力验算

当构件在垂直于弯矩作用平面的长细比较大时，应按轴心受压构件验算垂直于弯矩作用平面的受压承载力。验算时计入 N 但不计入 M，且应考虑稳定系数 φ 的影响。

【例6-8】某矩形混凝土柱，截面尺寸 $b=300mm$，$h=500mm$，柱计算长度 $l_0=4.5m$，$a_s=a_s'=40mm$。控制截面上的轴向力设计值 $N=625kN$，弯矩设计值 $M=250kN \cdot m$。混凝土采用C50，纵筋采用HRB400级。采用对称配筋，求所需纵向受力钢筋截面面积 A_s 和 A_s'。

【解】

$$e_0=\frac{M}{N}=\frac{250\times10^6}{625\times10^3}=400mm, \quad e_a=20mm>\frac{h}{30}=16.67mm;$$

$$e_i=e_0+e_a=400+20=420mm; \quad \frac{l_0}{h}=\frac{4500}{500}=9，需考虑偏心距增$$

大系数 η 的影响。

$$\zeta_1=\frac{0.5f_cA}{N}=\frac{0.5\times11.9\times300\times500}{625\times10^3}=1.428>1.0，取\zeta_1=1.0；\frac{l_0}{h}<15,$$

取 $\zeta_2=1.0$；

$$\eta=1+\frac{1}{1400\frac{e_i}{h_0}}\left(\frac{l_0}{h}\right)^2\zeta_1\zeta_2=1+\frac{1}{1400\times\frac{420}{460}}\times9^2\times1.0\times1.0=1.063$$

$$e=\eta e_i+\frac{h}{2}-a_s=1.063\times420+250-40=656.46mm$$

（1）判别大小偏心

$$x=\frac{N}{\alpha_1f_cb}=\frac{625\times10^3}{1.0\times11.9\times300}=175.1mm<\xi_bh_0=0.55\times460=253mm,$$

故为大偏心受压。

（2）计算 A_s、A_s'

因 $x>2a'=80mm$，故

$$A_s=A_s'=\frac{Ne-\alpha_1f_cbx\left(h_0-\frac{x}{2}\right)}{f_y'(h_0-a_s')}$$

$$=\frac{625\times10^3\times656.46-1.0\times11.9\times300\times175.1\times(460-0.5\times175.1)}{360\times(460-40)}$$

$$=1174mm^2$$

受拉和受压钢筋均选3⚌22，$A_s=A_s'=1140mm^2$。

（3）验算配筋率

$$\rho=\frac{A_s}{b\times h_0}=\frac{1140}{300\times460}=0.83\%$$

$0.2\% \leqslant \rho \leqslant 2.5\%$，满足要求。

（4）验算弯矩作用平面外轴心受压承载力

$\dfrac{l_0}{b} = \dfrac{4500}{300} = 15$，查表 6-14，$\varphi = 0.895$，

$N = 0.9\varphi\,(f_c A + f_y A_s + f_y' A_s')$

$\quad = 0.9 \times 0.895 \times (11.9 \times 300 \times 500 + 360 \times 1140 + 360 \times 1140)$

$\quad = 2098972\mathrm{N} = 2099\mathrm{kN}$，满足要求。配筋见图 6-27。

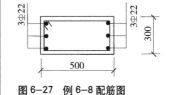

图 6-27　例 6-8 配筋图

6.3.3　受压构件的一般构造要求

1. 材料选择

1）混凝土强度对受压承载力有较大影响，受压构件宜采用强度等级较高的混凝土。

2）钢筋与混凝土共同受压时，其抗压强度设计值 $f_y' \leqslant 400\mathrm{N/mm^2}$，故不宜选择高强度钢筋作受压钢筋，也不得采用冷拉钢筋。一般用 HRB335 级钢筋和 HRB400 级钢筋。

2. 截面形式和截面尺寸

轴心受压构件以正方形、圆形为主，偏心受压构件以矩形为主。单层工业厂房的预制排架柱常采用工字形截面。

截面尺寸不宜过小。方形和矩形截面的短边边长尺寸一般不小于 300mm，圆形柱直径不小于 350mm，构件的长细比应 $l_0/h \leqslant 25$、$l_0/b \leqslant 30$。工字形截面翼缘厚度不应小于 120mm，腹板宽度不宜小于 100mm。

3. 纵向钢筋

1）直径、间距、混凝土保护层

纵向钢筋直径不宜小于 12mm，宜优先选择较大直径的钢筋，以减少钢筋纵向弯曲对施工的影响。纵向钢筋中距不宜大于 300mm，净距不应小于 50mm（构件水平浇筑时，可同梁的规定）。混凝土保护层最小厚度根据环境类别选择，对一类环境为 30mm。

2）钢筋布置

轴心受压构件的纵向钢筋沿截面周边均匀对称布置；偏心受压构件的受力钢筋按计算要求设置在弯矩作用方向的两对边，且当截面高度 $h \geqslant 600\mathrm{mm}$ 时，在侧面（垂直弯矩平面方向）应设置直径 $10 \sim 16\mathrm{mm}$、间距不大于 300mm 的构造钢筋。

3）纵向受力钢筋配筋率

受压构件全部受压钢筋的最小配筋率不应小于 0.6%（强度等级

300MPa、335MPa)、0.55%（强度等级 400MPa）或 0.50%（强度等级 500MPa)，一侧纵向钢筋的最小配筋率不应小于 0.2%；按最小配筋率计算钢筋截面面积时，取用构件的实际截面面积 A。受压构件全部纵向钢筋的配筋率不宜大于 5%；圆柱中纵向钢筋宜沿周边均匀布置，根数不宜少于 8 根且不应少于 6 根。

4. 箍筋

应当采用封闭式箍筋，以保证钢筋骨架的整体刚度，并保证构件在破坏阶段时箍筋对纵向钢筋和混凝土的侧向约束作用。

箍筋的间距 s 不应大于 400mm 及构件截面的短边尺寸，也不应大于 1.5d（d 为纵向受力钢筋的最小直径）。箍筋直径不应小于 6mm，且不应小于 $d/4$。当有剪力时，箍筋尚应按受剪承载力计算确定。

当柱每边的纵向受力钢筋多于 3 根且柱短边尺寸 $b>400$mm，或柱短边尺寸 $b \leqslant 400$mm 但各边纵筋多于 4 根时，应设置复合箍筋。

当柱截面有缺角时，不应采用内折角式箍筋，以免造成折角处混凝土被箍筋外拉而崩裂，此时应采用分离式箍筋。

当柱中全部纵向钢筋配筋率超过 3% 时，箍筋直径不应小于 8mm，箍筋间距不应大于 10d 和 200mm（d 为纵向钢筋最小直径），箍筋末端应做成 135° 弯钩且末端平直段长度不应小于 10d。

6.4 受拉构件

受拉构件是以承受轴向拉力为主的杆件，如屋架或桁架受拉的弦杆、腹杆等。

按照作用在杆件上的轴向拉力位置的不同，受拉构件也分为轴心受拉杆件和偏心受拉杆件。当轴向拉力 N 作用在构件截面形心时为轴心受拉，偏离截面形心时为偏心受拉。

6.4.1 轴心受拉构件

1. 承载力计算公式

轴心受拉构件在轴向力 N 作用下，截面产生均匀拉应力。由于混凝土抗拉强度很低，当截面拉应力达到混凝土抗拉强度时，混凝土即开裂退出工作，全部拉力由钢筋承担；当受拉钢筋应力达到屈服强度时，构件破坏。根据钢筋混凝土轴心受拉构件受拉应力图（图 6-28），可得正截面承载力基本计算公式：

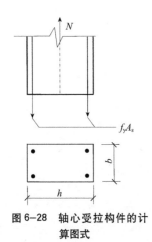

图 6-28 轴心受拉构件的计算图式

$$N \leqslant f_y A_s \qquad (6\text{-}70)$$

式中　N——轴向拉力设计值；

　　f_y——钢筋抗拉强度设计值（轴心受拉和小偏心受拉构件
　　　　　$f_y>300\text{N/mm}^2$ 时，应取 300N/mm^2)；

　　A_s——纵向受拉钢筋的全部截面面积。

f_yA_s 即为截面抗力，通常记为 N_u，即 $N_u=f_yA_s$。

钢筋混凝土轴心受拉构件除进行承载力计算外，还应进行最大裂缝宽度验算，以满足正常使用极限状态要求。

2. 构造要求

1）纵向受力钢筋的配置

（1）受力钢筋应沿截面周边均匀地对称布置，宜优先选择直径较小的钢筋。

（2）为避免配筋过少引起脆性破坏，按构件截面面积计算的全部钢筋的最小配筋百分率不应小于 $90f_t/f_y$，且不应小于 0.4%。

（3）轴心受拉构件的受力钢筋不得采用非焊接的搭接接头。搭接而不加焊的受拉钢筋接头仅允许用在圆形池壁或管中，且接头位置应错开，钢筋搭接长度应不小于 $1.2l_a$ 和 300mm 的小值。

2）箍筋

在轴心受拉构件中，与纵向受力钢筋垂直放置的箍筋主要是固定纵向受力钢筋的位置，并与纵向钢筋组成钢筋骨架。

【例6-9】某钢筋混凝土托架下弦截面尺寸 $b\times h=200\text{mm}\times250\text{mm}$，截面轴心拉力设计值 $N=352\text{kN}$，混凝土强度等级为 C30（$f_t=1.43\text{N/mm}^2$)，纵向钢筋采用 HRB335 级钢筋（$f_y=300\text{N/mm}^2$)，试计算所需纵向受拉钢筋截面面积。

【解】根据基本公式，将已知条件代入，得

$$A_s=\frac{N}{f_y}=\frac{352\times10^3}{300}=1173\text{mm}^2$$

验算最小配筋率：$\rho=\dfrac{A_s}{bh}=\dfrac{1173}{200\times250}=2.35\%>\rho_{\min}=90\times\dfrac{f_t}{f_y}=$ 0.429%，符合要求。

受拉钢筋可选择 4Φ20，实配钢筋 $A_s=1257\text{mm}^2$。箍筋选择 HPB300 级钢筋，根据构造要求，可选 φ6@200。

6.4.2　偏心受拉构件

当构件的轴向拉力与截面形心不重合时，即构成偏心受拉构件，包括单向偏心受拉构件和双向偏心受拉构件。

1. 偏心受拉构件的破坏特点

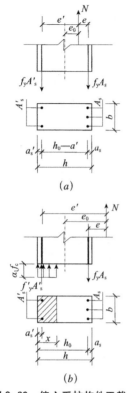

图 6-29　偏心受拉构件正截面
　　　　承载力的计算图式

（a）小偏心受拉；

（b）大偏心受拉

偏心受拉构件按偏心力作用位置的不同，也分为小偏心受拉构件和大偏心受拉构件，见图 6-29。若离纵向力较近一侧的钢筋面积为 A_s，较远一侧的钢筋面积为 A_s'，当偏心力 N 作用在钢筋 A_s 和 A_s' 之间时（即 $e_0 < h/2 - a_s$），截面受力状态为小偏心受拉；当偏心力 N 作用在钢筋 A_s 和 A_s' 间距以外时（即 $e_0 > h/2 - a_s$），截面受力状态为大偏心受拉。

1）小偏心受拉

在偏心拉力作用下，截面混凝土产生拉应力，当较大一侧拉应力达到混凝土抗拉强度时开始出现裂缝，荷载增大时裂缝将在全截面贯通，混凝土全部退出工作，拉力由纵向钢筋承担。当纵筋屈服时，截面破坏，构件丧失承载力。

2）大偏心受拉

由于轴向拉力作用于构件截面范围以外，形成附加弯矩 $M = Ne$，因此大偏心受拉构件在整个受力过程中存在混凝土受压区。构件破坏时，截面一侧开裂但不贯通；当受拉钢筋配置适量时，破坏特点与大偏心受压破坏相同；当受拉钢筋配置过多时，破坏类似于小偏心受压构件。当 $x \leqslant 2a_s'$ 时，受压钢筋也不会屈服。

2. 偏心受拉构件正截面承载力计算

1）小偏心受拉

小偏心受拉承载力计算简图如图 6-29（a）所示，分别对钢筋 A_s 合力点及钢筋 A_s' 合力点取矩，则得截面受力平衡方程：

$$Ne \leqslant f_y A_s' (h_0 - a_s') \tag{6-71}$$

$$Ne' \leqslant f_y A_s (h_0 - a_s') \tag{6-72}$$

式中　e——轴向力至钢筋 A_s 合力点距离；

　　　　e'——轴向拉力至钢筋 A_s' 合力点距离。

$$e = \frac{h}{2} - e_0 - a_s'; \quad e' = \frac{h}{2} + e_0 - a_s'; \quad e_0 = \frac{M}{N}$$

2）大偏心受拉

大偏心受拉计算简图如图 6-29（b）所示，根据截面受力平衡条件，得：

$$N \leqslant f_y A_s - a_1 f_c b x - f_y' A_s' \tag{6-73}$$

$$Ne \leqslant a_1 f_c b x \left(h_0 - \frac{x}{2}\right) + f_y' A_s' (h_0 - a_s') \tag{6-74}$$

式中　e——轴向拉力到受拉钢筋合力作用点的距离，$e = e_0 - \frac{h}{2} + a_s$。

公式的适用条件为：

$$x \geqslant 2a_s' \; ; \; x \leqslant \xi_b h_0 \qquad (6\text{-}57a)$$

截面设计时,若能使 $x=\xi_b h_0$,则总用钢量 A_s+A_s' 最少。若求得 $A_s'<\rho_{\min}bh$ 时,则取 $A_s'=\rho_{\min}bh$,然后根据 A_s' 再计算 A_s。当求得 $x<2a_s'$,可近似地取 $x=2a_s'$,此时 A_s 可直接从下式求出:

$$Ne' \leqslant f_y A_s \; (h_0-a_s') \qquad (6\text{-}75)$$

其中,$e'=\dfrac{h}{2}+e_0-a_s'$。

【例6-10】 一钢筋混凝土偏心受拉构件,截面为矩形,$b \times h=250\text{mm} \times 400\text{mm}$,截面纵向拉力设计值 $N=550\text{kN}$,弯矩设计值 $M=65\text{kN} \cdot \text{m}$。混凝土强度等级为 C20 $(f_c=9.6\text{N/mm}^2)$,采用热轧钢筋 HRB400 $(f_y=f_y'=360\text{N/mm}^2,\ \xi_b=0.518)$,$a_s=a_s'=35\text{mm}$,试确定截面所需的纵筋数量。

【解】 先判别大小偏拉情况:

$$e_0=\frac{M}{N}=\frac{65 \times 10^6}{550 \times 10^3}=118\text{mm}<\frac{h}{2}-a_s=\frac{400}{2}-35=165,\ \text{故属于小偏}$$
心受拉,钢筋应力设计值应取 300N/mm^2,而不是 360N/mm^2。

计算纵向钢筋数量:

$$e=\frac{h}{2}-e_0-a_s=\frac{400}{2}-118-35=47\text{mm};$$

$$e'=\frac{h}{2}+e_0-a_s=\frac{400}{2}+118-35=283\text{mm};$$

根据公式(6-72)及(6-71),得

$$A_s=\frac{Ne'}{f_y(h_0-a')}=\frac{550 \times 10^3 \times 283}{300 \times (365-35)}=1572\text{mm}^2, \quad \text{实配 } 4 \ \Phi \ 22,$$

$A_s=1520\text{mm}^2$;

$$A_s'=\frac{Ne}{f_y(h_0-a')}=\frac{550 \times 10^3 \times 47}{300 \times (365-35)}=261\text{mm}^2, \quad \text{实配 } 2 \ \Phi \ 14,$$

$A_s'=308\text{mm}^2$。

截面配筋率均符合要求,请自行验算。

6.5 受扭构件

钢筋混凝土受扭构件也是常见的结构构件,如阳台梁、雨篷梁、平面曲梁、平面折梁、旋转楼梯等,它们在承受弯矩、剪力作用的同时,还承受扭矩作用。工程实际中仅承受扭矩(纯扭)作用的构件几乎不存在,弯矩、扭矩共同作用(弯扭)或剪力、扭矩共同作用（剪扭）也不多，最常见的是同时承受弯矩、剪力和扭矩共同作用（弯剪扭）的构件。

6.5.1 钢筋混凝土纯扭构件的受力性能

1.素混凝土纯扭构件的受力与破坏特点

素混凝土纯扭构件按均质理想材料进行弹性分析时，扭矩将在构件截面内产生剪应力，其主拉应力 σ_{tp} 和主压应力 σ_{cp} 的方向与构件轴线呈45°角，$\sigma_{tp}=\sigma_{cp}=\tau_{max}$。因混凝土抗拉强度低于抗压强度，在构件长边侧面中点处垂直于主拉应力 σ_{tp} 方向将首先被拉裂，形成与构件轴线呈45°角的斜裂缝，见图6-30。

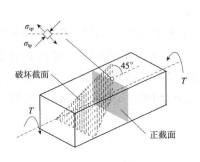

图6-30 矩形截面受扭破坏

构件的斜裂缝一经出现，即迅速延伸，形成三面开裂、一面压碎的破坏面，破坏呈脆性性质，破坏时的扭矩

$$T_u=0.7f_tW_t \tag{6-76}$$

式中　f_t——混凝土抗拉强度；

W_t——受扭构件的截面受扭塑性抵抗矩，对矩形截面 $b \times h$，

$W_t=\dfrac{b^2}{6}(3h-b)$，其中 b 为截面短边尺寸。

2.钢筋混凝土纯扭构件

素混凝土受扭构件的破坏是由于截面主拉应力超过混凝土抗拉强度所致，最终导致混凝土压碎，这与受弯正截面破坏相似（应注意主应力方向的差异）。所以，可在受扭构件中配置适量的抗扭钢筋，以提高抗扭承载力。

配置抗扭钢筋（纵向钢筋和箍筋）可提高构件的抗扭承载力，增强构件延性。试验表明，当抗扭钢筋过少时，钢筋受拉屈服时混凝土未达到极限剪切应变，出现"少筋破坏"；当抗扭钢筋配置适量时，钢筋屈服时混凝土达到极限应变，呈"适筋破坏"状态；而抗扭钢筋配置过多时，构件破坏时混凝土达到极限剪切应变时受拉钢筋不屈服，出现类似于超筋梁的脆性的"完全超配筋破坏"。

3.纯扭构件抗扭承载力计算

钢筋混凝土纯扭构件抗扭承载力可按下式计算：

$$T \leqslant 0.35 f_t W_t + 1.2 \sqrt{\zeta} \, f_{yv} \frac{A_{st1} A_{cor}}{s} \tag{6-77}$$

式中 f_t、W_t——意义同前；

     f_{yv}——箍筋的抗拉强度设计值；

     A_{st1}——抗扭箍筋的单肢截面面积；

     s——箍筋间距；

     A_{cor}——截面核芯部分面积，$A_{cor}=b_{cor}h_{cor}$，其中 $b_{cor}=b-2c$，

       $h_{cor}=h-2c$，c 为纵向钢筋的混凝保护层厚度；

     ζ——抗扭纵筋与抗扭箍筋的配筋强度比值，按下式计算：

$$\zeta = \frac{f_y A_{st1} s}{f_{yv} A_{st1} u_{cor}} \tag{6-78}$$

式中 A_{st1}——截面中全部纵向抗扭钢筋截面面积；

     f_{yv}——受扭箍筋的抗拉强度设计值；

     f_y——纵向抗扭钢筋的抗拉强度设计值；

     u_{cor}——截面核芯部分周长，$u_{cor}=2(b_{cor}+h_{cor})$。

    由于构件抗扭钢筋包括纵向钢筋和箍筋，这两种抗扭钢筋的配筋量应该协调，这是系数 ζ 的本质含义，其取值范围为 $0.6 \leqslant \zeta \leqslant 1.7$。当 $\zeta > 1.7$ 时，取 $\zeta = 1.7$。

6.5.2 钢筋混凝土矩形截面构件抗扭承载力

1. 剪扭构件

1）剪扭作用对构件承载力的影响

    钢筋混凝土矩形截面受扭构件同时承受剪力时，剪力的存在降低了构件的抗扭能力，而扭矩的存在也降低了构件的抗剪能力。可见，剪扭构件抵抗能力比单独承受剪力或扭矩作用时的承载力低，这种剪扭之间的相互影响用剪扭构件的混凝土强度降低系数 β_t 表示：

$$\beta_t = \frac{1.5}{1 + 0.5 \dfrac{V W_t}{T b h_0}} \tag{6-79}$$

式中 V——截面剪力；

     W_t——截面受扭塑性抵抗矩；

     T——构件的抗扭承载力。

    β_t 的取值范围是 $0.5 \leqslant \beta_t \leqslant 1.0$。

2）剪扭构件的承载力

    承受一般荷载的矩形截面钢筋混凝土剪扭构件，其抗扭承载力

应按下式计算：

$$T \leqslant 0.35\beta_t f_t W_t + 1.2\sqrt{\zeta}\, f_{yv}\frac{A_{st1}A_{cor}}{s} \qquad (6\text{-}80)$$

而剪扭构件的抗剪承载力应按照下式计算：

$$V \leqslant (1.5-\beta_t)0.7f_t bh_0 + 1.25f_{yv}\frac{A_{sv}}{s}h_0 \qquad (6\text{-}81)$$

可见，剪扭构件混凝土部分的抗扭承载力比纯扭构件降低了 β_t，而抗剪承载力比单独受剪降低了 $1.5-\beta_t$。

对于承受集中荷载的独立钢筋混凝土剪扭构件，其抗扭承载力仍按式（6-80）计算，但系数 β_t 应改按下式计算（当 $\beta_t < 0.5$ 时，取 $\beta_t=0.5$；当 $\beta_t > 1.0$ 时，取 $\beta_t=1.0$）：

$$\beta_t = \frac{1.5}{1+0.2(1+\lambda)\dfrac{VW_t}{Tbh_0}} \qquad (6\text{-}82)$$

而其抗剪承载力应按下式计算：

$$V \leqslant (1.5-\beta_t)\frac{1.75}{\lambda+1}f_t bh_0 + f_{yv}\frac{A_{sv}}{s}h_0 \qquad (6\text{-}83)$$

2. 弯扭构件和弯剪扭构件

对弯扭及弯剪扭共同作用下的构件，按前面介绍的变角度空间桁架模型计算是十分繁琐的。在大量试验研究及模型分析的基础上，《规范》采用了实用配筋计算法。

对于弯扭构件的配筋计算，根据二者之间的相关性，采用分别按纯弯和纯扭计算所需的纵筋和箍筋面积，然后对应叠加的计算方法。弯扭构件的纵筋用量为受弯所需纵筋截面面积和受扭所需的纵筋截面面积之和，而箍筋用量则由受扭箍筋所决定。

对于弯剪扭构件的配筋，三者之间的相关性更为复杂。《规范》规定的计算方法是，构件的纵筋截面面积由受弯承载力和受扭承载力所需的钢筋截面面积叠加，箍筋截面面积则由受剪承载力和受扭承载力所需的箍筋截面面积叠加。

根据《规范》，在弯矩、剪力和扭矩共同作用下的弯剪扭矩形截面构件，可按下列规定计算承载力：

1）当 $V \leqslant 0.35f_t bh_0$ 或 $V \leqslant 0.875f_t bh_0/(\lambda+1)$ 时，可忽略剪力 V，仅按受弯构件的正截面受弯承载力和纯扭构件的受扭承载力分别进行计算；

2）当 $T \leqslant 0.175 f_t W_t$ 时，可忽略扭矩 T，仅按受弯构件的正截面受弯承载力和斜截面受剪承载力分别进行计算。

6.5.3 受扭构件的构造要求

1. 截面尺寸限制条件

为避免受扭构件配筋过多而发生完全超配筋性质的脆性破坏，受扭构件的最小截面尺寸应满足下述要求（上限值）：

当 $\dfrac{h_w}{b} \leqslant 4$ 时，$\dfrac{V}{bh_0} + \dfrac{T}{0.8 W_t} \leqslant 0.25 \beta_c f_c$；

当 $\dfrac{h_w}{b} \geqslant 6$ 时，$\dfrac{V}{bh_0} + \dfrac{T}{0.8 W_t} \leqslant 0.2 \beta_c f_c$；当 $4 > \dfrac{h_w}{b} > 6$ 时，按内插确定。

2. 构造配筋条件

纯扭构件，当 $T \leqslant 0.7 f_t W_t$ 时，或弯剪扭构件，当 $\dfrac{V}{bh_0} + \dfrac{T}{W_t} \leqslant 0.7 f_t$ 时，可直接按构造配筋。

3. 最小配筋率要求

剪扭箍筋配筋率应符合：$\rho_{sv} = \dfrac{A_{sv}}{bs} \geqslant \rho_{sv,min} = \dfrac{A_{sv,min}}{bs} = 0.28 \dfrac{f_t}{f_{sv}}$；

纵向钢筋的最小配筋率应符合：

$$\rho_{tl} = \frac{A_{stl}}{bh} \geqslant \rho_{tl,min} = \frac{A_{stl,min}}{bh} = 0.6 \left(\frac{T}{Vb}\right)^{1/2} \frac{f_t}{f_y}。$$

4. 抗扭钢筋布置

沿截面周边布置的受扭纵向钢筋的间距不应大于 200mm 和梁截面短边长度；除应在梁截面四角设置受扭纵向钢筋外，其余受扭纵向钢筋宜沿截面周边均匀对称布置。

【例6-11】某承受均布荷载的弯、剪、扭构件，截面尺寸 $b \times h = 250\text{mm} \times 600\text{mm}$，混凝土为 C25 级 （$f_t = 1.27\text{N/mm}^2$，$f_c = 11.9\text{N/mm}^2$），纵筋为 HRB400 级 （$f_y = 360\text{N/mm}^2$），箍筋为 HPB300 级 （$f_{yv} = 270\text{N/mm}^2$）；已求得支座处负弯矩设计值 $M = 100\text{kN} \cdot \text{m}$，剪力设计值 $V = 68\text{kN}$，扭矩设计值 $T = 25\text{kN} \cdot \text{m}$，试计算梁抗扭钢筋。

【解】（1）验算截面尺寸：

$$W_t = \frac{b^2}{6}(3h - b) = \frac{250^2}{6} \times (3 \times 600 - 250) = 1.614 \times 10^7 \text{mm}^3；$$

$$\frac{h_w}{b} = \frac{h_0}{b} = \frac{600 - 35}{250} = 2.26 < 4；$$

$$\frac{V}{bh_0} + \frac{T}{0.8 W_t} = \frac{68 \times 10^3}{250 \times (600 - 35)} + \frac{25 \times 10^6}{0.8 \times 1.614 \times 10^7} = 2.418 \text{N/mm}^2$$

$\leqslant 0.2\beta_c f_c = 0.25 \times 1.0 \times 11.9 = 2.98\text{N/mm}^2$，截面尺寸满足要求。

（2）确定是否可按构造配置抗扭钢筋：

$$\frac{V}{bh_0} + \frac{T}{W_t} = \frac{68 \times 10^3}{250 \times (600-35)} + \frac{25 \times 10^6}{1.614 \times 10^7} = 2.03 > 0.7f_t = 0.7 \times 1.27 = 0.89,$$

应计算抗扭钢筋。

（3）确定是否可以忽略剪力和扭矩：

$V = 68\text{kN} > 0.35f_t bh_0 = 0.35 \times 1.27 \times 250 \times (600-35) = 62786\text{N} = 62.786\text{kN}$，不能忽略 V；

$T = 25 \times 10^6\text{N} \cdot \text{mm} > 0.175f_t W_t = 0.175 \times 1.27 \times 1.615 \times 10^7 = 3589338\text{N} \cdot \text{mm}$，不能忽略 T。

（4）计算抗剪所需箍筋：

$$\beta_t = \frac{1.5}{1+0.5\dfrac{VW_t}{Tbh_0}} = \frac{1.5}{1+0.5 \times \dfrac{68 \times 10^3 \times 1.614 \times 10^7}{25 \times 10^6 \times 250 \times (600-35)}} = 1.3 > 1,$$

取 $\beta_t = 1$：

$$\frac{A_{sv}}{s} = \frac{V-(1.5-\beta_t)0.7f_t bh_0}{1.25f_{yv}h_0} = \frac{68 \times 10^3 - (1.5-1) \times 0.7 \times 1.27 \times 250 \times (600-35)}{1.25 \times 270 \times (600-35)}$$

$$= 0.028\text{mm}^2/\text{mm}$$

（5）计算抗扭所需箍筋，先假定 $\zeta = 1.05$：

$A_{cor} = (250-50) \times (600-50) = 110000\text{mm}^2$

$$\frac{A_{stl}}{s} = \frac{T-0.35\beta_t f_t W_t}{1.2\sqrt{\zeta}f_{yv}A_{cor}} = \frac{25 \times 10^6 - 0.35 \times 1 \times 1.27 \times 1.614 \times 10^7}{1.2 \times \sqrt{1.05} \times 270 \times 110000}$$

$$= 0.488\text{mm}^2/\text{mm}$$

抗剪、抗扭箍筋总需要量为 $0.028+0.488 = 0.516\text{mm}^2/\text{mm}$，选 $\phi 10$ 箍筋，$A_{s1} = 78.5$，箍筋间距 $s = 78.5/0.516 = 152.13\text{mm}$，取 $s = 150\text{mm}$，即箍筋配置为 $\phi 10@150$。

验算配箍率：

$$\rho_{sv} = \frac{A_{sv}}{bs} = \frac{78.5 \times 2}{250 \times 150} = 0.419\% > \rho_{sv,min} = 0.28f_t/f_{sv} = 0.28 \times 1.27/270 = 0.132\%,$$

符合要求。

（6）计算抗扭所需纵向钢筋（注意 ζ 的运用）：

由式（6-78）得

$$A_{stl} = \frac{\zeta f_{yv}A_{stl}u_{cor}}{f_y s} = \frac{1.05 \times 270 \times 78.5 \times 2 \times (200+550)}{360 \times 150} = 618.2\text{mm}^2$$

纵向抗扭钢筋选 6 Φ12，$A_{stl} = 678\text{mm}^2$

验算纵向抗扭钢筋配筋率

$$\rho_{tl} = \frac{A_{stl}}{bh} = \frac{678}{250 \times 600} = 0.45\% \geqslant \rho_{tl,min} = 0.6\left(\frac{T}{Vb}\right)^{1/2}\frac{f_t}{f_y} = 0.6 \times$$

$$\left(\frac{25 \times 10^6}{68 \times 10^3 \times 250}\right)^{1/2} \times \frac{1.27}{360} = 0.43\%, \text{ 符合要求。}$$

（7）计算抗弯所需纵向钢筋：

$$\alpha_s = \frac{M}{\alpha_1 f_c bh_0^2} = \frac{100 \times 10^6}{1 \times 11.9 \times 250 \times (600-35)^2} = 0.080,$$

查附表 6-3，$\xi = 0.111 < \xi_b = 0.518$；

$$A_{s2} = \xi bh_0\frac{\alpha_1 f_c}{f_y} = 0.111 \times 250 \times (600-35) \times \frac{1.0 \times 11.9}{360} = 518.3\text{mm}^2$$

$> \rho_{min}bh = 300\text{mm}^2$，符合要求。

梁下部抗弯纵筋选 3 Φ16，$A_{s1} = 603\text{mm}^2$；梁周边抗扭钢筋选 6 Φ12，$A_{stl} = 678\text{mm}^2$，按抗扭构造要求均匀布置，见图 6-31。

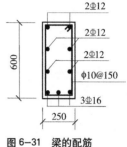

图 6-31 梁的配筋

6.6 肋梁楼盖

肋梁楼盖计算主要包括楼盖（屋盖）板、次梁和主梁的计算。就现浇钢筋混凝土单向板及双向板肋梁楼盖而言，其内力分析方法主要有弹性方法和塑性方法。一般情况下，单跨静定梁、板应采用弹性分析，而多跨超静定次梁、板可采用塑性分析，但其主梁仍应采用弹性分析方法。

6.6.1 单向板肋梁楼盖计算

1.计算简图

1）计算模型及其简化假定

在现浇单向板肋梁楼盖中，板、次梁、主梁的计算模型为连续板或连续梁。其中，板的支座是次梁，次梁的支座是主梁，主梁的支座是柱或墙。为简化计算，通常作如下简化假定：

（1）支座可以自由转动，但没有竖向位移；

（2）不考虑薄膜效应对板内力的影响；

（3）在确定板传给次梁的荷载以及次梁传给主梁的荷载时，分别忽略板、次梁的连续性，按简支构件计算支座竖向反力；

（4）跨数超过五跨的连续梁、板，当各跨荷载相同，且跨度相差不超过 10% 时，按五跨等跨连续梁、板计算。

假定支座处没有竖向位移，实际上忽略了次梁、主梁、柱的竖向变形对板、次梁、主梁的影响。

假定支座可自由转动，实际上忽略了次梁对板、主梁对次梁、柱对主梁的转动约束能力。现浇混凝土楼盖中梁、板整浇在一起，当板发生弯曲转动时，支承它的次梁将产生扭转，次梁的抗扭刚度将约束板的弯曲转动，使板在支承处的实际转角比理想铰支承时的转角小。同样的情况发生在次梁和主梁之间。由此假定带来的误差可通过折算荷载的方式来弥补。

混凝土柱与主梁刚接时，柱对主梁弯曲转动的约束能力取决于主梁与柱的线刚度之比，当比值大于 5 时，约束能力较弱，主梁按连续梁模型计算，否则应按梁框架模型计算。

四周与梁整体连接的低配筋率板，临近破坏时其中和轴非常接近板的表面。在纯弯矩作用下，板的中平面位于受拉区，因周边变形受到约束，板内将存在轴向压力。由偏心受压构件正截面承载力理论可知，在一定程度内轴压力将提高构件的受弯承载力。特别是在受拉混凝土开裂后，实际中和轴成拱形，板的周边支承构件提供的水平推力将减少板在竖向荷载下的截面弯矩。但是，为了简化计算，在内力分析时，一般不考虑板的薄膜效应。这一有利作用将在板的截面设计时，根据不同的支座约束情况，对板的计算弯矩进行折减。

在荷载传递过程中，忽略梁、板连续性影响的假定主要是为简化计算，且误差也不大。

等跨连续梁当其跨数超过五跨时，中间各跨的内力与第三跨非常接近，为减少计算工作量，所有中间跨的内力和配筋都可按第三跨来处理。为简化计算，等跨连续梁的内力计算可利用现成的图表，非等跨的连续梁跨度差不超过 10% 也可借用等跨连续梁的内力图表。

2）计算单元及从属面积

为减少计算工作量，结构内力分析时通常不是对整个结构进行分析，而是从实际结构中选取有代表性的某一部分作为计算的对象，称为计算单元。

对于单向板，可取 1m 宽的板带作为其计算单元（图 6-32），在此范围内的楼面均布荷载便是该板带承受的荷载，这一负荷范围称为从属面积，即计算构件负荷的楼面面积。

楼盖中主、次梁截面都是两侧带翼缘（板）的 T 形截面，每侧翼缘板的计算宽度取与相邻梁中心距的 1/2。次梁承受板传来的均布线荷载，主梁承受次梁传来的集中荷载，次梁的负荷范围及次梁传给主梁的集中荷载范围如图 6-32 所示。

3）计算跨度

梁、板的计算跨度与其支座间的轴线距离是不同的概念。根据

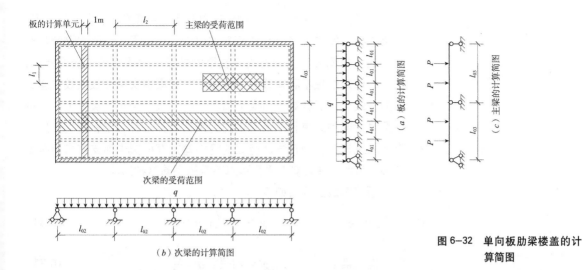

（b）次梁的计算简图

图6-32 单向板肋梁楼盖的计算简图

梁和板的计算跨度 l_0　　　　　　　　表6-16

分析方法	支承情况	计算跨度	
		梁	板
弹性理论	两端与梁或柱整体连接的梁；两端与梁整体连接的板	$l_0=l_c$	$l_0=l_c$
	两端搁支在墙上的梁和板	$l_0=1.05l_n$，$l_0 \leqslant l_c$	$l_0=l_n+h$，$l_0 \leqslant l_c$
	一端搁支在墙上，另一端与梁或柱整体连接的梁及与梁整体连接的板	$l_0=1.025l_n+b/2$，$l_0 \leqslant l_c$	$l_0=l_n+b/2+h/2$，$l_0 \leqslant l_c$
塑性理论	两端与梁或柱整体连接的梁；两端与梁整体连接的板	$l_0=l_n$	$l_0=l_n$
	两端搁支在墙上的梁和板	$l_0=1.05l_n$，$l_0 \leqslant l_c$	$l_0=l_n+h$，$l_0 \leqslant l_c$
	一端搁支在墙上，另一端与梁或柱整体连接的梁及与梁整体连接的板	$l_0 \leqslant 1.025l_n$，$l_0 \leqslant l_n+a/2$	$l_0=l_c+h/2$，$l_0=l_n+a/2$

说明：l_n 为梁、板的净跨，a 为墙的支承宽度，b 为梁的支承宽度，h 为板厚，l_c 为支座中心线间的距离。

相关设计规程，按弹性理论和塑性理论计算时，梁、板的计算跨度应按表6-16确定。

4）荷载取值

楼盖上的荷载包括永久荷载和可变荷载两类。永久荷载（恒荷载）包括结构自重、建筑构造层重量、固定设备、堆料和临时设备等。可变荷载包括楼面活荷载、屋面活荷载、风荷载、雪荷载、积灰荷载等。

恒荷载的标准值可按其几何尺寸和材料的重力密度计算。民用建筑楼（屋）面上的均布活荷载标准值及其组合值、频遇值和准永久值按《建筑结构荷载规范》确定。进行荷载效应组合时，荷载分项系数应按规范的规定采用。民用建筑楼面梁的负荷范围较大时，负荷范围内同时布满活荷载的可能性较小，故可对活荷载标准值进行折减，参见5.1和规范条文。

如前所述，在整体现浇的钢筋混凝土肋梁楼盖中，主梁与次梁、次梁与板之间均现浇为整体而非理想铰接，由于主梁和次梁都具有一定的抗扭刚度，主梁将约束次梁的转动，次梁将约束板的转动。在跨中弯矩的最不利荷载组合作用下，若假定次梁和板按铰支座支承的连续梁、板计算，与实际情况不符，应予修正。实际上，这种主梁对次梁的约束和次梁对板的约束，相当于在次梁和板的支座上附加约束弯矩，使布置活荷载的跨中弯矩有所减少而支座弯矩有所增加。为此，在计算中采用折算荷载来消除这种影响。

折算荷载的取值如下：

连续板： $$g'=g+\frac{q}{2}\ ;\ q'=\frac{q}{2} \tag{6-84}$$

连续梁： $$g'=g+\frac{q}{4}\ ;\ q'=\frac{3q}{4} \tag{6-85}$$

其中，g、q 为结构实际荷载，g'、q' 为其折算荷载。

主梁荷载不折算，仍按实际荷载取用。当板或梁搁置在砌体或钢结构上时，荷载不折减。

2.内力计算

1）活荷载的最不利布置

结构的内力是在恒载和活载共同作用产生的。恒载的作用位置不变，在结构中产生的内力也不变；活载的作用位置是可变的，在结构中产生的内力也是变化的。要求得结构控制截面的最不利内力，就必须考虑活荷载的最不利布置。

以图 6-33 所示的 5 跨等跨连续梁为例，说明活荷载的最不利布置的规律：

图 6-33 结构的最不利荷载布置

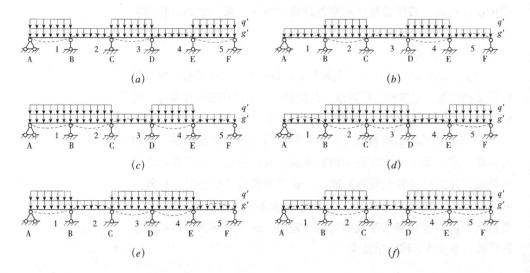

①欲求结构某跨跨内截面最大正弯矩，除恒载外，还应在该跨布置活荷载，然后向两侧隔跨布置。如求第一跨跨中弯矩，活荷载布置如图 6-33（a）。

②欲求结构某支座截面最大负弯矩（绝对值），除恒载外，还应在该支座相邻两跨布置活荷载，然后向两侧隔跨布置。如求 B 支座最大负弯矩，活荷载布置如图 6-33（c）。

③欲求结构某跨跨内截面最大负弯矩（绝对值），除恒载外，不应在该跨布置恒荷载，而在相邻跨布置活荷载，然后向两侧隔跨布置。如求第三跨跨中最大负弯矩，活荷载布置如图 6-33（b）。

④欲求结构边支座截面最大剪力，除恒载作用外，其活载布置与求该跨跨中截面最大正弯矩时相同。如求 A 支座最大剪力，活荷载布置如图 6-33（a）。

⑤欲求结构中间跨支座截面最大剪力，其活荷载布置与求该支座截面最大负弯矩（绝对值）时相同。如求 B 支座最大剪力，活荷载布置如图 6-33（c）。

2）内力计算方法

（1）按弹性理论计算

确定了活荷载的不利布置后，即可按照一般结构力学方法求解弯矩和剪力。对于等跨连续梁，还可利用现成的计算表格（参见附表 6-4）进行内力计算。

利用计算表格计算时，均布荷载及三角形荷载作用下连续梁板的内力按式（6-86a）计算，集中荷载作用下则按式（6-86b）计算：

$$M=k_1 g l_0^2 + k_2 q l_0^2, \qquad V=k_3 g l_0 + k_4 q l_0 \qquad (6\text{-}86a)$$

$$M=k_5 G l_0 + k_6 P l_0, \qquad V=k_7 G + k_8 P \qquad (6\text{-}86b)$$

式中，　g、q——单位长度上均布恒载设计值、均布活荷载设计值；

　　　　G、P——集中恒荷载设计值、集中活荷载设计值；

　　　　l_0——计算跨度；

k_1、k_2、k_5、k_6——计算用表中的弯矩系数；

k_3、k_4、k_7、k_8——计算用表中的剪力系数。

（2）按塑性理论计算

按塑性理论计算连续梁和单向板内力时，通常采用考虑塑性内力重分布计算法，它是一种实用计算方法。

①塑性内力重分布的概念

按弹性理论和平截面假定计算梁的承载力时，认为适筋梁最终破坏状态表现为受拉钢筋屈服和混凝土达到极限压应变。试验表明，超静定梁达到按弹性理论确定的破坏状态时，由于钢筋和混凝土的塑性性能，构件在破坏截面可形成"塑性铰"，此刻构件仍具有承载能力而不是立即破坏。不仅如此，对于两端固定的连续梁，跨中出现塑性铰后甚至仍可继续加载，直到在固定支座出现塑性铰为止。这表明，考虑梁的塑性变形时，梁的塑性承载力高于弹性承载力，因此构件的塑性设计有利于挖掘材料潜能，具有一定的经济意义。

所谓塑性铰，是指超静定梁处于适筋破坏时由于破坏截面两侧的梁段能形成较大的相对转角（即"铰"）而仍能继续承受和传递弯矩的现象。塑性铰是梁的一定长度的屈服区段，与普通铰（实铰）的相似之处是塑性铰两端的梁段可有一定角度的相对转动，不同之处是能承受和传递弯矩。双向板中也有类似的现象，但它不是一个"单铰"而是一条"塑性铰线"。塑性铰现象也可用钢材和混凝土的塑性性能解释——钢材的屈服强度为其应力应变曲线的下屈服点而不是其极限强度；混凝土的极限应变为其应力应变曲线的临界点而不是其峰值点，所以钢筋和混凝土的应力超过设计强度时仍可加载而不致破坏，但构件的安全储备有所降低。

超静定结构进入塑性工作状态后，构件的截面应力与弹性阶段不同，构件的内力将自动调整，称为塑性内力重分布。

②考虑塑性内力重分布时梁、板内力的计算

对于承受相等均布荷载及间距相同、大小相等的集中荷载的等跨连续梁，考虑塑性内力重分布时的内力 M、V 按下式计算：

弯矩　　　　均布荷载：$M=\alpha_\mathrm{m}(g+q)l_0^2$　　　　　　(6-87)

　　　　　　集中荷载：$M=\eta_\mathrm{m}(G+Q)l_0$　　　　　(6-87a)

剪力　　　　均布荷载：$V=\alpha_\mathrm{v}(g+q)l_\mathrm{n}$；　　　　(6-88)

　　　　　　集中荷载：$V=\alpha_\mathrm{v}n(G+Q)$　　　　(6-88a)

式中，g、q——作用在梁板单位长度上的均布恒载和均布活荷载设计值；

　　G、Q——一个集中恒载、集中活荷载的设计值；

　　α_m、α_v——考虑塑性内力重分布的弯矩系数、剪力系数，见表6-17；

　　　　η_m——集中恒载修正系数，见表6-17；

　　l_0、l_n——计算跨度、净跨度，按表6-16采用；

　　　　n——跨内集中荷载个数。

连续梁和连续单向板弯矩计算系数 α_m、剪力计算系数 α_v 及集中荷载修正系数 η_m　　表 6-17

系数	支承情况		截面位置					
			端支座	边跨跨中	离端第二支座	离端第二跨跨中	中间支座	中间跨跨中
α_m	梁板搁支在墙上		0	1/11	两跨连续： －1/10 三跨以上连续 －1/11	1/16	－1/14	1/16
	板	与梁整浇连接	1/16	1/14				
	梁		－1/24					
	梁与柱整浇连接		－1/16	1/14				
α_v			外侧	内侧	外侧	内侧	外侧	内侧
	梁板搁置在墙上			0.45	0.60	0.60	0.55	0.55
	与梁、柱整浇连接			0.50	0.55			
η_m	跨中中点处作用一个集中荷载		1.5	2.2	1.5	2.7	1.6	3.7
	跨中三分点处作用两个集中荷载		2.7	3.0	2.7	3.0	2.9	3.0
	跨中四分点处作用三个集中荷载		3.8	4.1	3.8	4.5	4.0	4.8

注：表中系数按 $q/g=3$ 的 5 跨连续梁确定，适用于 q/g 在 1/3 到 5 之间的梁板计算。

　　对于承受均布荷载的等跨连续单向板，各跨跨中及支座截面的弯矩设计值 M 也可按照式（6-87）计算，即 $M=\alpha_m(g+q)\,l_0^2$。

　　对于不等跨的连续梁板，如各跨均布荷载相同或承受间距相同、大小相等的集中荷载作用时，如相邻两跨跨度差不超过 10%，仍可用上面的方法计算。

　　对于不满足上述条件的不等跨连续梁、板或各跨荷载相差较大的等跨连续梁、板，可以采用弯矩调幅法计算进行计算，此处略。

　　3）内力包络图

　　将同一构件在各种荷载作用下的内力图（如弯矩图或剪力图）叠画在一起，其外轮廓线所围合成的图形称为内力包络图，它反映了各截面可能产生的最大内力值，是设计截面和配置钢筋的依据。图 6-34 为某五跨连续梁的弯矩包络图和剪力包络图示意。

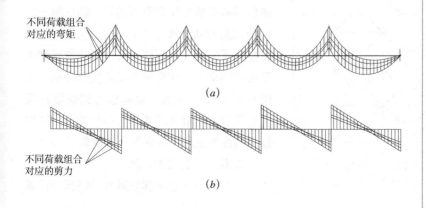

不同荷载组合对应的弯矩

(a)

不同荷载组合对应的剪力

(b)

图 6-34　内力包络图
(a) 弯矩包络图；
(b) 剪力包络图

4）支座弯矩和剪力设计值

按弹性理论计算连续梁、板内力时，中间跨的计算跨度取为支座中心线间的距离，所求得的支座弯矩和剪力为支座中心线处的内力值。实际上，支座正截面受弯承载力和受剪承载力计算应选取支座边缘为计算截面，故支座弯矩和剪力应按下式计算：

弯矩设计值
$$M_b = M - V_0 \frac{b}{2} \tag{6-89}$$

剪力设计值　　均布荷载：$V_b = V - (g+q)\frac{b}{2}$；集中荷载：$V_b = V$ (6-90)

其中，M_b、V_b 分别为支座边缘处的弯矩设计值和剪力设计值；V_0 为按简支梁计算的支座中心处的剪力设计值；b 为支座宽度；M、V 分别为支座中心处的弯矩和剪力设计值；g、q 为结构上的恒载与活荷载的设计值。

5）内力调整

在极限状态下，在支座负弯矩作用下板上部开裂，在跨中正弯矩作用下板下部开裂，使跨中和支座间的混凝土形成拱的作用。当板四周有梁，即板的支座不能自由移动时，则板在竖向荷载作用下产生的横向推力可减少板中各计算截面的弯矩，故对四周与梁整浇的单向板，其中间跨跨中和中间支座的计算弯矩可减少 20%。

通过上述方法可以确定单向板楼盖各构件的设计内力，然后即可按本章前几节的基本构件设计原理进行截面设计。

6.6.2　双向板肋梁楼盖计算

1.计算简图

双向板的长短边之比小于 2，作用于板上的荷载同时向两个方向传递，其计算简图与单向板不同。实验表明，双向板的荷载传递比较复杂，工程中为了简便，一般按就近传递原则将荷载分配到附近的梁，即从每一区格的四角作 45° 线与平行长边的中线相交，将整块板分成四个板块，每个板块的荷载传至相邻的梁上，依此确定梁的负荷面积，如图 6-35 所示。因此，双向板传到较短跨度的支承梁的荷载为三角形分布荷载，而传到较长跨度的支承梁为梯形分布荷载。

2.双向板的内力计算

双向板属于空间弹性薄板，其变形为"碟

图 6-35　楼盖梁的负荷面积与荷载类型

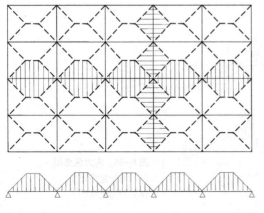

形",扭曲使板两个方向的内力相互影响。因此,双向板的内力分析比较复杂,精确分析方法涉及弹性薄板理论,适合于手工计算的近似分析方法主要有属于弹性分析方法的区格板法和属于塑性分析方法的"塑性铰线法",此处仅介绍区格板计算法。

采用区格板法计算双向板的内力时,先要确定区格板的支承条件和支座类型。所谓区格板,是指由板周边的梁或墙等支承构件围合、分隔成的双向板板块,一个板块为一个区格,单跨双向板为单区格板,多跨连续双向板为多区格板。

1)区格板的边界条件与支座类型

区格板的支座类型由支承条件、与邻近板块的关系及计算需要确定,即使是同一块板的同一支座,在不同的计算中所确定的支座类型也不相同。板的支座类型取决于板端对于支座能否产生相对转动,可转动时视为铰支座,不能转动时视为固端支座。

2)区格活荷载的最不利布置

在多区格的连续双向板上布置活荷载时,应考虑活荷载的最不利布置。与单向板连续板相似,活荷载的布置与计算内力的类别和计算截面的位置有关。例如在图 6-36 中,欲求阴影线区格跨内的最大正弯矩,则活荷载的布置方式应为如图所示的棋盘式。

在这种最不利组合荷载作用下,任一区格板的边界条件既非完全固定又非理想简支。为了能利用单区格双向板内力计算用表,可

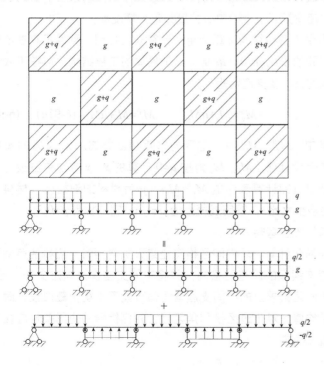

图 6-36 多区格连续双向板的
活荷载最不利布置

把荷载等效为对称荷载和反对称荷载，使每一区格的荷载总值不变。在对称荷载作用下，所有中间支座两侧荷载相等，可近似认为板的各中间支座转角为零，故可视为固定支座，而中间区格板可视为四边固定的双向板，边区格可视为三边固定一边简支的双向板，角区格可视为两边简支两边固定的双向板。在反对称荷载作用下，在中间支座处相邻区格板的转角方向一致大小相同，互相没有影响，截面弯矩为零，可近似看作铰支座，故各区格均可按四边简支板计算。最后，将对称荷载产生的弯矩和反对称的荷载所产生的弯矩叠加，即得各区格板的跨中最大弯矩。

3）单区格双向板的内力计算

多区格的连续双向板的荷载和边界条件确定后，即可转化为一系列单块的区格板用相应的计算图表进行计算。

（1）跨中弯矩

由活荷载不利布置规律可以看出，当计算区格板跨中最大弯矩时，应在本区格内布置活荷载并隔跨布置活荷载。计算区格变化时，活荷载布置随之变化。

单块双向板的内力与变形计算通常采用按弹性薄板理论编制的计算图表进行计算，参见附表6-5。计算图表列出了均布荷载作用下不同边界条件的矩形平板的弯矩和挠度的计算方法、计算公式及相应系数，可用来计算双向板单位宽度的跨中弯矩、跨内最大弯矩、板的支座弯矩以及板的中心挠度和最大挠度等。

为便于各种结构计算使用，计算表格按照一种并不存在的理想材料（即泊松比 $\mu=0$）编制，对于具体的工程结构，应按下式计算区格板的跨中及支座弯矩：

$$M_x^{\mu}=M_x+\mu M_y, \qquad M_y^{\mu}=M_y+\mu M_x \quad (6\text{-}91a) \text{、} (6\text{-}91b)$$

其中，M_x^{μ}、M_y^{μ} 为考虑双向弯矩相互影响后 x、y 方向单位板宽的弯矩设计值；M_x、M_y 为按 $\mu=0$ 计算的 x、y 方向单位板宽的弯矩设计值（即计算表中的 M_x、M_y）；μ 为材料的泊松比（材料压应变与拉应变之比），钢筋混凝土为 $\mu=1/6$，钢结构为 $\mu=0.3$。

（2）支座弯矩

为简化计算，求中间区格支座最大负弯矩时，应将活荷载满布在多跨连续板的所有区格内，并将中间支座视为固定支座。此时，由相邻两区格求出的中间支座弯矩值可能不平衡，截面设计时可近似取平均值。对于边区格和角区格，外侧板端的边界条件应按实际支承情况确定。

（3）板的承载力计算

双向板的跨中弯矩及支座弯矩求出以后，即可按一般受弯构件计算方法计算板的承载力。注意，板的支座有负弯矩，故也应计算负弯矩钢筋，这在结构施工术语中称为"盖铁"。

3. 梁的等效分布荷载

按弹性理论计算双向板的支承梁时，板传到梁上的荷载为三角形或梯形分布荷载，为便于计算，可根据支座转角相等的条件，先将梁上的梯形或三角形荷载换算为等效均布荷载（图6-37），再利用均布荷载下等跨连续梁的计算表格即可求得等效均布荷载下的支座弯矩，然后再根据所求得的支座弯矩和每跨的实际荷载分布，由平衡条件求得跨中弯矩和支座剪力。

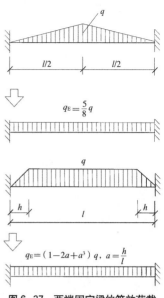

图6-37　两端固定梁的等效荷载

6.6.3　肋梁楼盖的主要构造要求

1. 板

1）板的最小厚度、跨厚比及支承长度

现浇肋梁楼盖单向板最小厚度（mm）：屋面板和民用建筑楼板60；工业建筑楼板70；行车道下的楼板80。双向板的最小厚度不应小于80。

板的跨厚比：钢筋混凝土单向板不大于30，双向板不大于40；无梁支承的有柱帽板不大于35，无梁支承的无柱帽板不大于30。预应力板可适当增加；当板的荷载、跨度较大时宜适当减小。

板的支承长度应满足受力钢筋在支座内的锚固要求，且一般不小于板厚和120mm。

2）受力钢筋

（1）纵向受力的直径和间距

板中受力钢筋的间距，当板厚 $h \leqslant 150\text{mm}$ 时，不宜大于200mm；当板厚 $h > 150\text{mm}$ 时，不宜大于1.5h，且不宜大于250mm。

（2）抗冲切箍筋及弯起钢筋

混凝土板中配置抗冲切箍筋或弯起钢筋时，应符合下列构造要求：

①板的厚度不应小于150mm；

②按计算所需的箍筋及相应的架立钢筋应配置在与45°冲切破坏锥面相交的范围内，且从集中荷载作用面或柱截面边缘向外的分布长度不应小于1.5h_0；箍筋应做成封闭式，直径不应小于6mm，间距不应大于$h_0/3$。

按计算所需弯起钢筋的弯起角度可根据板厚在30°～45°之间

选取；弯起钢筋的倾斜段应与冲切破坏锥面相交，其交点应在集中荷载作用面或柱截面边缘以外（1/2 ～ 2/3）h 的范围内。弯起钢筋直径不宜小于 12mm，且每一方向不宜小于 3 根。

（3）钢筋的锚固

采用分离式配筋的多跨板，板底钢筋宜全部伸入支座；支座负弯矩钢筋向跨内延伸的长度应根据负弯矩图确定，并满足钢筋锚固的要求。

简支板或连续板下部纵向受力钢筋伸入支座的锚固长度不应小于钢筋直径的 5 倍，且宜伸至支座中心线。当连续板内温度、收缩应力较大时，伸入支座的长度宜适当增加。

多跨板采用弯起式配筋时，板底伸入支座的钢筋面积不得少于跨中受力钢筋的 1/3，间距不大于 400mm。弯起钢筋数量一般可取跨中受力钢筋的 1/2，最多不超过 2/3，弯起角一般为 30°，当 $h > 120mm$ 时可用 45°。负弯矩钢筋的末端宜做成直钩直接支撑在模板上以保证钢筋在施工时的位置。

3）构造钢筋

按简支边或非受力边设计的现浇混凝土板，当与混凝土梁、墙整体浇筑或嵌固在砌体墙内时，应设置垂直于板边的板面构造钢筋，并符合下列要求：

（1）钢筋直径不宜小于 8mm，间距不宜大于 200mm，且单位宽度内的配筋面积不宜小于跨中相应方向板底钢筋截面面积的 1/3。与混凝土梁、混凝土墙整体浇筑单向板的非受力方向，钢筋截面面积尚不宜小于受力方向跨中板底钢筋截面面积的 1/3；

（2）该构造钢筋从混凝土梁边、混凝土墙边伸入板内的长度不宜小于 $l_0/4$，砌体墙支座处钢筋伸入板边的长度不宜小于 $l_0/7$，其中计算跨度 l_0 对单向板按受力方向考虑、对双向板按短边方向考虑；

（3）在柱角或墙阳角处的楼板凹角部位，钢筋伸入板内的长度应从柱边或墙边算起；

（4）板角部分的钢筋应沿两个垂直方向布置，或按放射状、斜向平行布置，并按受拉钢筋在梁内、墙内或柱内锚固。

另外，当现浇板的受力钢筋与梁平行时，应沿梁长度方向配置间距不大于 200mm 且与梁垂直的上部构造钢筋，其直径不宜小于 8mm，且单位长度内的总截面面积不宜小于板中单位宽度内受力钢筋截面面积的 1/3。该构造钢筋伸入板内的长度从梁边算起每边不宜小于板计算跨度 l_0 的 1/4。

入板的其他构造钢筋布置要求详见《混凝土钢筋设计规范》。

4）分布钢筋

（1）当按单向板设计时，应在垂直于受力的方向布置分布钢筋，其配筋率不宜小于受力钢筋的15%，且不宜小于0.15%；分布钢筋直径不宜小于6mm，间距不宜大于250mm；当集中荷载较大时，分布钢筋的配筋面积尚应增加，且间距不宜大于200mm。

当有实践经验或可靠措施时，预制单向板的分布钢筋可不受本条的限制。

（2）在温度、收缩应力较大的现浇板区域，应在板的表面双向配置防裂构造钢筋。配筋率均不宜小于0.10%，间距不宜大于200mm。防裂构造钢筋可利用原有钢筋贯通布置，也可另行设置钢筋并与原有钢筋按受拉钢筋的要求搭接或在周边构件中锚固。

（3）楼板平面的瓶颈部位宜适当增加板厚和配筋。沿板的洞边、凹角部位宜加配 防裂构造钢筋，并采取可靠的锚固措施。

2. 梁

梁的配筋和构造要求主要包括对钢筋直径、净距、混凝土保护层、钢筋的锚固、弯起及纵向钢筋的搭接、截断等，具体请查阅《混凝土结构设计规范》。

主梁纵向受力钢筋的弯起、截断等应通过作材料图确定。当支座处剪力很大、箍筋和弯起钢筋尚不足以抗剪时，可以增设鸭筋抗剪。

在次梁和主梁相交处，次梁的集中荷载传至主梁的腹部，有可能在主梁内引起斜裂缝。为了防止斜裂缝的发生引起局部破坏，应在次梁支承处的主梁内设置附加横向钢筋，将上述集中荷载有效地传递到主梁的混凝土受压区。

6.7 排架结构

单层厂房的钢筋混凝土排架结构主要由屋盖系统、排架柱（含柱间支撑、联系梁）和基础等组成，见图3-9。

排架结构属于空间受力体系，为简化计算，一般按横向及纵向平面结构分析。厂房的横向结构由屋架、横向柱列和基础构成平面受力体系，厂房的各种荷载都通过横向平面排架柱传递到基础和地基。厂房的纵向结构由纵向柱列、基础、吊车梁、连系梁、柱间支撑等构成纵向平面排架。由于纵向柱子较多，水平刚度较大，每根柱分担的水平荷载不大，通常不必计算。仅当厂房特别短、柱较少、柱的刚度较差需要考虑地震作用及温度应力时才进行计算。所以，厂房结构计算主要是横向排架的计算。

6.7.1 排架结构计算简图

1.计算简图

横向排架计算，是从厂房平面图中相邻柱距的轴线之间，截取出一个典型区段作为计算单元，如图 6-38 中的阴影部分。

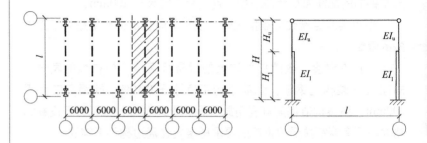

图 6-38 排架的计算单元及计算简图

确定排架计算简图时，根据工程经验和构造特点，作如下假定：

1）柱上端与屋架或屋面梁铰接，下端与基础刚接。

2）横梁（屋架或屋面梁）为无轴向变形的刚性连杆，即横梁两端柱的侧向位移相等；

确定排架计算简图时，排架柱的计算高度从基础顶面算到柱顶铰节点处，排架的跨度取柱轴线距离，排架柱的轴线为柱几何中心线，当为变截面柱时，排架柱的轴线为折线。

2.荷载

作用在排架上的荷载包括恒载、屋面活荷载、雪荷载、积灰荷载、吊车荷载和风荷载等。在地震区，还包括水平和竖向地震作用。除吊车荷载外，其他荷载均取自计算单元范围内。

1）恒载

排架恒载包括屋盖系统自重 G_1、上柱自重 G_2、下柱自重 G_3、吊车梁及轨道连接件自重 G_4、外墙悬墙围护结构自重 G_5 等。这些荷载除下柱自重 G_3 外，其余对下柱均有偏心，形成对下柱计算截面的偏心距，见图 6-39、图 6-40。

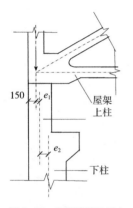

图 6-39 屋盖荷载作用点

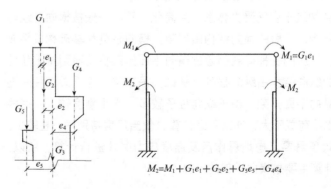

图 6-40 排架柱的偏心荷载及计算简图

2）屋面活荷载

工业厂房的屋面活荷载包括屋面均布活荷载、雪荷载和积灰荷载三部分，其标准值可查《荷载规范》。考虑到不能在屋面积雪很深时进行屋面施工，故规范规定雪荷载与屋面均布活荷载不同时考虑，设计时取其中较大值。当有积灰荷载时，应与雪荷载或不上人的屋面均布活荷载两者中的较大值同时考虑。

3）雪荷载

作用在建筑物顶面上的雪荷载应按式（5-2）确定：

$$s_k = \mu_r s_0$$

式中　s_0——基本雪压。应按《荷载规范》规定的 50 年重现期的雪压值采用；

　　　μ_r——屋面积雪分布系数。μ_r 是考虑到屋面形状与空旷平坦地面的不同而设的调整系数，按规范规定的方法确定。

4）风荷载

作用在建筑物或构筑物表面上的风荷载包括风压（迎风面）和风吸（背风面）两种情况，它们统一按照作用于建筑物竖向表面上的风荷载标准值 w_k 确定：

$$w_k = \beta_z \mu_z \mu_s w_0$$

式中　β_z——高度 z 处的风振系数，单层厂房取 $\beta_z = 1$；

　　　μ_s——风荷载体型系数，表示不同的建筑体型在迎风面引起的压力（取正值）和背风面引起的吸力（取负值）；

　　　μ_z——风压高度变化系数，离地面越高，风速、风压值越大；

　　　w_0——规范规定的 50 年重现期的基本风压（kN/m^2），应不小于 $0.3kN/m^2$。

作用于厂房排架柱上的风荷载包括由墙面传来的均布风荷载 q 及由屋面传来的集中风荷载 F_w。风荷载方向具有不确定性，计算时要考虑左风、右风作用，但左风、右风不同时考虑。

5）吊车荷载

不同类型的吊车作用在厂房的荷载不同，应以吊车产品规格为依据确定吊车荷载。对于一般桥式吊车，作用于厂房横向排架上的吊车荷载包括吊车竖向荷载和吊车横向水平荷载，作用在厂房纵向排架上的吊车荷载为吊车纵向水平荷载。

（1）吊车竖向荷载

桥式吊车由大车（即桥架）和小车组成，大车在吊车轨道上沿厂房纵向运动，小车在桥架上沿厂房横向运行。当小车满载（达到额定起重量）运行到大车一侧的极限位置时，小车所在一侧出现最大轮压 F_{pmax}，另一侧出现最小轮压 F_{pmin}，F_{pmax} 和 F_{pmin} 同时出现，如图 6-41 所示。F_{pmax}、F_{pmin} 可按产品目录确定。显然，F_{pmax} 和 F_{pmin} 与吊车桥架重 G、起重量 Q 以及小车重量 g 三者的重力荷载满足平衡条件：

$$n(F_{pmax}+F_{pmin})=G+Q+q$$

式中　n——每侧的轮子数。

为便于计算，应将作用在吊车轨道上的最大轮压 F_{pmax} 和最小轮压 F_{pmin} 换算成厂房横向排架柱上的吊车梁支座反力 D_{max} 或 D_{min}。

由于每跨排架中可能有多台吊车，每台吊车都在运行，每台吊车的 F_{pmax}、F_{pmin} 在吊车梁上作用位置是不断变化的，故吊车梁支座反力 D_{max} 或 D_{min} 也在不断变化，考虑到这一因素，计算中用一种称为"支座反力影响线"的方法来确定吊车的最不利运行状态下吊车梁的支座反力的变化，参见图 6-42。

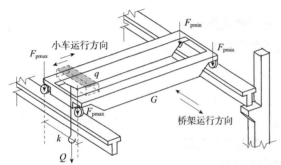

图 6-41　吊车的最大、最小轮压

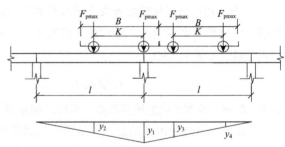

图 6-42　吊车梁支座反力影响线

由图 6-42 可知，吊车作用在柱上的竖向荷载可表示为

$$D_{max}=\beta\Sigma F_{pimax}y_i\ ;\ D_{min}=\beta\Sigma F_{pimin}y_i \tag{6-92}$$

式中　F_{pimax} 和 F_{pimin}——第 i 台吊车的最大和最小轮压；

　　　　y_i——与吊车轮压相对应的支座反力影响线的竖向标准值；

　　　　β——多台吊车的荷载折减系数，应根据吊车工作制级别和参与组合的吊车台数按规范确定。

根据规范，计算吊车竖向荷载时，对单跨厂房的每个排架，参与组合的吊车台数不多于 2 台，对多跨厂房的每个排架，参与组合的吊车台数不宜多于 4 台；计算吊车水平荷载时，对单跨或多跨厂房的每个排架，参与组合的吊车台数不应多于 2 台。

D_{max}、D_{min} 同时作用在同一跨两侧排架柱牛腿顶面上，作用点

同 G_4。

（2）吊车横向水平荷载

吊车横向水平荷载是指小车制动或启动时所产生的惯性力，应均分于桥架两端，分别由车轮传至轨道及吊车梁，方向与轨道垂直，并考虑正反两个方向刹车。

规范规定，吊车横向水平荷载标准值应取横向小车重量 g 与额定起重量 Q 之和的一定比值，四轮吊车每个轮子所传递的横向水平的刹车力为：

$$T=\frac{1}{4}\alpha(Q+g) \tag{6-93}$$

式中　α——横向制动力系数。对软钩吊车取 0.12（$Q \leqslant 100kN$ 时）、0.1（$Q=160{\sim}500kN$ 时）或 0.08（$Q \geqslant 750kN$ 时）；对硬钩吊车取 0.2。

吊车横向水平荷载 T_{max} 是每个大车轮子的横向水平制动力通过吊车梁传给柱的可能的最大横向反力，作用在吊车梁的顶面与柱连接处。由于小车刹车时大车位置不同，T 的作用位置也在变化，同样需要通过反力影响线按下式确定：

$$T_{max}=\beta\,\Sigma T_i y_i \tag{6-94}$$

（3）吊车纵向水平荷载

吊车纵向水平荷载 T_0 是桥式吊车沿厂房纵向启动或制动时，由吊车自重和吊车惯性力在纵向排架上所产生的水平制动力，它通过吊车两端的制动轮与吊车轨道的摩擦力由吊车梁传给纵向柱列或柱间支撑，其方向与轨道平行，作用点为轮轨接触点。

吊车纵向水平荷载标准值按作用在一边轨道上所有刹车轮最大轮压之和的 10% 采用，即：

$$T_0=\frac{1}{10}nF_{max} \tag{6-95}$$

式中　n——吊车一侧的制动轮数，对于一般四轮吊车，取 $n=1$。

6.7.2　等高排架内力分析

排架内力分析的目的是确定在各种荷载作用下排架柱控制截面的弯矩和剪力，只要求得柱顶剪力，就可按悬臂柱计算各截面的弯矩和剪力。计算柱顶剪力的方法有两种，一种是用力法方程先求横梁内力，再求柱顶剪力，适用于各种排架结构分析；另一种是用剪力分配法直接求算柱顶剪力，只适用于等高排架。

用剪力分配法计算柱顶剪力时，根据排架横梁刚度无穷大的假定，在任意荷载作用下，所有柱顶的水平位移均相等，这是求解的前提条件。

1. 阶梯形柱的柱顶位移

图 6-43 为阶梯形柱在柱顶水平荷载作用下的位移计算简图。根据结构力学，当柱顶作用有单位水平力时，柱顶的水平位移为：

$$\delta = \frac{H_1^3}{C_0 EI_1} \tag{6-96}$$

式中　I_u 和 I_1——上柱和下柱截面惯性矩；

　H、H_u 和 H_1——柱全高、上柱高和下柱高；

　C_0——单阶变截面柱柱顶位移系数。

$$C_0 = \frac{3}{1 + \lambda^3 \left(\frac{1}{n} - 1 \right)} \; ; \quad \lambda = \frac{H_u}{H} \; ; \quad n = \frac{I_u}{I_1}$$

以上结果表明，在水平力作用下，柱顶位移仅与柱的材料弹性模量、尺寸和形状有关。

如果要使柱顶产生单位水平位移，则需在柱顶施加水平力 $1/\delta$。当材料相同时，柱的截面尺寸越大，产生相同柱顶位移时需施加的水平力越大，可见 $1/\delta$ 反映了柱的抗侧移能力，称为柱的抗剪刚度。

2. 柱顶水平集中力作用下的等高排架内力计算

在柱顶水平集中力作用下，等高排架各柱顶将产生侧移 Δ_i 和剪力 V_i，如图 6-44 所示，取横梁为脱离体，则平衡条件为：

$$F = V_1 + V_2 + \cdots + V_i + \cdots + V_n = \sum_{i=1}^{n} V_i \tag{6-97}$$

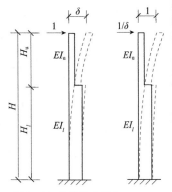

图 6-43　柱的抗剪刚度

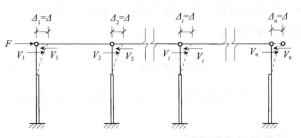

图 6-44　多跨等高排架计算简图

由于横梁为无轴向变形，故有下列变形条件：

$$\Delta_1 = \Delta_2 = \cdots = \Delta_i = \Delta_n = \Delta \tag{6-98}$$

根据抗侧刚度的物理意义，剪力 V_i 在柱顶引起到位移为：

$$\Delta_i = V_i \delta_i \tag{6-99}$$

由式（6-97）、式（6-98）和式（6-99），可得

$$V_i = \frac{1/\delta}{\sum\limits_{i=1}^{n} 1/\delta_i} F = \eta_i F \qquad (6\text{-}99a)$$

式中 $1/\delta_i$——第 i 根排架柱的抗剪刚度（或抗侧移刚度），即悬臂柱柱顶产生单位侧移所需施加的水平力；

η_i 为第 i 根排架柱的剪力分配系数，按下式计算：

$$\eta_i = \frac{1/\delta}{\sum\limits_{i=1}^{n} 1/\delta_i} \qquad (6\text{-}100)$$

上式表明，等高排架柱顶剪力可按各柱的抗侧移刚度进行分配，这种方法称为"剪力分配法"。按该式求出柱顶剪力 V_i 后，用平衡条件即可得排架柱各截面的弯矩和剪力。

3. 等高排架在任意荷载作用下的内力计算

等高排架受任意荷载作用时，仍可利用剪力分配法求解柱顶剪力。

1）当排架承受对称荷载时（如屋盖恒载），排架顶端无侧移，相当于柱顶有不动铰支座，排架柱为一次超静定悬臂柱，可按力法或位移法求得柱的内力。

2）当排架承受非对称荷载时（如风荷载、吊车竖向荷载、吊车横向水平荷载等），排架顶端有水平侧移。但不论在哪种荷载作用下，排架结构的内力计算都可分解为两步进行：

（1）先在排架柱顶部附加一个不动铰支座以阻止其水平侧移，用 1）所述方法求出支座反力 R 如图 6-45（b）所示，同时即可得到相应排架柱的内力图。

（2）撤除附加不动铰支座，并将其以相反方向作用于排架柱顶如图 6-45（c）所示，以期恢复到原来的结构受力情况。这时，可用剪力分配法求得整个排架结构在 R 作用下的内力图。

叠加上述两步求得的内力图，即得排架结构的实际内力图。

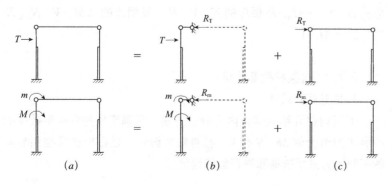

图 6—45   任意荷载作用下等高排架内力的计算方法

4. 内力组合

排架内力组合，就是根据各种荷载可能同时出现的情况，求出在某些荷载作用下，排架柱控制截面可能产生的最不利内力，作为柱和基础设计的依据。因此，排架内力组合时需要确定柱的控制截面和相应的最不利内力，并进行荷载效应组合。

1）控制截面

在荷载作用下，排架柱的内力沿高度是变化的，应根据内力图和截面变化情况选取几个截面进行内力最不利组合截面设计。在一般单阶柱中，上柱截面配筋相同，下柱截面的配筋也相同，只需分别确定上柱和下柱的控制截面。

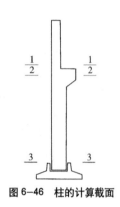

图 6-46　柱的计算截面

如图 6-46 所示，对于上柱，其底部截面（1-1 截面）的弯矩和轴力比较大，应作为控制截面；对于下柱，在吊车竖向荷载作用下，一般在吊车梁支座处即牛腿面（2-2 截面）弯矩最大，在风荷载和吊车横向水平荷载作用下，柱底截面（3-3 截面）弯矩最大。因此，取这两个面为控制截面。当柱上作用有其他较大的集中荷载时，可根据内力大小加选集中荷载作用处的截面作为控制截面。

2）荷载组合

在前述的排架内力分析中，只是求出了各种荷载单独作用时的控制截面内力；设计中需要按最不利内力考虑。为了确定控制截面的最不利内力，就必须按《荷载规范》规定对这些荷载进行荷载效应组合。

3）内力组合

排架柱控制截面的内力包括弯矩 M、剪力 V 和轴向力 N，属于偏心受压构件。由偏心受压正截面的 $M-N$ 曲线可知，对于大偏心受压截面，当 M 不变 N 越小或 N 不变 M 越大时，配筋量越多；对于小偏心受压截面，当 M 不变，N 越大或 N 不变，M 越大时，配筋量越多。因此，对于矩形、工字形截面排架柱，为了求得其能承受最不利内力的最大配筋量，一般应考虑四种内力组合：$+M_{max}$ 及相应的 N、V；$-M_{max}$ 及相应的 N、V；N_{max} 及相应的 $\pm M$、V；N_{min} 及相应的 $\pm M$、V。

6.7.3　排架柱截面计算

1. 柱身截面设计

通过前面介绍的排架内力分析方法，可确定柱的各控制截面的不利内力组合值 M、N 和 V。柱身截面设计，是指根据柱控制截面的不利内力截面选择和进行配筋设计。

工程经验表明，实腹式排架柱的弯矩和轴力对柱承载力起主要控制作用，故排架柱一般不进行抗剪承载力计算，按构造要求配置抗剪钢筋即可满足要求。柱的弯矩和轴力决定其属于偏心受压构件，排架柱的配筋计算和构造要求和一般混凝土偏心受压构件相同。

2. 牛腿设计

牛腿是排架柱上搁置吊车梁的重要部件，吊车梁自重、吊车荷载及其形成的地震作用等都要通过牛腿向柱及基础传递，故排架柱设计中除柱身截面外，还要进行牛腿设计。

牛腿按照承受的竖向荷载合力作用点至牛腿根部柱边缘水平距离的不同分为长牛腿和短牛腿见图 6-47 (*a*)、(*b*)，长牛腿类似于悬臂梁，应按受弯构件设计；短牛腿一般情况下，可近似地把牛腿看作是一个以顶部纵向受力钢筋为水平拉杆，以混凝土斜向压力为压杆的三角形桁架见图 6-47 (*c*)。所以，牛腿上部平面应配置受拉钢筋。另外，在集中荷载作用下，牛腿应有足够的抗剪能力，需要足够的截面高度。

有关牛腿设计与构造的具体内容可参阅其他相关资料。

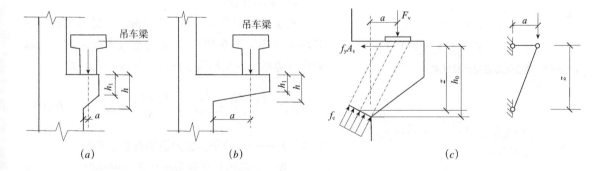

(*a*)   (*b*)   (*c*)

图 6-47　牛腿的形式和计算模型
(*a*) 短牛腿；(*b*) 长牛腿；
(*c*) 牛腿计算模型

6.7.4　柱下独立基础

单层厂房排架柱一般采用扩展基础，将排架柱传到基础顶面的内力值 *M*、*N*、*V* 作为基础上的作用进行基础设计。以下仅介绍柱下独立基础计算，其构造要求见《建筑地基基础设计规范》。

1. 基础类型选择

钢筋混凝土排架柱为现场预制构件，故应配合使用杯型基础如图 2-137 (*c*)，一般情况下采用普通杯型基础，基础埋深较大时，可采用高杯口基础。

2. 确定基础底面尺寸

基础底面尺寸是由地基承载力条件、地基变形条件和上部结构荷载条件确定的。基础计算中，假定基础为绝对刚性构件且地基反力呈线性分布。

1）轴心受压基础

轴心受压时，假定基础底面的压力为均匀分布图6-48，基底反力 p_k 应满足下式要求：

$$p_k = \frac{F_k + G_k}{A} \leqslant f_a \qquad (6\text{-}101)$$

式中　F_k——上部结构传至基础顶面的竖向力标准值；

　　　G_k——基础自重和基础上的土重标准值；

　　　A——基础底面面积；

　　　f_a——修正后地基承载力特征值，应按《地基设计规范》采用。

若基础埋深为 d，则基础底面面积为

$$A \geqslant \frac{F_k}{f_a - \gamma_G d} \qquad (6\text{-}102)$$

式中　γ_G——基础自重和其上土重的平均重度，可近似取 $\gamma_G = 20\mathrm{kN/m^3}$。

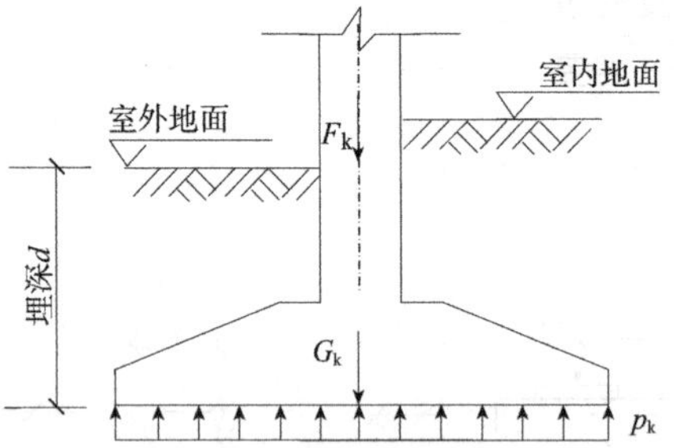

2）偏心受压基础

在偏心荷载作用下，假定基础底面的压力按线性非均匀分布（图6-49），若基础底板面积为 bl，则基础底面边缘的最大和最小压应力可按下式计算：

$$p_{k,\max}^{\min} = \frac{F_k + G_k}{A} \pm \frac{M_k}{W} = \frac{F_k + G_k}{bl}(1 \pm \frac{6e}{l}) \qquad (6\text{-}103)$$

式中　F_k——作用于基础底面的弯矩标准值；

　　　W——基础底面面积抵抗矩（$W = bl^2$）；

　　　e——基础偏心距，$e = M_k/(F_k + G_k)$。

由式（6-103）可知，当 $e < l/6$ 时，$p_{k,\min} > 0$，基础底面全截面承压，且地基反力图形为梯形（图6-49a）；当 $e = l/6$ 时，$p_{k,\min} = 0$，基础底面也全截面承压，但地基反力图形为三角形（图6-49b）；当 $e > l/6$ 时，$p_{k,\min} < 0$，地基反力图形三角形范围小于 $e = l/6$ 时的地基反力图形范围，基础底面部分承压部分承拉（图6-49c）。由于基础与地基之间没有抗拉联系，故这部分基础底面与地基之间将脱开，而使基底压力重新分布，承受地基反力的基础底面积由 bl 变为 $3al$，此时 $p_{k,\max}$ 应按下式计算：

图6-48　轴心受压基础计算简图

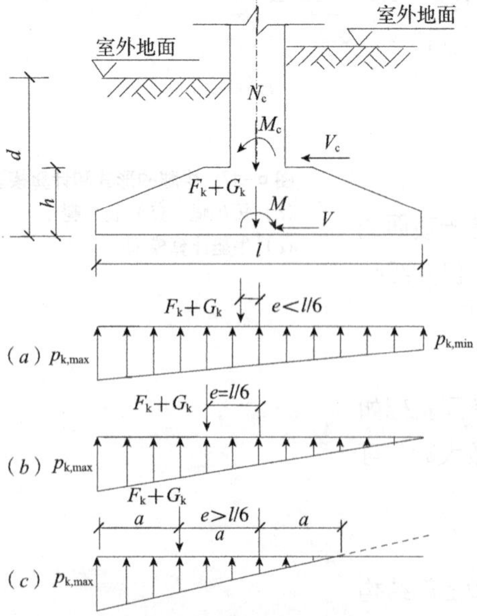

图6-49　偏心受压基础计算简图

$$p_{k,max} = \frac{2(F_k + G_k)}{3al} \tag{6-104}$$

式中　a——合力（$F_k + G_k$）作用点至基础底面最大受压边缘的距离，$a = l/2 - e$；

l——力矩作用方向的基础底面边长；

b——垂直于力矩作用方向的基础底面边长。

在确定偏心受压柱下基础底面尺寸时，应同时符合下列要求

$$p_{k,max} = \frac{p_{k,max} + p_{k,min}}{2} \leqslant f_a ; \quad p_{k,max} \leqslant 1.2f_a \tag{6-105}$$

将地基承载力设计值提高 20% 的原因，是因为 $p_{k,max}$ 只在基础边缘的局部范围内出现，且大部分是由活荷载而不是恒荷载产生的。

3. 确定基础高度

独立基础高度除应满足构造要求外，还应满足柱与基础交接处混凝土抗冲切承载力要求和满足抗剪承载力的要求。

对矩形截面柱的矩形基础，在柱与基础交接处以及基础变阶处的受冲切承载力可按下式计算（图 6-50）：

$$F_l \leqslant 0.7\beta_{hp}b_mh_0f_t \tag{6-106}$$

式中　F_l——相应于荷载效应基本组合时作用在 A_l 上的地基土净反力设计值（$F_l = p_jA_l$，A_l 为考虑冲荷载时取用的多边形面积，即图中的阴影面积；p_j 为扣除基础自重及其上土重后相应于荷载效应基本组合时的地基土单位面积净反力，对偏心受压基础可取基础边缘处最大地基土单位面积净反力）；

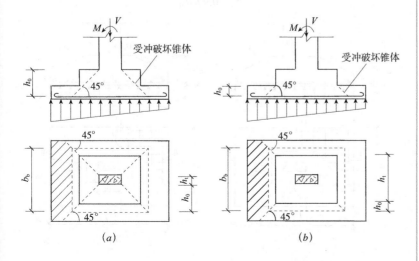

图 6-50　计算阶形基础的受冲切承载力截面位置

（a）柱与基础交接处；

（b）基础变阶处

β_{hp}——受冲切承载力截面高度影响系数（$h \leqslant 800\text{mm}$ 时，β_{hp} 取 1.0，$h \geqslant 2000\text{mm}$ 时，β_{hp} 取 0.9，其间按线性内插法取用）；

b_m——基础冲切破坏锥体的平均宽度，$b_m = 0.5 (b_t + b_b)$；

h_0——基础冲切破坏锥体的有效高度；

f_t——混凝土抗拉强度设计值。

计算中，b_t 为冲切破坏锥体最不利一侧斜截面的上边长，当计算柱与基础交接处的受冲切承载力时，取柱宽；当计算基础变阶处的受冲切承载力时，取上阶宽；b_b 为冲切破坏锥体最不利一侧斜截面在基础底面积范围内的下边长，当冲切破坏锥体的底面落在基础底面以内，计算柱与基础交接处的受冲切承载力时，取柱宽加两倍基础有效高度。

4. 底板受力钢筋计算

试验表明，在地基净反力作用下，基础底板在两个方向都将产生向上的弯曲。因此，将基础底板视为固定在柱周边的四面挑出的悬臂板（如图 6-51），故需在底板两个方向都配置受拉钢筋。计算时，控制截面一般取在柱与基础交接处及阶形基础变阶处。

对于矩形基础，当台阶的宽高比不大于 2.5 和偏心距不大于 1/6 基础长边时，对轴心受压基础，I—I 截面和 II—II 截面的计算如下：

I—I 截面，截面弯矩为

$$M_I = \frac{1}{24} p_j (l - h_c)^2 (2b + b_c) \tag{6-107}$$

沿截面 I—I 的受力钢筋（沿长边方向）

$$A_{sI} = \frac{M_I}{0.9 f_y h_{0I}} \tag{6-108}$$

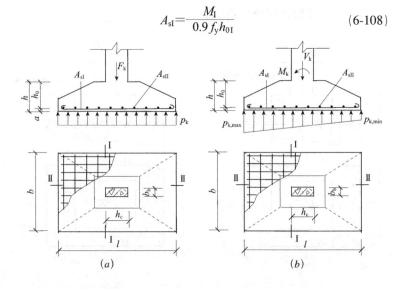

图 6-51 矩形基础底板计算简图
（a）轴心受压柱下基础；
（b）偏心受压柱下基础

II–II 截面，截面弯矩为

$$M_{II}=\frac{1}{24}p_j(b-b_c)^2(2l+h_c) \tag{6-109}$$

沿截面 II–II 的受力钢筋（沿短边方向）

$$A_{sII}=\frac{M_{II}}{0.9f_y(h_{01}-d)} \tag{6-110}$$

偏心受压基础配筋计算仍可用上述公式，但计算 M_I 和 M_{II} 时 p_j 需用 $(p_{jmax}+p_{jmin})/2$ 替代。

对于变阶处，截面的配筋计算方法与柱边截面的配筋计算方法相同，但公式中柱截面边长 b_c、h_c 应用变阶处的截面边长代替。

6.8 多高层框架结构

6.8.1 框架结构的计算简图

1. 框架结构的形式

现浇钢筋混凝土框架结构的形式较灵活，除常见的规则框架外，有时也做成缺梁、少柱、内收或有斜梁等形式，见图 6-52。

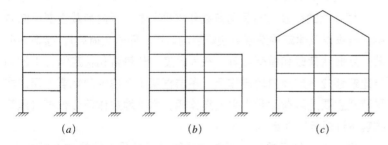

图 6-52 框架结构的形式
(a) 缺梁的框架；
(b) 内收的框架；
(c) 有斜梁的框架

2. 框架结构的计算简图

框架结构为复杂的空间受力体系，结构设计时通常将其简化为横向平面框架和纵向平面框架分别进行计算，每榀平面框架为一个结构计算单元，其受荷宽度可取两侧相邻柱距各 1/2 范围，见图 6-53。

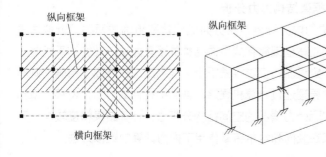

图 6-53 框架结构计算单元

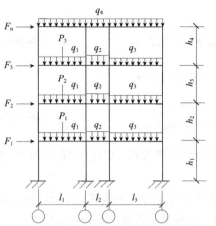

图6-54 平面框架计算简图

计算简图是结构理想化后的力学模型，平面框架的计算简图见图6-54。

在框架结构计算简图中，将框架梁、柱用其杆件截面形心线代替，框架梁、柱的连接节点视为刚接，框架的底层柱视为固结于基础顶面的固定端；框架梁的计算跨度等于相邻柱形心线之间的距离，当框架柱由于层间截面尺寸变化（下大上小）使各层柱的截面形心线不重合时，框架梁的计算跨度可近似取顶层柱形心线之间的距离；各层框架的层高即框架柱的长度可取相应的建筑层高，即取本层楼面至上层楼面之间的距离，但底层层高应取基础顶面至二层楼板顶面之间的距离。对斜梁或折线形框架梁，当倾斜度不超过1/8时，在计算简图中可用水平线代替。

3. 框架上的荷载

框架上的荷载包括竖向荷载和水平荷载。竖向荷载主要是结构构件自重以及建筑构造层或装饰层的自重（即永久荷载）、楼面活载、屋面活荷载和雪荷载等；在大跨度、长悬臂和特定情况下的高层建筑还应考虑竖向地震作用，多层框架不考虑竖向地震作用。水平荷载主要是风荷载和水平地震作用。水平地震作用应根据《建筑抗震设计规范》确定。

框架上的作用虽多，但并不是同时以其最大值施加在结构上，所以各项作用应进行合理的组合。对于楼面使用荷载（活载）而言，所有楼层的楼面活载同时达到最大的概率很低，所以楼面活荷载应根据结构总层数折减，这已在5.1中介绍过。

6.8.2 框架结构内力分析

框架结构的内力计算方法分为近似法和精确法两种。近似法是把空间受力的立体框架简化成平面结构的手算方法，计算结果相对于精确结果有一定误差，但该误差很小，能满足工程需要；精确法则利用矩阵位移法原理通过计算机程序求得结构杆件的内力、位移，采用更接近结构实际受力情况的空间结构分析法，计算结果精度较高。下面仅介绍框架在竖向和水平荷载作用下内力计算的近似方法。

框架结构的内力与位移一般按弹性理论计算，但框架梁也可采用考虑塑性内力重分布按塑性理论分析。

1. 竖向荷载作用下框架内力的近似计算方法——分层法

1）计算假定

精确分析结果表明，多层多跨框架在竖向荷载作用下的受力和变形特点是：框架在竖向荷载作用下所产生的侧移较小，若不计侧移即按无侧移结构计算时，对框架内力影响不大。当整个框架仅在某一层横梁上作用有竖向荷载时，则直接承受荷载的框架梁及与之相连的上、下层框架柱端的弯矩较大，而其他各层梁柱的弯矩均很小，尤其当梁的线刚度大于柱的线刚度时，这一点更为明显。因此，在内力计算中可忽略这些较小内力，将框架看作由若干仅包含一层横梁及上下各一层柱的简单框架的叠加，以简化计算。

分层法计算的基本假定如下：

（1）在竖向荷载作用下，多层多跨框架的侧移可忽略不计；

（2）每层梁上的荷载对其他各层梁的影响可忽略不计。

据此，可将框架的各层梁及其上、下柱作为独立的计算单元分层进行计算（图6-55），所得梁内弯矩即为该梁在该荷载下的弯矩，而每一柱的柱端弯矩则取上下两层计算弯矩之和。

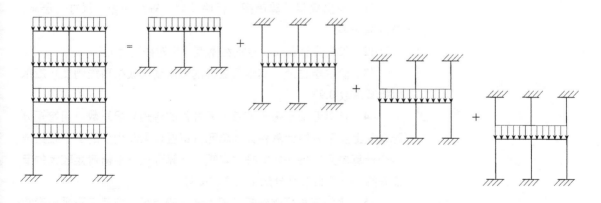

图6-55　分层法计算框架分解示意图

在分层计算时，假定上下柱的远端为固定端，而实际上是弹性嵌固（有转角）。为减少计算误差，除底层柱外，其他层各柱的线刚度均应乘以折减系数0.9，相应的传递系数为1/3。底层柱不折减，其传递系数为1/2。框架各杆件的线刚度修正系数（即折减系数）及传递系数见图6-56。

线刚度也称相对刚度，是指框架各杆件的抗弯刚度与杆件长度的比值，即 $i_c=EI/l$。线刚度是衡量杆件在弯矩作用下弯曲变形能力的无量纲参数，是对同一结构各杆件的相对变形能力的统一度量。

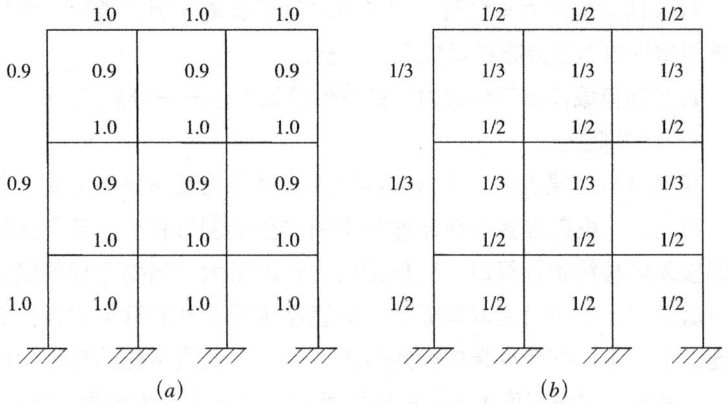

图 6-56 框架各杆件的线刚度及传递系数的修正

(*a*) 线刚度修正系数；
(*b*) 传递系数

(*a*)   (*b*)

分层计算法是一种近似计算方法，框架节点处的最终弯矩可能不平衡，但不平衡弯矩通常不会很大。如需进一步修正，可对节点的不平衡弯矩进行再分配。

分层法适用于节点梁柱线刚度比 $\sum i_b / \sum i_c \geqslant 3$，且结构与荷载沿高度比较均匀的多层框架的内力计算。

2) 计算步骤

用分层法计算竖向荷载作用下框架的内力时，计算步骤可概括为：

(1) 画出框架计算简图，标明荷载、轴线编号、尺寸、层高、节点编号等；

(2) 按规定计算梁、柱的线刚度及相对线刚度 i_b、i_c；

(3) 除底层柱外，其他各层柱的线刚度（或相对线刚度）应乘以折减系数 0.9；

(4) 计算汇交于每一节点的各杆件的弯矩分配系数，用弯矩分配法从上至下分层计算各计算单元（每层横梁及相应的上下柱组成一个计算单元）各杆件的杆端弯矩。计算可从不平衡弯矩较大的节点开始，一般每节点分配 1 ~ 2 次即可；

(5) 叠加有关杆端弯矩，即为最后弯矩图。如节点不平衡弯矩较大，可在节点重新分配一次，但不进行传递；

(6) 按静力平衡条件求出框架的其他内力（轴力、剪力）。

由节点不平衡弯矩向各杆件分配时，杆件的弯矩分配系数等于杆件的线刚度与汇交于该节点的所有杆件的线刚度之和的比值。也就是说，各杆件所分配的不平衡弯矩与杆件的线刚度成正比。为简化计算，杆件的线刚度可采用相对线刚度。杆件的相对线刚度是其线刚度乘以各杆件线刚度的最小公倍数或除以最大公约数，是杆件线刚度关系的最简化表达。

2. 水平荷载作用下框架内力的近似计算——反弯点法和改进反弯点法

框架上的风荷载和地震作用等水平作用一般简化为作用在节点上的水平作用。多层多跨框架在节点水平作用下，各杆件的弯矩图均为直线图形。由于各杆件的杆端弯矩同号，杆件中间某点两侧的弯曲方向相反，该分界点称为反弯点，它是一个零弯矩点，见图 6-57。

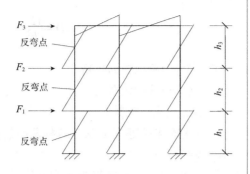

图 6-57　水平荷载作用下的框架弯矩图

根据杆件剪力 V 与弯矩 M 的关系，若能确定各柱的反弯点位置和反弯点处水平剪力，则框架内力不难求得。按这一思路计算框架内力的方法即为反弯点法。

1）反弯点法

反弯点法适用于各层结构比较均匀（各层层高变化不大，梁的线刚度变化也不大），节点梁柱线刚度比大于 5 的多层框架。

（1）基本假定

为便于计算反弯点位置和相应剪力，特作如下假定：

①进行各柱间的剪力分配时，认为梁柱线刚度比为无限大，即 $i_b/i_c=\infty$；

②在确定各柱的反弯点位置时，认为除底层柱外的其余各柱受力后上下两端的转角相等；

③梁端弯矩可由节点平衡条件求出。

有了上述假定，即可确定反弯点高度、侧移刚度、反弯点处剪力以及杆端弯矩。

（2）反弯点高度 y

反弯点高度 y 是指柱反弯点至该层柱下端的距离。对上层各柱，已假定各柱的上下端转角相等，故柱上下端弯矩相等，反弯点在柱中央，即 $y=h/2$；对底层柱，柱脚固定时柱下端转角为零，上端弯矩小而下端弯矩大，反弯点上移，根据分析可取 $y=2h_1/3$，h_1 为底层柱高。

（3）柱侧移刚度 D'

柱侧移刚度表示要使两端固定的等截面柱在柱端产生单位相对水平位移时，需要在柱顶施加的水平力（图 6-58）。由结构力学的位移方程，可得柱的侧移刚度为：

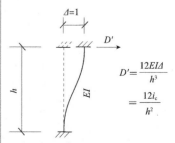

$$D'=\frac{12EI\Delta}{h^3}$$
$$=\frac{12i_c}{h^2}$$

图 6-58　框架柱的侧移刚度

$$D'=\frac{12i_c}{h^2} \qquad (6-111)$$

式中 h——某层柱的柱高；

i_c——柱的线刚度。

（4）同层各柱剪力

根据侧移刚度的定义，若柱两端的相对位移为 Δu，则柱顶水平力 $V=D \times \Delta u$。

若某框架共有 n 层，每层有 m 个柱，沿框架第 j 层各柱的反弯点处切开，取隔离体如图 6-59 所示。

设各柱剪力分别为 V_{j1}，V_{j2}……V_{jm}，则第 j 层的层间总剪力 V_j 可由静力平衡条件求出：

$$V_j=\sum_{i=j}^{n} F_i \qquad (6-112)$$

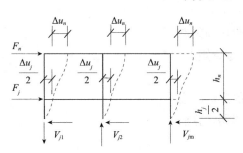

图 6-59 反弯点法求框架剪力

$$V_j=V_{j1}+V_{j2}+\cdots+V_{jm}=\sum_{k=1}^{m} V_{jk} \qquad (6-113)$$

将第 j 层各柱的抗侧刚度相加，得该层柱的抗侧刚度总和

$$D_j=D_{j1}+D_{j2}+\cdots+D_{jm}=\sum_{k=1}^{m} D_{jk} \qquad (6-114)$$

若框架第 j 层的层间水平位移为 Δu_j，根据假定，横梁刚度为无穷大，可忽略梁的轴向压缩变形，则本层各柱两端的相对位移均相等，因此

$$\triangle u_j=\frac{V_{j1}}{D_{j1}}=\frac{V_{j2}}{D_{j2}}=\cdots\cdots=\frac{V_{jm}}{D_{jm}} \qquad (6-115)$$

式中 D_{jk}——第 j 层第 k 柱的抗侧刚度。

根据上式，$V_{jm}=D_{jm} \times \Delta u_j$，结合刚度的定义，可得

$$V_j=D_j \times \Delta u_j \qquad (6-116)$$

根据式（6-112）和式（6-114），将上式改写为

$$\sum_{i=j}^{n} F_i=\sum_{k=1}^{m} D_{jk} \times \triangle u_j=\sum_{k=1}^{m} D_{jk} \times \frac{V_{jk}}{D_{jk}} \qquad (6-117)$$

即 $V_{jk}=\dfrac{D_{jk}}{\sum\limits_{k=1}^{m} D_{jk}}\sum\limits_{i=j}^{n} F_i$，或 $V_{jk}=\dfrac{i_{jk}}{\sum i_{jk}} V_j$ （6-118）、（6-119）

可见，框架任一楼层的层间剪力等于截面以上各层所承受的水平作用之和，而本层各柱的剪力等于层间剪力与本柱的侧移刚度和本层所有柱的侧移刚度之和的比值的乘积。上式还表明，同层各柱所承受的剪力与柱的侧移刚度成正比。侧移刚度越大，柱承受的剪力越大。

（5）柱端及梁端弯矩

柱反弯点位置及该点的剪力确定后，即可求出柱端弯矩：

$$M_{i1}=V_iy_i \tag{6-120}$$

$$M_{i2}=V_i\ (h_i-y_i) \tag{6-121}$$

式中　M_{i1}、M_{i2}——柱下端和上端弯矩；

$\quad\quad\quad y_i$——某层 i 柱的反弯点高度；

$\quad\quad\quad h_i$——该层 i 柱的高度；

$\quad\quad\quad V_i$——该层 i 柱的剪力。

柱端弯矩确定后，根据节点平衡条件求得梁柱节点的不平衡弯矩，然后将该不平衡弯矩按照的梁的线刚度比分配到梁端，即可求得梁的弯矩和剪力。

反弯点法的计算要领是，直接确定柱的反弯点高度 y；计算各柱的侧移刚度 D'（当同层各柱的高度相等时，D' 还可以直接用柱的线刚度表示）；各柱剪力按该层各柱的侧移刚度比例分配；根据柱的剪力确定柱端弯矩，按梁柱节点平衡条件及梁线刚度比例求得梁端弯矩和梁跨内弯矩。

2）改进反弯点法

用反弯点法计算框架内力时，为简化计算，假定梁柱线刚度比为无穷大，且框架柱的反弯点位置固定。在实际工程中，由于框架上下楼层的层高变化、上下层柱及左右跨梁的线刚度变化，使柱侧移刚度不同于按式（6-111）确定的两端固定杆件的侧移刚度，柱的反弯点位置将发生变化。为此，可采用按柱绝对侧移刚度进行计算的方法——改进反弯点法，也称为"D 值法"。

（1）修正后的柱侧移刚度 D

相邻框架柱和框架梁的相对线刚度的变化对柱侧移刚度的影响主要表现为对柱端转动约束的影响。当汇交于框架节点的柱、梁的线相对刚度不相等时，柱上、下端的转动使柱侧移刚度发生变化，此时应采用修正后的柱侧移刚度（也称绝对抗剪刚度）计算反弯点高度。按绝对抗剪刚度确定的修正后的柱侧移刚度 D 应按下式计算：

$$D = a_c \frac{12i_c}{h^2} \qquad (6\text{-}122)$$

式中 a_c——节点转动影响系数（表6-18），或称为两端固定柱的侧移刚度 $(12i_c/h^2)$ 的修正系数。

（2）柱的反弯点高度

当横梁线刚度与柱线刚度相差较大时，柱的两端转角相差较大，反弯点将偏离柱中点，特别是最上层和最下几层。

节点转动影响系数 a_c 表6—18

位　置		简　图	$\bar{k}$	a_c
一般层		i_1　i_2 i_c i_3　i_4	$\bar{k} = \dfrac{i_1+i_2+i_3+i_4}{2i_c}$	$a_c = \dfrac{\bar{k}}{2+\bar{k}}$
一层	固接	i_5　i_6 i_c	$\bar{k} = \dfrac{i_5+i_6}{i_c}$	$a_c = \dfrac{0.5+\bar{k}}{2+\bar{k}}$
	铰接	i_5　i_6 i_c	$\bar{k} = \dfrac{i_5+i_6}{i_c}$	$a_c = \dfrac{0.5\bar{k}}{1+2\bar{k}}$

注：当为边柱时，取 i_1、i_3、i_5（或 i_2、i_4、i_6）为零即可。

各层柱的反弯点高度可用下式计算：

$$y = \gamma h = (\gamma_0 + \gamma_1 + \gamma_2 + \gamma_3)\,h \qquad (6\text{-}123)$$

式中　y——柱反弯点高度，即反弯点到柱下端的距离；

　　　h——柱高；

　　　γ——反弯点高度比，即反弯点高度与柱高的比值；

　　　γ_0——标准反弯点高度比；

　　　γ_1——梁刚度不同时反弯点高度比修正值；

γ_2、γ_3——层高变化时反弯点高度比修正值。

①标准反弯点高度比 γ_0

标准反弯点高度 $\gamma_0 h$ 为各层梁线刚度相同、各层柱线刚度及层高都相同的规则框架的反弯点位置。标准反弯点高度比 γ_0 可根据梁柱相对线刚度比 $\bar{k}$（表6-18）、框架总层数 n 和框架柱所在层数 j 按附表6-6确定。

②上下横梁线刚度不同时的修正值 γ_1

当某柱上下横梁的线刚度比不同时，标准反弯点位置将移动

$\gamma_1 h$。若 $(i_1+i_2) < (i_3+i_4)$，令 $\alpha_1 = (i_1+i_2) / (i_3+i_4)$，按 α_1 和 $\overline{k}$ 查附表 6-7 确定 γ_1 并取正值，反弯点上移；若 $(i_3+i_4) < (i_1+i_2)$，令 $\alpha_1 = (i_3+i_4) / (i_1+i_2)$，查表确定 γ_1 且取负值，反弯点下移。对一层柱 $\gamma_1=0$。

③层高变化的修正值 γ_2 和 γ_3

当柱所在楼层的上下楼层层高有变化时，反弯点也将随之移动。令 $\alpha_2 = h_上/h$，按 α_2 和 $\overline{k}$ 查附表 6-7 确定 γ_2。$\alpha_2>1$ 时 γ_2 取正值，反弯点上移；$\alpha_2<1$ 时取负值，反弯点下移。同理，令 $\alpha_3 = h_下/h$，按 α_3 和 $\overline{k}$ 查附表 6-8 确定 γ_3。顶层柱 $\gamma_2=0$，底层柱 $\gamma_3=0$。

注意，反弯点位置总是向刚度较小的方向移动。求得各层柱的反弯点位置 γh 及柱的侧移刚度 D 后，即可计算框架在水平荷载作用下的内力。

6.8.3 水平荷载作用下框架位移的近似计算

框架结构在水平荷载标准值作用下的侧移可看作是梁柱弯曲变形和轴向变形所引起的侧移的叠加。由梁柱弯曲变形（梁、柱本身的剪切变形较小，可忽略）所导致的层间相对位移下大上小，其总体侧移变形曲线与悬臂梁的剪切变形曲线相一致，故称这种变形为总体剪切变形，见图 6-60（a）；而由框架轴力引起的柱的伸长和缩短所导致的框架变形，与悬臂梁的弯曲变形曲线类似，故称其为总体弯曲变形，见图 6-60（b）。

对于一般多层框架结构，其侧移主要由梁柱的弯曲变形所引起，总体变形主要为剪切变形，结构计算中可不考虑总体弯曲变形的影响。对于房屋高度大于 50m 或房屋高宽比 H/B 大于 4 的框架结构，则需考虑总体弯曲变形的影响。这里仅介绍框架结构总体剪切变形的近似计算方法，框架的总体弯曲变形的计算请参阅其他相关资料。

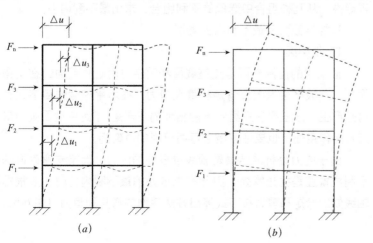

图 6-60 框架总体变形曲线

（a）剪切变形曲线；
（b）总体弯曲变形曲线

1. 框架整体剪切变形计算

在用 D 值法计算水平荷载作用下的框架内力时，已提及框架层间位移 Δu_j，而且已将同层各柱水平位移相等作为应用 D 值法的前提和中间变量。由此,在求得各柱剪力的情况下,也可根据式 (6-117) 确定框架的层间位移, 即

$$\Delta u_j = \sum_{i=j}^{n} F_i \Big/ \sum_{k=1}^{m} D_{jk} \tag{6-117a}$$

而框架的总侧移为各层相对侧移之和，即

$$\triangle u = \triangle u_1 + \triangle u_2 + \cdots + \triangle u_n = \sum_{j=1}^{n} \triangle u_j \tag{6-124}$$

2. 位移限制

在正常使用条件下，限制结构层间位移的目的主要有两点。第一，保证主体结构基本处于弹性受力阶段。就钢筋混凝土框架结构而言，首先要避免框架柱出现裂缝，同时，将混凝土梁等楼面构件的裂缝数量、宽度限制在规范允许的范围之内。第二，保证填充墙、隔墙和幕墙等非结构构件的完好，避免产生明显损伤。

对于框架，结构最大允许层间侧移限值为 1/550，其他结构的侧移限值见后详述。

6.8.4　框架的控制截面与内力组合

框架在各种荷载作用下的内力确定后，应先确定构件的控制截面及其最不利内力组合，然后才进行框架梁、柱截面配筋。对于每一控制截面，要分别考虑各种荷载下最不利的作用状态及其组合的可能性，从几种组合中选取最不利组合，求出最不利内力。

1. 控制截面及最不利内力类型

1）框架梁

框架梁的控制截面是支座截面和跨中（附近）截面。在支座截面处，一般产生最大负弯矩和最大剪力（在水平荷载作用下还有正弯矩产生，故还要注意组合可能出现的正弯矩）；跨中截面则为最大正弯矩作用处，也要注意组合可能出现的负弯矩。

由于内力分析的结果是轴线位置处的内力，而梁支座截面的最不利位置应是柱边缘处，因此在求该处的最不利内力时，应根据梁轴线处的弯矩和剪力按下式算出柱边截面的弯矩和剪力（图 6-61）。

$$M'=M-b\frac{V}{2} \tag{6-125}$$

$$V'=V-\Delta V \tag{6-126}$$

式中　M'、V'——柱边处梁截面的弯矩和剪力；

　　　M、V——柱轴线处梁截面的弯矩和剪力；

　　　　　b——柱宽度；

　　　　ΔV——在长度 $b/2$ 范围内的剪力改变值。

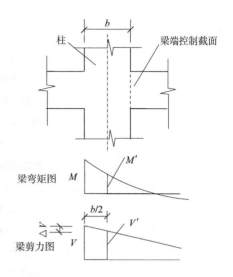

图 6-61　梁端控制截面的弯矩和剪力

2）框架柱

框架柱的弯矩图为直线图形，最大弯矩在柱两端，剪力和轴力在一层内通常变化很小甚至无变化，所以柱的控制截面是柱的上下端。

柱的破坏形态与 M 和 N 的比值有关。无论是大偏心受压还是小偏心受压破坏，M 愈大对柱越不利；而小偏心受压破坏时，N 愈大对柱越不利；大偏心受压时，N 越小对柱越不利。

另外，柱的正负弯矩绝对值也不相同，因此柱的最不利内力有多种情况。一般的框架柱都采用对称配筋，因此只需选择绝对值最大的弯矩即可。

柱的最不利内力组合主要有四种类型：

1）$|M|_{max}$ 及相应的 N、V；

2）N_{max} 及相应的 M、V；

3）N_{min} 及相应的 M、V；

4）$|M|$ 比较大（但不是最大）而 N 比较小或比较大（也不是绝对最小或最大）。偏心受压柱的截面承载力不仅取决于 M 和 N 的大小，还与偏心距 $e_0=M/N$ 有关。但在多层框架的一般情况下，只考虑前三种最不利内力组合即满足工程要求。

2. 内力组合及荷载效应组合

框架上的各种荷载作用同时达到最大值的概率较低，因此在承载能力计算时，应采用荷载效应的基本组合作为荷载效应设计值（荷载效应组合表达式见 5.1.2）。

对一般框架结构而言，非抗震设计时框架上的荷载主要是永久荷载和楼面、屋面活荷载以及风荷载，雪荷载，荷载效应基本组合包括：

1）由可变荷载控制的内力组合：

$$S=\gamma_G S_{Gk}+\gamma_{Q1}\gamma_{L1}S_{Q1k} \tag{5-3a}$$

2）由永久荷载控制的内力组合：

$$S=\gamma_G S_{Gk}+\gamma_L\sum_{i=1}^{n}\gamma_{Qi}\psi_{ci}S_{Qik} \qquad (5\text{-}4a)$$

3. 内力组合时应注意的几个问题

1）竖向活载的最不利布置

恒载在建筑的合理使用年限内其大小和分布基本不变，因此，只需按满布恒载计算框架内力参与组合即可。但竖向活荷载的大小和分布随时间变化，设计时应考虑最不利布置。

求框架梁、柱某控制截面的某种最不利内力时，通常将梁上活荷载以跨为单位进行布置，活载不利布置有多种方法，常用的方法有：

（1）分跨计算组合法

将活载逐层逐跨单独作用在结构上，分别计算出整个结构的内力，根据不同的构件、不同的截面、不同的内力种类按不利与可能的原则挑选与叠加，组合出最不利内力。因此对于一个多层多跨框架共有（跨数 × 层数）种不同活载布置方式，需要计算（跨数 × 层数）次结构内力，计算工作量大，适合机算。

（2）活荷载满布法

当活荷载较小时（例如民用建筑楼面活荷载标准值 ≤ 2.5N/m² 时），或活荷载与恒荷载之比不大于 1 时，活荷载所产生的内力较小，可将各层各跨的活荷载做一次性布置，不考虑活荷载的最不利布置而将其同时作用在所有框架梁上。但算得的梁跨中弯矩宜乘以 1.1 ～ 1.2 的增大系数。

2）风荷载的布置

风荷载有向右（左风）和向左（右风）两个可能的方向，考虑风荷载作用下的内力时，只能二者择其一，即每次组合只考虑一个方向。

4. 弯矩调幅

按一般的弹性方法计算结构内力时，均假定材料为均质体，而且不考虑结构受力变形后对内力分布的影响，也不考虑结构出现裂缝后的刚度变化，这与结构的实际工作状态有一定差异。为此，可根据塑性内力重分布的概念进行弯矩调幅处理。

框架横梁的弯矩调幅包含两方面：一是允许框架梁端出现塑性铰（即允许梁端出现较大的塑性变形），在梁中考虑塑性内力重分布，这可通过减少梁支座弯矩（即弯矩调幅）实施；二是对于装配式或装配整体式框架，由于钢筋焊接及接缝不密实等原因，受力后可能产生节点变形，节点的整体性低于现浇框架，因节点变形而引起梁端弯矩降低和跨中弯矩增加。弯矩调幅对于现浇框架也是有利的，适当减小支座弯矩，可改善梁柱节点钢筋过分稠密拥挤的状况，对提高框架节点的施工质量、保证节点强度有利。

考虑梁塑性内力重分布时，梁支座弯矩降低后要引起跨中弯矩的增加，但经过荷载组合求出的跨中最大正弯矩和支座最大负弯矩并不是在同一荷载组合作用下发生的，故相应于支座最大负弯矩下的跨中弯矩虽经调幅加大，通常也不会超过跨中最不利正弯矩，因而在用最不利内力作截面配筋时，支座最大负弯矩调幅降低后，跨中最不利正弯矩不必再加大。

进行框架弯矩调幅时，现浇框架的支座弯矩调幅系数可采用 $0.8 \sim 0.9$，使支座弯矩减少 $20\% \sim 10\%$。水平作用下产生的弯矩不参与调幅，弯矩调幅应在内力组合之前进行。同时，应注意梁跨中设计弯矩值不应小于按简支梁计算的跨中弯矩的 50%。

6.8.5 框架梁、柱截面设计

1. 配筋计算

1) 框架横梁

横梁的纵向钢筋及腹筋的配置，按受弯构件正截面承载力和斜截面承载力的计算和构造确定，此外还应满足裂缝宽度的要求；纵筋的弯起和截断位置，一般应根据弯矩包络图及材料性能进行。但当均布活荷载与恒荷载的比例不很大（$q/g \leqslant 3$，q 为活荷载设计值，g 为恒荷载设计值）或考虑塑性内力重分布而对支座弯矩进行调幅时，可参照梁板结构的次梁的做法，对框架横梁中的纵筋进行弯起和截断。应注意，梁下部纵筋一般不应截断。

2) 框架柱

框架柱属于偏心受压构件。一般在中间轴线上的框架柱，按单向偏心受压考虑；位于边轴线的角柱，则按双向偏心受压考虑。

框架柱除进行正截面受压承载力的计算外，还应进行斜截面抗剪承载力计算。对于框架的边柱，当偏心距 $e_0 \geqslant 0.55h_0$ 时，尚应进行裂缝宽度验算。

在通常情形下，框架边柱为大偏心受压构件，框架中柱（内柱）为小偏心受压构件。在进行内力组合时，考虑这一特点可使计算简化。

2. 现浇框架的一般构造要求

1) 一般要求

（1）钢筋混凝土框架的混凝土强度等级不低于 C20；纵向钢筋

可采用 HRB335 级、HRB400 级钢筋；箍筋一般采用 HPB300 级或 HRB335 级钢筋。

（2）混凝土保护层：应根据框架所处的环境类别确定。例如，环境类别为一类时，框架梁的纵向受力钢筋的混凝土保护层厚度不小于 30mm（混凝土强度等级低于 C25 时）或 25mm（混凝土强度等级不低于 C25 时）；框架柱的受力钢筋的混凝土保护层厚度不小于 30mm。

（3）框架梁柱应分别满足受弯构件和受压构件的构造要求；地震区的框架还应满足抗震设计要求。

（4）配筋形式：框架柱一般采用对称配筋，柱中全部纵向钢筋配筋率不宜大于 5%，最小配筋率为 0.6%，框架梁一般不采用弯起钢筋抗剪。

2）连接构造

构件连接是框架设计的一个重要组成部分。只有通过构件之间的相互连接，结构才能成为一个整体。现浇框架的连接构造，主要是节点的配筋构造以及钢筋的连接与锚固。

（1）节点

现浇框架的梁柱连接节点应形成刚性节点。在节点处，柱的纵向钢筋应连续穿过中间层节点，梁的纵向钢筋应有足够的锚固长度，而节点内应设置水平箍筋，其要求不低于柱中箍筋，且间距不宜大于 250mm。对于四边均有梁与之相连的中间节点，节点内可只设置沿周边的矩形箍筋。

（2）钢筋的连接

受力钢筋的连接接头宜设置在构件受力较小部位；抗震设计时，宜避开梁端和柱端箍筋加密区范围。钢筋的连接可采用机械连接、绑扎搭接（$d \leqslant 22$mm 时）或焊接。

（3）钢筋的锚固

非抗震设计时，框架梁、柱的纵向钢筋在框架节点区的锚固应符合下列要求：

①顶层中节点柱纵向钢筋和边节点柱内侧纵向钢筋应伸至柱顶；当从梁底边计算的直线锚固长度不小于规范规定的锚固长度 l_a 时，可不必水平弯折，否则应向柱内或梁、板内水平弯折；当充分利用柱纵向钢筋的抗拉强度时，其锚固段弯折前的竖直投影长度不应小于 $0.5l_{ab}$，弯折后的水平投影长度不宜小于 12 倍的柱纵向钢筋直径。

②顶层端节点处，在梁宽范围以内的柱外侧纵向钢筋可与梁上部纵向钢筋搭接，搭接长度不应小于 $1.5l_a$；在梁宽范围以外的柱外

侧纵向钢筋可伸入现浇板内，其伸入长度与伸入梁内的相同。当柱外侧纵向钢筋的配筋率大于 1.2% 时，伸入梁内的柱纵向钢筋宜分两批截断，其截断点之间的距离不宜小于 20 倍的柱纵向钢筋直径。

③梁上部纵向钢筋伸入端节点的锚固长度，直线锚固时不应小于 l_a，且伸过柱中心线的长度不宜小于 5 倍的梁纵向钢筋直径；当柱截面尺寸不足时，梁上部纵向钢筋应伸至节点对边并向下弯折，锚固段弯折前的水平投影长度不应小于 $0.4l_{ab}$，弯折后的竖直投影长度应取 15 倍的梁纵向钢筋直径。

④当计算中不利用梁下部纵向钢筋的强度时，其伸入节点内的锚固长度应取不小于 12 倍的梁纵向钢筋直径。当计算中充分利用梁下部钢筋的抗拉强度时，梁下部纵向钢筋可采用直线方式或向上 90° 弯折方式锚固于节点内，直线锚固时的锚固长度不应小于 l_a；弯折锚固时，锚固段的水平投影长度不应小于 $0.4l_{ab}$，竖直投影长度应取 15 倍的梁纵向钢筋直径。

6.9 预应力混凝土结构简介

6.9.1 预应力混凝土的概念

1. 普通钢筋混凝土的缺陷

普通钢筋混凝土受弯、大偏压受压及受拉构件一般都存在混凝土受拉区。由于混凝土本身的抗拉强度及极限拉应变很小 [混凝土抗拉强度约为抗压强度的 1/10，抗拉极限应变约为极限压应变的 1/12，极限拉应变约为 $(0.1 \sim 0.15) \times 10^{-3}$]，因此对使用上不允许出现裂缝的构件，受拉钢筋的应力仅为 20 ~ 30N/mm² [$\sigma_s = E_s\varepsilon_s = 2 \times 10^5 \times (0.10 \sim 0.15) \times 10^{-3} = 20 \sim 30N/mm^2$]，对允许开裂的构件，当裂缝宽度限制在 0.2 ~ 0.3mm 时，受拉钢筋应力约为 150 ~ 250N/mm² 左右，与普通热轧钢筋的抗拉强度接近。如果采用高强度钢筋（强度设计值超过 1000N/mm²），在使用阶段钢筋屈服时，其拉应变可达到 2×10^{-3} 左右，裂缝宽度将很大，即使提高混凝土的强度等级也无济于事（抗拉强度提高有限）。

由于普通钢筋混凝土无法使用高强度钢筋和高强度等级混凝土，当用于大跨度或承受动力荷载的结构构件时，普通钢筋混凝土将无法胜任或不经济。另外，对处于高湿环境或侵蚀性环境中的构件，为了满足变形和裂缝控制要求，常需增加构件断面尺寸和钢筋用量，导致构件自重过大，很不经济，甚至无法建造。

可见，裂缝问题是普通钢筋混凝土结构构件存在的主要问题，无法发挥高强度材料的性能是它的一大缺陷。

2.预应力混凝土的定义

为了充分利用高强度混凝土及高强度钢筋，可以在混凝土构件的受拉区预先施加压应力，造成人为的应力状态。当构件在荷载作用下产生拉应力时，要首先抵消混凝土的预压应力，然后随着荷载的增加，混凝土才逐渐受拉并随着荷载继续增加而出现裂缝，因而可推迟裂缝的出现，减小裂缝的宽度，满足使用要求。这种在构件受荷前预先对混凝土受拉区施加压应力的结构称为"预应力混凝土结构"。

3.预应力混凝土的工作原理

预应力混凝土的基本原理可用图 6-62 表示。以简支梁为例，在荷载作用之前，预先在梁的受拉区施加一对大小相等，方向相反的偏心压力 N,使梁截面下边缘混凝土产生预压应力 σ_c,如图 6-62 (a)。在外荷载 q 作用下,梁截面下边缘产生拉应力 σ_t,如图 6-62(b)。此时，梁的截面应力是两种应力的叠加，如图 6-62 (c)，截面下边缘应力为 $\sigma=\sigma_t+\sigma_c$。由于 σ_t 与 σ_c 方向相反，叠加的结果有三种：若 $\sigma_t>\sigma_c$，则 $\sigma>0$，截面下边缘仍有部分拉应力；若 $\sigma_t=\sigma_c$，则 $\sigma=0$，截面下边缘拉应力为零；若 $\sigma_t<\sigma_c$，则 $\sigma<0$，截面下边缘仍有部分压应力。如果用"预应力度" β 表示这几种情况的话 ($\beta=\sigma_c/\sigma_t$)，$\sigma>0$ 即 $\beta<1$，称为"部分预应力"，$\sigma=0$ 即 $\beta=1$，称为"全预应力"。

可见，当预压应力不小于截面最大拉应力时，截面处于完全无拉应力状态；当预压应力小于截面最大拉应力时，截面处于有拉应力状态，但拉应力小于未预压构件截面应力；而当构件出现裂缝时，

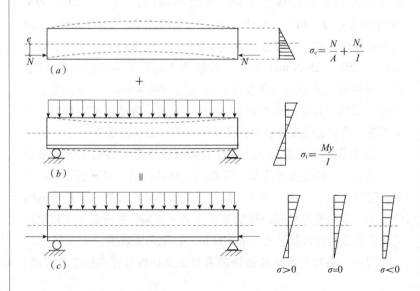

$$\sigma_c=\frac{N}{A}+\frac{N_e}{I}$$

(a)

$$\sigma_t=\frac{My}{I}$$

(b)

(c)

$\sigma>0$ $\sigma=0$ $\sigma<0$

图 6-62 预应力混凝土工作原理

作用在构件上的荷载大于未预压构件。这说明预应力推迟了裂缝的出现，即提高了构件的抗裂性能或刚度。

请注意，构件中预应力的作用在于推迟混凝土开裂或控制截面拉应力大小，对提高构件的承载力没有贡献。因为，构件破坏是由各类钢筋的屈服和受压混凝土碎裂引起的，与钢筋是否施加预应力没有关系。

4. 预应力混凝土的特点

与普通钢筋混凝土相比，预应力混凝土一般有如下特点：

1）具有较高的抗裂能力

构件截面受拉区的预压应力能全部或部分抵消构件由于外荷载而产生的拉应力，只有当混凝土的预压应力被全部抵消转而受拉且拉应变超过混凝土的极限拉应变时，构件才开裂。所以，预应力推迟了构件的开裂时间，全预应力甚至能使截面处于无拉应力状态，使构件抗裂能力显著提高。

2）构件的刚度得到提高

预应力混凝土构件正常使用时，在荷载效应标准组合下可能不开裂或只有很小的裂缝，混凝土基本处于弹性阶段工作，因而构件的刚度比普通钢筋混凝土构件有所提高。

3）充分利用高强度材料

预应力混凝土构件中的预应力钢筋在受荷前已存在拉应力，受荷后拉应力将进一步增大，故能维持较高的应力状态，可使高强度钢筋的抗拉能力得到充分发挥。使用高强度钢筋的构件可使用高强度等级混凝土，故可获得较经济的构件截面尺寸。

4）扩大了构件的应用范围

预应力混凝土改善了构件的抗裂性能，故可用于有防水、抗渗透及抗腐蚀要求的环境。由高强度材料制成的预应力混凝土，可使结构轻巧，刚度大、变形小，适用于大跨度、重荷载及承受反复荷载的结构。一般来讲，下列情况应优先选用预应力混凝土结构：

（1）要求裂缝控制等级较高的结构，如水池、油罐、核反应堆以及受到侵蚀性介质作用的工业厂房、水利、海洋、港口工程等。

（2）对构件的刚度和变形控制要求较高的结构构件，如工业厂房中的吊车梁、码头和桥梁中的大跨度梁式构件等。

（3）对构件的截面尺寸受到限制，跨度大、荷载大的各类结构。

5）有一定的局限性

预应力混凝土也有一些不足之处，如施工工序多、技术要求高、施工操作复杂，且需要张拉设备、锚夹具，劳动力成本高等。而普通钢筋混凝土具有施工简便，造价较低，可用于允许带裂缝工作的各种结构构件，应用比较普遍等特点。所以，预应力混凝土和普通钢筋混凝土各有其适用范围，预应力混凝土并不完全代替普通钢筋混凝土。

6.9.2 混凝土预应力的施加方法

按张拉预应力筋与浇筑混凝土的顺序不同，混凝土预应力的施加方法分先张法和后张法。

1. 先张法

先张法是指先张拉钢筋后浇筑混凝土的施工方法，如图 6-63 所示。其施工过程是，先将待张拉的预应力筋用夹具固定在临时或永久台座上，然后通过专门张拉设备对钢筋施加拉力（此时台座为拉力支座），待钢筋拉应力达到规定应力值时立即浇筑混凝土并养护，待混凝土达到设计强度（约为设计强度 75% 以上）时，切断预应力钢筋，由于钢筋与混凝土之间的粘结力，因此，钢筋回缩形成了对混凝土的压力，以此来实现对混凝土的施压。

可见，先张法是通过预应力钢筋与混凝土之间的粘结力来传递预应力的。

2. 后张法

先张法需要台座和固定场地，适用于小型的简单的定型构件的生产，而大型构件需在现场甚至在工位施加预应力，则应采用后张法。后张法是指先浇筑混凝土后张拉钢筋的施工方法，如图 6-64 所示。其施工过程是，在构件混凝土浇筑之前按预应力筋的设置位置

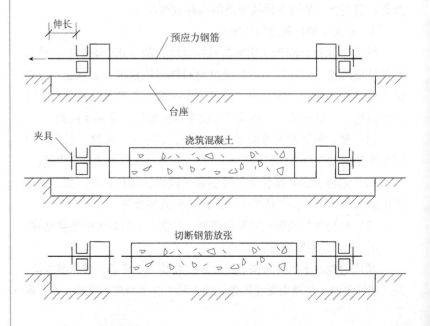

图 6-63　先张法施工工序

在构件中预留孔道，之后浇筑混凝土，待混凝土达到设计强度后，将预应力筋穿入孔道准备张拉；待张拉钢筋的一端用锚具固定，而在另一端通过专业设备张拉钢筋，由于以构件本身为加力台座，钢筋张拉时即使混凝土受压；当张拉预应力钢筋的应力达到设计值后，在张拉端用锚具锚住钢筋，使混凝土获得预压应力；最后在孔道内灌浆，使预应力钢筋与构件混凝土形成整体（孔道也可不灌浆，完全通过锚具施加预压力，称为无粘结预应力混凝土）。锚具是构件的一部分，将永远留在构件中。可见，后张法是靠锚具保持和传递预加应力的。

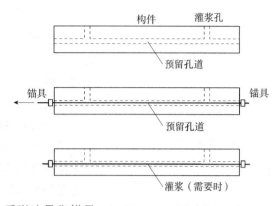

图 6-64　后张法施工工序

6.9.3　预应力损失

对构件施加预应力时，根据预应力度的要求，应对在构件中最终建立的预应力加以控制，但构件的最终实际预应力小于张拉设备端的指示应力（视读数），其差值为"预应力损失"。

1. 张拉控制应力 σ_{con}

张拉控制应力是指张拉预应力钢筋时，张拉设备的测力仪表所指示的总张拉力除以预应力钢筋截面面积所得的拉应力值，用 σ_{con} 表示。张拉控制应力代表了张拉设备提供的应力，是施工时张拉预应力钢筋的依据。

σ_{con} 不能过大也不能过小。σ_{con} 过大会使个别钢筋拉断，或使后张法构件端部混凝土产生局部受压破坏，还可能使开裂荷载与破坏荷载相近，产生无预兆的脆性破坏，还会增大预应力钢筋的松弛损失等。σ_{con} 过小则建立的预应力度较小，不能发挥预应力混凝土的特长。

据工程设计、施工经验及科研成果，规范规定预应力钢筋的张拉控制应力值 σ_{con} 的上限值为，对于消除应力钢丝、钢绞线，先张法、后张法均不宜超过 $0.75f_{ptk}$（f_{ptk} 为预应力钢筋强度标准值）；对于热处理钢筋，先张法不宜超过 $0.70f_{ptk}$，后张法不宜超过 $0.65f_{ptk}$。各类钢筋的张拉下限值均不应小于 $0.4f_{ptk}$。

2. 预应力损失

将预应力钢筋张拉到控制应力 σ_{con} 后，由于各种原因，预应力钢筋的应力将有所下降，即预应力损失，用 σ_l 表示。经预应力损失后，预应力钢筋的应力值才是作用于混凝土的有效预应力 σ_{pe}，即 $\sigma_{pe}=\sigma_{con}-\sigma_l$。预应力损失包括：

1）张拉端锚具变形和钢筋内缩引起的预应力损失 σ_{l1}。

直线预应力钢筋当张拉到 σ_{con} 后锚固在台座或构件上时，由于锚具、垫板与构件之间的缝隙被挤紧，或由于钢筋和螺帽在锚具内滑移，使预应力钢筋回缩，使张拉程度降低，应力减小，从而引起预应力损失。

2）预应力钢筋与孔道壁之间的摩擦引起的预应力损失 σ_{l2}。

后张法张拉预应力钢筋时，由于曲线预应力筋与孔道壁产生挤压摩擦以及由于制作时孔道偏差、粗糙等原因，使直线、曲线筋与孔道壁产生接触摩擦，且摩擦力随着离张拉端的距离而增大，其累积值即为摩擦引起的预应力，使预应力值逐渐减小。

3）混凝土加热养护时，受张拉的钢筋与承受拉力的设备之间的温差引起的预应力损失 σ_{l3}。

采用先张法构件时，为缩短工期，浇筑混凝土常用蒸汽养护，以加快混凝土硬结。加热时预应力钢筋的温度随之升高，而张拉台座与大地相接，表面大部分暴露于空气中，加热对其影响很小，可认为台座温度基本不变，故预应力钢筋与张拉台座之间形成了温差，这样预应力钢筋和张拉台座热胀伸长不一样。钢筋被紧紧锚固在台座上时，其长度不变，加热使钢筋内部张紧程度降低了（放松了），当降温时，预应力筋已与混凝土结硬成整体，无法恢复到原来的应力状态，于是产生了应力损失。

4）预应力钢筋的应力松弛引起的预应力损失 σ_{l4}。

钢筋在高应力下，具有随时间不断增长的塑性变形，称为徐变；当长度保持不变时，表现为随时间而增长的应力降低，称为松弛。钢筋的徐变和松弛均将引起钢筋中的应力损失。

5）混凝土的收缩和徐变引起的预应力损失 σ_{l5}。

混凝土在一般温度条件下硬结时发生体积收缩，而在预应力作用下，沿压力方向混凝土发生徐变，二者均使构件长度缩短，预应力钢筋随之回缩，造成预应力损失。

6）螺旋式预应力钢筋作配筋的环形构件时，由于混凝土的局部挤压引起的预应力损失 σ_{l6}。

对于后张法环形构件如水池、水管等，预加应力方法是先拉紧预应力钢筋并外缠于池壁或管壁上，而后在外表喷涂砂浆作为保护层。当施加预应力时，预应力钢筋的径向挤压使混凝土局部产生挤压变形，因而引起预应力损失。

3.预应力损失的分阶段组合

在上面介绍几种预应力损失中，不同的预应力施加方法产生的预应力损失。一般地，先张法的预应力损失有 σ_{l1}、σ_{l3}、σ_{l4} 和 σ_{l5}，后张法的预应力损失有 σ_{l1}、σ_{l2}、σ_{l4}、σ_{l5} 及 σ_{l6}。

为便于区别，实际计算中，以"预压"为界把预应力分成两批。所谓"预压"，对先张法，是指放松预应力钢筋开始给混凝土施加预应力（称为"放张"）的时刻；对后张法，因为是在混凝土构件上张拉预应力钢筋，混凝土从张拉钢筋开始就受到顶压，故这里"预压"特指张拉预应力钢筋至 σ_{con} 并加以锚固（即"放张"）的时刻。预应力混凝土构件在各阶段的预应力损失值宜按表 6-19 的规定进行组合。

各阶段预应力损失值的组合　　　　　　　表 6-19

预应力损失值的组合	先张法构件	后张法构件
混凝土预压前（第一批）的损失 σ_{lI}	$\sigma_{l1}+\sigma_{l2}+\sigma_{l3}+\sigma_{l4}$	$\sigma_{l1}+\sigma_{l2}$
混凝土预压后（第二批）的损失 σ_{lII}	σ_{l5}	$\sigma_{l4}+\sigma_{l5}+\sigma_{l6}$

4. 预应力损失最低限值

考虑到预应力损失计算值与实际值的差异，并为了保证预应力混凝土构件具有足够的抗裂度，规范规定了预应力总损失值的最低限值：先张法构件 100N/mm^2；后张法构件 80N/mm^2。当计算求得的预应力总损失值小于规定数值时，应按规定数值取用。

6.9.4　预应力混凝土结构计算基本原理

预应力混凝土构件从张拉钢筋开始到构件破坏为止，应分别按施工阶段和使用阶段计算。

先张法构件中，预应力钢筋和非预应力钢筋与混凝土调变形的起点均为预压前（即完成 σ_{lI}）的时刻。此时，预应力钢筋的拉应力为 $\sigma_{con}-\sigma_{lI}$，而非预应力钢筋与混凝土的应均为零。求任一时刻钢筋（包括预应力钢筋及非预应力钢筋）的应力，除扣除相应的预应力损失外，还应考虑混凝土的弹性压缩引起的钢筋应力变化。

在以下的叙述中，以 A_p 和 A_s 表示预应力钢筋和非预应力钢筋的截面面积，A_c 为混凝土截面面积，以 σ_p、σ_s 和 σ_{pc} 表示预应力钢筋、非预应力钢筋和混凝土的应力。

下面以轴心受拉构件为例，说明预应力混凝土构件的计算原理。

1. 先张法构件各阶段应力分析

1）加载前

（1）在台座上张拉钢筋到控制应力

构件还没有浇灌混凝土，预应力钢筋和非预应力钢筋的应力 $\sigma_p=\sigma_{con}$，$\sigma_s=0$。

（2）放松预应力钢筋同时压缩混凝土

张拉钢筋后再浇筑混凝土并对其进行养护至规定强度。因放松钢筋，预应力钢筋完成第一批应力损失（锚具变形、温差及预应力松弛），$\sigma_p=\sigma_{con}-\sigma_{\text{I}}$。

放松钢筋后由于混凝土的弹性压缩，预应力钢筋也随构件缩短，混凝土产生预压应力，预应力钢筋的应力又降低了$\alpha_p\sigma_{pcI}$。同样，构件内非预应力钢筋的应力因构件缩短而产生了压应力$\alpha_E\sigma_{pcI}$，所以预应力钢筋$\sigma_p=\sigma_{con}-\sigma_{\text{I}}-\alpha_p\sigma_{pcI}$，混凝土$\sigma_{pc}=-\sigma_{pcI}$，非预应力筋$\sigma_s=-\alpha_E\sigma_{pcI}$。

其中，σ_{pcI}为经过第一批损失完成后混凝土的压应力；α_E、α_p为非预应力钢筋、预应力钢筋的弹性模量与混凝土弹性模量之比，即

$$\alpha_E=\frac{E_s}{E_c}, \ \alpha_p=\frac{E_p}{E_c} \qquad (6\text{-}127)\ (6\text{-}128)$$

假定混凝土的净面积为A_c，根据截面内力平衡条件，可求得混凝土的预压应力σ_{pcI}为（图6-65a）。

$$A_p(\sigma_{con}-\sigma_{\text{I}}-\alpha_p\sigma_{pcI})=A_c\sigma_{pcI}+A_s\alpha_E\sigma_{pcI}$$

$$\sigma_{pcI}=\frac{A_p(\sigma_{con}-\sigma_{\text{I}})}{A_c+\sigma_E A_s+\alpha_p A_p}=\frac{A_p(\sigma_{con}-\sigma_{\text{I}})}{A_0}=\frac{N_{pI}}{A_0} \qquad (6\text{-}129)$$

式中　A_c——扣除预应力钢筋和非预应力钢筋截面面积后的混凝土面积；

　　　A_0——换算截面面积（混凝土截面面积A_c以及全部纵向预应力钢筋和非预应力钢筋截面面面积换算成混凝土的截面面积，$A_0=A_c+\alpha_E A_s+\alpha_p A_p$）；

　　　N_{pI}——完成第一批损失后，预应力钢筋的总预拉力，$N_{pI}=(\sigma_{con}-\sigma_{\text{I}})A_p$。

混凝土应力σ_{pcI}可用于放张钢筋时的施工阶段强度验算。

（3）当第二批损失完成后

由于混凝土收缩、徐变影响，发生了第二批预应力损失$\sigma_{\text{III}}=\sigma_{l5}$。之后，预应力钢筋的应力在第二阶段的基础上进一步降低，预应力钢筋对混凝土产生的预压力也减小；混凝土的预压应力降低到σ_{pcII}，即混凝土的应力减少了$\sigma_{pcI}-\sigma_{pcII}$，$\sigma_{pcII}$表示经过第二批损失后混凝土的压应力。

但是，由于混凝土预压应力减小$\sigma_{pcI}-\sigma_{pcII}$，此时构件的弹性压缩有所恢复,故预应力钢筋因回弹而应力又增大$\alpha_p(\sigma_{pcI}-\sigma_{pcII})$。于是，

$$\sigma_p = \sigma_{con} - \sigma_{II} - \alpha_p \sigma_{pcI} - \sigma_{III} + \alpha_p (\sigma_{pcI} - \sigma_{pcII}) = \sigma_{con} - \sigma_{II} - \alpha_p (\sigma_{pcI} - \sigma_{pcII}),$$

$$\sigma_{pc} = -\sigma_{pcII}$$

由于混凝土的收缩和徐变，构件内非预应力钢筋随构件的缩短而缩短，其压应力将增大 σ_{l5}。非预应力钢筋对混凝土的收缩和徐变起约束作用，使混凝土的预压应力减少了 $(\sigma_{pcI} - \sigma_{pcII})$；当构件回弹伸长时，非预应力钢筋亦回弹，故其压应力将减少 $\alpha_E (\sigma_{pcI} - \sigma_{pcII})$，因此

$$\sigma_s = -\alpha_E \sigma_{pcI} - \sigma_{l5} + \alpha_E (\sigma_{pcI} - \sigma_{pcII}) = -\sigma_{l5} - \alpha_E \sigma_{pcII}$$

《规范》规定，当受拉区非预应力钢筋 $A_s > 0.4 A_p$ 时，应考虑非预应力钢筋由于混凝土收缩和徐变引起的内力影响。

根据截面内力平衡条件，可求得混凝土预压应力 σ_{pcII} 为（图 6-65b）

$$\sigma_{pcII} = \frac{A_p (\sigma_{con} - \sigma_l)}{A_0} = \frac{N_{pII}}{A_0} \tag{6-130}$$

式中　N_{pII}——完成全部损失后预应力钢筋的预拉力，$N_{pII} = (\sigma_{con} - \sigma_l) A_p$；

　　　σ_{pcII}——预应力混凝土中所建立的有效预拉应力。

σ_{pcII} 确定了构件加载前在截面混凝土中建立的有效预应力值。

2）加载后

（1）加载至混凝土预压应力被抵消时

设当构件承受轴心拉力为 N_{p0} 时，截面中混凝土预压应力刚好被全部抵消，即混凝土预压应力从 σ_{pcII} 降到零（即消压状态），应力变化为 σ_{pcII}，钢筋则随构件伸长被拉长，其应力在第三阶段基础上相应增大 $\alpha_p \sigma_{pcII}$（预应力钢筋）及 $\alpha_E \sigma_{pcII}$（非预应力钢筋）。故

$$\sigma_p = \sigma_{p0} = \sigma_{con} - \sigma_{ll} - \alpha_p \sigma_{pcII} + \alpha_p \sigma_{pcII} = \sigma_{con} - \sigma_l,$$

$$\sigma_{pc} = 0, \quad \sigma_s = \sigma_{s0} = -\sigma_{l5} - \alpha_E \sigma_{pcII} + \alpha_E \sigma_{pcII} = -\sigma_{l5},$$

式中　σ_{p0} 及 σ_{s0}——截面上混凝土应力为零时，预应力钢筋、非预应力钢筋的应力。

轴向拉力 N_{p0} 可由截面平衡条件求得（图 6-65c）：

$$N_{p0} = A_p \sigma_{p0} + A_s \sigma_{s0} = A_p (\sigma_{con} - \sigma_l) - A_s \sigma_{l5}$$

当 $A_s \leqslant 0.4 A_p$ 时，可不考虑 $A_s \sigma_{l5}$ 的影响，上式变为

$$N_{p0} = A_p (\sigma_{con} - \sigma_{ll}) = -A_{s0} \sigma_{peII} \tag{6-131}$$

上式表示当截面上混凝土应力为零时（相当于一般混凝土加载前），构件能够承受的轴向拉力（图 6-65d）。

（2）继续加载至混凝土即将开裂时

当轴向拉力超过 N_{p0}，混凝土开始受拉，随着荷载的增加，其拉应力不断增长。当荷载到 N_{cr}，即混凝土的拉应力从零达到混凝土抗拉强度标准值 f_{tk} 时，混凝土即将出现裂缝，钢筋随构件伸长而拉长，其应力在第四阶段的基础上相应增大 $\alpha_p f_{tk}$（预应力钢筋）及 $\alpha_E f_{tk}$（非应力钢筋），即 $\sigma_p=\sigma_{con}-\sigma_{lI}+\alpha_p f_{tk}$，$\sigma_{pc}=f_{tk}$，$\sigma_s=-\sigma_{l5}+\alpha_E f_{tk}$。

轴向拉力 N_{cr} 可由截面平衡条件求得：$N_{cr}=A_p\,(\sigma_{con}-\sigma_{lI})+(A_c+\alpha_E A_s+\alpha_p A_p)\,f_{tk}-A_s\sigma_{l5}$

同理，如忽略 $A_s\sigma_{l5}$，则

$$N_{cr}=A_0\,(\sigma_{pcII}+f_{tk}) \tag{6-132}$$

上式表明，由于预压应力 σ_{pcII} 的作用（$\sigma_{pcII}>f_{tk}$）使预应混凝土轴心受拉构件的 N_{cr} 比普通钢筋混凝土受拉构件大，这就是预应力混凝土构件抗裂度高的原因。

（3）继续加荷使构件破坏

当轴向力 N 超过 N_{cr} 后，裂缝出现并开展，在裂缝截面上，混凝土退出工作，不再承担拉力，拉力全部由预应力钢筋及非预应力钢筋承担。破坏时，预应力钢筋和非预应力钢筋分别达到其抗拉强度设计值 f_{py} 和 f_y，由平衡条件可求得极限轴向拉力 N_u 为（图 6-65e）。

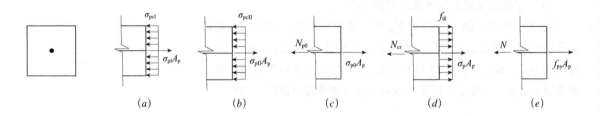

（a） （b） （c） （d） （e）

图 6-65 轴心受拉构件的应力变化

$$N_u=A_p f_{py}+A_s f_y \tag{6-133}$$

此阶段确定了构件能承受的极限轴向拉力，是使用阶段构件承载能力计算的依据。

由以上的分析过程可知，预应力混凝土构件在从施压到承载再到破坏的整个过程中，截面混凝土、预应力钢筋和非预应力钢筋的应力发生了一系列的变化。所以，在消压、开裂及破坏时，其混凝土、预应力钢筋和非预应力钢筋的应力应根据不同情况计算。

2. 承载力计算

将式（6-133）改写，即为预应力混凝土轴心受拉构件承载力计算公式：

$$N \leqslant A_{\text{p}}f_{\text{py}}+A_{\text{s}}f_{\text{y}} \tag{6-134}$$

与普通混凝土轴心受拉构件承载力计算公式（式6-70）对照可知，预应力混凝土轴心受拉构件的承载力比普通混凝土构件多出了一项 $A_{\text{p}}f_{\text{py}}$，它表示预应力钢筋的抗拉承载力，与前面的张拉控制应力 σ_{con} 已经全无关系。

再如，预应力混凝土双筋矩形截面正截面承载力计算公式为

$$\alpha_{1}f_{c}bx=f_{\text{y}}A_{\text{s}}-f_{\text{y}}'A_{\text{s}}'+f_{\text{py}}A_{\text{p}}+\left(\sigma_{\text{p}}'-f_{\text{py}}'\right)A_{\text{p}}' \tag{6-135}$$

$$M\leqslant\alpha_{1}f_{c}bx\left(h_{0}-\frac{x}{2}\right)+f_{\text{y}}'A_{\text{s}}'(h_{0}-a_{\text{s}}')-(\sigma_{\text{p}}'-f_{\text{py}}')A_{\text{p}}'(h_{0}-a_{\text{p}}') \tag{6-136}$$

式中　f_{py}、f_{py}'——预应力钢筋抗拉、抗压设计强度；

A_{p}、A_{p}'——受拉、受压区纵向预应力钢筋截面面积；

σ_{p}'——受压区纵向预应力钢筋合力点处混凝土法向应力等于零时的预应力钢筋应力；

a_{p}'——受压区纵向预应力钢筋合力点至截面受压边缘的距离。

通过这些相关计算式的对照关系不难发现，预应力混凝土构件的最终承载力与钢筋是否被预拉没有关系，所以说，预应力对构件的最终承载力没有影响。

预应力混凝土受压构件、受扭构件等，在原理上与轴心受拉构件相似，不再详述。

3. 裂缝控制

1）抗裂度验算

若构件由荷载标准值产生的轴心拉力 N 不超过 N_{cr}，那么构件不会开裂。因此

$$N \leqslant N_{\text{cr}}=A_{0}\left(\sigma_{\text{pcII}}+f_{\text{tk}}\right),$$

$$即　\frac{N}{A_{0}}=\sigma_{\text{pcII}}+f_{\text{tk}},\quad\sigma_{\text{c}}-\sigma_{\text{pcII}}\leqslant f_{\text{tk}}$$

由于各种预应力构件的功能要求、所处环境及对钢筋锈蚀敏感性的不同，需有不同的抗裂要求。

（1）严格要求不出现裂缝的构件，在荷载效应标准组合下应符合下列要求：

$$\sigma_{\text{ck}}-\sigma_{\text{pcII}}\leqslant 0$$

（2）一般要求不出现裂缝的构件，在荷载效应标准组合下应符合下列要求：

$$\sigma_{ck} - \sigma_{pcII} \leqslant f_{tk}$$

（3）在荷载效应的准永久组合下应符合下列要求：

$$\sigma_{cq} - \sigma_{pcII} \leqslant f_{tk}$$

式中　σ_{ck}、σ_{cq}——荷载效应标准组合、准永久组合下抗裂验算边缘混凝土法向应力，$\sigma_{ck} = \dfrac{N_k}{A_0}$，$\sigma_{cq} = \dfrac{N_q}{A_0}$；

N_k、N_q——按荷载效应标准组合、荷载效应的准永久组合计算的轴向拉力值。

2）裂缝宽度验算

对于允许开裂的受拉构件，其最大裂缝宽度 w_{max} 的计算与普通钢筋混凝土构件的计算方法相同，仍采用式（6-43）计算，该式已包括了预应力混凝土构件的计算参数。

4. 局压验算

后张法构件张拉预应力钢筋时，张拉设备以构件为反力支座施加拉力，张拉完成后还要用锚具固定钢筋，故构件端部混凝土将承受较大的局部压力。如果混凝土构件局部压应力过大，将引起构件混凝土局部受压破坏。所以，构件端部混凝土受压区应进行局部承压验算。混凝土局部承压验算比较复杂，不再介绍。

为了提高构件的局部承压能力，通常在端部混凝土中配置经计算确定的钢筋网片。

5. 施工阶段强度验算

为避免构件在制作、运输、安装等过程的损坏，预应力混凝土构件应进行施工阶段验算。例如，构件放张（先张法）或张拉完毕（后张法）时，混凝土受到最大的预压应力 σ_{pc} 不大于当时混凝土抗压强度设计值 f'_{cu} 的 1.2 倍，即 $\sigma_{pc} \leqslant 1.2 f'_{cu}$。

复习思考题

1. 钢筋混凝土结构的基本原理是什么？

2. 钢筋混凝土受弯构件有几种破坏形态？它们与配筋率有何关系？

3. 适筋梁分哪几个工作阶段？梁的抗裂验算、正常使用阶段验算和承载力计算各以哪一阶段或状态为依据？各阶段中梁截面应力、受拉钢筋和受压混凝土应变、中和轴位置等是如何变化的？

4. 在梁的受弯正截面承载力计算中，为什么要规定公式的适用条件？其意义是什么？

5. 在混凝土受弯构件中，单筋截面与双筋截面的区别是什么？为什么要使用双筋截面？

6. 划分两类 T 形截面的依据是什么？T 形截面计算与矩形截面计算有何异同？

7. 什么是梁的剪跨比？它对梁的斜截面破坏形态有何影响？

8. 在梁的斜截面承载力计算中，如何选取计算截面？

9. 钢筋混凝土受弯构件为什么会出现裂缝？如何计算裂缝宽度？各类构件的最大允许裂缝宽度是多少？

10. 轴心受压柱的稳定系数 φ 对构件受压承载力有何影响？

11. 混凝土偏心受压构件有几种破坏形态？如何判别大小偏心受压？偏心受压构件的偏心距是固定的吗？为什么？

12. 混凝土受拉构件的承载力与混凝土的抗拉强度有关吗？为什么？

13. 混凝土偏心受拉构件与偏心受压构件有哪些相似之处？

14. 混凝土受扭构件的受扭承载力如何确定？

15. 在肋梁楼盖计算中，双向板的内力计算与单向板有何不同？

16. 排架结构的荷载与一般民用建筑有哪些不同？

17. 等高排架柱顶剪力的计算方法有哪些？如何进行任意荷载作用下的柱顶剪力计算？

18. 在偏心荷载作用下，排架基础的基底反力有哪些变化？

19. 用手算法计算多层框架结构内力时，竖向荷载作用和水平荷载作用各采用何种方法？

20. 什么是预应力混凝土？在结构构件中使用预应力混凝土的目的是什么？预应力对提高构件承载力的作用是什么？

21. 什么是张拉控制应力？为什么会出现预应力损失？

 习题

1. 某矩形截面钢筋混凝土简支梁，截面尺寸为 $b \times h = 250\text{mm} \times 550\text{mm}$，采用 C25 混凝土，HRB335 级钢筋，控制截面的弯矩设计值 $M = 180\text{kN} \cdot \text{m}$，试确定所需纵向受拉钢筋面积。

2. 某单跨简支板，计算跨度 $l_0 = 3000\text{mm}$，承受均布荷载设计值 6kN/m^2，采用 C20 混凝土，HPB300 级钢筋，试确定现浇板的厚度及受拉区所需钢筋面积。

3. 某矩形截面钢筋混凝土简支梁，截面尺寸为 $b \times h=250\text{mm} \times 600\text{mm}$，采用 C25 混凝土，HRB335 级钢筋，截面受拉区配有 6$\oplus$20 的受力筋，试确定该梁所能承受的最大弯矩设计值。

4. 某矩形截面钢筋混凝土简支梁，截面尺寸为 $b \times h=250\text{mm} \times 550\text{mm}$，采用 C20 混凝土，HRB335 级钢筋，控制截面承受的弯矩设计值 $M=210\text{kN} \cdot \text{m}$，受压区已配有 2$\oplus$18 的受力钢筋，试确定截面受拉区所需的纵向受力钢筋？

5. 某 T 形截面钢筋混凝土独立梁，截面尺寸 $b \times h=250\text{mm} \times 600\text{mm}$，$b_\text{f}'=650\text{mm}$，$h_\text{f}'=100\text{mm}$，采用 C25 混凝土，HRB335 级钢筋，截面弯矩设计值 $M=250\text{kN} \cdot \text{m}$，试确定纵向受力钢筋？

6. 某 T 形截面钢筋混凝土梁，截面尺寸 $b \times h=250\text{mm} \times 600\text{mm}$，$b_\text{f}'=1200\text{mm}$，$h_\text{f}'=100\text{mm}$，采用 C25 混凝土，HRB400 级钢筋，受拉区配有 4$\oplus$22 钢筋，控制截面的弯矩设计值 $M=260\text{kN} \cdot \text{m}$，试验算该梁正截面是否安全？

7. 已知某承受均布荷载的矩形截面梁截面尺寸 $b \times h=250\text{mm} \times 600\text{mm}$，采用 C20 混凝土，箍筋为 HPB300 级钢筋。若已知剪力设计值 $V=150\text{kN}$，试求采用 $\phi6$ 双肢箍的箍筋间距 s。

8. 某矩形截面简支梁尺寸 $b \times h=200\text{mm} \times 500\text{mm}$，采用 C25 混凝土，箍筋为 HPB300；由集中荷载产生的支座边剪力设计值 $V=120\text{kN}$，剪跨比 $\lambda=3$。试选择该梁箍筋。

9. 某简支梁计算跨度 $l_0=7000\text{mm}$，截面尺寸 $b \times h=250\text{mm} \times 700\text{mm}$，混凝土强度等级 C30，钢筋为 HRB400 级，承受均布恒载标准值 $g_\text{k}=19.74\text{kN} \cdot \text{m}$，均布活荷载标准值 $q_\text{k}=10.5\text{kN/m}$。正截面受弯承载力计算已选定纵向受拉钢筋为 4$\oplus$20，$A_\text{s}=1256\text{mm}^2$。试验算其裂缝宽度是否满足要求。

10. 已知一均布荷载作用下的矩形截面梁，$b \times h=250\text{mm} \times 600\text{mm}$，承受弯矩设计值 $M=37.5\text{kN} \cdot \text{m}$，剪力设计值 $V=35\text{kN}$，扭矩设计值 $T=15\text{kN} \cdot \text{m}$，采用 C25 混凝土，HPB300 级箍筋，HRB335 级纵筋，试选配钢筋并绘制配筋图。

11. 某钢筋混凝土轴心受压柱，截面尺寸 $b \times h=240\text{mm} \times 240\text{mm}$，采用 C20 混凝土；纵筋采用 HRB335，箍筋采用 HPB300；柱的计算长度 $l_0=4800\text{mm}$，柱底面的轴心压力设计值（包括自重）为 $N=450\text{kN}$，根据计算和构造要求选配纵筋和箍筋。

12. 已知某矩形截面柱，截面尺寸 $b \times h=300\text{mm} \times 400\text{mm}$，$l_0=4750\text{mm}$，C20 级混凝土，HRB400 钢筋，$N=160\text{kN}$，$M=76.8\text{kN} \cdot \text{m}$，采用对称配筋。求受拉、受压钢筋面积并选配钢筋。

钢筋的公称直径、公称截面面积及理论重量　　　　　　　　　　　　　　　　　附表 6-1

公称直径	不同根数钢筋的公称截面面积（mm²）									单根钢筋理论
（mm）	1	2	3	4	5	6	7	8	9	重量（kg/m）
6	28.3	57	85	113	142	170	198	226	255	0.222
8	50.3	101	151	201	252	302	352	402	453	0.395
10	78.5	157	236	314	393	471	550	628	707	0.617
12	113.1	226	339	452	565	678	791	904	1017	0.888
14	153.9	308	461	615	769	923	1077	1231	1385	1.21
16	201.1	402	603	804	1005	1206	1407	1608	1809	1.58
18	254.5	509	763	1017	1272	1527	1781	2036	2290	2.00(2.11)
20	314.2	628	942	1256	1570	1884	2199	2513	2827	2.47
22	380.1	760	1140	1520	1900	2281	2661	3041	3421	2.98
25	490.9	982	1473	1964	2454	2945	3436	3927	4418	3.85(4.10)
28	615.8	1232	1847	2463	3079	3695	4310	4926	5542	4.83
32	804.2	1609	2413	3217	4021	4826	5630	6434	7238	6.31(6.65)
36	1017.9	2036	3054	4072	5089	6107	7125	8143	9161	7.99
40	1256.6	2513	3770	5027	6283	7540	8796	10053	11310	9.87(10.34)
50	1964.5	3928	5892	7856	9820	11784	13748	15712	17676	15.42(16.28)

注：括号内为预应力螺纹钢筋的数值。

每米板宽度各种钢筋间距时钢筋截面面积　　　　　　　　　　　　　　　　　附表 6-2

钢筋间距	当钢筋直径（mm）为下列数值时的计算截面面积（mm²）													
（mm）	3	4	5	6	6/8	8	8/10	10	10/12	12	12/14	14	14/16	16
70	101	179	281	404	561	719	920	1121	1369	1616	1908	2199	2536	2827
75	94.3	167	262	377	524	671	859	1047	1277	1508	1780	2053	2367	2681
80	88.4	157	245	354	491	629	805	981	1198	1414	1669	1924	2218	2513
85	83.2	148	231	333	462	592	758	924	1127	1331	1571	1811	2088	2365
90	78.5	140	218	314	437	559	716	872	1064	1257	1484	1710	1972	2234
95	74.5	132	207	298	414	529	678	826	1008	1190	1405	1620	1868	2116
100	70.6	126	196	283	393	503	644	785	958	1131	1335	1539	1775	2011
110	64.2	114	178	257	357	457	585	714	871	1028	1214	1399	1614	1828
120	58.9	105	163	236	327	419	537	654	798	942	1112	1283	1480	1676
125	56.5	100	157	226	314	402	515	628	766	905	1068	1232	1420	1608
130	54.4	96.6	151	218	302	387	495	604	737	870	1027	1184	1366	1547
140	50.5	89.7	140	202	281	359	460	561	684	808	954	1100	1268	1436
150	47.1	83.8	131	189	262	335	429	523	639	754	890	1026	1183	1340
160	44.1	78.5	123	177	246	314	403	491	599	707	834	962	1110	1257
170	41.5	73.9	115	166	231	296	379	462	564	665	786	906	1044	1183
180	39.2	69.8	109	157	218	279	358	436	532	628	742	855	985	1117
190	37.2	66.1	103	149	207	265	339	413	504	595	702	810	934	1058
200	35.3	62.8	98.2	141	196	251	322	393	479	565	668	770	888	1005
220	32.1	57.1	89.1	129	178	228	292	357	436	514	607	700	807	914
240	29.4	52.4	81.9	118	164	209	268	327	399	471	556	641	740	838
250	28.3	50.2	78.5	113	157	201	258	314	383	452	534	616	710	804
260	27.2	48.3	75.5	109	151	193	248	302	368	435	514	592	682	773
280	25.2	44.9	70.1	101	140	180	230	281	342	404	477	550	634	718
300	23.6	41.9	66.5	94	131	168	215	262	320	377	445	513	592	670
320	22.1	39.2	61.4	88	123	157	201	245	299	353	417	481	554	628

注：表中钢筋直径中的 6/8，8/10 等系指两种直径的钢筋间隔放置。

钢筋混凝土矩形和 T 形截面受弯构件正截面强度计算表　　　　　　　　附表 6-3

ξ	γ_s	α_s	ξ	γ_s	α_s	ξ	γ_s	α_s
0.01	0.995	0.010	0.23	0.885	0.204	0.45	0.775	0.349
0.02	0.990	0.020	0.24	0.880	0.211	0.46	0.770	0.354
0.03	0.985	0.030	0.25	0.875	0.219	0.47	0.765	0.360
0.04	0.980	0.039	0.26	0.870	0.226	0.48	0.760	0.365
0.05	0.975	0.048	0.27	0.865	0.234	0.49	0.755	0.370
0.06	0.970	0.058	0.28	0.860	0.241	0.491	0.755	0.371
0.07	0.965	0.067	0.29	0.855	0.248	0.50	0.750	0.375
0.08	0.960	0.077	0.30	0.850	0.255	0.51	0.745	0.380
0.09	0.955	0.086	0.31	0.845	0.262	0.518	0.741	0.384
0.10	0.950	0.095	0.32	0.840	0.269	0.52	0.740	0.385
0.11	0.945	0.104	0.33	0.835	0.276	0.53	0.735	0.399
0.12	0.940	0.113	0.34	0.830	0.282	0.54	0.730	0.394
0.13	0.935	0.121	0.35	0.825	0.289	0.550	0.725	0.344
0.14	0.930	0.130	0.36	0.820	0.295	0.56	0.720	0.403
0.15	0.925	0.139	0.37	0.815	0.302	0.57	0.715	0.408
0.16	0.920	0.147	0.38	0.810	0.308	0.576	0.712	0.450
0.17	0.915	0.156	0.39	0.805	0.314			
0.18	0.910	0.164	0.40	0.800	0.320			
0.19	0.905	0.172	0.41	0.795	0.326			
0.20	0.900	0.180	0.42	0.790	0.332			
0.21	0.895	0.188	0.43	0.785	0.338			
0.22	0.890	0.196	0.44	0.780	0.343			

注：计算关系：$\alpha_s = \dfrac{M}{\alpha_1 f_c b h_0^2}$；$\zeta = \dfrac{x}{h_0} = \dfrac{f_y A_s}{\alpha_1 f_c b h_0}$；$A_s = \dfrac{M}{\gamma_s f_y h_0}$，或 $A_s = \zeta b h_0 \dfrac{\alpha_1 f_c}{f_y}$。

等截面连续梁内力计算表（摘选）　　　　　　　　附表 6-4

荷载简图（两跨梁）	跨内最大弯矩		支座弯矩	支座剪力			
	M_1	M_2	M_B	V_A	V_{Bl}	V_{Br}	V_C
	0.070	0.070	−0.125	0.375	−0.625	0.625	−0.375
	0.096	—	−0.063	0.437	−0.563	0.063	0.063
	0.048	0.048	−0.078	0.172	−0.328	0.328	−0.172
	0.064	—	−0.039	0.211	−0.289	0.039	0.039
	0.156	0.156	−0.188	0.312	−0.688	0.688	−0.312
	0.203	—	−0.094	0.406	−0.594	0.094	0.094
	0.222	0.222	−0.333	0.667	−1.333	1.333	−0.667
	0.278	—	−0.167	0.833	−1.167	0.167	0.167

续表

荷载简图（三跨梁）	跨内最大弯矩		支座弯矩		支座剪力			
	M_1	M_2	M_B	M_C	V_A	V_{Bl} / V_{Br}	V_{Cl} / V_{Cr}	V_C
荷载简图	0.080	0.025	−0.100	−0.100	0.400	−0.600 / 0.500	−0.500 / 0.600	−0.400
荷载简图	0.101	—	−0.050	−0.050	0.450	−0.550 / 0	0 / 0.550	−0.450
荷载简图	—	0.075	−0.050	−0.050	0.050	−0.050 / 0.500	−0.050 / 0.500	0.050
荷载简图	0.073	0.054	−0.117	−0.033	0.383	−0.617 / 0.583	−0.417 / 0.033	0.033
荷载简图	0.054	0.021	−0.063	−0.063	0.188	−0.313 / 0.250	−0.250 / 0.313	−0.188
荷载简图	0.068	—	−0.031	−0.031	0.219	−0.281 / 0	0 / 0.281	−0.219
荷载简图	—	0.052	−0.031	−0.031	−0.031	−0.031 / 0.250	−0.250 / 0.031	0.031
荷载简图	0.050	0.038	−0.073	−0.021	0.177	−0.323 / 0.302	−0.198 / 0.021	−0.021
荷载简图	0.175	0.100	−0.150	−0.150	0.350	−0.650 / 0.500	−0.500 / 0.650	−0.350
荷载简图	0.213	—	−0.075	−0.075	0.425	−0.575 / 0	0 / 0.575	−0.425
荷载简图	—	0.175	−0.075	−0.075	−0.075	−0.075 / 0.500	−0.500 / 0.075	0.075
荷载简图	0.162	0.137	−0.175	−0.050	0.325	−0.675 / 0.625	−0.375 / 0.050	0.050
荷载简图	0.244	0.067	−0.267	−0.267	0.733	−1.267 / 1.000	−1.000 / 1.267	−0.733
荷载简图	0.289	—	−0.133	−0.133	0.866	−1.134 / 0	0 / 1.134	−0.866
荷载简图	—	0.200	−0.133	−0.133	−0.133	−0.133 / 1.000	−1.000 / 0.133	0.133
荷载简图	0.229	0.170	−0.311	−0.089	0.689	−1.311 / 1.222	−0.778 / 0.089	0.089

说　明

1 计算关系：在均布及三角形荷载作用下：$M =$ 表中系数 $\times ql_0^2$，$V =$ 表中系数 $\times ql_0$，
　　　　在集中荷载作用下：$M =$ 表中系数 $\times Pl_0$，$V =$ 表中系数 $\times P$。
　式中，l_0——梁的计算跨度；q——梁上均布荷载值；P——梁上一个集中荷载值。
2 内力符号约定：M：使截面上部受压、下部受拉为正；
　　　　　　　　V：对临近截面产生的力矩沿顺时针方向者为正。

双向板计算系数表　　　　　　　　　　　　　附表 6-5

1　四边简支板

l_x/l_y	a	m_x	m_y	l_x/l_y	a	m_x	m_y
0.50	0.01013	0.0965	0.0174	0.80	0.00603	0.0561	0.0334
0.55	0.00940	0.0892	0.0210	0.85	0.00547	0.0506	0.0348
0.60	0.00867	0.0820	0.0242	0.90	0.00496	0.0456	0.0358
0.65	0.00796	0.0750	0.0271	0.95	0.00449	0.0410	0.0364
0.70	0.00727	0.0683	0.0296	1.00	0.00406	0.0368	0.0368
0.75	0.00663	0.0620	0.0317	简支边 ---		固定边 ⊔⊔⊔⊔

2　一边固定，三边简支

l_x/l_y	l_y/l_x	a	a_{max}	m_x	m_{xmax}	m_y	m_{ymax}	m_x'
0.50		0.00488	0.00504	0.0583	0.0646	0.0060	0.0063	−0.1212
0.55		0.00471	0.00492	0.0563	0.0618	0.0081	0.0087	−0.1187
0.60		0.00453	0.00472	0.0539	0.0589	0.0104	0.0111	−0.1158
0.65		0.00432	0.00448	0.0513	0.0559	0.0126	0.0133	−0.1124
0.70		0.00410	0.00422	0.0485	0.0529	0.0148	0.0154	−0.1087
0.75		0.00388	0.00399	0.0457	0.0496	0.0168	0.0174	−0.1048
0.80		0.00365	0.00376	0.0428	0.0463	0.0187	0.0193	−0.1007
0.85		0.00343	0.00352	0.0400	0.0431	0.0204	0.0211	−0.0965
0.90		0.00321	0.00329	0.0372	0.0400	0.0219	0.0226	−0.0922
	0.95	0.00299	0.00306	0.0345	0.0369	0.0232	0.0239	−0.0880
	1.00	0.00279	0.00285	0.0319	0.0340	0.0243	0.0249	−0.0839
	0.95	0.00316	0.00324	0.0324	0.0345	0.0280	0.0287	−0.0882
	0.90	0.00360	0.00368	0.0328	0.0347	0.0322	0.0330	−0.0926
	0.85	0.00409	0.00417	0.0329	0.0347	0.0370	0.0378	−0.0970
	0.80	0.00464	0.00473	0.0326	0.0343	0.0424	0.0433	−0.1014
	0.75	0.00526	0.00536	0.0319	0.0335	0.0485	0.0494	−0.1056
	0.70	0.00595	0.00605	0.0308	0.0323	0.0553	0.0562	−0.1096
	0.65	0.00670	0.00680	0.0291	0.0306	0.0627	0.0637	−0.1133
	0.60	0.00752	0.00762	0.0268	0.0289	0.0707	0.0717	−0.1166
	0.55	0.00838	0.00848	0.0239	0.0271	0.0792	0.0801	−0.1193
	0.50	0.00927	0.00935	0.0205	0.0249	0.0880	0.0888	−0.1215

3　对边简支、对边固定

l_x/l_y	l_y/l_x	a	a_{max}	m_x	m_{xmax}	m_y	m_{ymax}	m_x'
0.50		0.00261	—	0.0416	—	0.0017	—	−0.0843
0.55		0.00259	—	0.0410	—	0.0028	—	−0.0840
0.60		0.00255	—	0.0402	—	0.0042	—	−0.0834
0.65		0.00250	—	0.0392	—	0.0057	—	−0.0826
0.70		0.00243	—	0.0379	—	0.0072	—	−0.0814
0.75		0.00236	—	0.0366	—	0.0088	—	−0.0799
0.80		0.00228	—	0.0351	—	0.0103	—	−0.0782
0.85		0.00220	—	0.0335	—	0.0118	—	−0.0763
0.90		0.00211	—	0.0319	—	0.0133	—	−0.0743
	0.95	0.00201	—	0.0302	—	0.0146	—	−0.0721
	1.00	0.00192	—	0.0285	—	0.0158	—	−0.0698
	0.95	0.00223	—	0.0296	—	0.0189	—	−0.0746
	0.90	0.00260	—	0.0306	—	0.0224	—	−0.0797
	0.85	0.00303	—	0.0314	—	0.0266	—	−0.0850
	0.80	0.00354	—	0.0319	—	0.0316	—	−0.0904
	0.75	0.00413	—	0.0321	—	0.0374	—	−0.0959
	0.70	0.00482	—	0.0318	—	0.0441	—	−0.1013
	0.65	0.00560	—	0.0308	—	0.0518	—	−0.1066
	0.60	0.00647	—	0.0292	—	0.0604	—	−0.1114
	0.55	0.00743	—	0.0267	—	0.0698	—	−0.1156
	0.50	0.00844	—	0.0234	—	0.0798	—	−0.1191

4　邻边简支、邻边固定

l_x/l_y	a	a_{max}	m_x	m_{xmax}	m_y	m_{ymax}	m_x'	m_y'
0.50	0.00468	0.00471	0.0559	0.0562	0.0079	0.0135	−0.1179	−0.0786
0.55	0.00445	0.00454	0.0529	0.0530	0.0104	0.0153	−0.1140	−0.0785
0.60	0.00419	0.00429	0.0496	0.0498	0.0129	0.0169	−0.1095	−0.0782
0.65	0.00391	0.00399	0.0461	0.0465	0.0151	0.0183	−0.1045	−0.0777
0.70	0.00363	0.00368	0.0426	0.0432	0.0172	0.0195	−0.0992	−0.0770
0.75	0.00335	0.00340	0.0390	0.0396	0.0189	0.0206	−0.0938	−0.0760
0.80	0.00308	0.00313	0.0356	0.0361	0.0204	0.0218	−0.0883	−0.0748
0.85	0.00281	0.00286	0.0322	0.0328	0.0215	0.0229	−0.0829	−0.0733
0.90	0.00256	0.00261	0.0291	0.0297	0.0224	0.0238	−0.0776	−0.0716
0.95	0.00232	0.00237	0.0261	0.0267	0.0230	0.0244	−0.0726	−0.0698
1.00	0.00210	0.00215	0.0234	0.0240	0.0234	0.0249	−0.0667	−0.0677

5　三边固定、一边简支

	l_x/l_y	a	a_{max}	m_x	m_{xmax}	m_y	m_{ymax}	m_x'	m_y'
	0.50	0.00257	0.00258	0.0408	0.0409	0.0028	0.0089	−0.0836	−0.0569
	0.55	0.00252	0.00255	0.0398	0.0399	0.0042	0.0093	−0.0827	−0.0570
	0.60	0.00245	0.00249	0.0384	0.0386	0.0059	0.0105	−0.0814	−0.0571
	0.65	0.00237	0.00240	0.0368	0.0371	0.0076	0.0116	−0.0796	−0.0572
	0.70	0.00227	0.00229	0.0350	0.0354	0.0093	0.0127	−0.0774	−0.0572
	0.75	0.00216	0.00219	0.0331	0.0335	0.0109	0.0137	−0.0750	−0.0572
	0.80	0.00205	0.00208	0.0310	0.0314	0.0124	0.0147	−0.0722	−0.0570
	0.85	0.00193	0.00196	0.0289	0.0293	0.0138	0.0155	−0.0693	−0.0567
	0.90	0.00181	0.00184	0.0268	0.0273	0.0159	0.0163	−0.0663	−0.0563
l_y/l_x	0.95	0.00169	0.00172	0.0247	0.0252	0.0160	0.0172	−0.0631	−0.0558
1.00	1.00	0.00157	0.00160	0.0227	0.0231	0.0168	0.0180	−0.0600	−0.0550
	0.95	0.00178	0.00182	0.0229	0.0234	0.0194	0.0207	−0.0629	−0.0599
	0.90	0.00201	0.00206	0.0228	0.0234	0.0223	0.0238	−0.0656	−0.0653
	0.85	0.00227	0.00233	0.0225	0.0231	0.0255	0.0273	−0.0683	−0.0711
	0.80	0.00256	0.00262	0.0219	0.0224	0.0290	0.0311	−0.0707	−0.0772
	0.75	0.00286	0.00294	0.0208	0.0214	0.0329	0.0354	−0.0729	−0.0837
	0.70	0.00319	0.00327	0.0194	0.0200	0.0370	0.0400	−0.0748	−0.0903
	0.65	0.00352	0.00365	0.0175	0.0182	0.0412	0.0446	−0.0762	−0.0970
	0.60	0.00386	0.00403	0.0153	0.0160	0.0454	0.0493	−0.0773	−0.1033
	0.55	0.00419	0.00437	0.0127	0.0133	0.0496	0.0541	−0.0780	−0.1093
	0.50	0.00449	0.00463	0.0099	0.0103	0.0534	0.0588	−0.0784	−0.1146

6　四边固定板

l_x/l_y	a	a_{max}	m_x	m_{xmax}	m_y	m_{ymax}	m_x'	m_y'
0.50	0.00253	—	0.0400	—	0.0038	—	−0.0829	−0.0570
0.55	0.00246	—	0.0385	—	0.0056	—	−0.0814	−0.0571
0.60	0.00236	—	0.0367	—	0.0076	—	−0.0793	−0.0571
0.65	0.00224	—	0.0345	—	0.0095	—	−0.0766	−0.0571
0.70	0.00211	—	0.0321	—	0.0113	—	−0.0735	−0.0569
0.75	0.00197	—	0.0296	—	0.0130	—	−0.0701	−0.0565
0.80	0.00182	—	0.0271	—	0.0144	—	−0.0664	−0.0559
0.85	0.00168	—	0.0246	—	0.0156	—	−0.0626	−0.0551
0.90	0.00153	—	0.0221	—	0.0165	—	−0.0588	−0.0541
0.95	0.00140	—	0.0198	—	0.0172	—	−0.0550	−0.0528
1.00	0.00127	—	0.0176	—	0.0176	—	−0.0513	−0.0513

计算关系：挠度 = 表中系数 $\times \dfrac{ql^4}{B_c}$，$\mu=0$，弯矩 = 表中系数 $\times ql^2$，$B_c=\dfrac{Eh^3}{12(1-\mu)}$，$l$ 均取用 l_x、l_y 中较小者。

说明　符号含义：E 为材料弹性模量，h 为板厚；μ 为材料泊松比。a、a_{max} 分别为板中心点挠度和最大挠度；m_x、m_{xmax} 和 m_y、m_{ymax} 分别为平行于 l_x 和 l_y 方向板中心点单位板宽的弯矩和最大弯矩，m_x'、m_y' 分别为固定边中点沿 l_x 和 l_y 方向单位板宽的弯矩。

正负号规定：弯矩——使板的受荷面受压者为正；挠度——变位方向与荷载方向相同者为正。

规则框架承受均布水平力作用时标准反弯点的高度比 γ_0　　　　　附表 6-6

n	j	$\bar{k}$ 0.1	0.2	0.3	0.4	0.5	0.6	0.7	0.8	0.9	1.0	2.0	3.0	4.0	5.0
1	1	0.8	0.75	0.65	0.65	0.60	0.60	0.60	0.60	0.60	0.55	0.55	0.55	0.55	0.55
2	2	0.45	0.40	0.35	0.35	0.35	0.35	0.40	0.40	0.40	0.40	0.45	0.45	0.45	0.45
	1	0.95	0.80	0.75	0.70	0.65	0.65	0.65	0.60	0.60	0.60	0.55	0.55	0.55	0.50
3	3	0.15	0.20	0.20	0.25	0.30	0.30	0.30	0.35	0.35	0.35	0.40	0.45	0.45	0.45
	2	0.55	0.50	0.45	0.45	0.45	0.45	0.45	0.45	0.45	0.45	0.45	0.50	0.50	0.50
	1	1.00	0.85	0.80	0.75	0.70	0.70	0.65	0.65	0.65	0.65	0.55	0.55	0.55	0.55
4	4	−0.05	0.05	0.15	0.20	0.25	0.30	0.30	0.35	0.35	0.35	0.40	0.45	0.45	0.45
	3	0.25	0.30	0.30	0.35	0.35	0.40	0.40	0.40	0.40	0.45	0.45	0.50	0.50	0.50
	2	0.65	0.55	0.50	0.50	0.45	0.45	0.45	0.45	0.45	0.45	0.50	0.50	0.50	0.50
	1	1.10	0.90	0.80	0.75	0.70	0.70	0.60	0.65	0.65	0.60	0.55	0.55	0.55	0.55
5	5	−0.20	0.00	0.15	0.20	0.25	0.30	0.30	0.30	0.35	0.35	0.40	0.45	0.45	0.45
	4	0.10	0.20	0.25	0.30	0.35	0.35	0.40	0.40	0.40	0.40	0.45	0.45	0.45	0.45
	3	0.40	0.40	0.40	0.40	0.40	0.45	0.45	0.45	0.45	0.45	0.50	0.50	0.50	0.50
	2	0.65	0.55	0.50	0.50	0.50	0.50	0.50	0.50	0.50	0.50	0.50	0.50	0.50	0.50
	1	1.20	0.95	0.80	0.75	0.75	0.70	0.70	0.65	0.65	0.65	0.55	0.55	0.55	0.55
6	6	−0.20	0.00	0.10	0.20	0.25	0.25	0.30	0.30	0.35	0.35	0.40	0.45	0.45	0.45
	5	0.00	0.20	0.25	0.30	0.35	0.35	0.40	0.40	0.40	0.40	0.45	0.45	0.50	0.50
	4	0.20	0.30	0.35	0.35	0.40	0.40	0.40	0.45	0.45	0.45	0.45	0.50	0.50	0.50
	3	0.40	0.40	0.40	0.45	0.45	0.45	0.45	0.45	0.45	0.45	0.50	0.50	0.50	0.50
	2	0.70	0.60	0.55	0.50	0.50	0.50	0.50	0.50	0.50	0.50	0.50	0.50	0.50	0.50
	1	1.20	0.95	0.85	0.80	0.75	0.70	0.70	0.65	0.65	0.65	0.55	0.55	0.55	0.55
7	7	−0.35	−0.05	0.10	0.20	0.20	0.25	0.30	0.30	0.35	0.35	0.40	0.45	0.45	0.45
	6	−0.10	0.15	0.25	0.30	0.35	0.35	0.35	0.40	0.40	0.40	0.45	0.45	0.45	0.45
	5	0.10	0.25	0.30	0.35	0.40	0.40	0.40	0.45	0.45	0.45	0.45	0.50	0.50	0.50
	4	0.30	0.35	0.40	0.40	0.40	0.45	0.45	0.45	0.45	0.45	0.50	0.50	0.50	0.50
	3	0.50	0.45	0.45	0.45	0.45	0.45	0.45	0.45	0.45	0.45	0.50	0.50	0.50	0.50
	2	0.75	0.60	0.55	0.50	0.50	0.50	0.50	0.50	0.50	0.50	0.50	0.50	0.50	0.50
	1	1.20	0.95	0.85	0.80	0.75	0.70	0.70	0.65	0.65	0.65	0.55	0.55	0.55	0.55
8	8	−0.35	−0.15	0.10	0.15	0.25	0.25	0.30	0.30	0.35	0.35	0.40	0.45	0.45	0.45
	7	−0.10	0.15	0.25	0.30	0.35	0.35	0.40	0.40	0.40	0.40	0.45	0.45	0.45	0.45
	6	0.05	0.25	0.30	0.35	0.40	0.40	0.40	0.45	0.45	0.45	0.45	0.45	0.45	0.45
	5	0.20	0.30	0.35	0.40	0.40	0.45	0.45	0.45	0.45	0.45	0.50	0.50	0.50	0.50
	4	0.35	0.40	0.40	0.45	0.45	0.45	0.45	0.45	0.45	0.45	0.50	0.50	0.50	0.50
	3	0.50	0.45	0.45	0.45	0.45	0.45	0.45	0.50	0.50	0.50	0.50	0.50	0.50	0.50
	2	0.75	0.60	0.55	0.55	0.50	0.50	0.50	0.50	0.50	0.50	0.50	0.50	0.50	0.50
	1	1.20	1.00	0.85	0.80	0.75	0.70	0.70	0.65	0.65	0.65	0.55	0.55	0.55	0.55
9	9	−0.40	−0.05	0.10	0.20	0.25	0.25	0.30	0.30	0.35	0.45	0.45	0.45	0.45	0.45
	8	−0.15	0.15	0.25	0.30	0.35	0.35	0.35	0.40	0.40	0.45	0.45	0.45	0.50	0.50
	7	0.05	0.25	0.30	0.35	0.40	0.40	0.40	0.45	0.45	0.45	0.45	0.50	0.50	0.50
	6	0.15	0.30	0.35	0.40	0.40	0.45	0.45	0.45	0.45	0.50	0.50	0.50	0.50	0.50
	5	0.25	0.35	0.40	0.40	0.45	0.45	0.45	0.45	0.45	0.50	0.50	0.50	0.50	0.50
	4	0.40	0.40	0.40	0.45	0.45	0.45	0.45	0.45	0.45	0.50	0.50	0.50	0.50	0.50
	3	0.55	0.45	0.45	0.45	0.45	0.45	0.45	0.50	0.50	0.50	0.50	0.50	0.50	0.50
	2	0.80	0.65	0.55	0.55	0.50	0.50	0.50	0.50	0.50	0.50	0.50	0.50	0.50	0.50
	1	1.20	1.00	0.85	0.80	0.75	0.70	0.70	0.65	0.65	0.55	0.55	0.55	0.55	0.55

续表

n	j	$\bar{k}$ 0.1	0.2	0.3	0.4	0.5	0.6	0.7	0.8	0.9	1.0	2.0	3.0	4.0	5.0
10	10	−0.40	−0.05	0.10	0.20	0.25	0.30	0.30	0.30	0.30	0.35	0.40	0.45	0.45	0.45
	9	−0.15	0.15	0.25	0.30	0.35	0.35	0.40	0.40	0.40	0.40	0.45	0.45	0.50	0.50
	8	0.00	0.25	0.30	0.35	0.40	0.40	0.40	0.45	0.45	0.45	0.45	0.50	0.50	0.50
	7	0.10	0.30	0.35	0.40	0.40	0.40	0.45	0.45	0.45	0.45	0.50	0.50	0.50	0.50
	6	0.20	0.35	0.40	0.40	0.45	0.45	0.45	0.45	0.45	0.45	0.50	0.50	0.50	0.50
	5	0.30	0.40	0.40	0.45	0.45	0.45	0.45	0.45	0.45	0.50	0.50	0.50	0.50	0.50
	4	0.40	0.40	0.45	0.45	0.45	0.45	0.45	0.45	0.45	0.50	0.50	0.50	0.50	0.50
	3	0.55	0.50	0.45	0.45	0.45	0.50	0.50	0.50	0.50	0.50	0.50	0.50	0.50	0.50
	2	0.80	0.65	0.55	0.55	0.55	0.50	0.50	0.50	0.50	0.50	0.50	0.50	0.50	0.50
	1	1.30	1.00	0.85	0.80	0.75	0.70	0.70	0.65	0.65	0.65	0.60	0.55	0.55	0.55
11	11	−0.25	0.00	0.15	0.20	0.25	0.30	0.30	0.30	0.35	0.35	0.45	0.45	0.45	0.45
	10	0.05	0.20	0.25	0.30	0.35	0.40	0.40	0.40	0.40	0.45	0.45	0.50	0.50	0.50
	9	0.10	0.30	0.35	0.40	0.40	0.40	0.45	0.45	0.45	0.45	0.50	0.50	0.50	0.50
	8	0.20	0.35	0.40	0.40	0.45	0.45	0.45	0.45	0.45	0.45	0.50	0.50	0.50	0.50
	7	0.25	0.40	0.40	0.45	0.45	0.45	0.45	0.45	0.45	0.50	0.50	0.50	0.50	0.50
	6	0.35	0.40	0.45	0.45	0.45	0.45	0.45	0.50	0.50	0.50	0.50	0.50	0.50	0.50
	5	0.40	0.45	0.45	0.45	0.50	0.50	0.50	0.50	0.50	0.50	0.50	0.50	0.50	0.50
	4	0.50	0.50	0.50	0.50	0.50	0.50	0.50	0.50	0.50	0.50	0.50	0.50	0.50	0.50
	3	0.65	0.55	0.50	0.50	0.50	0.50	0.50	0.50	0.50	0.50	0.50	0.50	0.50	0.50
	2	0.85	0.65	0.60	0.55	0.55	0.55	0.55	0.50	0.50	0.50	0.50	0.50	0.50	0.50
	1	1.35	1.00	0.90	0.80	0.75	0.75	0.70	0.70	0.65	0.65	0.60	0.55	0.55	0.55
12 以 上	自上 1	−0.30	0.00	0.15	0.20	0.25	0.30	0.30	0.30	0.35	0.35	0.40	0.45	0.45	0.45
	2	−0.10	0.20	0.25	0.30	0.35	0.40	0.40	0.40	0.40	0.40	0.45	0.45	0.45	0.50
	3	0.05	0.25	0.35	0.40	0.40	0.40	0.45	0.45	0.45	0.45	0.45	0.50	0.50	0.50
	4	0.15	0.30	0.40	0.40	0.45	0.45	0.45	0.45	0.45	0.45	0.50	0.50	0.50	0.50
	5	0.25	0.30	0.40	0.45	0.45	0.45	0.45	0.45	0.45	0.50	0.50	0.50	0.50	0.50
	6	0.30	0.40	0.40	0.45	0.45	0.45	0.45	0.50	0.50	0.50	0.50	0.50	0.50	0.50
	7	0.35	0.40	0.40	0.45	0.45	0.45	0.50	0.50	0.50	0.50	0.50	0.50	0.50	0.50
	8	0.35	0.45	0.45	0.45	0.50	0.50	0.50	0.50	0.50	0.50	0.50	0.50	0.50	0.50
	中间	0.45	0.45	0.45	0.50	0.50	0.50	0.50	0.50	0.50	0.50	0.50	0.50	0.50	0.50
	4	0.55	0.50	0.50	0.50	0.50	0.50	0.50	0.50	0.50	0.50	0.50	0.50	0.50	0.50
	3	0.65	0.55	0.50	0.50	0.50	0.50	0.50	0.50	0.50	0.50	0.50	0.50	0.50	0.50
	2	0.70	0.70	0.60	0.55	0.55	0.55	0.55	0.50	0.50	0.50	0.50	0.50	0.50	0.50
	自下 1	1.35	1.05	0.90	0.80	0.75	0.70	0.70	0.70	0.65	0.65	0.60	0.55	0.55	0.55

上下层横梁线刚度比变化时的修正系数 γ_1 　　　附表 6—7

α_1 $\bar{k}$	0.1	0.2	0.3	0.4	0.5	0.6	0.7	0.8	0.9	1.0	2.0	3.0	4.0	5.0
0.4	0.55	0.40	0.30	0.25	0.20	0.20	0.20	0.20	0.15	0.15	0.15	0.05	0.05	0.05
0.5	0.45	0.30	0.20	0.20	0.15	0.15	0.15	0.10	0.10	0.10	0.05	0.05	0.05	0.05
0.6	0.30	0.20	0.15	0.15	0.10	0.10	0.10	0.10	0.05	0.05	0.05	0.05	0.0	0.0
0.7	0.20	0.15	0.10	0.10	0.10	0.10	0.05	0.05	0.05	0.05	0.05	0.0	0.0	0.0
0.8	0.15	0.10	0.05	0.05	0.05	0.05	0.05	0.05	0.05	0.0	0.0	0.0	0.0	0.0
0.9	0.05	0.05	0.05	0.05	0.0	0.0	0.0	0.0	0.0	0.0	0.0	0.0	0.0	0.0

注：对于一层不考虑 γ_1。

上下层柱高度变化时的修正系数 γ_2 和 γ_3 附表 6-8

α_2	α_3	$\bar{k}$ 0.1	0.2	0.3	0.4	0.5	0.6	0.7	0.8	0.9	1.0	2.0	3.0	4.0	5.0
2.0		0.25	0.15	0.15	0.10	0.10	0.10	0.10	0.10	0.05	0.05	0.05	0.05	0.0	0.0
1.8		0.20	0.15	0.10	0.10	0.10	0.05	0.05	0.05	0.05	0.05	0.05	0.0	0.0	0.0
1.6	0.4	0.15	0.10	0.10	0.05	0.05	0.05	0.05	0.05	0.05	0.05	0.0	0.0	0.0	0.0
1.4	0.6	0.10	0.05	0.05	0.05	0.05	0.05	0.05	0.05	0.05	0.0	0.0	0.0	0.0	0.0
1.2	0.8	0.05	0.05	0.05	0.0	0.0	0.0	0.0	0.0	0.0	0.0	0.0	0.0	0.0	0.0
1.0	1.0	0.0	0.0	0.0	0.0	0.0	0.0	0.0	0.0	0.0	0.0	0.0	0.0	0.0	0.0
0.8	1.2	−0.05	−0.05	−0.05	0.0	0.0	0.0	0.0	0.0	0.0	0.0	0.0	0.0	0.0	0.0
0.6	1.4	−0.10	−0.05	−0.05	−0.05	−0.05	−0.05	−0.05	−0.05	−0.05	0.0	0.0	0.0	0.0	0.0
0.4	1.6	−0.10	−0.10	−0.10	−0.05	−0.05	−0.05	−0.05	−0.05	−0.05	−0.05	0.0	0.0	0.0	0.0
	1.8	−0.20	−0.10	−0.10	−0.10	−0.10	−0.05	−0.05	−0.05	−0.05	−0.05	−0.05	0.0	0.0	0.0
	2.0	−0.25	−0.15	−0.15	−0.10	−0.10	−0.10	−0.10	−0.10	−0.05	−0.05	−0.05	−0.05	0.0	0.0

注：γ_2 按 α_2 查表求得，上层较高时为正值，但对于最上层不考虑；γ_3 按 α_3 查表求得，对于最下层不考虑。

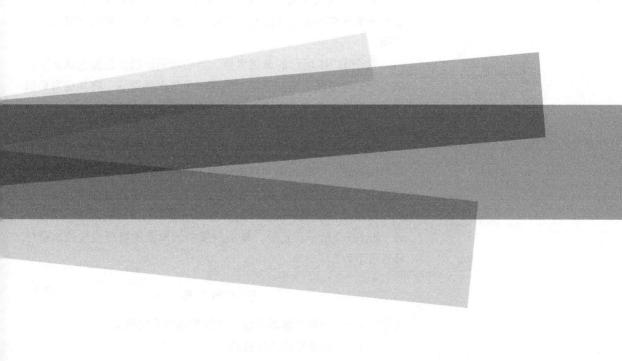

7

砌体结构计算基础

砌体结构是指由砖、石、砌块等块体材料和砂浆砌筑而成的墙、柱作为建筑物主要竖向承重构件的结构，包括砖砌体、石砌体和砌块砌体。砖、石结构具有悠久的历史，许多古代修建的城墙、拱桥、寺庙和佛塔等保留至今。在近、现代，水泥砂浆、高强度混凝土砌块等的应用使砌体结构得到了广泛的应用，我国多层建筑中的绝大多数是砌体结构，国外甚至还用来建造高层住宅。

砌体的抗压强度比块材低，抗拉、抗弯、抗剪能力弱，抗震性能差，现代结构工程中主要用作单层或多层房屋中的竖向承重构件（如墙体、柱和基础等），其水平承载系统仍需采用钢筋混凝土结构、钢木结构或木结构等，故也把砌体结构列入混合结构体系。因此，《建筑结构设计术语和符号标准》将砌体墙柱与钢筋混凝土楼（屋）盖组成的结构称为砖混结构，与木楼（屋）盖等组成的结构称为砖木结构。

由于砌体在结构中主要用于竖向承重构件，故砌体结构的计算主要是墙、柱计算。

7.1 砌体结构房屋的静力计算方案

7.1.1 房屋的空间受力性能

砌体结构房屋属于空间受力体系。在水平荷载作用下，不同的结构布置形成不同的空间工作性能，结构计算时采用的计算模型就不同。

对于图 7-1 所示的单层房屋，当山墙间距很大且屋盖纵向刚度很小时，可忽略山墙和屋盖对结构水平变形的影响，将其视为单跨的平面排架，在荷载作用下每开间的柱顶水平位移均为 u_p，房屋静力分析时只取一个典型开间作为计算单元。

当房屋的山墙或横墙间距不大且屋盖纵向有一定刚度时，则不能忽略横墙对结构水平变形的影响，屋盖可近似看作支承在横墙或山墙上的复合梁，它在水平荷载作用下的横向变形为曲线，每个开间的墙顶或柱顶水平位移不同，且均小于平面排架的顶点水平位移 u_p，如图 7-2 所示。此时，单层房屋中间单元的墙顶或柱顶水平位移可表示为：

$$u_s = u + u_1 \leqslant u_p \tag{7-1}$$

式中　u_s——中间计算单元墙、柱的顶端水平位移；

u——山墙顶的水平位移；

u_1——屋盖沿纵向复合梁的最大水平位移；

u_p——平面排架柱的顶点水平位移。

可见，砌体房屋的空间工作性能是影响结构水平位移的主要因素。砌体房屋的空间工作性能取决于屋（楼）盖（即复合梁）在其自身平面内的刚度、横墙或山墙间距以及横墙或山墙在其自身平面内的刚度，前一项代表了屋盖复合梁的横向弯曲性能即屋盖平面刚度，后一项代表了屋盖竖向支承构件的墙、柱的侧向抗弯能力即抗侧刚度。屋（楼）盖平面刚度大时，横向弯曲变形小；横墙或山墙间距小，则屋（楼）盖复合梁跨度小，横向受弯变形小；横墙或山墙刚度大，横墙或山墙顶端位移小，则屋（楼）盖水平位移小，结构的空间工作性能好。相反地，屋盖刚度小，水平位移大；横墙或山墙间距大，则屋（楼）盖复合梁跨度大，横向受弯变形大；横墙或山墙刚度小，顶端位移大，则屋（楼）盖水平位移大，结构的空间工作性能差。

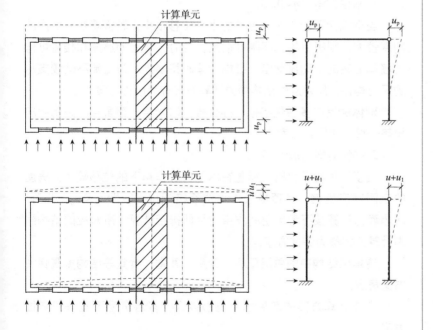

图 7-1　平面排架的侧向变形

图 7-2　空间排架的侧向变形

砌体房屋的空间工作性能可用空间性能影响系数 η 表示：

$$\eta = \frac{u_s}{u_p} \tag{7-2}$$

η 越大，房屋的位移 u_s 越接近平面排架的位移 u_p，房屋的空间性能越差。相反，η 越小，房屋的空间性能越好。因此，η 是衡量砌体房屋空间刚度的指标。房屋的空间刚度由楼（屋）盖平面刚度和墙柱的抗侧刚度构成。当楼（屋）盖类型和墙体材料一定时，墙

房屋各层的空间性能影响系数 η　　　　　　　表 7-1

屋盖或楼盖类别	横 墙 间 距 s（m）														
	16	20	24	28	32	36	40	44	48	52	56	60	64	68	72
1	—	—	—	—	0.33	0.39	0.45	0.50	0.55	0.60	0.64	0.68	0.71	0.74	0.77
2	—	0.35	0.45	0.54	0.61	0.68	0.73	0.78	0.82	—	—	—	—	—	—
3	0.37	0.49	0.60	0.68	0.75	0.81	—	—	—	—	—	—	—	—	—

柱的抗侧刚度由横墙间距决定。砌体房屋各层的空间性能影响系数 η 见表 7-1。

7.1.2　静力计算方案

按照房屋的空间刚度的大小，砌体房屋的静力计算方案可分为刚性方案、刚弹性方案和弹性方案三种。

1. 刚性方案（$\eta < 0.33$）

当横墙间距较小时，屋盖的水平位移很小，若横墙在平面内的刚度较大，则房屋的空间刚度很大。这时，房屋的屋盖和楼盖可作为墙体上端的不动铰支座，结构计算时将墙体视为上端不动铰支承的竖向构件，所对应的结构静力计算方案称为刚性方案。

砌体房屋中多层住宅楼、办公楼、教学楼、宿舍楼、医院病房楼等一般均属刚性方案。

2. 弹性方案（$\eta > 0.77$）

当横墙间距较大时，屋盖在水平荷载作用下的位移较大，房屋的空间刚度变差，墙顶最大水平位移接近排架，即 $u_s \approx u_p$。此时，房屋静力计算按不考虑空间作用的平面排架计算，所对应的结构静力计算方案称为弹性方案。

砖排架结构中的单层厂房、仓库、礼堂、食堂等结构多属弹性方案房屋。

弹性计算方案的房屋水平位移较大，多层房屋不宜采用弹性方案。

3. 刚弹性方案（$0.33 \leqslant \eta \leqslant 0.77$）

刚弹性方案房屋的空间性能介于上述两种方案之间，在水平荷载作用下，纵墙顶水平位移比弹性方案要小，但又不可忽略不计。静力计算时，其计算简图相当于在屋（楼）盖处加一弹性支座，可根据房屋空间刚度的大小，将其水平荷载作用下的反力进行折减，然后按平面排架进行计算。

砌体房屋的静力计算方案可按表 7-2 确定。

	房屋的静力计算方案			表 7-2
	屋盖或楼盖类别	刚性方案	刚弹性方案	弹性方案
1	整体式、装配整体式和装配式无檩体系钢筋混凝土屋盖或楼盖	$s<32$	$32 \leqslant s \leqslant 72$	$s>72$
2	装配式有檩体系钢筋混凝土屋盖、轻钢屋盖、有密铺望板的木屋（楼）盖	$s<20$	$20 \leqslant s \leqslant 48$	$s>48$
3	瓦材屋盖的木屋盖和轻钢屋盖	$s<16$	$16 \leqslant s \leqslant 36$	$s>36$

注：1. 表中 s 为房屋横墙间距，单位为 m；

　　2. 当屋盖、楼盖类别不同或横墙间距不同时，可按规范第 4.2.7 条的规定确定房屋的静力计算方案；

　　3. 对无山墙或伸缩缝处无横墙的房屋，应按弹性方案考虑。

7.1.3　刚性和刚弹性方案房屋的横墙

为保证房屋的刚度，刚性和刚弹性方案房屋的横墙厚度不宜小于 180mm；横墙中有洞口时的洞口水平截面面积不应超过横墙截面面积的 50%；单层房屋的横墙高度不宜大于横墙的长度；多层房屋的横墙高度 H 不宜大于横墙长度的 2 倍。

当横墙不能同时满足上述要求时，应对横墙的刚度进行验算。如其最大水平位移 $u_{\max} \leqslant H/4000$ 时，可视作刚性和刚弹性方案房屋的横墙。凡符合此刚度要求的一段横墙或其他结构构件（如框架等），也可视作刚性和刚弹性方案房屋的横墙。

7.2　砌体墙、柱的高厚比验算

砌体结构房屋设计中，应首先保证房屋具有良好的整体工作性能和墙柱构件的受压稳定性，并以此为基础验算结构和构件在各种受力状态下的承载力，这实际上是砌体结构设计中的概念设计要求，是构件计算前应首先解决的问题。

墙、柱的高厚比类似于钢筋混凝土柱的长细比，高厚比越大，受压稳定性就越差，就越容易产生影响墙、柱的正常使用的附加弯曲和变形，甚至造成房屋倒塌。因此，限制墙、柱高厚比是保证砌体结构稳定、满足正常使用极限状态要求的重要措施之一。

7.2.1　矩形截面墙、柱的高厚比验算

墙、柱的高厚比是指墙、柱的计算高度 H_0 与墙厚或矩形柱较小边长的比值，用符号 β 表示。矩形截面墙、柱的高厚比应按下式验算：

$$\beta = \frac{H_0}{h} \leqslant \mu_1 \mu_2 [\beta] \qquad (7\text{-}3)$$

式中　H_0——墙、柱的计算高度，按表 7-3 取用；

受压构件计算高度 H_0　　　　　　　　　表 7-3

房 屋 类 别			柱		带壁柱墙或周边拉结的墙		
			排架方向	垂直排架方向	$s>2H$	$2H \geqslant s>H$	$s \leqslant H$
有吊车的单层房屋	变截面柱上段	弹性方案	$2.5H_u$	$1.25H_u$	$2.5H_u$		
		刚性、刚弹性方案	$2.0H_u$	$1.25H_u$	$2.0H_u$		
	变截面柱下段		$1.0H_l$	$0.8H_l$	$1.0H_l$		
无吊车的单层和多层房屋	单跨	弹性方案	$1.5H$	$1.0H$	$1.5H$		
		刚弹性方案	$1.2H$	$1.0H$	$1.2H$		
	多跨	弹性方案	$1.25H$	$1.0H$	$1.25H$		
		刚弹性方案	$1.10H$	$1.0H$	$1.1H$		
	刚性方案		$1.0H$	$1.0H$	$1.0H$	$0.4s+0.2H$	$0.6s$

注：1. 表中 H 为变截面柱的上段高度；H_1 为变截面柱的下段高度；s 为房屋横墙间距；H 为构件高度（在房屋一层为楼板顶面到构件下端支点的距离。下端支点的位置可取在基础顶面；当埋置较深且有刚性地坪时，下端支点可取室外地面下 500mm 处。在房屋其他层次，为楼板或其他水平支点间的距离；对于无壁柱的山墙，可取层高加山墙尖高度的 1/2；对于带壁柱的山墙可取壁柱处的山墙高度）；

2. 对上端为自由端的构件，$H_0=2H$；

3. 独立砖柱当无柱间支撑时，柱在垂直排架方向的 H_0 应按表中数值乘以 1.25 后采用。

4. 自承重墙的计算高度应根据周边支承或拉结条件确定。

h——墙厚或矩形柱与 H_0 相对应的边长；

μ_1——自承重墙允许高厚比的修正系数（当 $h=240mm$ 时，$\mu_1=1.2$；当 $h=90mm$ 时，$\mu_1=1.5$；当 $90mm<h<240mm$ 时，μ_1 按插值计算）；

μ_2——有门窗洞口墙允许高厚比的修正系数；

$[\beta]$——墙、柱的高厚比限值，见表 7-4。

墙柱的允许高厚比 $[\beta]$　　　　　　表 7-4

砂浆强度等级	墙	柱
M2.5	22	15
M5、Mb5.0、Ms5.0	24	16
≥ M7.5、Mb7.5、Ms7.5	26	17

注：1. 毛石墙、柱允许高厚比应按表中数值降低 20%。

2. 带有混凝土或砂浆面层的组合砖砌体构件的允许高厚比，可按表中数值提高 20%，但不得大于 28。

3. 验算施工阶段砂浆尚未硬化的新砌砌体高厚比时，允许高厚比对墙取 14，对柱取 11。

4. 配筋砌块砌体，墙取 30，柱取 21。

确定非承重墙允许高厚比提高系数 μ_1 时，对于上端为自由端墙的允许高厚比，除按前面规定提高外，尚可提高 30%。

对有门窗洞口的墙，允许高厚比修正系数 μ_2 应按下式计算：

$$\mu_2 = 1 - 0.4 \frac{b_s}{s} \tag{7-4}$$

式中 s——相邻窗间墙或壁柱之间的距离；

b_s——在宽度 s 范围内的门窗洞口总宽度（图7-3）；

当按公式（7-4）算得 μ_2 的值小于 0.7 时，应采用 0.7。当洞口高度不大于墙高的 1/5 时，可取 μ_2 等于 1.0。

对于相邻两横墙间距离很小的墙，当与墙连接的相邻两横墙间的距离 $s \leqslant \mu_1\mu_2[\beta]h$ 时，墙的计算高度可不受高厚比限制。

对于变截面柱，如单层厂房排架砖柱，可按上、下截面分别验算高厚比，且验算上柱的高厚比时，墙、柱的允许高厚比可乘以系数 1.3。

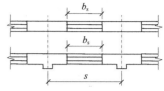

图7-3 洞口宽度

7.2.2 带壁柱墙的高厚比验算

带壁柱墙的高厚比验算，分为整片墙的验算和壁柱间墙的验算。

1. 整片墙的高厚比验算

带壁柱的墙为 T 形截面，验算高厚比时，墙厚 h 应采用 T 形截面的折算厚度 h_T，即

$$\beta = \frac{H_0}{h_T} \leqslant \mu_1\mu_2[\beta] \tag{7-3a}$$

此时，T 形截面的带壁柱墙的折算厚度 $h_T = 3.5i$，i 为带壁柱墙的回转半径，$i = \sqrt{I/A}$，I、A 分别为墙截面的惯性矩和面积。

在确定回转半径时，多层房屋其翼缘宽度 b_f 可取窗间墙宽度或相邻壁柱间距离（无门窗洞口时）或每侧翼墙宽度取壁柱高度的 1/3（无门窗洞口时）；对单层房屋可取壁柱宽加 2/3 墙高，但不大于窗间墙宽度和相邻壁柱间距离。

在确定墙的计算高度 H_0 时，s 取相邻横墙间的距离。

2. 壁柱间墙的验算

验算壁柱间墙的高厚比时，可将壁柱视为壁柱间墙的不动铰支点，按壁柱间墙厚为 h 的矩形截面墙验算。因此，在确定壁柱间墙的 H_0 时，s 取相邻壁柱间距离，并按刚性方案采用。

当壁柱间的墙较薄、较高以致不满足高厚比要求时，可在墙高范围内设置钢筋混凝土圈梁，圈梁可作为墙的不动铰支点，墙体的计算高度为圈梁之间的距离。

7.2.3 带构造柱墙的高厚比验算

地震区的砌体结构房屋，为满足抗震要求需设构造柱。对于带构造柱墙体，也需分别进行整片墙和构造柱间墙的高厚比验算。

1. 整片墙的高厚比验算

钢筋混凝土构造柱可提高墙体在使用阶段的稳定性和刚度，所

以带构造柱墙的允许高厚比可乘以采用提高系数 μ_c，墙体高厚比按下式验算：

$$\beta = \frac{H_0}{h} \leqslant \mu_1\mu_2\mu_c[\beta] \qquad (7\text{-}3b)$$

其中，μ_c 按下式确定：

$$\mu_c = 1 + \gamma\frac{b_c}{l} \qquad (7\text{-}5)$$

式中　b_c——构造柱沿墙长方向的宽度；

　　　　l——构造柱间距；

　　　　γ——对应于不同材料的调整系数，对细料石、半细料石砌体 $\gamma=0$；对混凝土砌块、粗料石、毛料石及毛石砌体，$\gamma=1.0$；对其他砌体，$\gamma=1.5$。

当构造柱间距过大时，对提高墙体的刚度和稳定性作用很小，此时应取 $\mu_c=1.0$。所以，当 $b_c/l>0.25$ 时，取 $b_c=0.25$；当 $b_c/l<0.05$ 时，取 $b_c/l=0$。

确定墙体的计算高度 H_0 时，s 取相邻横墙间的距离，h 取墙厚。

2.构造柱间墙的高厚比验算

验算构造柱间墙的高厚比时，视构造柱为构造柱间墙的不动铰支点，按矩形截面墙验算。确定墙体的计算高度 H_0 时，墙长 s 取相邻构造柱间的距离。

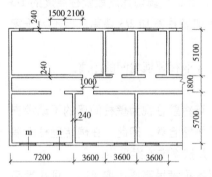

图 7-4　办公楼平面

【例 7-1】某办公楼平面如图 7-4 所示，采用现浇钢筋混凝土梁板结构，砖墙厚均为 240mm。采用 MU10 砖、M5 混合砂浆砌筑。一层高 4.65m（从基础顶面至楼板高度），窗宽均为 1500mm，门宽为 1000mm。试验算墙体高厚比。

【解】1）确定房屋静力计算方案

最大横墙间距 $s=3.6\times3=10.8$m，查表 7-2，现浇钢筋混凝土梁板结构属一类楼盖，$s<32$m，为刚性方案。

各墙均为承重墙，$H=4.65$m，$s>2H=2\times4.65=9.30$m，查表 7-3，$H_0=1.0H=4.65$m；查表 7-4，$[\beta]=24$。

2）墙体高厚比验算

（1）外纵墙

$$\mu_2 = 1-0.4\frac{b_s}{s} = 1-0.4\times\frac{1500}{3600} = 0.833, \quad \beta = \frac{H_0}{h} = \frac{4650}{240} = 19.38 < \mu_1\mu_2[\beta] =$$

$1 \times 0.833 \times 24 = 19.99$，满足要求。

（2）内纵墙及横墙

内纵墙及横墙洞口尺寸小于外纵墙，开间内洞口间墙体长度大于外纵墙，故其高厚比满足要求，不必再验算。

7.3　无筋砌体计算

7.3.1　刚性方案房屋墙、柱计算简图

1. 单层房屋

图 7-5（a）为某单层刚性方案房屋的墙、柱计算简图。其墙、柱顶端无侧移，故视为墙体上端不动铰支承在屋盖处、下端嵌固于基础的竖向构件。

1）墙柱竖向荷载。

作用在墙、柱上的竖向荷载包括屋盖自重、屋面活荷载及墙、柱自重。其中，屋盖各项荷载通过屋架或屋面梁作用于墙体顶端，传递到墙体的竖向荷载 N_l 的作用位置相对于墙体为偏心荷载，偏心距为 e，所引起的附加弯矩为 $M_l = N_l e$，如图 7-5（b）；墙、柱自重相对于下部墙体为中心荷载。在 M_l 和 N_l 作用下，墙、柱内力为（图 7-5c）：

$$\left.\begin{array}{l} -R_A = R_B = 3M_l/2H \\ M_B = M_l \\ M_A = -M_l/2 \end{array}\right\} \qquad (7\text{-}6)$$

2）风荷载

作用在建筑物上的风荷载包括屋面风荷载和墙面风荷载两部分。由于刚性方案的墙、柱顶端无侧移，屋面风荷载直接由屋盖复合梁传给横墙，故墙、柱仅考虑墙面风荷载作用，所引起的内力为（图 7-5d）：

图 7-5　单层刚性方案房屋墙、柱内力分析

（a）计算简图；（b）作用点位置；

（c）竖向荷载作用下的内力；

（d）风荷载作用下的内力

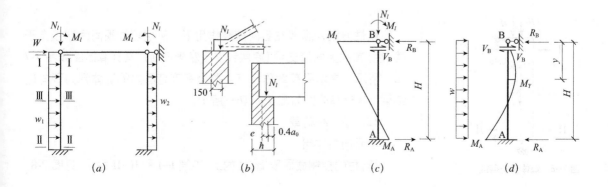

（a）　　　　　　（b）　　　　　　（c）　　　　　　（d）

$$R_A = 5wH/8$$
$$R_B = 3wH/8$$
$$M_A = wH^2/8 \tag{7-7}$$
$$M_y = -wHy(3-4y/H)/8$$
$$M_{max} = -9wH^2/128 \text{（在 } y=3H/8 \text{ 处）}$$

计算风荷载时，迎风面 $w=w_1$（风压），背风面 $w=-w_2$（风吸）。

2. 多层房屋墙体

1）纵墙

（1）计算单元

多层砌体结构住宅、宿舍、旅馆、办公楼、教学楼横墙间距较小，楼盖、屋盖采用钢筋混凝土梁板结构，房屋的空间刚度很大，多属于刚性方案房屋。

纵墙长度较长，可选取一个典型或较不利的开间作为计算单元，如图 7-6（a），墙体断面如图 7-6（b）。一般情况下计算单元的受荷宽度为 $l=(l_1+l_2)/2$，l_1、l_2 为相邻两开间的宽度，墙体截面计算宽度为窗间墙宽度。无洞口的内纵墙，墙体截面计算截面宽度取受荷宽度。

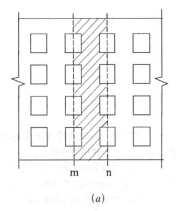

（a）

图 7-6　外墙的计算单元及墙体剖面

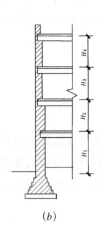

（b）

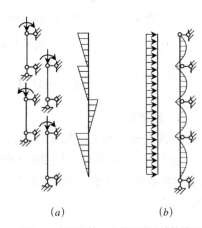

（a）　　　　　（b）

图 7-7　多层刚性方案房屋纵墙计算简图

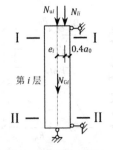

图 7-8　墙体竖向荷载

刚性方案外纵墙在竖向荷载作用下，每层墙体视同两端铰支于楼（屋）盖的竖向简支梁（底层铰支于基础顶面），其计算简图如图 7-7（a）所示。在水平荷载作用下，整个高度范围内的墙体视为竖向连续梁，其计算简图如图 7-7（b）所示。

（2）墙、柱荷载

①竖向力作用

墙、柱的控制截面取墙、柱的上、下端 I—I 和 II—II 截面，见图 7-8。

每层墙、柱承受的竖向荷载包括上面楼层传来的竖向荷载 N_u、本层传来的竖向荷载 N_l 和本层墙体自重 N_G。N_u 和 N_l 作用点位置不同，如图7-9所示。其中，N_u 作用于上一楼层墙、柱截面的重心处；根据理论研究和试验结果，一般认为 N_l 作用于距墙体内边缘 $0.4a_0$ 处（a_0 为梁在墙体上的有效支承长度，见下节介绍）；N_G 作用于本层墙体截面的重心处。

作用于每层墙体上端（截面 I–I）的轴向压力 N_I 和偏心距 e_I 分别为：

$$N_I = N_u + N_l, \quad e_I = \frac{N_l e_l - N_u e_0}{N_u + N_l} \qquad (7\text{-}8)、(7\text{-}9)$$

式中　e_l——N_l 对本层墙体重心轴线的偏心距；

　　　e_0——上、下层墙体重心轴线之间的距离。

作用于每层墙体下端（截面 II–II）的轴向压力 N_{II} 和偏心距 e_{II} 分别为：

$$N_{II} = N_u + N_l + N_G, \quad e_{II} = 0 \qquad (7\text{-}10)、(7\text{-}11)$$

每层墙体的弯矩图为三角形，如图7-5，上端 $M_I = N_I e_I$，下端 $M_{II} = 0$。

I–I 截面弯矩最大，轴向压力最小；II–II 截面弯矩最小，而轴向压力最大。

②风荷载

墙面均布风荷载 w 所引起的每层墙体的支座及跨中弯矩可按下式近似计算：

$$M = \frac{1}{12} w H_i^2 \qquad (7\text{-}12)$$

式中　w——墙面风荷载设计值；

　　　H_i——层高。

刚性方案房屋外墙满足以下条件的，可不考虑风荷载的作用：

A. 洞口水平截面面积不超过全截面面积的 2/3；

B. 屋面自重不小于 0.8kN/mm^2；

C. 层高和总高不超过表7-5规定的数值。

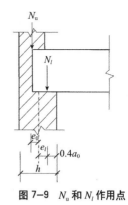

图7-9　N_u 和 N_l 作用点

外墙不考虑风荷载影响时的最大高度				表 7-5
基本风压值（kN/mm^2）	0.4	0.5	0.6	0.7
层高（m）	4.0	4.0	4.0	3.5
总高（m）	28	24	18	18

2）横墙

承重横墙一般承受均布荷载（含墙体自重和楼板传来的荷载），一般可取 1m 宽度墙体作为计算对象，计算方法与纵墙相同。

一层和中间各层的构件高度 H_i 的取值与纵墙相同。顶层为坡屋顶时，该层高度应加山尖高度的 1/2。

中间横墙一般为轴心受压，山墙或开间不等、活荷载很大的应考虑活载不利布置的中间墙体多为偏心受压，横墙计算时的控制截面可只取墙体底部。

山墙承受风荷载时的计算与纵墙相同。

7.3.2　无筋砌体受压构件的承载力计算

1.控制截面及内力组合

单层房屋墙、柱承载力验算时，控制截面通常取上端截面 I—I、下端截面 II—II 和均布风荷载作用下的弯矩最大截面 III—III，见图 7-5（a）。

对选定的控制截面，根据各荷载单独作用下的内力计算结果，按可能而又最不利的原则进行组合，确定控制截面的最不利内力。

对控制截面 I—I ~ III—III，应按偏心受压构件进行承载力验算，但截面 I—I（屋架或屋面梁支承处）的砌体还应进行局部受压承载力验算。

多层房屋纵墙验算时，对截面相同、材料相同的墙体，只需验算最下一层。当截面和材料变化时，应按变化前后的墙体分别进行验算，并应考虑上部荷载对下部墙体的偏心影响。

多层房屋横墙验算时，当横墙的砌体材料和墙厚相同时，可只验算一层截面 II—II 的承载力。当砌体材料或墙厚改变时，尚应对改变处墙体进行承载力验算。此外，当左、右两开间不等或楼面荷载相差较大时，尚应对顶部截面 I—I 按偏心受压进行承载力验算。当楼面梁支承于横墙上时，还应验算梁端下砌体的局部受压承载力。

2.无筋砌体受压承载力计算

砌体结构中的墙、柱一般属于偏心受压构件。仅当上部结构传来的竖向力 N 作用于墙体中心线或柱的截面形心时，该墙、柱才属于轴心受压构件。根据《砌体结构设计规范》GB 50003-2010，无筋砌体轴心和偏心受压构件的承载力按下式计算：

$$N \leqslant \varphi f A \tag{7-13}$$

式中　N——轴向力设计值；

φ——高厚比 β 和轴向力的偏心距 e 对受压构件承载力的影响系数，取值见表 7-6；

f——砌体抗压强度设计值，见表 5-7~ 表 5-10；

A——按毛面积计算的砌体截面面积。

对带壁柱墙的计算截面翼缘宽度 b_f，多层房屋取窗间墙宽度（有门窗洞口时）或每侧翼墙宽度取壁柱高的 1/3（无门窗洞口时）；单层房屋取壁柱宽加 2/3 墙高但不大于窗间墙宽度和相邻壁柱间距离。

影响系数 φ 表 7-6

砂浆强度等级	β	\multicolumn{13}{c}{e/h 或 e/h_T}
		0	0.025	0.05	0.075	0.1	0.125	0.15	0.175	0.2	0.225	0.25	0.275	0.3
≥ M5.0	≤ 3	1	0.99	0.97	0.94	0.89	0.84	0.79	0.73	0.68	0.62	0.57	0.52	0.48
	4	0.98	0.95	0.90	0.85	0.80	0.74	0.69	0.64	0.58	0.53	0.49	0.45	0.41
	6	0.95	0.91	0.86	0.81	0.75	0.69	0.64	0.59	0.54	0.49	0.45	0.42	0.38
	8	0.91	0.86	0.81	0.76	0.70	0.64	0.59	0.54	0.50	0.46	0.42	0.39	0.36
	10	0.87	0.82	0.76	0.71	0.65	0.60	0.55	0.50	0.46	0.42	0.39	0.36	0.33
	12	0.82	0.77	0.71	0.66	0.60	0.55	0.51	0.47	0.43	0.39	0.36	0.33	0.31
	14	0.77	0.72	0.66	0.61	0.56	0.51	0.47	0.43	0.40	0.36	0.34	0.31	0.29
	16	0.72	0.67	0.61	0.56	0.52	0.47	0.44	0.40	0.37	0.34	0.31	0.29	0.27
	18	0.67	0.62	0.57	0.52	0.48	0.44	0.40	0.37	0.34	0.31	0.29	0.27	0.25
	20	0.62	0.57	0.53	0.48	0.44	0.40	0.37	0.34	0.32	0.29	0.27	0.25	0.23
	22	0.58	0.53	0.49	0.45	0.41	0.38	0.35	0.32	0.30	0.27	0.25	0.24	0.22
	24	0.54	0.49	0.45	0.41	0.38	0.35	0.32	0.30	0.28	0.26	0.24	0.22	0.21
	26	0.50	0.46	0.42	0.38	0.35	0.33	0.30	0.28	0.26	0.24	0.22	0.21	0.19
	28	0.46	0.42	0.39	0.36	0.33	0.30	0.28	0.26	0.24	0.22	0.21	0.19	0.18
	30	0.42	0.39	0.36	0.33	0.31	0.28	0.26	0.24	0.22	0.21	0.20	0.18	0.17
M2.5	≤ 3	1	0.99	0.97	0.94	0.89	0.84	0.79	0.73	0.68	0.62	0.57	0.52	0.48
	4	0.97	0.94	0.89	0.84	0.78	0.73	0.67	0.62	0.57	0.52	0.48	0.44	0.40
	6	0.93	0.89	0.84	0.78	0.73	0.67	0.62	0.57	0.52	0.48	0.44	0.40	0.37
	8	0.89	0.84	0.78	0.72	0.67	0.62	0.57	0.52	0.48	0.44	0.40	0.37	0.34
	10	0.83	0.78	0.72	0.67	0.61	0.56	0.52	0.47	0.43	0.40	0.37	0.34	0.31
	12	0.78	0.72	0.67	0.61	0.56	0.52	0.47	0.43	0.40	0.37	0.34	0.31	0.29
	14	0.72	0.66	0.61	0.56	0.51	0.47	0.43	0.40	0.36	0.34	0.31	0.29	0.27
	16	0.66	0.61	0.56	0.51	0.47	0.43	0.40	0.36	0.34	0.31	0.29	0.26	0.25
	18	0.61	0.56	0.51	0.47	0.43	0.40	0.36	0.33	0.31	0.29	0.26	0.24	0.23
	20	0.56	0.51	0.47	0.43	0.39	0.36	0.33	0.31	0.28	0.26	0.24	0.23	0.21
	22	0.51	0.47	0.43	0.39	0.36	0.33	0.31	0.28	0.26	0.24	0.23	0.21	0.20
	24	0.46	0.43	0.39	0.36	0.33	0.31	0.28	0.26	0.24	0.23	0.21	0.20	0.18
	26	0.42	0.39	0.36	0.33	0.31	0.28	0.26	0.24	0.22	0.21	0.20	0.18	0.17
	28	0.39	0.36	0.33	0.30	0.28	0.26	0.24	0.22	0.21	0.20	0.18	0.17	0.16
	30	0.36	0.33	0.30	0.28	0.26	0.24	0.22	0.21	0.20	0.18	0.17	0.16	0.15

砂浆强度等级	β	e/h 或 e/h_T											
		0	0.025	0.05	0.075	0.1	0.125	0.15	0.175	0.2	0.225	0.25	0.275	0.3
	≤3	1	0.99	0.97	0.94	0.89	0.84	0.79	0.73	0.68	0.62	0.57	0.52	0.48
	4	0.87	0.82	0.77	0.71	0.66	0.60	0.55	0.51	0.46	0.43	0.39	0.36	0.33
	6	0.76	0.70	0.65	0.59	0.54	0.50	0.46	0.42	0.39	0.36	0.33	0.30	0.28
	8	0.63	0.58	0.54	0.49	0.45	0.41	0.38	0.35	0.32	0.30	0.28	0.25	0.24
	10	0.53	0.48	0.44	0.41	0.37	0.34	0.32	0.29	0.27	0.25	0.23	0.22	0.20
0.0	12	0.44	0.40	0.37	0.34	0.31	0.29	0.27	0.25	0.23	0.21	0.20	0.19	0.17
	14	0.36	0.33	0.31	0.28	0.26	0.24	0.23	0.21	0.20	0.18	0.17	0.16	0.15
	16	0.30	0.28	0.26	0.24	0.22	0.21	0.19	0.18	0.17	0.16	0.15	0.14	0.13
	18	0.26	0.24	0.22	0.21	0.19	0.18	0.17	0.16	0.15	0.14	0.13	0.12	0.12
	20	0.22	0.20	0.19	0.18	0.17	0.16	0.15	0.14	0.13	0.12	0.12	0.11	0.10
	22	0.19	0.18	0.16	0.15	0.14	0.14	0.13	0.12	0.12	0.11	0.10	0.10	0.09
	24	0.16	0.15	0.14	0.13	0.13	0.12	0.11	0.11	0.10	0.10	0.09	0.09	0.08
	26	0.14	0.13	0.13	0.12	0.11	0.11	0.10	0.10	0.09	0.09	0.08	0.08	0.07
	28	0.12	0.12	0.11	0.11	0.10	0.10	0.09	0.09	0.08	0.08	0.08	0.07	0.07
	30	0.11	0.10	0.10	0.09	0.09	0.09	0.08	0.08	0.07	0.07	0.07	0.07	0.06

在应用式（7-13）进行计算时，应注意以下问题：

1）对于矩形截面构件，当轴向力偏心方向的截面边长大于另一方向的边长时，除应按偏心受压计算外，还应对较小边长方向按轴心受压进行验算，使 $N \leqslant \varphi_0 f A$。其中，$\varphi_0$ 是轴心受压构件（即 $e/h=0$）的稳定系数。

2）在确定影响系数 φ 时，为了反映不同种类砌体构件在受力性能上的差异，应先对构件的高厚比 β 按下列公式进行修正。

对矩形截面 $\quad \beta = \gamma_\beta \dfrac{H_0}{h}$；对 T 形截面 $\quad \beta = \gamma_\beta \dfrac{H_0}{h_T}$ （7-14）、（7-15）

式中 γ_β——不同砌体材料的高厚比修正系数，烧结砖取 1.0，砌块取 1.1，蒸压砖、细料石取 1.2，毛石、细料石取 1.5；

h——矩形截面轴向力偏心方向的边长，当轴心受压时为截面较小边长；

h_T——T 形截面折算厚度，近似取 $h_T=3.5i$（i 为截面回转半径）；

H_0——受压构件的计算高度，根据房屋类别和支承条件按表 7-4 确定。

这两个公式仅用于确定 φ 时的计算。

3）轴向力偏心距应满足规范要求。轴向力的偏心距 e 是截面内力设计值 M 与 N 的比值（即 $e=M/N$）。当偏心距过大时，构件承载力明显降低，还可使受拉边出现较宽裂缝。因此，《规范》规定偏心距 $e \le 0.6y$，y 为截面形心到轴向力所在偏心方向截面边缘的距离（图 7-10）。当偏心距超过规范限值时，应采取措施如采用配筋组合砖砌体等。

【例 7-2】某承受轴心压力的砖柱，上部传来轴向力设计值 $N=170$kN，柱截面尺寸 370mm×490mm，$H_0=H=3.5$m，采用 MU10 砖、M5 混合砂浆，试验算该柱承载力。

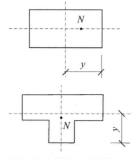

图 7-10　截面 y 的取值

【解】（1）该柱为轴心受压，$A=0.37 \times 0.49=0.1813\text{m}^2 < 0.3\text{m}^2$，则 $\gamma_a=0.7+0.1813=0.8813$。查表 5-8，$f=1.50\text{N/mm}^2$。

（2）砖柱自重设计值为 $1.2 \times 0.1813 \times 3.5 \times 18=13.7$kN，则作用在砖柱底部控制截面的竖向力设计值为 $N=170+13.7=183.7$kN。

（3）求影响系数 φ

$\beta=\gamma_\beta \dfrac{H_0}{h}=1 \times \dfrac{3.5}{0.37}=9.46$，轴心受压 $e=0$，由表 7-6 插值可得

$$\varphi=0.91+\frac{9.46-8}{10-8} \times (0.87-0.91)=0.88$$

（4）承载力验算

$\varphi f A=0.88 \times 1.50 \times 0.8813 \times 0.1813 \times 10^6=210909\text{N}=210.91\text{kN} > N=183.7$kN，承载力符合要求。

【例 7-3】某混凝土砌块柱，截面尺寸 390mm×590mm，采用 MU10 单排孔砌块，Mb5 砌块专用砂浆，单排孔孔洞率 45%，空心部位用 Cb20 细石混凝土灌实，灌孔率 $\rho=50\%$；柱高 $H_0=6.0$m，承受轴向力设计值 $N=270$kN，荷载作用偏心距 $e=89$mm，试验算该柱承载力。

【解】（1）验算偏心受压方向

MU10 单排孔砌块，Mb5 砌块砂浆，查表 5-8，$f=2.22\text{N/mm}^2$，乘以独立柱 f 值调整系数 0.7 后，$f=1.55\text{N/mm}^2$；已知 $\delta=0.45$，$\rho=0.5$，Cb20 细石混凝土 $f_c=9.6\text{N/mm}^2$；

灌孔砌体的抗压强度为：

$f_g=f+0.6\alpha f=1.55+0.6 \times 0.45 \times 0.5 \times 9.6=2.85\text{N/mm}^2 < 2f=3.10\text{N/mm}^2$；

柱截面面积 $A=0.39 \times 0.59=0.23\text{m}^2 < 0.3\text{m}^2$，则 $\gamma_a=0.7+0.23=0.93$；

对灌孔混凝土砌块，$\gamma_\beta=1.0$，

$\beta=\gamma_\beta \dfrac{H_0}{h}=1.0 \times \dfrac{6.0}{0.59}=10.2 < [\beta]=16$

$e=89\text{mm} < 0.6y=0.6 \times 590/2=177\text{mm}$；$e/h=\dfrac{89}{590}=0.15$，查表 7-6，得 $\varphi=0.54$，

$\varphi \gamma_a f_g A = 0.54 \times 0.93 \times 2.85 \times 0.23 \times 10^3 = 329\text{kN} > 270\text{kN}$

满足要求。

（2）验算轴心受压方向

$\beta = \dfrac{H_0}{b} = \dfrac{6.0}{0.39} = 15.38 < [\beta] = 16$，查表 7-6，得 $\varphi = 0.699$，

$\varphi \gamma_N f_g A = 0.699 \times 0.93 \times 2.85 \times 0.23 \times 10^3 = 426.1\text{kN} > 270\text{kN}$

满足要求。

7.3.3 砌体局部受压计算

按公式（7-13）计算截面应力时，实际上是假定墙、柱应力在截面范围内均匀分布，这适用于中部和底部的截面计算。对于墙、柱顶部截面，竖向力往往仅作用在砌体的部分截面上，这种受力状态称为局部受压（图 7-10）。局部受压是墙、柱构件验算的另一重点。若竖向力在该截面上产生的压应力均匀分布（如承受上部柱或墙传来的竖向力的基础顶面），为局部均匀受压（图 7-11a ~ d）；若压应力不是均匀分布（如直接承受梁端压力的墙体），则为非均匀局部受压（图 7-10e）。

图 7-11 砌体局部受压
(*a*) 中心局压；
(*b*) 端部局压；
(*c*) 边缘局压；
(*d*) 角部局压；
(*e*) 非均匀局压

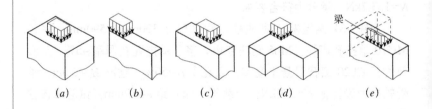

1. 砌体局部均匀受压

1）局部受压的破坏形态

在局部压力的作用下，砌体有三种破坏形态，即先裂后坏、一裂就坏和未裂先坏。若以 A_l 表示局部受压面积，A_0 表示受砌体局部抗压影响计算面积，三种破坏形态可描述为：

（1）因竖向裂缝的发展而破坏。当构件截面上影响砌体局部抗压强度的计算面积与局部受压面积的比值 A_0/A_l 不太大时，在局部受压作用面下一段距离内出现竖向裂缝，并随局部压力的增加而上下发展最后导致破坏（图 7-12*a*），这是较常见的先裂后坏的破坏形态。

（2）劈裂破坏。当 A_0/A_l 较大时，构件受压后变形不大，随着

局部压力的增加，一旦横向拉应力达到砌体的抗拉强度，即出现竖向劈裂裂缝导致构件开裂破坏（图7-12b），一裂就坏。

（3）局部受压面积下砌体的压碎破坏。当局部受压砌体抗压强度较低，在局部压力作用下，A_l范围内砌体被压碎而致破坏（图7-12c），即未裂先坏。

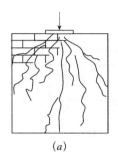 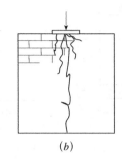 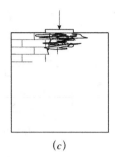

（a）   （b）   （c）

图7-12　局部受压的破坏形态

2）局部均匀受压的承载力计算。

当砌体截面的局部受压面积上受均匀分布的轴向压力作用时，其承载力按下式计算：

$$N_l \leqslant \gamma f A_l \tag{7-16}$$

式中　N_l——作用在局部受压面积上的轴向力设计值；

　　　　f——砌体的抗压强度设计值，按表5-8～表5-10取用，强度调整系数可取$\gamma_a=1.0$；

　　　　A_l——局部受压面积；

　　　　γ——局部抗压强度提高系数。

试验表明，在局部压力作用下，承压砌体周围的未直接承压部分砌体的约束作用使局压范围内砌体处于三向受压状态，其抗压强度较一般情况高，加之未承压砌体对承压部分的应力扩散作用，按局部受压面积A_0计算的砌体抗压强度高于全截面受压砌体强度。因此，规范规定γ应按下式计算：

$$\gamma = 1 + 0.35\sqrt{A_0/A_l - 1} \tag{7-17}$$

计算γ时，影响砌体局部抗压强度的计算面积A_0按图7-12确定。为避免A_0/A_l过大出现劈裂破坏，计算所得的γ值应符合下列规定：对于图7-13（a）情况，$\gamma \leqslant 2.5$；对于图7-13（b）情况，$\gamma \leqslant 2.0$，对于图7-13（c）情况，$\gamma \leqslant 1.5$；对于图7-13（d）情况，$\gamma \leqslant 1.25$。

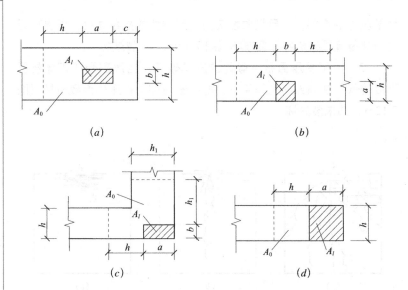

**图 7-13 影响砌体局部抗压强
度的计算面积**

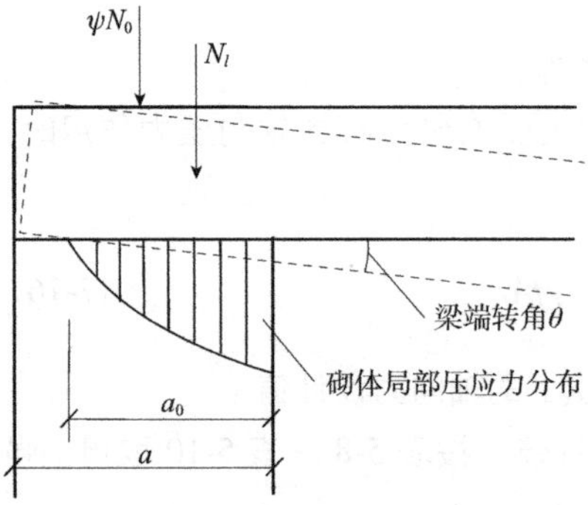

图 7-14 梁端砌体局部受压

2. 砌体局部非均匀受压

1）梁直接支承在砌体上

当梁直接支承在砌体上时，若梁的支承长度为 a，由于梁的弯曲变形和支承处砌体的压缩变形，梁端有上翘的趋势，故梁的有效支承长度 a_0 往往小于其实际支承长度（$a_0 \leqslant a$）。对于梁下的局部砌体，其所受到的局部压力也是非均匀分布的（图 7-14）。

作用在梁端下部砌体上的竖向力，除了梁端压力外，还可能受到由上部墙体传来的轴向力作用。试验表明，当上部压应力 σ_0 不太大且 A_0/A_l 较大时，由于梁端底部砌体的压缩变形，梁端顶面砌体与梁顶逐渐脱离，梁顶的上部压应力通过梁两侧砌体传递，称为"内拱卸荷作用"。上部压应力的存在和扩散对梁端下部砌体有横向约束作用，对砌体局部受压有利（这一影响以上部荷载的折减系数 ψ 表示）。但随着上部压应力 σ_0 的增大和 A_0/A_l 减小，"内拱卸荷作用"逐渐减弱。因此，一般梁端支承面上的局部受压荷载由梁的支承压力和上部压力形成，梁端支承处砌体的局部受压承载力按下式计算：

$$N_l + \psi N_0 \leqslant \eta \gamma f A_l \tag{7-18}$$

式中　N_l——梁端荷载设计值产生的支承压力；

　　　ψ——上部荷载的折减系数，当 $A_0/A_l \geqslant 3$ 时，$\psi = 0$，$A_0/A_l < 3$

时，$\psi=1.5-0.5A_0/A_l$ ；

N_0——局部受压面积内的上部轴向力设计值，$N_0=\sigma_0A_l$（σ_0 为上部平均压应力设计值）；

η——梁端底面压应力图形的完整系数，一般可取 0.7，过梁和墙梁可取 1.0；

A_l——局部受压面积（$A_l=a_0b$，b 为梁宽）；

a_0——梁端有效支承长度，$a_0=10\sqrt{h_c/f}$；h_c 为梁截面高度；f 为砌体抗压强度设计值；

γ 意义同前。

按计算确定的 a_0 不应大于梁的实际支承长度 a，当 $a_0>a$ 时，取 $a_0=a$。

2）梁端设刚性垫块的砌体局部受压

当梁端支承处砌体局部受压承载力不满足式（7-18）的要求时，可在梁端部的砌体内设置预制或现浇钢筋混凝土刚性垫块，以扩大梁端下部砌体的局部受压面积，避免砌体因局部受压而破坏。

当预制垫块高 $t_b \geqslant 180mm$、挑出长度（自梁边算起）不大于垫块高度时，称为刚性垫块（图 7-15）。在带壁柱墙的壁柱内设置刚性垫块时，其计算面积仅取壁柱范围内的面积，而不计算翼缘部分；同时壁柱上垫块深入翼墙内的长度不应小于 120mm。

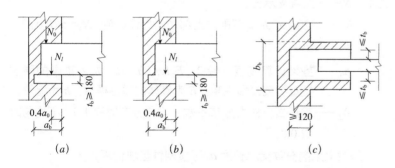

图 7-15 梁端下的刚性垫块
（*a*）预制垫块；
（*b*）现浇垫块；
（*c*）壁柱上的垫块

梁端下设有预制或现浇刚性垫块时，垫块下砌体的局部受压承载力应按下式计算：

$$N_0+N_l \leqslant \varphi\gamma_1fA_b \qquad (7-19)$$

式中 N_0——砌块面积 A_b 内上部轴向力设计值（$N_0=\sigma_0A_b$）；

φ——垫块上 N_0 及 N_l 合力的影响系数，应采用表 7-6 中当 $\beta \leqslant 3$ 时的 φ 值；

γ_1——垫块外砌体面积的有利影响系数，应取 $\gamma_1=0.8\gamma$，但不小于 1.0，其中，γ 为局部抗压强度提高系数，按式

（7-17）以 A_b 代替 A_l 计算得出：

A_b——垫块面积（$A_b=a_b \times b_b$，a_b 为垫块伸入墙内的长度；b_b 为垫块宽度）。

梁端设有刚性垫块时，梁端有效支承长度应按下式计算：

$$a_0=\delta_1\sqrt{h_c/f} \tag{7-20}$$

系数 δ_1 取值表 表 7-7

σ_0/f	0	0.2	0.4	0.6	0.8
δ_1	5.4	5.7	6.0	6.9	7.8

刚性垫块上 N_l 作用点的位置可取 $0.4a_0$ 处。

3）梁端下设有垫梁时的局部受压

当梁或屋架端部支承在连续的钢筋混凝土圈梁上时，该圈梁即为垫梁。垫梁可看作是承受集中荷载的弹性地基梁，它承受梁端局部荷载 N_l 和上部墙体 N_0 的作用，在垫梁下砌体引起的压应力分布范围为 πh_0（图 7-16）。对于长度大于 πh_0 的柔性垫梁，垫梁下的砌体局部受压承载力按下列公式计算：

$$N_0+N_l \leqslant 2.4\delta_2 h_0 b_b f \tag{7-21}$$

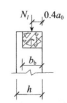

图 7-16 垫梁局部受压

式中 N_l——梁端支承压力；

N_0——垫梁 $\pi b_b h_0/2$ 范围内上部轴向力设计值（$N_0=\pi b_b h_0 \sigma_0/2$）；

b_b——垫梁宽度；

h_0——垫梁计算高度（$h_0=2\sqrt[3]{E_b I_b/Eh}$，$E_b$、$I_b$ 为垫梁的弹性模量和截面惯性矩，E 为砌体的弹性模量，h 为墙厚）；

δ_2——梁底面压应力分布系数，均匀分布时取 1.0，不均匀时取 0.8。

垫梁上梁端有效支承长度 a_0 可按刚性垫块计算。

7.3.4 砌体结构的其他承载力计算

砌体结构的其他承载力计算与其他均质材料结构的计算相似。

1. 轴心受拉构件

砌体结构轴心受拉构件承载力计算公式为：

$$N_t \leqslant f_t A \tag{7-22}$$

式中 N_t——轴心拉力设计值；

f_t——砌体轴心抗拉强度设计值；

A——受拉截面面积。

2. 受弯构件

1）受弯构件的受弯承载力

$$M \leqslant f_{tm}W \tag{7-23}$$

式中　M——截面弯矩设计值；

　　　f_{tm}——砌体弯曲抗拉强度设计值；

　　　W——截面抵抗矩。

2）受弯构件的受剪承载力

$$V \leqslant f_{v}bz \tag{7-24}$$

式中　V——剪力设计值；

　　　f_{v}——砌体的抗剪强度设计值；

　　　b——截面宽度；

　　　z——内力臂（$z=I/S$，I 为截面惯性矩，S 为截面面积矩。对矩形截面，$z=2/3h$，h 为截面高度）。

3. 受剪构件

砌体沿通缝或沿阶梯形截面破坏时，受剪承载力计算公式为：

$$V \leqslant (f_{v}+\alpha\mu\sigma_{0})A \tag{7-25}$$

式中　f_{v}——砌体抗剪强度设计值，对灌孔的混凝土砌块砌体取 f_{vg}；

　　　α——对应于永久荷载分项系数的修正系数；

　　　μ——剪压复合受力影响系数；

　　　σ_{0}——永久荷载设计值产生的水平截面平均压应力。

系数 α、μ 应按规范规定采用。

7.4　过梁、挑梁、墙梁和圈梁

7.4.1　过梁

过梁是砌体结构房屋中门、窗洞口上的梁，用以承受洞口以上墙体自重，有时还承受上层楼面梁板传来的均布或集中荷载。常用的过梁形式有砖砌过梁（分砖砌平拱、钢筋砖过梁，见图7-17）和钢筋混凝土过梁。

砖砌平拱由砖侧立砌筑而成，高度一般为 240mm 或 370mm，厚度与墙厚相同，过梁计算高度范围内砂浆强度等级不宜低于 M5.0，其净跨度 l_{n} 不应超过 1.2m。

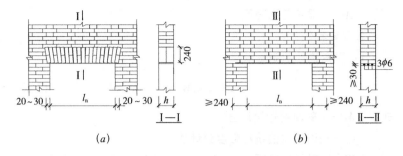

图 7-17 砖砌过梁
(a) 砖砌平拱；
(b) 钢筋砖过梁

钢筋砖过梁由水平砌筑的砖和在水平灰缝内配置的纵向受力钢筋组成。钢筋直径不应小于 5mm，也不宜大于 8mm，间距不宜大于 120mm。钢筋伸入支座砌体内的长度不小于 240mm，砂浆层的厚度不宜小于 30mm，强度不低于 M5.0，钢筋砖过梁净跨度 l_n 不应超过 1.5m。

砖砌过梁具有施工简便等优点，在洞口净宽不大的墙体中应用较多，但它整体性差，对墙体变形很敏感，在有较大振动荷载的或可能产生地基不均匀沉降的建筑以及地震区建筑应采用钢筋混凝土过梁。

钢筋混凝土过梁是应用较多的过梁形式，其截面高度不应小于 120mm，截面宽度同墙体厚度，两端伸入墙体的长度不小于 240mm，一般按普通受弯构件计算梁内配筋。

过梁计算时，过梁上部墙体高度 h_w 对过梁荷载有较大影响。过梁上部墙体较高时，墙体荷载通常不是全部传给过梁，理论上只有与过梁支座呈 45° 交角范围内的墙体荷载传到过梁，其余部分则通过上部墙体的"内拱"作用直接传递到支座（"叠涩"作用）。所以，过梁上的荷载为三角形分布荷载。为便于计算，通常将其等效成高度为 $l_n/3$ 的均布荷载，见图 7-18。设计规范规定，对于砖砌体，当 $h_w<l_n/3$ 时，按实际墙体自重计算，当 $h_w>l_n/3$ 时，按高度为 $l_n/3$ 墙体的均布自重采用；对于砌块砌体，则以 $l_n/2$ 为界。

同理，对于过梁上部墙体承受的梁板荷载，根据荷载作用位置到过梁的距离即梁板下墙体高度 h_w 确定荷载是否传递到过梁。当 $h_w<l_n$ 时，过梁荷载中应计入上部梁板荷载，当 $h_w \geqslant l_n$ 时，过梁荷载可不考虑梁板荷载。

7.4.2 挑梁

1. 挑梁的受力特点

挑梁是一端嵌固在砌体墙内的悬臂构件，如阳台、雨篷、悬挑楼梯等。在多层砌体房屋中，挑梁与砌体共同工作。挑梁一般的嵌

图 7-18 过梁上的荷载

固方式是埋入墙体内一定长度，嵌固部分上方砌体的以及上部荷载构成挑梁的抗倾覆荷载 G_r 来平衡挑梁的倾覆荷载 Q，见图7-19。在挑梁倾覆荷载（挑梁自重和使用荷载）和墙体抗倾覆荷载的共同作用下，挑梁主要发生两种形式的破坏，一是倾覆（挑梁上部砌体被斜向拉开，挑梁丧失整体平衡而倾覆）；二是挑梁下部砌体局压破坏。至于挑梁自身的强度破坏，属于钢筋混凝土截面设计问题。

2. 挑梁的计算

挑梁的计算包括抗倾覆验算、局部受压验算和挑梁自身强度计算。

1）挑梁的抗倾覆验算

砌体墙中钢筋混凝土挑梁抗倾覆应按下式验算（图7-18）：

$$M_{ov} \leqslant M_r \tag{7-26}$$

式中　M_{ov}——挑梁的荷载设计值对计算倾覆点产生的倾覆力矩；

　　　M_r——挑梁的抗倾覆力矩设计值，按下式计算：

$$M_r = 0.8 G_r (l_2 - x_0) \tag{7-27}$$

式中　G_r——挑梁的抗倾覆荷载，为挑梁尾端上部45°扩展角的阴影范围（其水平长度为 l_3）内本层的砌体与楼面恒荷载标准值之和（图7-20）；l_3 的取值，当 $l_3 \leqslant l_1$ 时，按图7-20（a）确定，当 $l_3 > l_1$ 时，应取 $l_3 = l_1$，l_1 为挑梁的锚固长度；

　　　l_2——G_r 作用点至墙外边缘的距离；

　　　x_0——计算倾覆点至墙外边缘的距离，当 $l_1 \geqslant 2.2 h_b$ 时，$x_0 = 0.3 h_b$；当 $< 2.2 h_b$ 时，$x_0 = 0.13 h_b$，l_1 为挑梁埋入砌体墙中的长度，h_b 为挑梁截面高度。当挑梁下有构造柱时，计算倾覆点到墙外边缘的距离可取 $0.5 x_0$。

对雨篷等悬挑构件，抗倾覆荷载 G_r 应按图7-21确定，其中 $l_2 = l_1/2$，$l_3 = l_n/2$。

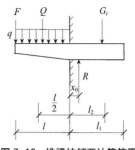

图7-19　挑梁抗倾覆计算简图

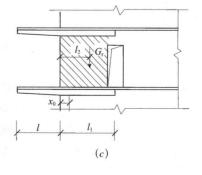

图7-20　挑梁的抗倾覆荷载图
（a）无洞口；
（b）洞口在 l_1 之内；
（c）洞口在 l_1 之外

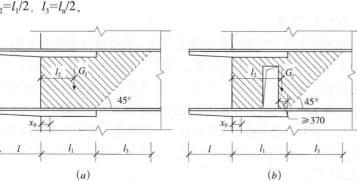

（a）　　　　　　　　　（b）　　　　　　　　　（c）

2）挑梁下砌体局部受压承载力验算

挑梁下砌体局部受压承载力可按下式验算：

$$N_l \leqslant \eta\gamma f A_l \qquad (7\text{-}28)$$

式中　N_l——挑梁下的支承压力，可取 $N_l = 2R$（R 为挑梁的倾覆荷载设计值）；

　　　η——梁端底面压应力图形的完整系数，取 0.7；

　　　γ——砌体局部抗压强度提高系数，挑梁下为矩形截面墙段（一字墙）取 1.25，T 形截面墙段（丁字墙）取 1.5；

　　　A_l——挑梁砌体局部受压面积，$A_l = 1.2bh_b$，（b 为挑梁的截面宽度，h_b 为截面高度）。

对照式（7-16），它们非常相似，可见其计算原理是一致的。

3）挑梁承载力计算

挑梁受弯和受剪承载力计算与普通钢筋混凝土梁相同，计算中取最大弯矩 $M_{max} = M_{ov}$（最大弯矩在接近 x_0 处），最大剪力 $V_{max} = V_o$，V_{ov} 为挑梁的荷载设计值在挑梁墙外边缘处截面产生的剪力。

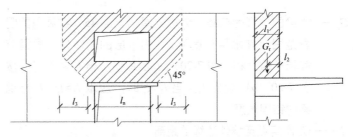

图 7-21　雨篷的抗倾覆荷载

3. 挑梁的构造要求

1）纵向受力钢筋至少应有 1/2 的钢筋面积伸入梁尾端，且不少于 $2\phi12$。其余钢筋伸入支座的长度不应小于 $2l_1/3$；

2）挑梁埋入砌体长度 l_1 与挑出长度 l 之比宜大于 1.2；当挑梁上无砌体时，$l_1/l > 2$。

7.4.3　墙梁

在底层有大空间要求的砌体房屋中，有些墙体不能直接落地，可采用钢筋混凝土梁（称为托梁）承托上部墙体，由托梁与其上部一定高度的墙体共同承受上方墙体自重及屋面、楼面荷载。这种由钢筋混凝土托梁和梁上计算高度范围内的砌体墙组成的组合构件称为墙梁。墙梁的主要特征是将托梁上一定高度的墙体作为梁的组成部分（受压），而托梁在深梁的下边缘，为偏拉构件，这与普通梁受弯完全不同。

过梁的上部也是墙体，具有与墙梁类似的受力特性，它与墙梁没有本质区别。但过梁适用跨度小，为简便起见，一般按普通受弯梁计算，这是墙梁与过梁的不同之处。

1. 墙梁的分类

根据墙梁是否承受梁、板荷载，墙梁可分为承重墙梁和自承重墙梁。承重墙梁需承受楼（屋）面的梁、板荷载，而自承重墙梁仅承受托梁及其上部墙体自重。

根据墙上是否开洞，墙梁可分为无洞口墙梁和有洞口墙梁。

根据托梁的支承情况，墙梁可分为简支墙梁、连续墙梁和框支墙梁，见图 7-22。应注意框支墙梁与"底部框架"的区别，框支墙梁是只在不落地墙体位置布置的类框架，落地墙体仍采用砌体墙，而底部框架则是底部的整整一层或数层均设框架，没有砌体墙。

(a) (b) (c)

图 7-22 墙梁
(a) 简支墙梁；
(b) 连续墙梁；
(c) 框支墙梁

2. 墙梁的一般规定

1）墙梁基本尺寸控制

为了保证托梁和墙体有效地共同工作，采用烧结普通砖、烧结多孔砖、混凝土砌块砌体和配筋砌体的墙梁应符合表 7-8 的规定。

2）洞口的设置应满足下列要求：

（1）墙梁计算高度范围内每跨允许设置一个洞口；

（2）承重墙梁洞口边至支座中心的距离 a_i，距边支座应不小于 $0.15l_{0i}$，距中支座应不小于 $0.07l_{0i}$；

墙梁的一般规定　　　　表 7-8

墙梁类别	墙体总高度（m）	跨度（m）	墙体高跨比 h_w/l_{0i}	托梁高跨比 h_b/l_{0i}	洞宽跨比 b_h/l_{0i}	洞高 h_h
承重墙梁	≤ 18	≤ 9	≥ 0.4	≥ 1/10	≤ 0.3	≤ $5h_w/6$ 且 $h_w-h_h \geqslant 0.4m$
自承重墙梁	≤ 18	≤ 12	≥ 1/3	≥ 1/15	≤ 0.8	

注：1. 墙体总高度指托梁顶面到檐口的高度，带阁楼的坡屋面应算到山尖墙 1/2 高度处。

2. h_w 为墙体计算高度；h_b 为托梁截面高度；l_{0i} 为墙梁计算跨度；b_h 为洞口宽度；h_h 为洞口高度，对窗洞取洞顶至托梁顶面距离。

（3）自承重墙梁，洞口边至边支座中心的距离不宜小于 $0.1l_{0i}$，门窗洞口至墙顶的距离应不小于 0.5m；

（4）对多层房屋的墙梁，各层洞口宜设置在相同位置，并宜上、下对齐。

3. 墙梁的受力特点

墙梁属于组合形深梁，其受力特点与普通梁不同。所谓深梁，是指跨高比较小（即梁高度很大的梁），其截面应力分布不符合平截面假定，截面抗剪主要由纵向受拉钢筋和截面分布钢筋承担。根据研究，墙梁的破坏形态有正截面受弯破坏（托梁偏拉破坏、墙体下部开裂）、剪切破坏（托梁纵筋较多而不屈服，引起砌体在主拉应力下的斜裂缝，导致砌体斜拉破坏、斜压破坏或劈裂破坏）以及托梁支座上部砌体局压破坏。

4. 墙梁的计算原理

考虑到托梁与墙体的共同作用，墙梁计算应分别进行托梁使用阶段正截面承载力、斜面受剪承载力、墙体受剪承载力和托梁支座上部砌体局部受压承载力计算，以及施工阶段的托梁承载力验算。

1）荷载

（1）使用阶段承重墙梁上的荷载（图 7-23）包括：托梁顶面的荷载设计值 Q_1、F_1，包括托梁自重及本层楼盖的恒荷载和活荷载；墙梁顶面的荷载设计值 Q_2，包括托梁以上各层墙体自重，以及墙梁顶面以上各层楼（屋）盖的恒荷载和活荷载；集中荷载可沿作用的跨度近似化为均布荷载。

自承重墙梁荷载只有墙梁顶面荷载设计值 Q_2，取托梁自重及托梁以上墙体自重。

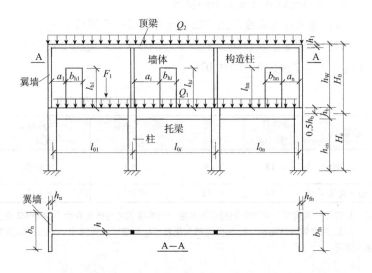

图 7-23　墙梁上的荷载

（2）施工阶段作用于托梁上的荷载包括托梁自重、本层楼盖的恒荷载和施工荷载以及墙体自重，对于托梁上的墙体自重，无洞口时取高度为 $l_{0max}/3$ 的墙体自重（l_{0max} 为各计算跨度的最大值），有洞口时应按洞顶以下实际分布的墙体自重复核。

2）承载力计算

（1）墙梁托梁的正截面承载力计算

托梁跨中截面应按钢筋混凝土偏心受拉构件计算，其托梁弯矩 M_{bi} 及轴心拉力 N_{bi} 按照规范公式计算，简支墙梁、连续墙梁和框支墙梁的计算公式相同，但所使用的计算系数不同。

托梁支座截面应按钢筋混凝土受弯构件计算，其计算弯矩 M_{bj} 应按砌体结构设计规范确定。

（2）墙梁托梁的斜截面受剪承载力计算

墙梁的托梁斜截面受剪承载力应按钢筋混凝土受弯构件计算，并按规范方法确定剪力 V_{bj}。

（3）墙梁的墙体受剪承载力计算

墙梁的墙体受剪承载力按沿砌体齿缝受剪考虑，计算位置选为支座边缘对应的最大剪力部位，具体计算方法详见《砌体结构设计规范》。

（4）托梁支座上部砌体局压承载力

托梁支座附近砌体压应力较大，上部砌体局部受压承载力计算的方法与其他情况下的砌体局部承压计算相似。

3）施工阶段托梁的承载力验算

托梁按钢筋混凝土受弯构件进行施工阶段的受弯、受剪承载力验算。

施工阶段托梁上的荷载包括：托梁自重及本层楼盖恒荷载；本层楼盖的施工荷载；墙体自重（无洞口时取高度为 $l_{0max}/3$ 的墙体自重，l_{0max} 为各计算跨度的最大值，有洞口时尚应按洞顶以下实际分布的墙体自重复核）。

5. 墙梁的构造要求

1）材料

托梁和框支柱的混凝土强度等级不应低于 C30；纵向钢筋宜采用 HRB400、HRB500 或 HRB335 级钢筋；承重墙梁的块体强度等级不应低于 MU10，计算高度范围内墙体的砂浆强度等级不应低于 M10。

2）墙体

（1）框支墙梁的上部砌体房屋，以及设有承重的简支墙梁或连续墙梁的房屋，应满足刚性方案房屋的要求；

（2）墙梁的计算高度范围内的墙体厚度，对砖砌体不应小于240mm，对混凝土砌块砌体不应小于190mm；

（3）墙梁洞口上方应设置混凝土过梁，其支承长度不应小于240mm；洞口范围内不应施加集中荷载；

（4）承重墙梁的支座处应设置落地翼墙。翼墙的厚度，对砖砌体不应小于240mm，对混凝土砌块砌体不应小于190mm，翼墙宽度不应小于墙梁墙体厚度的3倍，并与墙梁墙体同时砌筑。当不能设置翼墙时，应设置落地且上、下贯通的构造柱；

（5）当墙梁墙体在靠近支座1/3跨度范围内开洞时，支座处应设置落地且上下贯通的构造柱，并应与每层圈梁连接；

（6）承重墙梁计算高度范围内的墙体，每天砌筑高度不应超过1.5m，否则应加设临时支撑。

3）托梁

（1）有墙梁的房屋的托梁两边各一个开间及相邻开间处应采用现浇混凝土楼盖，楼板厚度不宜小于120mm，当楼板厚度大于150mm时，宜采用双层双向钢筋网，楼板上应少开洞，洞口尺寸大于800mm时应设洞边梁；

（2）托梁每跨底部的纵向受力钢筋应通长设置，不得在跨中段弯起或截断；钢筋接长应采用机械连接或焊接；

（3）墙梁的托梁跨中截面纵向受力钢筋总配筋率不应小于0.6%；

（4）托梁上部通长布置的纵向钢筋面积与跨中下部纵向钢筋面积的比值不应小于0.4；连续墙梁或多跨框支墙梁的托梁中支座上部附加纵向钢筋从支座边算起每边延伸不少于 $l_0/4$；

（5）承重墙梁的托梁在砌体墙、柱上的支承长度不应小于350mm，纵向受力钢筋伸入支座应符合受拉钢筋的锚固要求；

（6）当托梁高度 $h_b \geqslant 450$mm 时，应沿梁高设置通长水平腰筋，直径不应小于12mm，间距不应大于200mm；

（7）对于洞口偏置的墙梁，其托梁的箍筋加密区范围应延伸到洞口外，距洞边的距离大于等于托梁的高度 h_b，箍筋直径不应小于8mm，间距不应大于100mm。

7.4.4 圈梁

在墙体内沿水平方向同一标高设置的封闭的钢筋混凝土梁或钢筋砖带称为圈梁。

圈梁可以增强房屋的整体刚度，防止由于地基的不均匀沉降或较大振动荷载等对房屋引起的不利影响。在洞口处，圈梁可兼作过梁。

在地震区，砌体中应同时设置钢筋混凝土圈梁及构造柱，形成对砌体墙的约束，以增强砌体的延性，提高墙体和结构的抗震性能。

1. 圈梁的布置

1）对于有地基不均匀沉降或较大振动荷载的房屋，可按以下规定在砌体墙中设置现浇混凝土圈梁。

2）厂房、仓库、食堂等空旷单层房屋应按下列规定设置圈梁：

（1）砖砌体结构房房屋，檐口标高为 5~8m 时，应在檐口标高处设置圈梁一道；檐口标高大于 8m 时，应增加设置数量；

（2）砌块及料石砌体结构房屋，檐口标高为 4~5m 时，应在檐口标高处设置圈梁一道；檐口标高大于 5m 时，应增加设置数量；

（3）对有吊车或较大振动设备的单层工业房屋，当未采取有效的隔振措施时，除在檐口或窗顶标高处设现浇混凝土圈梁，尚应增加设置数量。

3）住宅、办公楼等多层砌体结构民用房屋，且层数为 3 ～ 4 层时，应在底层和檐口标高处各设置一道圈梁。当层数超过 4 层时，除应在底层和檐口标高处各设置一道圈梁外，至少应在所有纵、横墙上隔层设置。多层砌体工业房屋，应每层设置现浇混凝土圈梁。设置墙梁的多层砌体结构房屋，应在托梁、墙梁顶面和檐口标高处设置现浇钢筋混凝土圈梁。

4）建筑在软弱地基或不均匀地基上的砌体结构房屋，除按本节规定设置圈梁外，尚应符合现行国家标准《建筑地基基础设计规范》GB 50007 的有关规定。

5）采用现浇混凝土楼（屋）盖的多层砌体结构房屋，当层数超过 5 层时，除应在檐口标高处设置一道圈梁外，可隔层设置圈梁，并应与楼（屋）面板一起现浇。未设置圈梁的楼面板嵌入墙内的长度不应小于 120mm。并沿墙长配置不少于 2 根直径为 10mm 的纵向钢筋。

6）地震区房屋的圈梁设置尚应符合《建筑抗震设计规范》的规定。

2. 圈梁的构造要求

1）圈梁宜连续地设在同一水平面上，并形成封闭状；当圈梁被门窗洞口截断时，应在洞口上部增设相同截面的附加圈梁，附加圈梁与圈梁的搭接长度不应小于其中到中垂直间距的 2 倍，且不得小于 1m；

2）纵、横墙交接处的圈梁应可靠连接。刚弹性和弹性方案房屋，圈梁应与屋架、大梁等构件可靠连接；

3）混凝土圈梁的宽度宜与墙厚相同，当墙厚不小于 240mm 时，其宽度不宜小于墙厚的 2/3。圈梁高度不应小于 120mm。纵向钢筋数量不应少于 4 根，直径不应小于 10mm。绑扎接头的搭接长度按受拉钢筋考虑，箍筋间距不应大于 300mm；

4）圈梁兼作过梁时，过梁部分的钢筋应按计算面积另行增配。

7.5　砌体结构的主要构造措施

砌体结构承载力计算反映了结构构件的理论抗力，实际工程中环境温度变化、材料收缩变形、地基不均匀沉降等因素对结构的工作状态都会造成不利影响，因此应采取一些必要的、合理的构造措施来保证结构的确保结构的安全工作和正常使用。

砌体结构的构造措施除前面介绍过的属于概念设计的墙、柱高厚比控制外，还包括墙、柱的一般构造要求以及防止或减轻墙体开裂的主要措施。

7.5.1　墙柱的一般构造要求

1.材料选用

1）根据《墙体材料应用统一技术规范》GB50574-2010，承重墙体的最低强度等级为：烧结多孔砖、混凝土砖不低于 MU10；蒸压砖不低于 MU15；混凝土小型空心砌块 MU7.5。用于外墙及潮湿环境的内墙时，烧结多孔砖、混凝土砖的最低强度应提高一个等级。

2）非承重墙的最低强度等级为：蒸压加气混凝土砌块 A5.0；轻集料混凝土空心砌块 MU2.5；蒸压加气混凝土砌块 A2.5；其他块材 MU3.5。

3）砌筑砂浆的最低强度等级不应低于 M5.0（专用砌筑砂浆为 Ma5.0、Mb5.0、Mf5.0），当采用水泥砂浆时须提高一个强度等级；室内地坪以下及潮湿环境砌体的砂浆强度等级不应低于 M10，且应为水泥砂浆、预拌砂浆或专用砌筑砂浆；

4）灌孔混凝土的强度等级不应小于块材混凝土的强度等级；设计有抗冻性要求的墙体，灌孔混凝土应根据使用条件和设计要求进行冻融试验。

2.墙柱的一般构造要求

1）预制钢筋混凝土板在混凝土圈梁上的支承长度不应小于 80mm，板端伸出的钢筋应与圈梁可靠连接，且同时浇筑；预制钢筋混凝土板在墙上的支承长度不应小于 100mm，并应按下列方法进行连接：

（1）板支承于内墙时，板端钢筋伸出长度不应小于70mm，且与支座处沿墙配置的纵筋绑扎，并用强度等级不应低于C25的混凝土浇筑成板带；

（2）板支承于外墙时，板端钢筋伸出长度不应小于100mm，且与支座处沿墙配置的纵筋绑扎，并用强度等级不应低于C25的混凝土浇筑成板带；

（3）钢筋混凝土板与现浇板对接时，预制板端钢筋应伸入现浇板中进行连接后，再浇筑现浇板。

2）墙体转角处和纵横墙交接处应沿竖向每隔400mm~500mm设拉结钢筋，其数量为每120mm墙厚不少于1根直径6mm的钢筋；或采用焊接钢筋网片，埋入长度从墙的转角或交接处算起，对实心砖墙每边不小于500mm，对多孔砖墙和砌块墙不小于700mm；

3）填充墙、隔墙应分别采取措施与周边主体结构构件可靠连接，连接构造和嵌缝材料应能满足传力、变形、耐久和防护要求。

4）在砌体中留槽洞及埋设管道时，应遵守下列规定：

（1）不应在截面长边小于500mm的承重墙体、独立柱内埋设管线；

（2）不宜在墙体中穿行暗线或预留、开凿沟槽，当无法避免时应采取必要的措施或按削弱后的截面验算墙体的承载力。

对受力极小或未灌孔的砌块砌体，允许在墙体的竖向孔洞内设置管线。

5）承重的独立砖柱截面尺寸不应小于240mm×370mm，毛石墙的厚度不宜小于350mm，毛料石柱较小边长不宜小于400mm。

当有振动荷载时，墙、柱不宜采用毛石砌体。

6）支承在墙、柱上的吊车梁、屋架及跨度大于或等于下列数值的预制梁的端部，应采用锚固件与墙、柱上的垫块锚固：

（1）对砖砌体为9m；

（2）对砌块和料石砌体为7.2m。

7）跨度大于6m的屋架和跨度大于下列数值的梁，应在支承处砌体上设置混凝土或钢筋混凝土垫块；当墙中设有圈梁时垫块与圈梁宜浇成整体。

（1）对砖砌体为4.8m；

（2）对砌块和料石砌体为4.2m；

（3）对毛石砌体为3.9m。

8）当梁跨度大于或等于下列数值时，其支承处宜加设壁柱或采取其他加强措施：

（1）对 240mm 厚的砖墙为 6m，对 180mm 厚的砖墙为 4.8m；

（2）对砌块、料石墙为 4.8m。

9）山墙处的壁柱或构造柱宜砌至山墙顶部，且屋面构件应与山墙可靠拉结。

10）砌块砌体应分皮错缝搭砌，上下皮搭砌长度不应小于 90mm。当搭砌长度不满足上述要求时，应在水平灰缝内设置不小于 2 根直径不小于 4mm 的焊接钢筋网片（横向钢筋的间距不应大于 200mm，网片每端应伸出该垂直缝不小于 300mm）。

11）砌块墙与后砌隔墙交接处，应沿墙高每 400mm 在水平灰缝内设置不少于 2 根直径不小于 4mm、横筋间距不应大于 200mm 的焊接钢筋网片。

12）混凝土砌块房屋，宜将纵横墙交接处，距墙中心线每边不小于 300mm 范围内的孔洞，采用不低于 Cb20 混凝土沿全墙高灌实。

13）混凝土砌块墙体的下列部位，如未设圈梁或混凝土垫块，应采用不低于 Cb20 混凝土将孔洞灌实：

（1）搁栅、檩条和钢筋混凝土楼板的支承面下，高度不应小于 200mm 的砌体；

（2）屋架、梁等构件的支承面下，长度不应小于 600mm，高度不应小于 600mm 的砌体；

（3）挑梁支承面下，距墙中心线每边不应小于 300mm，高度不应小于 600mm 的砌体。

3. 框架填充墙

1）框架填充墙墙体除应满足稳定要求外，尚应考虑水平风荷载及地震作用的影响。地震作用可按现行国家标准《建筑抗震设计规范》GB 50011 中非结构构件的规定计算。

2）在正常使用和正常维护条件下，填充墙的使用年限宜与主体结构相同，结构的安全等级可按二级考虑。

3）填充墙的构造设计，应符合下列规定：

（1）填充墙宜选用轻质块体材料，其强度等级应符合砌体规范第 3.1.2 条的规定；

（2）填充墙砌筑砂浆的强度等级不宜低于 M5（Mb5、Ms5）；

（3）填充墙墙体墙厚不应小于 90mm；

（4）用于填充墙的夹心复合砌块，其两肢块体之间应有拉结。

4）填充墙与框架的连接，可根据设计要求采用脱开或不脱开方法。有抗震设防要求时宜采用填充墙与框梁脱开的方法。

（1）当填充墙与框架采用脱开的方法时，宜符合下列规定：

①填充墙两端与框架柱，填充墙顶面与框架梁之间应留出不小于 20mm 的间歇；

②填充墙端部应设置构造柱，柱间距宜不大于 20 倍墙厚且不大于 4000mm，柱宽度不小于 100mm。柱竖向钢筋不宜小于 φ10，箍筋宜为 φ^{R}5，竖向间距不宜大于 400mm。竖向钢筋与框架梁或其挑出部分的预埋件或预留钢筋连接，绑扎接头时不小于 30d，焊接时（单面焊）不小于 10d（d 为钢筋直径）。柱顶与框架梁（板）应预留不小于 15mm 的缝隙，用硅酮胶或其他弹性密封材料封缝。当填充墙有宽度大于 2100mm 的洞时，洞口两侧应加设宽度不小于 50mm 的单筋混凝土柱。

③填充墙两端宜卡入设在梁、板底及柱侧的卡口铁件内，墙侧卡口板的竖向间距不宜大于 500mm，墙顶卡口板的水平间距不宜大于 1500mm；

④墙体高度超过 4m 时宜在墙高中部设置与柱连通的水平系梁。水平系梁的截面高度不小于 60mm，填充墙高不宜大于 6m；

⑤填充墙与框架柱、梁的缝隙可采用聚苯乙烯泡沫塑料板条或聚氨酯发泡材料充填，并用硅酮胶或其他弹性密封材料封缝；

⑥所有连接用钢筋，金属配件、铁件，预埋件等均应作防腐防锈处理，并应符合砌体设计规范第 4.3 节的规定。嵌缝材料应能满足变形和防护要求。

（2）当填充墙与框架采用不脱开的方法时，宜符合下列规定：

①沿柱高每隔 500mm 配置 2 根直径 6mm 的拉结钢筋（墙厚大于 240mm 时配置 3 根直径 6mm），钢筋伸入填充墙长度不宜小于 700mm，且拉结钢筋应错开截断，相距不宜小于 200mm。填充墙墙顶应与框架梁紧密结合。顶面与上部结构接触处宜用一皮砖或配砖斜砌楔紧；

②当填充墙有洞口时，宜在窗洞口的上端或下端、门洞口的上端设置钢筋混凝土带，钢筋混凝土带应与过梁的混凝土同时浇筑，其过梁的断面及配筋由设计确定。钢筋混凝土带的混凝土强度等级不小于 C20。当有洞口的填充墙尽端至门窗洞口边距离小于 240mm 时，宜采用钢筋混凝土门窗框；

③填充墙长度超过 5m 或墙长大于 2 倍层高时，墙顶与梁宜有拉接措施，墙体中部应加设构造柱；墙高度超过 4m 时宜在墙高中部设置与柱连接的水平系梁，墙高超过 6m 时，宜沿墙高每 2m 设置与柱连接的水平系梁，梁的截面高度不小于 60mm。

7.5.2 防止或减轻墙体开裂的主要措施

1. 在正常使用条件下，应在墙体中设置伸缩缝。伸缩缝应设在因温度和收缩变形引起应力集中、砌体产生裂缝可能性最大处。伸缩缝的间距可按表4-28采用。

2. 房屋顶层墙体，宜根据情况采取下列措施：

1）屋面应设置保温、隔热层；

2）屋面保温（隔热）层或屋面刚性面层及砂浆找平层应设置分隔缝，分隔缝间距不宜大于6m，其缝宽不小于30mm，并与女儿墙隔开；

3）采用装配式有檩体系钢筋混凝土屋盖和瓦材屋盖；

4）顶层屋面板下设置现浇钢筋混凝土圈梁，并沿内外墙拉通，房屋两端圈梁下的墙体内宜设置水平钢筋；

5）顶层墙体有门窗等洞口时，在过梁上的水平灰缝内设置2～3道焊接钢筋网片或2根直径6mm钢筋，焊接钢筋网片或钢筋应伸入洞口两端墙内不小于600mm；

6）顶层及女儿墙砂浆强度等级不低于M7.5（Mb7.5、Ms7.5）；

7）女儿墙应设置构造柱，构造柱间距不宜大于4m，构造柱应伸至女儿墙顶并与现浇钢筋混凝土压顶整浇在一起；

8）对顶层墙体施加竖向预应力。

3. 房屋底层墙体，宜根据情况采取下列措施：

1）增大基础圈梁的刚度；

2）在底层的窗台下墙体灰缝内设置3道焊接钢筋网片或2根直径6m钢筋，并应伸入两边窗间墙内不小于600mm；

4. 在每层门、窗过梁上方的水平灰缝内及窗台下第一和第二道水平灰缝内，宜设置焊接钢筋网片或2根直径6mm钢筋，焊接网片或钢筋应伸入两边窗间墙内不小于600mm。当墙长大于5m时，宜在每层墙高度中部设置2~3道焊接钢筋网片或3根直径6mm的通长水平钢筋，竖向间距为500mm。

5. 房屋两端和底层第一、第二开间门窗洞处，可采取下列措施：

1）在门窗洞口两边墙体的水平灰缝中，设置长度不小于900mm、竖向间距为400mm的2根直径4mm的焊接钢筋网片。

2）在顶层和底层设置通长钢筋混凝土窗台梁，窗台梁高宜为块材高度的模数，梁内纵筋不少于4根，直径不小于10mm，箍筋直径不小于6mm，间距不大于200mm，混凝土强度等级不低于C20。

3）在混凝土砌块房屋门窗洞口两侧不少于一个孔洞中设置直

径不小于 12mm 的竖向钢筋，竖向钢筋应在楼层圈梁或基础内锚固，孔洞用不低于 Cb20 混凝土灌实。

6. 填充墙砌体与梁、柱或混凝土墙体结合的界面处（包括内、外墙），宜在粉刷前设置钢丝网片，网片宽度可取 400mm，并沿界面缝两侧各延伸 200mm，或采取其他有效的防裂、盖缝措施。

7. 当房屋刚度较大时，可在窗台下或窗台角处墙体内、在墙体高度或厚度突然变化处设置竖向控制缝。竖向控制缝宽度不宜小于 25mm，缝内填以压缩性能好的填充材料，且外部用密封材料密封，并采用不吸水的、闭孔发泡聚乙烯实心圆棒（背衬）作为密封膏的隔离物。

8. 夹心复合墙的外叶墙直在建筑墙体适当部位设置控制缝，其间距宜为 6~8m。

7.6 配筋砖砌体构件简介

7.6.1 配筋砌体的概念

当砌体构件的承载力不满足要求且构件截面尺寸或材料强度等级受到限制又不能加大或提高时，可将钢筋或钢筋混凝土配置到砌体中形成配筋砌体。在砖砌体中配筋的砌体称为配筋砖砌体，在砌块砌体中配筋的砌体称为配筋砌块砌体。将钢筋或钢筋网水平放置到砌体墙或柱的水平灰缝中的配筋砌体称为水平配筋砌体墙或网状配筋砌体柱；将钢筋竖直地放置到砌体竖直表面的砂浆或混凝土中形成的配筋砌体配筋砌体称为组合砖砌体。由砖砌体中的钢筋混凝土构造柱与砖砌体墙组成的配筋砌体称为组合砖墙。

配筋砌体灰缝中的钢筋增强了对砌体横截面的变形约束，相当于为砌体增加了约束变形的"箍"，故能有效提高砌体构件的受压承载力；组合砖砌体则直接将砌体与外围的钢筋砂浆或钢筋混凝土组合，受拉钢筋有效弥补了砌体弯曲抗拉强度低的不足，对提高砌体偏心受压承载力尤为明显。

7.6.2 配筋砌体的构件形式

1. 网状配筋砖砌体构件

当砖墙或砖柱受压承载力不足，而构件截面尺寸或材料强度等级受到限制时，可采用网状配筋砖砌体。网状配筋砖砌体的形式是，在砌体的水平灰缝内加入直径为 3~4mm 的钢筋方格网或连弯钢筋网，网内钢筋间距 a 为 30~120mm，网的竖向间距 s_n 不大于 5

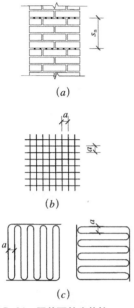

图 7-24　网状配筋砌体柱

(a) 用方格网配筋的砖柱；

(b) 方格钢筋网；

(c) 连弯钢筋网

图 7-25　组合砖砌体

皮砖或 400mm，见图 7-24。钢筋方格网可配置于砖柱内，也可配置在砖墙中；连弯钢筋网只用于砖柱，网的方向互相垂直，沿砌体高度交错设置，网的间距 s_n 取同一方向网的间距。

网状配筋砖砌体适用于偏心距不太大的受压构件。偏心距超过截面核心范围，对于矩形截面即 $e/h>0.17$ 时，或偏心距虽未超过截面核心范围、但构件的高厚比 $\beta>16$ 时，不宜采用网状配筋砖砌体构件。

2. 组合砖砌体构件

当轴向力的偏心距较大（$e>0.6y$），无筋砖砌体承载力不足而截面尺寸又受到限制时，宜采用砖砌体和钢筋混凝土面层或钢筋砂浆面层组成的组合砖砌体，截面形式见图 7-25。

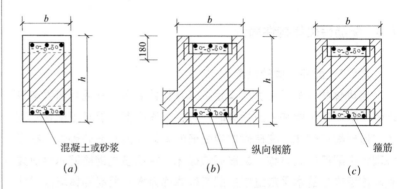

混凝土或砂浆　　　　　　　　纵向钢筋　　　　　　　　箍筋

(a)　　　　　　　　　　(b)　　　　　　　　　　(c)

3. 组合砖墙

组合砖墙由砖砌体和钢筋混凝土构造柱组成（图 7-26）。在组合砖墙中，构造柱与圈梁形成〝弱框架〞，砌体受到约束，墙体承载力提高；构造柱也分担墙体上的荷载。当构造柱间距 l 大于 4m 时，它对墙体受压承载力影响的很小。

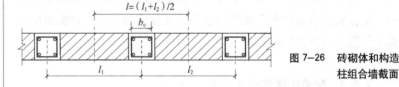

图 7-26　砖砌体和构造柱组合墙截面

对于轴心受压的构造柱组合砖墙，其材料和构造有较严格的规定，主要包括：

1）构造柱的混凝土强度等级不宜低于 C20，砂浆强度等级不应低于 M5；

2）柱内竖向受力钢筋的混凝土保护层厚度，室内正常环境不小于 25mm；露天或室内潮湿环境不小于 35mm；

3）构造柱截面厚度不应小于墙厚，截面不宜小于 240mm×240mm（边柱和角柱适当加大）；柱内竖向受力钢筋中柱不宜少于 4φ12；边、角柱不宜少于 4φ14，箍筋一般为 φ6@100；竖向受力钢筋应按受拉锚固要求锚固于基础圈梁和楼层圈梁中；

4）构造柱应在纵横墙交接处、墙端部和较大洞口的洞边设置，构造柱间距 l 不宜大于 4m；各层洞口宜设置在相应位置，并上下对齐；

5）为了形成"弱框架"，采用组合砖墙的房屋在基础顶面、楼层处设置现浇钢筋混凝土圈梁。圈梁高度不小于 240mm，纵向钢筋不小于 4φ12，并按受拉锚固要求锚固于构造柱内，圈梁箍筋宜采用 φ6@200；

6）砖砌体与构造柱连接处应砌成马牙槎，并应沿墙高每隔 500mm 设 2φ6 拉结筋，且每边伸入墙内不宜小于 600mm；

7）施工顺序为先砌墙后浇构造柱混凝土。

4．配筋砌块砌体构件

配筋砌块砌体构件是在砌体孔洞内设置纵向钢筋，在水平缝处用箍筋连接，并在孔洞内浇筑混凝土而形成的组合构件，可形成配筋砌块砌体剪力墙结构或配筋砌块构造柱，多用于高层结构。

7.6.3 配筋砌体构件的承载力

配筋砌体构件的受力特性与无筋砌体不同，其承载力也有区别。配筋砌体构件承载力的计算原理与无筋砌体相同，但所使用的参数不同。以轴心受压为例，网状配筋砌体受压构件的承载力应按下式计算：

$$N \leqslant \varphi_n f_n A \tag{7-29}$$

式中　φ_n——高厚比和配筋率以及轴向力的偏心距对网状配筋砖砌体受压构件承载力的影响系数，可按规范附录采用；

　　　f_n——网状配筋砖砌体的抗压强度设计值，由下式确定：

$$f_n = f + 2\left(1 - \frac{2e}{y}\right)\frac{\rho}{100} f_y \tag{7-30}$$

分析一下这个式子，在砌体中增加了网状钢筋后，砌体的抗压强度设计值 f_n 比无筋砌体的抗压强度设计值 f 有所提高，而提高的部分又与钢筋抗拉强度设计值 f_y、配筋砌体的体积配筋率 ρ（钢筋体积与砌体体积之比）成正比。构件的偏心距 e 对构件承载力有不利影响，偏心距越大，抗压强度增加越少，所以偏心距 e 在本式中被表示成一个减项。

通过对计算公式的分析，大体可获得这样的印象，砌体配筋后，其承载力比无筋砌体有所提高，而提高的量值与配筋情况有关。砌体的其他承载力计算也是一个道理，不再介绍。

复习思考题

1. 砌体房屋的静力计算方案如何划分？它与房屋的空间工作性能有何关系？

2. 什么是砌体墙柱高厚比？如何验算？

3. 刚性方案房屋的墙柱计算简图有何特点？

4. 砌体墙柱受压承载力如何计算？

5. 砌体局部受压的破坏形态有哪些？

6. 梁下砌体局部承压如何验算？

7. 过梁的受力有何特点？

8. 挑梁的破坏有几种可能？如何确定挑梁的其抗倾覆荷载？

9. 墙梁与普通梁有何不同？墙梁上的荷载包括哪些？

10. 什么是配筋砌体？配筋砌体有哪些形式？

习题

1. 某砖柱截面尺寸为 490mm×490mm，柱的计算高度 $H_0=H=5000$，采用 MU10 砖和 M5 混合砂浆砌筑，柱顶承受轴心力设计值 240kN，试验算柱底截面承载力是否满足要求（砌体重力密度可取 19kN/m³）。

2. 已知某砖柱截面尺寸为 370mm×620mm，柱的计算高度 $H_0=5100$，采用 MU10 烧结普通砖和 M2.5 混合砂浆砌筑。试分别计算与构件长边方向偏心距分别为 $e=30mm$ 和 $e=130mm$ 时砖柱的承载力设计值 N_u。

3. 已知窗间墙截面尺寸为 1000mm×370mm，采用 MU10 烧结普通砖和 M5 混合砂浆砌筑。大梁截面尺寸为 220mm×500mm，梁端伸入墙内的支承长度为 240mm，梁支承于墙宽中部，梁跨度小于

6m，梁端部压力设计值 40kN，梁底窗间墙截面由上部荷载引起的轴向力设计值为 95kN，试验算梁端下部砌体局部受压承载力是否满足要求。

4. 某单层厂房层高 6.0m，房屋静力计算方案为刚性方案。独立承重砖柱截面尺寸为 490mm×620mm，采用 MU10 烧结普通砖和 M5 混合砂浆砌筑，试验算该柱的高厚比是否满足要求。

8
钢结构计算基础

钢结构是指用热轧型钢、钢板、钢管或冷加工的薄壁型钢等材料通过焊接、螺栓连接或铆接等方式制造的工程结构。选用钢结构应从工程实际出发，合理选择材料、结构方案和构造措施，满足结构构件在运输、安装和使用过程中的强度、稳定性和刚度要求，并符合防火、防腐蚀要求。

钢结构主要用于"大、重、高、轻、动"结构。其中，"大"是指大跨度屋盖结构，如大型屋架、网架、网壳、悬索、拱架以及大跨度桥梁结构等；"重"是指重型厂房结构，如重型机械制造、大型钢铁联合企业重载厂房的排架结构等；"高"是指高耸结构和超高层结构，如电视发射塔、高压输电塔架、桅杆结构以及各类超高层建筑结构；"轻"是指轻型结构，如轻钢厂房、库房、展馆等；"动"是指临时性建筑、需要经常拆卸、移动的结构，如活动房屋、抢险救灾房屋以及其他可拆卸、移动或异地重复使用的结构等。

8.1　钢结构的材料和特点

8.1.1　钢结构的材料

钢结构的材料包括钢材和连接材料，钢材（主材）主要是指各类型钢和钢板，连接材料主要有焊条、螺栓、铆钉等。

1. 钢材

1）钢材的品种

用于钢结构的国产钢材主要是碳素结构钢中的 Q235 钢，以及低合金结构钢中的 Q345 钢、Q390 钢和 Q420 钢。Q 表示屈服强度，后面的数字表示钢材的屈服强度标准值。钢材的质量应符合现行国家标准的规定，当采用其他牌号的钢材时，尚应符合相关标准的规定和要求。

用于连接的高强度螺栓、焊条用钢丝、铆钉等，采用的是专用结构钢。

选用钢材时应考虑结构类型和重要性（使用条件、所处部位等）、荷载性质（静力荷载、间接动力荷载、动力荷载）、连接方法、工作温度等因素。

2）钢材的性能要求

承重结构对钢材的性能要求主要包括机械性能要求（抗拉强度、伸长率、屈服强度、冷弯性能、冲击韧性）和化学成分限制（硫、磷和其他杂质含量，碳含量）。

钢材的抗拉强度是衡量材料力学性能的主要指标，反映了钢材内部组织结构的优劣，并与疲劳强度有密切关系。钢材的伸长率是衡量钢材塑性性能的指标，反映了钢材在外力作用下产生永久变形时的抗断裂能力，承重结构的钢材应具有足够的伸长率。材料的屈服强度是衡量结构承载能力和确定强度设计值的重要指标。承重钢结构的钢材，必须保证这三项指标合格。对于非承重构件，也应保证抗拉强度、伸长率这两项指标合格。

钢材的冷弯性能也是塑性指标之一，是衡量钢材质量的综合性指标。通过冷弯试验，可以检验钢材颗粒组织、结晶情况和非金属夹杂物分布等缺陷，一定程度上也是鉴定焊接性能的指标。硫、磷是建筑钢材中的主要有害杂质，对钢材的力学性能和焊接接头的裂纹敏感性有较大影响，所有承重结构钢材对硫、磷含量均有限制。

建筑钢材的焊接性能主要取决于碳含量，碳含量越高，焊接性能越差。焊接结构中碳含量宜控制在 0.12% ～ 0.2% 之间。在焊接结构中不能使用 Q235-A 级钢。

3）钢材的规格

钢结构构件一般直接选用型钢，以减少制作工作量，降低造价。型钢尺寸不合适或构件尺寸很大时则改用钢板制作。型钢有热轧和冷弯成型两种，常用热轧型钢的截面形式见图 8-1。

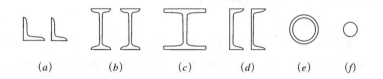

| (a) | (b) | (c) | (d) | (e) | (f) |

图 8-1　常用热轧型钢
(a) 角钢；(b) 工字钢；
(c) H 型钢；(d) 槽钢；
(e) 钢管；(f) 圆钢

我国钢结构中常用钢板及型钢品种有：

（1）热轧钢板

热轧钢板分厚板和薄板两种，厚板的厚度为 4.5 ～ 60mm，薄板厚度为 0.35 ～ 4mm。普通钢结构中主要用厚板制作梁、柱等构件的腹板和翼缘，薄板用于制作冷弯薄壁型钢或轻型结构中的较小零部件。钢板用表示横断面的符号"－"加断面尺寸（长 × 宽 × 厚）表示，单位为 mm，如 $-2100 \times 800 \times 12$。

（2）热轧工字钢

热轧工字钢截面宽度比高度小，宽度方向与高度方向的截面惯性矩和回转半径相差很大，故不宜单独用作轴心受压和双向弯曲构件，主要用于在腹板平面内受弯的构件和组合构件。热轧工字钢的规格以工字钢符号"I"和号数（截面高度，单位为 cm）表示，如 I15、I20 等。I20 以上的同一号数有三种腹板厚度，分 a、b、c 三类，

a 类腹板最薄、翼缘最窄，c 类腹板最厚、翼缘最宽。我国生产的热轧工字钢规格有 I10 ～ I63。

（3）热轧 H 型钢

H 型钢分热轧和焊接两种，热轧 H 型钢翼缘较宽并相等，较大的规格中翼缘宽度与高度相等，因此两个方向的惯性矩和回转半径接近，刚度和稳定性能较好，受力合理。热轧 H 型钢分宽翼缘、中翼缘和窄翼缘以及 H 型钢柱四类，其代号分别为 HW、HM、HN 和 HP。它们的规格以 H 型钢符号 "H" 和截面高度 × 宽度 × 腹板厚度 × 翼缘厚度（单位为 mm）表示，如 H340×250×9×14。

（4）热轧 T 型钢

T 型钢是由 H 型钢剖分而成，其代号与 H 型钢相似，采用 TW、TM、TN 分别表示宽翼缘、中翼缘和窄翼缘 T 型钢，其规格标记亦与 H 型钢相同。用剖分 T 型钢代替由双角钢组成的 T 型截面，其截面力学性能更为优越，且制作方便。

（5）热轧槽钢

热轧槽钢翼缘厚度比腹板厚度大，翼缘宽度比截面高度小得多，截面对弱轴（平行于腹板的主轴）惯性矩小，且与弱轴不对称。其规格以槽钢符号 "["加截面高度（单位为 cm）表示，如[20a 等。a 的意义与工字钢同，同理有 b、c。

（6）热轧角钢

角钢由两个相互垂直的肢组成，两肢宽度相等时称为等边角钢，两肢宽度不相等时称为不等边角钢，可用作受力构件或受力构件之间的连接零件。角钢的代号为 "L"，其规格用代号和长肢宽度 × 短肢宽度 × 肢厚表示（单位为 mm），如 L90×6、L125×80×8 等。

（7）钢管

钢管有无缝钢管和焊接钢管两种，主要用作网架等结构的受力构件以及钢管混凝土结构。钢管用符号 "φ"加 "外径 × 壁厚"表示，如 φ300×8 等。

（8）冷弯薄壁型钢和压型钢板

冷弯薄壁型钢由厚度为 1.5 ～ 6mm 的热轧钢板经冷加工成型，截面形式和尺寸可按工程要求确定。与同截面的热轧型钢相比，其截面轮廓尺寸、惯性矩和回转半径较大，受力性能较好，并节约钢材，广泛应用于轻钢结构，但对锈蚀的影响较为敏感。压型钢板可与混凝土组成组合结构，一般用于屋面板和楼板。

4）钢材的强度

钢结构用钢材的强度设计值见表 8-1。

钢材强度设计值（N/mm²）　　　　　表 8-1

钢　材		抗拉、抗压和抗弯 f	抗剪 f_v	端面承压（刨平顶紧）f_{ce}
牌号	厚度或直径（mm）			
Q235 钢	≤ 16	215（205）	125（120）	325（310）
	>16 ~ 40	205	120	
	>40 ~ 60	200	115	
	>60 ~ 100	190	110	
Q345 钢	≤ 16	310（300）	180（175）	400（400）
	>16 ~ 35	295	170	
	>35 ~ 50	265	155	
	>50 ~ 100	250	145	
Q390 钢	≤ 16	350	205	415
	>16 ~ 35	335	190	
	>35 ~ 50	315	180	
	>50 ~ 100	295	170	
Q420 钢	≤ 16	380	220	440
	>16 ~ 35	360	210	
	>35 ~ 50	340	195	
	>50 ~ 100	325	185	

注：括号内的数值适用于薄壁型钢结构。

2. 连接材料

钢结构的连接材料包括手工电弧焊用焊条、自动或半自动焊接用焊丝，螺栓连接用的螺栓、铆钉和锚栓，其性能应符合相关标准的要求。

焊条有多个不同的型号，如 E43、E50、E55 等。螺栓按机械性能分为普通螺栓和高强度螺栓，按直径分为 M12、M16……M30 等型号，按适用厚度和孔径分为 A、B、C 三级，按外观分为六角头螺栓和大六角头螺栓。普通螺栓按性能等级（强度）分为 4.6 级、4.8 级、5.6 级和 8.8 级，高强度螺栓分为 8.8 级和 10.9 级。铆钉按钢号分为 BL2 和 BL3，锚栓则按牌号分为 Q235 级和 Q345 级。

8.1.2　钢结构的特点

与其他材料结构相比，钢结构有如下特点：

1. 强度高、自重轻

钢材与钢筋混凝土、砌体等材料相比，容积密度虽大，但强度却高得多。当承受的荷载和条件相同时，钢构件要比其他材料构件轻得多，这种材料强度高和构件自重轻的优越性，在高层和大跨度结构中表现尤为突出。由于钢构件自重轻，可相应减轻下部结构及基础的负荷，也可相应降低地基、基础部分的造价。

2. 塑性和韧性好

钢材具有良好的塑（延）性和韧性性能。钢结构在破坏之前能产生较大的塑性变形，其破坏一般具有塑性性质。钢材的韧性好，使钢结构对动力作用的适应性较强，故适宜于承受动力荷载和对抗震能力要求高的结构。

3. 材质均匀、可靠性好

钢材的材质均匀，接近于均质和各向同性，其力学性能稳定，有较大的弹性工作区域和较明显的塑性工作区域，实际受力状态与力学计算结果吻合较好，因而计算精度较高，所以钢结构的可靠性好。

4. 制造方便、工业化程度高

钢结构的构件可以在专业化的金属结构加工厂制造，然后运到工地拼装，其连接可以采用螺栓连接和焊接。构件制造精确度高，安装方便，施工效率高，施工周期短，并且便于拆、卸、加固和改建，是工业化程度较高的一种结构，也是可拆卸建筑物常用的一种结构。此外，经焊接的钢结构可以做到完全密闭，因此适宜于建造高压容器、大型储液库、燃气库、输油管道等构筑物。

5. 耐热但不耐火

当环境温度低于100℃时，钢材的屈服强度和弹性模量变化很小；当环境温度超过250℃时，其强度和弹性模量降低较多；当环境温度达到600℃以上时，钢材几乎丧失承载能力。因此，当环境温度有可能达到150℃以上时，钢结构需采取隔热和防火措施。

6. 耐腐蚀性差

钢材不耐锈且在温度高、有侵蚀性介质的环境中易受锈蚀，如浸泡在海水中的采油平台，某些化工厂附近的钢结构等，易受到损害。因此，钢结构在潮湿和有侵蚀性介质的环境中时必须定期维护，如除锈、刷漆等，其维护费用较高。

8.2 钢结构基本构件

根据构件的受力情况，钢结构构件分为受弯构件、轴心受力构件（受拉或受压）、偏心受力构件（拉弯或压弯构件）等。钢结构的设计原则和方法与其他结构相同。

8.2.1 受弯构件

钢梁是钢结构受弯构件的最基本形式，其截面形式有热轧型钢梁、冷弯薄壁型钢梁以及采用焊接或栓接的工字形梁、箱形梁，有

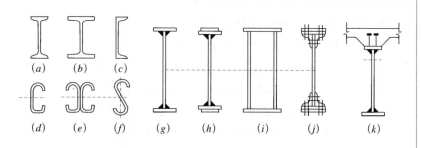

图8-2 钢梁的截面形式

时还使用由钢和混凝土形成的组合梁（图8-2）。

钢结构受弯构件的计算包括强度计算、整体稳定性验算、局部稳定性验算和挠度验算，必要时还要进行疲劳计算。强度计算中又包括正应力、剪应力及局部压应力计算或验算。

1. 受弯构件正应力计算

钢梁的弯曲正应力沿截面高度的分布随弯矩的不同而不同，见图8-3。在弹性阶段，应力呈三角形分布，可直接用材料力学公式计算；在完全塑性时，应力为矩形分布；部分塑性时，介于两者之间。

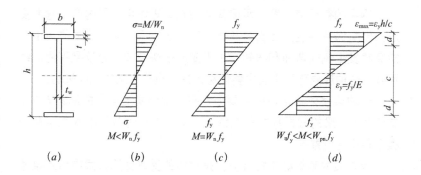

正应力计算可考虑截面部分塑性变形，计算公式为：

图8-3 钢梁的弯曲正应力分布图

在弯矩 M_x 作用下：
$$\frac{M_x}{\gamma_x W_{nx}} \leq f \tag{8-1}$$

在弯矩 M_x 和 M_y 作用下：
$$\frac{M_x}{\gamma_x W_{nx}} + \frac{M_y}{\gamma_y W_{ny}} \leq f \tag{8-2}$$

2. 剪应力计算

剪应力计算公式为：
$$\tau = \frac{VS}{It_w} \leq f_v \tag{8-3}$$

3. 局部压应力计算

局部压应力计算公式为：
$$\sigma_c = \frac{\psi F}{t_w l_z} \leq f \tag{8-4}$$

式中　M_x、M_y——绕 X、Y 轴的弯矩；

W_{nx}、W_{ny}——对 X、Y 轴的净截面模量；

γ_x、γ_y——截面塑性发展系数，工字形截面 $\gamma_x=1.05$，$\gamma_y=1.20$；对箱形截面 $\gamma_x=\gamma_y=1.05$；

f——钢材的抗弯、抗拉、抗压强度设计值；

V——计算截面沿腹板平面作用的剪力；

S——计算剪应力点以上毛截面对中和轴的面积矩；

I——毛截面惯性矩；

f_v——钢材的抗剪强度设计值；

t_w——腹板厚度；

ψ——集中荷载增大系数；

F——集中荷载，对动力荷载应考虑动力系数；

l_z——集中荷载在腹板计算高度 h_0 上边缘的假定分布长度。

4. 受弯构件的整体稳定性验算

钢梁的截面高而窄，承受荷载后在弯矩作用平面内产生弯曲变形，侧向保持平直。但当荷载达到某一数值后，梁在挠力作用下可能突然发生侧向弯曲和扭转，由于变形很快增加，导致梁不能继续承载，这种现象称为梁丧失整体稳定性，也称为梁的侧向失稳。

影响梁整体稳定性的主要因素有：梁侧向支承点的间距 l 或无支跨度 l_0；梁的截面尺寸和惯性矩；梁端支承对截面的约束；荷载类型和作用位置等。

考虑梁的整体稳定性计算，是在梁的受弯计算公式中引入梁整体稳定性系数 φ_b，即

在弯矩 M_x 作用下：
$$\frac{M_x}{\varphi_b W_x} \leqslant f \qquad (8\text{-}5)$$

在弯矩 M_x 和 M_y 作用下：
$$\frac{M_x}{\varphi_b W_x} + \frac{M_y}{\gamma_y W_y} \leqslant f \qquad (8\text{-}6)$$

式中　M_x——最大刚度主平面内最大弯矩；

W_x——按受压翼缘确定的梁毛截面抵抗矩；

φ_b——绕强轴弯曲所确定的梁整体稳定系数，取值详《钢结构设计规范》GB 50017-2003。

构件满足一定条件时，也可不进行整体稳定性验算。

5. 受弯构件的局部稳定

由翼缘和腹板等组成的钢梁，在压应力作用下可能局部失稳，

板件向平面外发生波状弯曲。防止受弯构件局部失稳的主要措施是
调节受压翼缘的宽厚比和增加加劲肋。

6. 受弯构件的挠度应满足下式的要求：

$$u \leqslant [u] \tag{8-7}$$

式中　u——由全部恒荷载和可变荷载标准值计算所得的构件挠度，
　　　　　可由荷载和支承条件由静力计算确定；

　　　$[u]$——构件的容许挠度值，由相关规范确定。

8.2.2　轴心受力构件

轴心受力构件包括轴心受拉和轴心受压构件，广泛应用于平面
桁架、屋架、空间桁架以及支撑系统中。对支承楼（屋）盖及工作
平台的轴心受压构件，也称为轴心受压柱。

轴心受力构件的截面形式包括实腹式截面和格构式截面，如图
8-4 所示。轴心受力构件的承载能力极限状态计算包括强度、整体
稳定和局部稳定三方面，后两者只适用于轴心受压构件。此外，还
应进行正常使用极限状态的长细比验算。

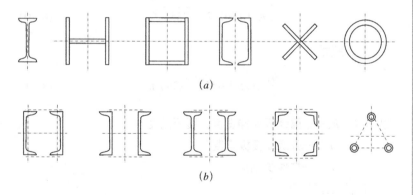

(a)

(b)

**图 8-4　轴心受力构件的组
合截面形式**
(a) 实腹式截面；
(b) 格构式截面

1. 强度计算

轴心受拉和轴心受压构件的强度按下式计算：

$$\sigma = \frac{N}{A_n} \leqslant f \tag{8-8}$$

式中　N——轴心拉力；

　　　A_n——构件净截面面积，按截面毛截面扣除孔洞面积计算。

2. 整体稳定

轴心受压构件在截面平均应力低于钢材屈服强度前，由于外力
的轻微扰动，就可能使构件产生较大的弯曲变形、扭转变形或弯扭
变形从而导致丧失承载力。轴心受压构件的失效往往是由于丧失整

体稳定性所致，此类构件须进行整体稳定计算。

实腹式轴心受压构件整体稳定按下式验算：

$$\sigma = \frac{N}{\varphi A} \leq f \qquad (8-9)$$

式中　A——构件毛截面面积；

　　　φ——轴心受压构件的稳定系数，可按设计规范查用。

3. 局部稳定

实腹式轴心受压构件的截面一般由翼缘、腹板等矩形板件和加劲肋、顶板、底板等组成，彼此相互支承，板件组合后出现多种不同的支承情况。在轴心压力作用下，有可能在丧失整体稳定或达到受压承载力之前，薄板先发生屈曲（板件偏离原来的平面位置而发生波状鼓曲），这种现象称为局部丧失稳定，它将导致构件较早丧失承载力。对于实腹构件，通常采用限制板件宽厚比的办法来限制局部失稳。

实腹式轴心受压构件局部稳定按下式计算：

对于翼缘

$$\frac{b}{t} \leq (10 + 0.1\lambda)\sqrt{235 / f_y} \qquad (8-10)$$

对于腹板

$$\frac{h_0}{t} \leq (25 + 0.5\lambda)\sqrt{235 / f_y} \qquad (8-11)$$

式中　b、h_0——翼缘板外伸宽度、腹板高度；

　　　t——翼缘或腹板厚度；

　　　λ——构件长细比。

4. 长细比验算

为满足结构的正常使用要求，保证构件在运输和安装过程中、在使用期间、在动力荷载作用下不致产生过度的变形，轴心受拉和轴心受压构件应有一定的刚度，一般通过控制杆件长细比 λ（$\lambda = l_0 / i$）来实现。l_0 为构件计算长度，应按规范确定；i 为截面回转半径，可查型钢表确定。

一般受压和受拉构件的容许长细比见表 8-2。

8.2.3　偏心受力构件

偏心受力构件分为偏心受压构件和偏心受拉构件，即拉弯构件和压弯构件，其截面形式可以是实腹式或格构式。当弯矩有正有负

受压和受拉构件容许长细比   表 8-2

受 压 构 件		受 拉 构 件			
		承受静力荷载或间接承受动力荷载			直接承受动力荷载的结构
构 件 名 称	容许长细比	构 件 名 称	一般结构	有重级工作制吊车的厂房	
柱、桁架和天窗架中的杆件；柱的缀条、吊车梁或吊车桁架以下的柱间支撑	150	桁架的杆件	350	250	250
支撑（吊车梁或吊车桁架以下的柱间支撑除外）；用以减小受压构件长细比的杆件	200	吊车梁或吊车桁架以下的柱间支撑	300	200	
		其他拉杆、支撑、系杆（张紧的圆钢除外）	400	350	

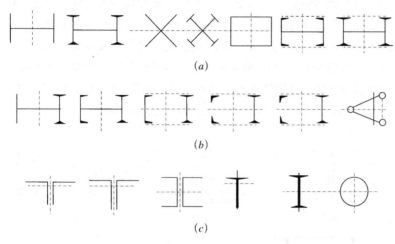

图 8-5 拉弯和压弯构件的截面形式
(*a*) 双轴对称重型截面；
(*b*) 单轴对称重型截面；
(*c*) 普通桁架拉弯和压弯杆件截面

且大小接近时，宜采用双轴对称截面（图 8-5*a*），否则宜采用单轴对称截面以节省钢材，此时截面受力较大的一侧适当加大（图 8-5*b*）。在这两种情形下，都应使弯矩作用在最大刚度平面内。

压弯构件通常以柱的形式存在，比拉弯构件应用更为广泛。

拉弯构件和压弯构件都需进行强度计算，偏压构件还需进行弯矩平面内、外的整体稳定性和局部稳定性计算，并用长细比保证其刚度。

拉弯构件和压弯构件强度计算的公式为：

$$\frac{N}{A_n} \pm \frac{M_x}{\gamma_x W_{nx}} \pm \frac{M_y}{\gamma_y W_{ny}} \leqslant f \qquad (8\text{-}12)$$

式（8-12）的符号意义同前，其实质是应力的叠加。

压弯构件的稳定性计算应分别对两个方向进行，计算较复杂，不再赘述。

8.3 钢结构的连接

钢结构由型钢、钢板等结构部件组成，各部件之间需要用一定的方式连接。普通钢结构的连接方法有焊缝连接、螺栓连接和铆钉连接，冷弯薄壁型钢结构多采用自攻螺钉连接。

8.3.1 焊缝连接

焊缝连接简称为焊接。一般钢结构中主要采用电弧焊，通过电弧产生的热量使焊条和焊件（主材）局部熔化、冷却凝结后形成焊缝，从而使焊件连接成为一体。电弧焊分为手工焊、自动焊和半自动焊。

1. 焊件连接的方式及焊缝形式。

按被连接件的相对位置，焊件的连接方式分为平接、搭接、T形连接和角接四种，相应的焊缝形式有对接焊缝（图 8-6a）和角焊缝（图 8-6b、c、d、e、g）。T形连接也可透焊（图 8-6f），其性能与对接焊缝相同。对接焊缝按受力方向可分对接正焊缝（图 8-6a）和对接斜焊缝；角焊缝长度方向垂直于力作用方向时称为正面角焊缝（图 8-6d），平行于力作用方向时称为侧面角焊缝。

图 8-6 焊件的连接方式和焊缝形式
(a)、(b)、(c) 平接；
(d) 搭接；
(e)、(f) T形连接；
(g)、(h) 角接

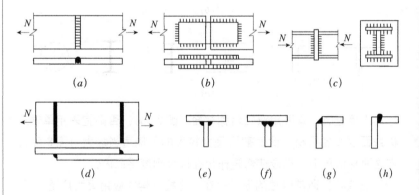

施工图样中焊缝形式、尺寸和辅助要求等均应按《建筑结构制图标准》GB/T 50105 标注。

2. 对接焊缝

1）对接焊缝的计算

焊缝是钢结构焊接的关键所在，焊缝的连接强度应大于主材。在保证焊接质量的前提下，焊缝的连接强度取决于焊缝长度和焊缝高度，而焊缝的长度和高度是通过计算确定的。

在对接接头和T形接头中，垂直于轴心拉力或轴心压力的对接焊缝，其强度按下式计算：

$$\sigma = \frac{N}{l_w t} \leq f_t^w, \ f_c^w \qquad (8\text{-}13)$$

在对接接头和 T 形接头中，承受弯矩和剪力共同作用的对接焊缝，其正应力和剪应力按式（8-14）和式（8-15）分别进行计算。但在同时受有较大正应力和剪应力处（例如梁腹板横向对接焊缝的端部），应按式（8-16）计算折算应力：

$$\sigma = \frac{M}{W_f} \leq f_t^w, \ \tau = \frac{VS_f}{I_f t} \leq f_v^w, \ \sqrt{\sigma^2 + 3\tau^2} \leq 1.1 \, f_t^w \quad (8\text{-}14), \ (8\text{-}15), \ (8\text{-}16)$$

式中　N——轴心拉力或轴心压力设计值；

　　　　l_w——焊缝计算长度，当无法采用引弧板施工焊时，计算时应将每条焊缝的长度减去 10mm。如薄壁型钢结构应将每条焊缝的长度减去 2 倍焊缝厚度；

　　　　t——对接接头中为接件的较小厚度，在 T 形接头中为腹板厚度；

　f_t^w、f_c^w——对接焊缝的抗拉、抗压强度设计值；

　　　　W_f——焊缝截面抵抗矩；

　　　　S_f——焊缝截面面积矩；

　　　　I_f——焊缝截面惯性矩。

2）对接焊缝的截面形式和构造要求。

对接焊缝一般用于钢板的拼接和 T 形连接，在施焊时，焊件间须具有适合于焊条运转的空间，故一般将焊件加工成坡口（表 8-3），根据板件的厚度选择不同的坡口。

对接焊缝的其他要求还包括：

（1）在对接焊缝的拼接处，当焊件的宽度不同或厚度在一侧相差 4mm 以上时，应分别在宽度方向和厚度方向从一侧或两侧做成坡度不大于 1∶2.5 的斜角。对需进行疲劳验算的结构，斜角坡度不应大于 1∶4。

（2）在直接承受动力荷载的结构中，垂直于受力方向的焊缝不宜采用部分焊透的对接焊缝。

3. 角焊缝。

角焊缝一般用于搭接和 T 形连接。角焊缝按其截面几何形状分为直角角焊缝（$\alpha=90°$）和斜角角焊缝（$0<\alpha<90°$ 或 $90°<\alpha<180°$）。夹角 $\alpha>135°$ 或 $\alpha<60°$ 的斜角角焊缝不宜用作受力焊缝（钢管结构除外）。

直角角焊缝截面的直角边长 h_f 称为焊角尺寸，焊缝的有效长度称为计算长度。计算长度应考虑起落弧的影响，未加起落弧板时，

对接焊缝的截面形式和构造　　　　　　表 8-3

项次	焊缝形式	截面图（mm）	钢板厚度（mm）	说明
1	不剖口	$a=0.5\sim2$	≤ 10	板厚 5mm 以下可单面焊, 6 ~ 10mm 须双面焊
2	V 形缝	$b=2\sim3$　60°　$a=2\sim3$	10 ~ 20	焊缝根部需作补焊
3	X 形缝	$a=2\sim3$　60°　$a=2\sim3$	>20	
4	U 形缝	10°　$b=3\sim4$　$a=2\sim3$	>20	用于不能双面焊时, 焊缝根部需作补焊
5	K 形缝	$b=2\sim3$　45° 45°　$a=2\sim3$	>20	用于立焊时的水平焊缝

每个弧口应扣除 5mm。角焊缝一般假设在 45° 截面内剪切破坏，焊缝有效厚度 h_e 取 $0.7h_f$。

角焊缝应满足下列要求：

角焊缝的焊脚尺寸应符合下列要求：

1）焊脚尺寸 h_f 不得小于 $1.5\sqrt{t}$，t 为较厚焊件厚度，当焊件厚度不大于 4mm 时，最小焊件尺寸应与焊件厚度相同。

2）焊脚尺寸不宜大于较薄焊件厚度 t_{min} 的 1.2 倍（钢管结构除外）；但板件（厚度为 t）边缘的角焊缝最大焊脚尺寸尚应满足 $h_f \le t$（$t \le 6$mm 时）或 $h_f \le t-(1 \sim 2)$ mm（$t>6$mm 时）。

3）在次要构件或次要焊缝连接中，可采用断续角焊缝，断续角焊缝的长度不得小于 $10h_f$ 或 50mm，其净距不应大于 $15t$（受压构件）和 $30t$（受拉构件），t 为较薄焊件的厚度。

4）板件的端部仅有两侧面角焊缝连接时，每条侧面角焊缝长度不宜小于两侧面角焊缝之间的距离；同时，两侧面角焊缝之间的距离不宜大于 $16t$（当 $t>12$mm 时）和 190mm（当 $t \le 12$mm 时），t 为较薄焊件的厚度。

5）杆件与节点板的连接焊缝宜两面侧焊，也可用三面围焊，对角钢杆件可采用 L 形围焊，所有围焊的转角处必须连续施焊。

6）在搭接连接时，搭接长度不得小于焊件较小厚度的 5 倍，并不得小于 25mm。

角焊缝以传递剪力为主，根据不同的受力形式，按作用力与焊缝长度方向的关系，采用相应公式进行焊缝计算。

8.3.2 螺栓连接

螺栓连接简称栓接，是通过螺栓产生的紧固力使被连接件成为整体。螺栓连接的优点是装拆方便，缺点是要在板件上开孔削弱构件截面，增加工作量，且需要搭接连接件。

螺栓连接分为普通螺栓连接和高强度螺栓连接。

普通螺栓用 Q235 钢制成，用普通扳手拧紧。普通螺栓分为 A、B、C 三级，钢结构中一般采用 C 级（即粗制螺栓），其加工精度较低，配用的孔径比螺栓杆径大 1 ～ 1.5mm，故宜用于沿杆轴方向受拉的连接。用于受剪连接时，由于螺杆与螺孔空隙较大，在克服连接件间的摩擦力后将出现较大滑移变形，故只宜用于承受静力荷载的次要连接或临时固定构件用的安装连接（定位或夹紧用）。

高强度螺栓采用的材料强度约为普通螺栓的 3 ～ 4 倍，故可对螺杆施加很大的紧固预拉力，使连接板受到较大的压应力而使连接的板叠压非常紧密，从而利用板间摩擦力有效传递剪力，这种连接类型称为摩擦形高强度螺栓连接；若允许连接板间的摩擦力被克服并产生滑移，转而利用螺栓杆和螺孔孔壁靠紧传递剪力，这种连接称为承压型高强度螺栓连接。高强度螺栓连接可广泛用于钢结构重要部位的安装。

螺栓连接需解决的主要问题，一是通过计算确定螺栓的规格和数量，二是螺栓的排列，它受到连接件的尺寸、螺栓最大和最小容许间距的影响。螺栓的布置和排列应满足受力、构造和施工的要求。其间距、边距和端距等应满足表 8-4 的要求，在角钢等型钢上布置螺栓时还应考虑型钢尺寸的限制。

1. 螺栓连接的计算

1）单个螺栓的承载力设计值的计算

螺栓的受剪承载力设计值应按式（8-17）计算，其受压承载能力设计值应按式（8-18）计算，受拉承载能力设计值应按式（8-19）计算：

$$N_v^b = n_v \frac{\pi d^2}{4} f_v^b, \quad N_c^b = d \sum t f_c^b, \quad N_t^b = \frac{\pi d_e^2}{4} f_t^b \quad (8\text{-}17), (8\text{-}18), (8\text{-}19)$$

式中　N_v^b、N_c^b、N_t^b——每个螺栓的受剪、承压和受拉承载力设计值；

n_v——每个螺栓的受剪面数；

d——螺栓杆的直径；

d_e——螺栓螺纹处的有效直径；

$\sum t$——在同一方向承压构件的较小总厚度；

f_v^b、f_c^b、f_t^b——螺栓的抗剪、承压和抗拉强度设计值。

每个普通螺栓的承载力设计值应取受剪和承压承载力设计值中的较小者。

2）螺栓数量

螺栓数量的计算原理是，先假定螺栓布置方式，然后将连接传递的杆件力 N 平均分配给每个螺栓，通过设置合理的螺栓数量，使每个螺栓符合承载力要求。例如，对承受轴心力的抗剪、抗拉连接，若每个螺栓的抗剪承载力设计值为 N_{min}，或抗拉承载力设计值为 N_t^b，则需要的螺栓数为

$$n \geqslant \frac{N}{N_{min}} \text{ 或 } n \geqslant \frac{N}{N_t^b} \qquad (8\text{-}20)、(8\text{-}21)$$

对于承受偏心力的抗剪连接和抗拉连接，由于偏心力的影响，需考虑偏心力 N 到螺栓群的形心（转动中心）的偏心距 e 所形成的附加弯矩，偏心力的分配计算稍显复杂。

2. 螺栓最大和最小容许间距

螺栓最大和最小容许间距见表 8-4。

螺栓或铆钉的最大、最小容许距离　　　　　　　　　　　表 8—4

名　称	位　置　和　方　向			最小容许距离 （取两者之间的较小值）	最小容许距离
中心间距	外排（垂直内力方向或顺内力方向）			$8d_0$ 或 $12t$	$3d_0$
	中间排	垂直内力方向		$16d_0$ 或 $24t$	
		顺内力方向	构件受压力	$12d_0$ 或 $18t$	
			构件受拉力	$16d_0$ 或 $24t$	
	沿对角线方向			—	
中心距构件边缘距离	顺内力方向				$3d_0$
	垂直内力方向	剪切边或手工气割边		$4d_0$ 或 $8t$	$1.5d_0$
		轧制边、自动气割边或锯割边	高强度螺栓		
			其他螺栓或铆钉		$1.2d_0$

8.3.3　铆钉连接

铆钉连接与螺栓连接主要是施工方式和连接件上的区别，铆钉连接以铆钉为连接件，使用专用工具施工，而螺栓连接以螺栓为连接件，使用普通工具施工。

铆钉连接的计算方法、排列要求与螺栓连接基本相同。

8.4　钢结构的防护

8.4.1　钢结构的防锈

钢结构在湿度大和有侵蚀性介质的环境中容易锈蚀，所以应对钢结构加以防护。

钢结构防锈的关键首先是在制作时将铁锈除净，其次是应根据不同的情况选用高质量的油漆或涂层，最后是妥善的维护制度。钢结构防锈和防腐蚀采用的涂料、钢材表面的除锈等级以及防腐对钢结构的构造要求等，应符合现行有关国家标准的规定，设计中应注明所要求的钢材锈蚀等级和所要用的涂料（或镀层）及涂（镀）层厚度。

在构造上，钢结构应尽量避免出现难于检查、清刷和油漆以及能积留湿气和大量灰尘的死角或凹槽，闭口截面构件应沿全长和端部焊接封闭。

设计使用年限不小于 25 年的建筑物，对使用期间不能重新油漆的结构部位，应采取特殊的防锈措施。

除特殊需要外，一般不应因考虑锈蚀而再加大钢材截面的厚度。

对埋入土中的钢柱，其埋入部分的混凝土保护层未伸出地面者或柱脚底面与地面的标高相同时，因柱身（或柱脚）与地面（或土壤）接触部位四周易积聚水分和尘土等杂物，会导致该部位锈蚀严重。因此，根据《钢结构设计规范》GB 50003—2003，柱脚在地面以下的部分应采用保护层厚度不小于 50mm 的较低强度等级的混凝土包裹，并应使包裹的混凝土高出地面不小于 150mm；当柱脚在地面以上时，柱脚底面应高出地面不小于 100mm。

8.4.2　钢结构的防火与隔热

一般钢材，温度在 200°C 以内时强度基本不变，随着温度的继续升高，钢材的屈服点、抗拉强度和弹性模量都将降低，达到 450 ～ 600°C 左右时就会失去承载力，产生很大的变形，进而导致失稳而坍塌。因此，防火隔热是钢结构工程必须要解决的关键问题之一。

钢结构失去承载力时的温度称为临界温度。结构构件要达到临界温度需经历一定的时间，一般不加保护的钢结构耐火极限为30min左右。为保证结构构件的安全，在规定的耐火极限时间里，使其温度的上升不至超过临界温度，从而将结构承载力的降低控制在允许范围之内。结构表面长期受辐射热达150℃以上或在短时间内可能受火焰作用时，应采取防护措施，如加隔热层或水套等。常用的防火措施有，一般钢结构刷防火涂料；高炉出铁厂和转炉车间的屋架下弦、吊车梁底部，可采用悬吊金属板隔热；对柱表面可采用砖砌体隔热等。

钢结构的防火应符合现行国家规范《建筑设计防火规范》GB 50016—2006和《高层民用建筑设计防火规范》GB 50045—1995（2006年版）的要求，结构构件的防火保护层应根据建筑物的防火等级对各不同的构件所要求的耐火极限进行设计。防火涂料的性能、涂层厚度及质量要求应符合现行国家标准、规范的规定。

 复习思考题

1.钢结构的适用范围有哪些？

2.钢结构的主要材料有哪些？

3.钢结构受弯构件的计算主要包含哪些方面？它较钢筋混凝土受弯构件多了哪些内容？

4.钢结构受弯轴心受力构件的计算主要包含哪些方面？比混凝土构件多了哪些内容？

5.钢结构有哪些连接方式？连接需要计算吗？为什么？

9
建筑结构抗震基础知识

9.1 有关地震的基本概念

9.1.1 地震

1.地震的概念和分类

地震是由于地壳运动使岩层发生断裂、错动而引起的地面振动。引起地面振动的因素有人工因素和自然因素。人工因素有爆破、拆除、强夯、矿山开采、地质勘探、地下核爆、建筑水库堤坝等，可引起小范围的地面振动，所引发的地震称为诱发地震。自然因素有火山爆发、岩层陷落、地壳构造运动等，所引发的地震称为火山地震、陷落地震和构造地震，它们属于天然地震。其中，构造地震发生频率高、影响范围大，是地震和工程抗震研究的主要对象。所以，一般意义上所称的地震是指构造地震。

地震是一种自然现象，全世界平均每年发生 500 多万次地震，5 级以上的强烈地震约 1000 次左右。

2.地震的成因

对于地震的成因，目前比较流行的是板块构造说。地球的宏观结构分为地壳、地幔和地核三个层圈。板块构造说认为，地壳的岩石圈是一个不连续体，它由若干板块构成。由于地幔物质的对流，地球板块一直在缓慢地运动着，板块向一个方向集中时所引起的隆起便形成高原，板块相对分离便形成海沟。"大陆偏移"说也认为地球板块是运动的。地球板块的构造运动是构造地震产生的根本原因。因为，从局部看，地球板块的构造运动使岩石局部变形而聚集能量，当聚集的能量超过岩石的承受能力时，该岩体就会发生断裂、错动，能量的突然释放便形成了地震。

板块学说所描述的地球板块有六大块，即太平洋板块、欧亚板块、印度洋板块、非洲板块、美洲板块和南极洲板块。板块与板块的交界处，是地壳活动比较活跃的地带，也是地震活动比较频繁的地带。一般把地震活动比较频繁的地带称为地震带。世界有两大主要地震带，即环太平洋地震带和地中海—喜马拉雅地震带，它们集中了全世界 75% ~ 90% 的地震。

我国东临环太平洋地震带，西临地中海—喜马拉雅地震带，是多地震国家。统计显示，自公元前 1177 年至 1976 年，我国共发生 4.7 级以上地震3100多次；1977年至2008年，共发生5.1级以上地震24次。有消息披露，2009 ~ 2012 年我国共发生 5.0 级以上地震 86 次。

3.地震的度量

地球内部发生断层错动并引起周围介质振动的部位称为震源。震源到地面的垂直距离称为震源深度，震源正上方的地面称为震中，地面某点距震中的距离称为震中距。

发生地震时，一次地震中震源所释放的能量用震级（M）来表示，它是根据距震中 100km 处用标准地震仪测得的地面最大水平位移 A（单位为 μm）按关系式 $M=\lg A$ 确定的，称为"里氏震级"。事实上，在震中距 100km 处不一定刚好有地震仪，地震台站也不一定有标准测定仪，所以震级还要根据震中距 Δ 通过修正函数 $f(\Delta)$ 修正，故 $M=\lg A+f(\Delta)$。

震级 M 与震源释放的能量 E 之间的关系可用 $\lg E=1.5M+11.8$ 表示。它表明，震级每增加一级，地面振动幅度约增加 10 倍，而地震释放的能量约增加 32 倍。

按里氏震级划分的地震震级共 10 级。小于 2 级的地震人们感觉不到，称为微震；2 ～ 4 级地震称为有感地震；5 级以上地震称为破坏性地震，7 级以上地震称为强烈地震或大地震，8 级以上地震称为特大地震。目前世界上记录到的最大地震震级为 8.9 级，我国 1976 年发生的唐山地震为 7.8 级，2008 年发生的汶川地震为 8 级。

4.地震的传播

地震以波的形式从震源向外传递能量。地震波的传播方式较特殊，从震源向周边介质直接传播的波称为"体波"，地震波到达地球表面后沿地面传递的波称为"面波"。

体波又分为纵波和横波。纵波为压缩波，其波动方向和能量传递方向一致，周期较短，振幅较小，在地面上引起上下颠簸运动。横波为剪切波，其波动方向垂直于能量传递方向，周期较长，振幅较大，在地面上引起水平方向的运动。

面波又分为瑞利波和乐福波。瑞利波的传播方向是在波的前进方向上呈直立的椭圆状反向运动，而乐福波的传播方向是在波的前进方向上左右摇摆的蛇行运动。面波周期长，振幅大，传递距离远。

地震波的传播速度是纵波最快，横波次之，面波最慢。

9.1.2 地震烈度

1.烈度的概念

地震波引起地面的垂直和水平运动。地震震级较大时，强大的地震波引起的地面剧烈运动，可导致地面建筑物、构筑物破坏。但是，同样的震级，由于震源深度、震中距和传播介质的差异，在同一地点及不同地点所引起的地面破坏程度并不相同。从抗震角度看，地面的破坏程度比震级本身更有工程意义。为此，将地震对地面造成的影响和破坏程度称为地震烈度，简称烈度。《中国地震烈度表》把地震烈度分为 12 度：1 ~ 3 度时人一般无感觉，4 ~ 5 度时人普遍有感觉，门窗作响；6 ~ 7 度时人惊慌失措、仓皇逃出，房屋有不同程度破坏；8 ~ 9 度时人无法站立、行走困难，房屋中等或严重破坏，10 度以上房屋毁灭性倒塌。

2. 基本烈度

地震烈度与具体地域的场地条件有关，工程建设必须考虑本地区将来可能遭遇的最大烈度。根据场地条件确定的作为建筑抗震设计依据的烈度称为抗震设防烈度，也称基本烈度。基本烈度是指一个地区在今后一定时期内，在一般场地条件下，可能遭遇的最大地震烈度。一定时期是指基本烈度颁布后的一段时期，一般为 50 年；一般场地条件是指标准地基土壤、一般地形、地貌、构造、水文地质等条件。抗震设防烈度由国家统一制定，是地震区工程抗震设防的主要依据。

一般工程所在地域的地震烈度可查阅《中国地震烈度区划图》，全国县级以上城镇中心地区的抗震设防烈度应按《建筑抗震设计规范》确定。一般情况下，抗震设防烈度可采用中国地震动参数区划图的地震基本烈度（或与抗震规范设计基本地震加速度值对应的烈度值）；对已编制抗震设防区划的城市，可按批准的抗震设防烈度或设计地震动参数进行抗震设防。

设计地震动参数主要指地震加速度设计值，它以重力加速度为单位（符号 g），7 度时为 $0.10g$ 和 $0.15g$，8 度时为 $0.20g$ 和 $0.30g$，9 度时为 $0.40g$。

9.2 建筑抗震与设防

9.2.1 工程抗震的目标和设防标准

1. 建筑抗震设防的范围

我国规定，凡在抗震设防烈度为 6 度、7 度、8 度和 9 度地区进行工程建设，均需进行抗震设防。抗震设防烈度超过 9 度的地区，不宜进行工程建设。

我国 6 度及以上地区约占全国总面积的 60%，这些地区的建设工程均需按抗震设防。

2.建筑抗震设防目标

建筑抗震设防的目标是"小震不坏、中震可修、大震不倒",代表不同的抗震设防水准：

第一水准（小震不坏）：当遭受低于本地区抗震设防烈度的多遇地震影响时，建筑一般不受损坏或不需修理可继续使用；

第二水准（中震可修）：当遭受相当于本地区抗震设防烈度的地震影响时，建筑可能损坏，经一般修理或不需修理仍可继续使用；

第三水准（大震不倒）：当遭受高于本地区抗震设防烈度预估的罕遇地震影响时，建筑不致倒塌或发生危及生命的严重破坏。

其中，中震为对应于本地区基本烈度，它在 50 年内的超越概率一般为 10%；大震（罕遇地震）烈度约高于基本烈度 1 度，50 年内的超越概率约为 2% ~ 3%；小震（多遇地震）烈度约低于基本烈度 1.55 度，50 年内的超越概率约为 63.2%。

3.建筑抗震设防类别和设防标准

根据建筑使用功能的重要性，我国将建筑抗震分为甲、乙、丙、丁四个设防类别。甲类建筑是重大建筑工程和地震时可能发生严重次生灾害的建筑，乙类建筑是地震时使用功能不能中断或需尽快恢复的建筑，丙类建筑是除甲、乙、丁类以外的一般建筑，丁类建筑是抗震次要建筑。

建筑应根据所属抗震设防类别确定其抗震设防标准。甲类建筑，在 6 ~ 8 度地震设防区，应按本地区抗震设防烈度提高一度计算地震作用和采取抗震构造措施；9 度区应做专门研究。乙类建筑按抗震设防烈度计算地震作用，但应提高一度采取抗震构造措施。丙类建筑按抗震设防烈度计算地震作用和采取抗震措施。丁类建筑按本地区抗震设防烈度计算地震作用，抗震构造措施可适当降低，但 6 度时不再降低。

9.2.2　建筑抗震设计方法

建筑抗震设计采用的方法为对应于抗震设防三水准的两阶段设计法。为达到"小震不坏、中震可修、大震不倒"的设防目标，在第一阶段，按多遇地震烈度对应的地震作用和其他荷载效应的组合验算结构的承载力和弹性变形；在第二阶段，按罕遇地震烈度对应的地震作用效应验算结构的弹塑性变形。

进行两阶段设计的目的旨在满足第一水准和第三水准的抗震设防要求，而满足第二水准的抗震设防要求通过建筑概念设计和抗震构造要求来实现。

9.2.3 建筑抗震设计总体要求

1.建筑场地选择

地震区建筑场地选择的基本要求是：选择有利地段，避开不利地段，不在危险地段进行工程建设。

2.控制建筑体型

复杂的建筑体型不利于抗震。控制建筑体型的关键是控制建筑平面和立面的形状及组合关系，参见本书3.1。简单地讲，建筑物平、立面布置的基本原则是：对称、规则、质量与刚度变化均匀，具体要求参见4.3。

3.利用结构延性

在结构抗震中，一方面，希望结构有必要的刚度以抵抗水平地震作用，不致出现过大的不可接受的变形；另一方面，又希望结构有适当的延性，通过结构构件的合理变形来耗散地震能量，减少地震作用对结构的影响。例如，钢筋混凝土结构通过强剪弱弯、强柱若梁、强节点弱构件等设计策略来增强结构的弯曲变形能力，砌体结构通过墙体配筋、设置圈梁—构造柱来增强结构延性，钢结构设置耗能支撑等，都是为了提高结构的延性。

4.设置多道防线

前面曾提到，多道设防是指将结构抵抗地震作用的能力划分为若干层次，合理安排构件的先后破坏顺序，以部分次要构件的破坏、变形来消耗地震能量，最终保证主要抗侧力结构的安全。

在建筑抗震设计中，可利用多种手段达到设置多道防线的目的。例如采用超静定结构、有目的地设置人工塑性铰、利用框架的填充墙、设置耗能元件或耗能装置等等。无论采取何种措施都应注意，不同的设防阶段应使结构周期有明显差别，以避免共振；最后一道防线要具备足够的强度和变形潜力。

5.注意非结构因素

非结构因素很多，其中最主要的是非结构构件的连接与锚固处理。结构中的非结构构件会影响主体结构的阻尼、周期等动力特性，玻璃幕墙、顶棚、室内设备等非结构构件在地震中往往会先期破坏。因此，在结构抗震设计中，应特别注意非结构构件与主体结构之间的连接和锚固。对可能对主体结构振动造成影响的围护墙、隔墙等非结构构件，应注意分析和估计对主体结构可能带来的不利影响，并采取相应的构造措施。

9.3 地震作用

9.3.1 地震作用的概念和确定方法

前面提到，在建筑抗震设计中要求分别验算多遇地震烈度下结构的承载力和弹性变形，以及罕遇地震烈度下结构的弹塑性变形，进行这些验算应预先确定地震作用。

前面也提到，地震作用是作用在建筑物上的间接作用和偶然作用。地震作用之所以列为间接作用，是因为这种作用不是"主动地"加到结构上的，而是由于地震时地面快速运动和结构由于惯性所产生的"迟滞反应"引起的。所以，地震作用是由地震动引起的结构动态作用。

地震作用包括水平地震作用和竖向地震作用。地震作用的计算方法有底部剪力法、振型分解反应谱法和时程分析法。其中，底部剪力法是一种简化计算方法，用于高度不超过 40m、以剪切变形为主且质量和刚度沿高度分布比较均匀的结构，以及近似于单质点体系的结构；除此以外的其他结构应采用振型分解反应谱法；时程分析法作为补充计算方法，主要在特别不规则、特别重要的和较高的高层建筑的地震作用计算中采用。

9.3.2 重力荷载代表值

在地震作用计算时，把建筑物的楼层质量（重力）集中为一点（质点）作为质点的质量（重力性质的荷载），称为重力荷载，其代表值即为"重力荷载代表值"。

抗震设计规范规定，建筑物的重力荷载代表值（G_E）应取结构和构配件自重标准值（G_K）和各可变荷载组合值（$\Sigma\psi_{Ei}Q_{ik}$）之和，即 $G_E = G_K + \Sigma\psi_{Ei}Q_{ik}$。

各可变荷载的组合值系数（ψ_{Ei}），应按表 9-1 采用。

可变荷载组合值系数（ψ_{Ei}） 表 9-1

可变荷载种类	雪荷载	屋面积灰荷载	屋面活荷载	按实际情况计算的楼面活荷载	按等效均布荷载计算的楼面活荷载		起重机悬吊物重力	
组合值系数	0.5	0.5	不计入	1.0	藏书库、档案库	0.8	硬钩吊车	0.3
					其他民用建筑	0.5	软钩吊车	不计入

注：硬钩吊车的吊重较大时，组合值系数应按实际情况采用。

9.3.3　水平地震作用的计算方法

1.单质点体系

单质点体系也称单自由度体系，是指只有一个质点的结构体系，如各类单层结构。此时，质点的质量就是屋盖和墙体上部1/2范围的重力荷载代表值。

单质点体系在地震作用下，若地面发生位移 x_g，结构由于振动产生相对位移 x、速度 $\dot{x}$ 和加速度 $\ddot{x}$。取质点 m 为隔离体，则该质点上作用有惯性力 f_I、阻尼力 f_c 和弹性恢复力 f_r，见图9-1。质点平衡条件可表示为

$$f_I = f_c + f_r \tag{9-1}$$

根据牛顿定律，质点惯性力是质量 m 与绝对加速度（$\ddot{x}_g + \ddot{x}$）的乘积，即

$$f_I = m(\ddot{x}_g + \ddot{x}) \tag{9-2}$$

既然把地震作用定义为结构质点的惯性力，则地震作用可表示为

$$F_{EK} = m(\ddot{x}_g + \ddot{x}) = mS_a = \frac{G_E}{g}S_a = \frac{S_a}{g}G_E = \alpha G_E \tag{9-3}$$

式中　S_a——质点最大反应加速度；

G_E——质点重力荷载代表值；

α——质点最大反应加速度与重力加速度的比值，称为地震影响系数。

地震影响系数 α 可看作是以重力加速度为单位（即设计地震动参数中的加速度单位 g）时体系的最大反应加速度。若将上式改写为 $\alpha = F_{EK}/G_E$，则 α 又可看作是作用在结构上的地震作用与结构重力荷载代表值之比。

单质点体系的地震作用计算的关键是计算地震影响系数 α，它与建筑场地类别、建筑物自振周期、结构阻尼比等有关，应按图9-2所示的曲线确定。

其中，$\alpha_{\max}$ 为地震系数的最大值，按表9-2确定；η_1 为直线下降段的斜率调整系数（取0.02），γ 为衰减指数（取0.9），T_g 为特征周期，应按表9-3确定；η_2 为阻尼调整系数（取1.0）、T 为结构自振周期。当衰减系数不等于1.0、阻尼比不等于0.05时，应按规范规定另行确定。

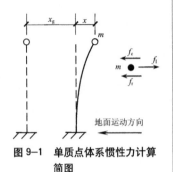

图9-1　单质点体系惯性力计算简图

图9-2　地震影响系数曲线

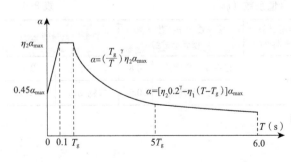

水平地震影响系数最大值 α_{max}　　　　　　　表 9-2

地震影响	6度	7度	8度	9度
多遇地震	0.04	0.08 (0.12)	0.16 (0.24)	0.32
罕遇地震	—	0.50 (0.72)	0.90 (1.20)	1.40

注：括号中数值分别用于设计基本地震加速度为 $0.15g$ 和 $0.30g$ 的地区。

特征周期值 T_g（s）　　　　　　　表 9-3

设计地震分组	场 地 类 别				
	I_0	I_1	II	III	IV
第一组	0.20	0.25	0.35	0.45	0.65
第二组	0.25	0.30	0.40	0.55	0.75
第三组	0.30	0.35	0.45	0.65	0.90

单质点体系的结构自振周期可利用其振动方程按下式计算：

$$T = \frac{2\pi}{\omega} = 2\pi\sqrt{\frac{m}{k}} = 2\pi\sqrt{\frac{G_E\delta}{g}} \qquad (9-4)$$

式中　ω——质点自振频率；

　　　k——单质点体系刚度系数；

　　　δ——单质点体系的柔度系数，即单位集中力使质点产生的位移。

图 9-2 所示的地震影响曲线用于计算结构自振周期在 0 ~ 6 秒范围的地震影响系数。地震影响曲线包括上升段、水平段、曲线下降段和直线下降段，分别对应于结构自振周期 0 ~ 0.1 秒、0.1 秒~ T_g、T_g ~ $5T_g$ 以及 $5T_g$ ~ 6 秒。由图可知，结构自振周期较小时，地震影响系数较大。当结构自振周期 T 接近场地特征周期 T_g 时将产生共振，故地震影响系数取最大值。因此，要减轻地震的影响，结构的自振周期应远离场地振动周期 T_g，这也就是为什么要反复强调结构不能刚度过大的原因。结构刚度过大时，自振周期将变小，越接近场地特征周期 T_g，地震影响越大。但是，结构自振周期也不能过大，T 大于 6 秒的结构应经专门研究。

场地特征周期可理解为场地土的自振周期，根据震级、震中距对场地的影响，同样的场地类别在不同地区具有不同的特征周期，这是对抗震规范"设计地震分组"的一种合理解释。

2. 多质点体系地震作用计算

计算多层和高层结构地震作用时，通常将各楼层的重力荷载代表值（含上下各 1/2 层墙体或柱）集中到楼面或屋面标高处作为楼层质点，一个楼层为一个质点，由无质量的弹性直杆连接并支承于地面上，形成多质点弹性体系。

1）地震作用计算

（1）底部剪力法

采用底部剪力法计算地震作用时，先根据建筑物总重力荷载代表值 G_E 计算除结构底部总剪力 F_{EK}，然后分配到各楼层作为楼层 i 的水平地震作用 F_i，即可按一般静力方法计算结构的内力和变形，参见图 9-3。

具有 n 个质点的多质点体系具有 n 个自由度，同时具有 n 个振型。底部剪力计算法只考虑第一振型，各楼层在计算方向可仅考虑一个自由度。此时，地震作用按下列公式计算：

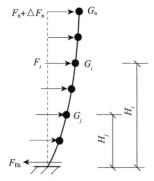

图 9-3　多质点体系地震作用计算简图

$$F_{Ek}=\alpha_1 G_{eq} \tag{9-5}$$

$$F_i=\frac{G_iH_i}{\sum\limits_{j=1}^{n} G_jH_j} F_{Ek}(1-\delta_n)\ (i=1,2\cdots n) \tag{9-6}$$

$$\Delta F_n=\delta_n F_{Ek} \tag{9-7}$$

式中　F_{Ek}——结构总水平地震作用标准值；

α_1——相应于结构基本自振周期 T_1 的地震作用影响系数；

G_{eq}——结构总重力等效荷载（单质点取总重力等效荷载代表值，多质点体系取总重力等效荷载代表值的 85%，即 $G_{eq}=0.85G_E$）；

F_i——质点 i 的水平地震作用标准值；

G_i、G_j——集中于质点 i、j 的重力荷载代表值；

H_i、H_j——质点 i、j 的计算高度；

δ_n——顶部附加地震作用系数，多层钢筋混凝土和钢结构房屋可按表 9-4 采用，多层内框架砖房可采用 0.2，其他房屋可采用 0.0；

顶部附加地震作用系数 δ_n　　　　　　　　　　表 9-4

T_g（s）	$T_1>1.4T_g$	$T_1\leqslant 1.4T_g$
$T_g\leqslant 0.35$	$0.08T_1+0.07$	0.0（不考虑）
$0.35<T_g\leqslant 0.55$	$0.08T_1+0.01$	
$T_g>0.55$	$0.08T_1-0.02$	

注：T_1 为结构基本自振周期。

ΔF_n——主体结构顶层附加水平地震作用标准值。

（2）振型分解法

采用振型分解法时，首先计算结构的自振振型，选取若干振型分别计算水平地震作用，再计算各振型水平地震作用下的结构内力，最后将各振型内力进行组合，得到地震作用下的结构内力。采用振型分解反应谱方法时，对于不考虑扭转耦联的结构，可按下列方法计算结构第 j 振型第 i 质点的水平地震作用标准值 F_{ji}：

$$F_{ji}=\alpha_j\gamma_j X_{ji}G_i \quad (i=1，2，\cdots n ； j=1，2，\cdots m) \tag{9-8}$$

式中　G_i——质点 i 的重力荷载代表值；

　　　α_j——相应于 j 振型自振周期的地震影响系数；

　　　X_{ji}——j 振型 i 质点的水平相对位移；

　　　γ_j——振型参与系数，应按下式计算：

$$\gamma_j = \frac{\sum\limits_{j=1}^{n} X_{ji}G_i}{\sum\limits_{i=1}^{n} X_{ji}^2 G_j} \tag{9-9}$$

式中　n——结构计算总质点数，小塔楼宜每层作为一个质点参与
　　　　　计算；

　　　m——结构计算振型数，规则结构可取 3，当建筑较高、结构
　　　　　沿竖向分布不均匀时可取 5～6。

按以上方法可确定对应于各振型的最大地震作用效应。由于各振型的对应的最大地震作用效应不会发生在同一时刻，简单地将其叠加结果会偏大，工程上一般以平方和开平方的方法估计体系的最大地震反应，按下式计算水平地震作用效应（内力和位移）：

$$S_{EK} = \sqrt{\sum S_j^2} \tag{9-10}$$

式中　S_j——j 振型的水平地震作用效应，如弯矩、剪力、轴向力和
　　　　　位移等。

（3）时程分析法

时程分析法又称直接动力法，将高层建筑结构作为一个多质点的振动体系，输入已知的地震波，用结构动力学的方法，分析地震全过程中每一时刻结构的振动状况，从而了解地震过程中结构的反应。

2）结构自振周期计算

按振型分解法计算多质点体系的地震作用时，需要分别计算体系的各个振型对应的结构自振周期 T_1、T_2、T_3……。除计算机方法外，适用于手算的近似方法主要有近似法、瑞利法、折算质量法、顶点位移法和矩阵迭代法等。

对于质量和刚度沿高度分布比较均匀的框架结构、框架—剪力墙结构和剪力墙结构，结构的基本自振周期 T_1 可按下式计算：

$$T_1 = 1.7\psi_T \sqrt{u_T} \tag{9-11}$$

式中　u_T——假想的结构顶点水平位移（m），即假想把集中在各楼层处的重力荷载代表值；

　　　G_i——作为该楼层水平荷载计算结构顶点弹性水平位移；

　　　ψ_T——考虑非承重墙刚度对结构自振周期影响的折减系数。

结构基本自振周期也可采用根据实测资料并考虑地震作用影响的经验公式确定。

9.4　结构抗震验算

9.4.1　作用效应组合

抗震设计中，结构构件的地震作用效应（包括弯矩、轴向力和剪力等）应和重力荷载代表值（包括结构自重、楼面活荷载、雪荷载、屋面积灰荷载、吊车荷载等）的效应以及风荷载效应进行组合，并按下式计算：

$$S = \gamma_G S_{GE} + \gamma_{Eh} S_{Ehk} + \gamma_{Ev} S_{Evk} + \psi_w \gamma_w S_{wk} \tag{9-12}$$

式中　S——结构构件内力组合的设计值，包括组合的弯矩、轴向力和剪力设计值；

　　　γ_G——重力荷载分项系数，一般情况应采用 1.2，当重力荷载效应对构件承载能力有利时，不应大于 1.0；

γ_{Eh}、γ_{Ev}——水平、竖向地震作用分项系数；

　　　γ_w——风荷载分项系数，应采用 1.4；

　　　S_{GE}——重力荷载代表值的效应，有吊车时，尚应包括悬吊物重力标准值的效应；

　　　S_{Ehk}——水平地震作用标准值的效应，尚应乘以相应的增大系数或调整系数；

　　　S_{Evk}——竖向地震作用标准值的效应，尚应乘以相应的增大系数或调整系数；

S_{wk}——风荷载标准值的效应；

ψ_w——风荷载组合值系数，一般结构取 0.0，风荷载起控制作用的高层建筑应采用 0.2。

地震作用分项系数，仅计算水平地震作用时，$\gamma_{Eh}=1.30$，$\gamma_{Ev}=0$；仅计算竖向地震作用时，$\gamma_{Eh}=0$，$\gamma_{Ev}=1.30$；同时计算水平与竖向地震作用时，$\gamma_{Eh}=1.30$，$\gamma_{Ev}=0.5$。

9.4.2 构件抗震验算

1. 结构构件的截面抗震验算

结构构件应按下列设计表达式进行截面抗震验算：

$$S \leqslant \frac{R}{\gamma_{RE}} \qquad (9\text{-}13)$$

式中 R——结构构件承载力设计值；

γ_{RE}——承载力抗震调整系数。γ_{RE} 取值，钢柱、钢梁、混凝土梁和轴压比小于 0.15 的偏心受压混凝土柱为 0.75；钢结构支撑和轴压比不小于 0.15 的偏心受压混凝土柱为 0.80；钢结构中的节点板件、连接螺栓和混凝土结构中的抗震墙及其他受剪、偏拉构件为 0.85；钢结构中的连接焊缝、砌体结构中两端有构造柱、芯柱的抗震墙为 0.9，砌体结构中的其他抗震墙为 1.0。

$\gamma_{RE} \leqslant 1$ 表明构件的抗震承载力 R 在快速加载下比常规静力荷载下的材料强度有所提高。

2. 结构构件的抗震变形验算

当对结构进行多遇地震作用下的抗震变形验算时，其楼层内最大的弹性层间位移应符合下式要求：

$$\Delta u_e \leqslant [\theta_e]h \qquad (9\text{-}14)$$

式中 Δu_e——多遇地震作用标准值产生的楼层内最大的弹性层间位移；

$[\theta_e]$——弹性层间位移角限值，见表 9-5。

罕遇地震作用下需按下式验算结构的薄弱层或薄弱部位的弹塑性变形 Δu_p：

$$\Delta u_p \leqslant [\theta_p]h \qquad (9\text{-}15)$$

式中 $[\theta_p]$——弹塑性层间位移角限值（见表 9-5）；

Δu_p——结构的弹塑性层间位移，可由罕遇地震作用下的层间弹性位移 Δu_e、层间屈服位移 Δu_y 等间接计算。

弹性层间位移角限值和弹塑性层间位移角限值   表 9-5

项次	结 构 类 型	弹性层间位移角限值 $[\theta_e]$	弹塑性层间位移角限值 $[\theta_p]$
1	单层钢筋混凝土排架柱		1/30
2	钢筋混凝土框架	1/550	1/50
3	底部框架砌体房屋中的框架—抗震墙		1/100
4	钢筋混凝土框架—抗震墙、板柱—抗震墙、框架—核心筒	1/800	1/100
5	钢筋混凝土抗震墙、筒中筒	1/1000	1/120
6	钢筋混凝土框支层	1/1000	
7	多、高层钢结构	1/250	1/50

9.5 砌体结构抗震

9.5.1 地震作用计算

1. 结构水平地震作用

多层砌体房屋一般采用底部剪力法计算结构水平地震作用。

采用式 (9-5) 和式 (9-6) 计算水平地震作用时,应注意三点:第一,地震影响系数应取其最大值,即 $\alpha_1=\alpha_{max}$;第二,结构的等效总重力荷载应取总重力荷载代表值的85%,即 $G_{eq}=0.85G_E$;第三,不考虑顶部附加地震作用,即 $\delta_n=0$;对于突出屋面的屋顶间、女儿墙、烟囱等的地震作用效应,宜乘以增大系数3,此增大部分不应往下传递。

2. 楼层地震剪力

计算某层结构的水平地震作用后,再计算楼层的地震剪力,然后按照本层抗侧力构件的抗侧移刚度进行分配,即可将地震剪力分配到各抗侧力构件 (抗震墙体)。

楼层水平地震剪力标准值 V_{ik} 是本层及以上各层水平地震作用之和,即 $V_{ik}=\Sigma F_i$,而楼层水平剪力设计值 V_i 是剪力标准值 V_{ik} 与水平作用分项系数 γ_{Eh} 的乘积,即

$$V_i=\gamma_{Eh}V_{ik}=1.3V_{ik} \tag{9-16}$$

楼层剪力设计值 V_i 确定以后,即可按以下方法计算各抗震墙的剪力设计值。

1) 现浇和装配整体式钢筋混凝土楼、屋盖,按抗震墙的侧移刚度的比例分配,第 i 层第 j 片抗震墙的地震剪力设计值 V_{ij} 为:

$$V_{ij}=V_i\frac{K_{ij}}{K_i} \tag{9-17}$$

式中 K_{ij}——第 i 层第 j 片抗震墙的侧移刚度;

K_i——第 i 层抗震墙的侧移刚度。

2) 木楼、屋盖的多层砖房，按抗震墙从属面积上重力荷载代表值的比例分配，第 i 层第 j 片抗震墙的地震剪力设计值 V_{ij} 为：

$$V_{ij} = V_i \frac{G_{ij}}{G_i} \qquad (9\text{-}18)$$

式中　G_{ij}——第 i 层第 j 片抗震墙从属面积上的重力荷载代表值；

　　　G_i——第 i 层的重力荷载代表值。

3) 预制钢筋混凝土楼、屋盖按抗震墙侧移刚度比和从属面积上重力荷载代表值的比的平均值分配，第 i 层第 j 片抗震墙的地震剪力设计值 V_{ij} 为：

$$V_{ij} = \frac{V_i}{2} \left(\frac{K_{ij}}{K_i} + \frac{G_{ij}}{G_i} \right) \qquad (9\text{-}19)$$

4) 抗震墙的侧移刚度

砌体抗震墙的刚度，按墙段的净高宽比 ρ（$\rho = h/b$，h 为层高，b 为墙长）的大小（对于门窗洞边的小墙段指洞净高与洞侧墙宽之比），分为三种情况：

(1) $\rho < 1$，只考虑墙体的剪切变形，墙体 j 的抗侧力刚度 K_j 为

$$K_j = \frac{1}{\dfrac{\xi H}{GA}} = \frac{GA}{1.2H} \qquad (9\text{-}20)$$

式中　G——砌体的剪切模量；

　H、A——层高和墙体截面面积；

　　　ξ——剪应力不均匀系数，矩形截面取 1.2。

(2) $1 \leqslant \rho \leqslant 4$，同时考虑墙体的剪切和弯曲变形，墙体 j 的抗侧力刚度 K_j 为：

$$K_j = \frac{1}{\dfrac{1.2H}{GA} + \dfrac{H^3}{12EI}} \qquad (9\text{-}21)$$

若取 $G = 0.4E$，则上式也可改写为：

$$K_j = \frac{GA}{1.2H\left(1 + \dfrac{H^2}{3b^2}\right)} \quad \text{或} \quad K_j = \frac{EA}{H\left(3 + \dfrac{H^2}{b^2}\right)} \qquad (9\text{-}22)、(9\text{-}23)$$

式中　E——砌体的弹性模量；

　　　G——砌体的剪切弹性模量。

(3) $\rho > 4$，不考虑该墙体的抗侧力刚度。

9.5.2 砌体抗震验算

1. 砌体材料的抗震受剪强度

砌体的抗震抗剪强度设计值 f_{vE}，是根据砌体的非抗震强度设计值 f_v 和砌体抗震强度正应力影响系数 ξ_N 确定的，即 $f_{vE}=\xi_N f_v$。

影响系数 ξ_N 表 9-6

砌体类别	σ_0/f_v							
	0.0	1.0	3.0	5.0	7.0	10.0	12.0	≥16.0
普通砖、多孔转	0.8	0.99	1.25	1.47	1.65	1.90	2.05	—
混凝土小型砌块	—	1.23	1.69	2.15	2.57	3.02	3.32	3.92

注：σ_0 为对应于重力荷载代表值的砌体截面平均压应力。

2. 普通砖、多孔砖墙体的截面抗震承载力验算

1）一般墙体验算

一般情况下的验算公式为

$$V=f_{vE}A/\gamma_{RE} \qquad (9\text{-}24)$$

式中　V——墙体剪力设计值；

$\quad\quad f_{vE}$——砖砌体沿阶梯形截面破坏的抗震抗剪强度设计值；

$\quad\quad A$——墙体横截面面积，多孔砖取毛截面面积；

$\quad\quad \gamma_{RE}$——承载力抗震调整系数，对于两端均有构造柱、芯柱的抗震墙取 0.9，非承重墙取 0.75，其他抗震墙取 1.0。

2）带中部构造柱的墙体

当在墙体中部设置截面不小于 240mm×240mm 且间距不大于 4m 的构造柱时，可考虑构造柱对墙体受剪承载力的提高作用，墙体的截面抗震受剪承载力可按下列简化方法验算：

$$V\leqslant\frac{1}{\gamma_{RE}}[\eta_c f_{vE}(A-A_c)+\zeta_c f_t A_c+0.08 f_{yc}A_{sc}+\zeta_s f_{yh}A_{sh}] \qquad (9\text{-}25)$$

式中，A_c——中部构造柱的横截面总面积（对横墙和内纵墙，$A_c>0.15A$ 时，取 $0.15A$；对外纵墙，$A_c>0.25A$ 时，取 $0.25A$）；

$\quad\quad f_t$——中部构造柱的混凝土轴心抗拉强度设计值；

$\quad\quad A_{sc}$——中部构造柱的纵向钢筋截面总面积（配筋率不应小于 0.6%，当大于 1.4% 时取 1.4%）；

$\quad f_{yn}$、f_{yc}——墙体水平钢筋、构造柱钢筋抗拉强度设计值；

$\quad\quad \zeta_c$——中部构造柱参与工作系数。居中设一根时取 0.5，多于一根时取 0.4；

$\quad\quad \eta_c$——墙体约束修正系数。一般情况下取 1.0，构造柱间距不大于 3m 时取 1.1；

A_{sh}——层间墙体竖向截面的总水平钢筋面积，无水平钢筋时取 0.0。

3. 水平配筋墙体的截面抗震受剪承载力验算

验算公式为

$$V \leqslant \frac{1}{\gamma_{\text{RE}}} (f_{\text{vE}}A + \zeta_s f_{\text{yh}} A_{\text{sh}}) \qquad (9\text{-}26)$$

式中，A——墙体横截面面积，多孔砖取毛截面面积；

f_{yh}——钢筋抗拉强度设计值；

A_{sh}——层间墙体竖向截面的钢筋总截面面积，其配筋率不应小于 0.07% 且不大于 0.17%；

ζ_s——钢筋参与工作系数，墙体高宽比为 0.4、0.6、0.8、1.0 和 1.2 时，分别取 0.10、0.12、0.14、0.15 和 0.12。

4. 混凝土小砌块墙体的截面抗震受剪承载力验算

验算公式为

$$V \leqslant \frac{1}{\gamma_{\text{RE}}} [f_{\text{vE}}A + \zeta_c (0.3 f_t A_c + 0.05 f_y A_s)] \qquad (9\text{-}27)$$

式中 f_t——芯柱混凝土轴心抗拉强度设计值；

A_c——芯柱截面总面积；

A_s——芯柱钢筋截面总面积；

ζ_c——芯柱参与工作系数，按填孔率 ρ 确定。$\rho < 0.15$ 时取 0，$0.15 \leqslant \rho < 0.25$ 时取 1.0，$0.250 \leqslant \rho < 0.50$ 取时 1.1，$\rho \geqslant 0.5$ 时取 1.15。

9.5.3 抗震要求和构造措施

1. 抗震基本要求

砌体结构抗震要求主要包括房屋层数和总高度限制、层高限制、房屋抗震横墙间距限制、房屋局部尺寸限制、结构体系选择要求、房屋平面和立面规则性要求及防震缝设置要求等。

2. 多层砌体房屋抗震构造措施

《建筑抗震设计规范》关于多层砌体房屋抗震构造规定的内容很多，现摘录部分内容供参考，更多的内容请查阅规范。下面凡与规范规定不一致的，以规范为准。

1）多层砌体房屋的结构体系

（1）应优先采用横墙承重或纵横墙共同承重的结构体系。不应采用砌体墙和混凝土墙混合承重的结构体系。

（2）纵横向砌体抗震墙的布置应符合下列要求：

①宜均匀对称，沿平面内宜对齐，沿竖向应上下连续；且纵横向墙体的数量不宜相差过大；

②平面轮廓凹凸尺寸，不应超过典型尺寸的 50%；当超过典型尺寸的 25% 时，房屋转角处应采取加强措施；

③楼板局部大洞口的尺寸不宜超过楼板宽度的 30%，且不应在墙体两侧同时开洞；

④房屋错层的楼板高差超过 500mm 时，应按两层计算；错层部位的墙体应采取加强措施；

⑤同一轴线上的窗间墙宽度宜均匀；墙面洞口的面积，6、7 度时不宜大于墙面总面积的 55%，8、9 度时不宜大于 50%；

⑥在房屋宽度方向的中部应设置内纵墙，其累计长度不宜小于房屋总长度的 60%（高宽比大于 4 的墙段不计入）。

（3）房屋有下列情况之一时宜设置防震缝，缝两侧均应设置墙体，缝宽应根据烈度和房屋高度确定，可采用 70mm ～ 100m：

①房屋立面高差在 6m 以上；

②房屋有错层，且楼板高差大于层高的 1/4；

③各部分结构刚度、质量截然不同。

（4）楼梯间不宜设置在房屋的尽端或转角处。

（5）不应在房屋转角处设置转角窗。

（6）横墙较少、跨度较大的房屋，宜采用现浇钢筋混凝土楼、屋盖。

2）多层普通砖、多孔砖砌体房屋构造柱设置要求

（1）应按规范要求设置现浇钢筋混凝土构造柱。构造柱设置部位，一般情况下应符合表 4-4 的要求。

（2）构造柱应符合下列要求：

①构造柱最小截面 240mm×180mm，纵向钢筋宜采用 4φ12，箍筋间距不宜大于 250mm，且在柱上下端宜适当加密；6、7 度时超过六层、8 度时超过五层和 9 度时，构造柱纵向钢筋宜采用 4φ14，箍筋间距不应大于 200mm；房屋四角的构造柱可适当加大截面及配筋。

②构造柱与墙连接处应砌成马牙槎，并应沿墙高每隔 500mm 设 2φ6 拉结钢筋，每边伸入墙内不宜小于 1m（以下表示为 2φ6@500，$l_a \geqslant 1000mm \times 2$）。

③构造柱与圈梁连接处，构造柱的纵筋应穿过圈梁，保证构造柱纵筋上下贯通。

④构造柱可不单独设置基础，但应伸入室外地面下 500mm，或

与埋深小于500mm的基础圈梁相连。

⑤房屋高度和层数接近高度和层数限值时，纵、横墙内构造柱间距尚应符合下列要求：

A. 横墙内的构造柱间距不宜大于层高的二倍；下部1/3楼层的构造柱间距适当减小；

B. 当外纵墙开间大于3.9m时，应另设加强措施。内纵墙的构造柱间距不宜大于4.2m。

3）多层普通砖、多孔砖房屋的现浇钢筋混凝土圈梁设置应符合下列要求：

（1）装配式钢筋混凝土楼、屋盖或木楼、屋盖的砖房，横墙承重时应按表4-6的要求设置圈梁；纵墙承重时每层均应设置圈梁，且抗震横墙上的圈梁间距应比表内要求适当加密。

（2）现浇或装配整体式钢筋混凝土楼、屋盖与墙体有可靠连接的房屋，应允许不另设圈梁，但楼板沿墙体周边应加强配筋并应与相应的构造柱钢筋可靠连接。

4）多层普通砖、多孔砖房屋的现浇钢筋混凝土圈梁构造应符合下列要求：

（1）圈梁应闭合，遇有洞口圈梁应上下搭接。圈梁宜与预制板设在同一标高处或紧靠板底；

（2）圈梁在表4-6要求的间距内无横墙时，应利用梁或板缝中配筋替代圈梁；

（3）圈梁的截面高度不应小于120mm，配筋应符合规范要求（一般圈梁的最小纵筋直径／最大箍筋间距，6～7度4φ10/250，8度4φ12/200，9度4φ14/150）；地基不好时所增设的基础圈梁，截面高度不应小于180mm，配筋不应少于4φ12。

5）多层普通砖、多孔砖房屋的楼、屋盖应符合下列要求：

（1）现浇钢筋混凝土楼板或屋面板伸进纵、横墙内的长度，均不应小于120mm。

（2）装配式钢筋混凝土楼板或屋面板，当圈梁未设在板的同一标高时，板端伸进外墙的长度不应小于120mm，伸进内墙的长度不应小于100mm，在梁上不应小于80mm。

（3）当板的跨度大于4.8m并与外墙平行时，靠外墙的预制板侧边应与墙或圈梁拉结。

（4）房屋端部大房间的楼盖，6度时房屋的屋盖和7～9度时房屋的楼、屋盖，当圈梁设在板底时，钢筋混凝土预制板应相互拉结，并应与梁、墙或圈梁拉结。

6）楼、屋盖的钢筋混凝土梁或屋架应与墙、柱（包括构造柱）或圈梁可靠连接，梁与砖柱的连接不应削弱柱截面，不得采用独立砖柱。跨度不小于6m大梁的支承构件应采用组合砌体等加强措施，并满足承载力要求。

7）6、7度时长度大于7.2m的大房间，及8度和9度时，外墙转角及内外墙交接处，应沿墙高配置拉结钢筋2φ6@500和φ4分布短筋平面内点焊组成的拉结网片或点焊钢筋网片。

8）楼梯间应符合下列要求：

（1）顶层楼梯间横墙和外墙应沿墙高设2φ6@500通长钢筋和φ4分布短筋平面内点焊组成的拉结网片或点焊钢筋网片；7～9度时其他各层楼梯间墙体应在休息平台或楼层半高处设置60mm厚的钢筋混凝土带或配筋砖带，配筋砖带不少于3皮，每皮的配筋不少于2φ6，砂浆强度等级不应低于M7.5且不低于同层墙体的砂浆强度等级。

（2）楼梯间及门厅内墙阳角处大梁支承长度不应小于500mm并应与圈梁连接。

（3）装配式楼梯段应与平台板的梁可靠连接；8、9度时不应采用不应采用装配式梯段，不应采用墙中悬挑式踏步或踏步竖肋插入墙体的楼梯，不应采用无筋砖砌栏板。

（4）突出屋顶的楼、电梯间，构造柱应伸到顶部，并与顶部圈梁连接，内外墙交接处应沿墙高每500mm设2φ6通长拉筋和φ4分布短筋平面内点焊组成的拉结网片或点焊钢筋网片。

9）坡屋顶房屋的屋架应与顶层圈梁可靠连接，檩条或屋面板应与墙及屋架可靠连接，房屋出入口处的檐口瓦应与屋面构件锚固；采用硬山搁檩时，顶层内纵墙顶宜增砌支承山墙的踏步式墙垛，并设置构造柱。

10）门窗洞处不应采用无筋砖过梁；过梁支承长度，6～8度时不应小于240mm，9度时不应小于360mm。

11）预制阳台，6、7度时应与圈梁和楼板的现浇板带可靠连接，8、9度时不应采用预制阳台。

12）后砌的非承重砌体隔墙应符合规范第13.3节的有关规定。

13）同一结构单元的基础（或桩承台），宜采用同一类型的基础，底面宜埋置在同一标高上，否则应增设基础圈梁并应按1:2的台阶逐步放坡。

14）丙类的多层砌体房屋，当横墙较少且总高度和层数接近或达到规范限值，应采取下列加强措施：

（1）房屋的最大开间尺寸不宜大于6.6m。

（2）同一结构单元内横墙错位数量不宜超过横墙总数的1/3，且连续错位不宜多于两道；错位的墙体交接处均应增设构造柱，且楼、屋面板应采用现浇钢筋混凝土板。

（3）横墙和内纵墙上洞口的宽度不宜大于1.5m；外纵墙上洞口的宽度不宜大于2.1m或开间尺寸的一半；且内外墙上洞口位置不应影响内外纵墙与横墙的整体连接。

（4）所有纵横墙均应在楼、屋盖标高处设置加强的现浇钢筋混凝土圈梁；圈梁的截面高度不宜小于150mm，上下纵筋各不应少于3φ10，箍筋不小于φ6，间距不大于300mm。

（5）所有纵横墙交接处及横墙的中部，均应增设满足下列要求的构造柱：在横墙内的柱距不宜大于层高，在纵墙内的柱距不宜大于4.2m，最小截面尺寸不宜小于240mm×240mm，配筋宜符合表9-7的要求。

增设构造柱的纵筋和箍筋设置要求　　　　　　　　　　　　表9-7

位置	纵 向 钢 筋			箍 筋		
	最大配筋率（%）	最小配筋率（%）	最小直径（mm）	加密区范围（mm）	加密区间距（mm）	最小直径（mm）
角柱	1.8	0.8	14	全高	100	6
边柱			14	上端700		
中柱	1.4	0.6	12	下端500		

（6）同一结构单元的楼、屋面板应设置在同一标高处。

（7）房屋底层和顶层的窗台标高处，宜设置沿纵横墙通长的水平现浇钢筋混凝土带；其截面高度不小于60mm，宽度不小于240mm，纵向钢筋不少于3φ6。

3. 多层砌块房屋抗震构造措施

多层砌块房屋的抗震构造措施主要集中在构造柱（芯柱）、圈梁以及墙体加筋等方面。芯柱、圈梁的设置部位见表4-5和表4-7。

1）芯柱构造要求

（1）芯柱截面不宜小于120mm×120mm，芯柱混凝土强度等级不应低于Cb20。

（2）芯柱的竖向插筋应贯通墙身且与圈梁连接；插筋不应小于1φ12，6、7度时超过五层、8度时超过四层和9度时，插筋不应小于1φ14。

（3）芯柱应伸入室外地面下500mm或与埋深小于500mm的基

础圈梁相连。

（4）为提高墙体抗震受剪承载力而设置的芯柱，宜在墙体内均匀布置，最大净距不宜大于2.0m。

（5）多层小砌块房屋墙体交接处或芯柱与墙体连接处应设置拉结钢筋网片，网片可采用直径4mm的钢筋点焊而成，沿墙高间距不大于600mm，并应沿墙体水平通长设置。6、7度时底部1/3楼层，8度时底部1/2楼层，9度时全部楼层，上述拉结钢筋网片沿墙高间距不大于400mm。

2）芯柱替代

小砌块房屋中替代芯柱的钢筋混凝土构造柱，应符合下列构造要求：

（1）构造柱最小截面可采用190mm×190mm，纵向钢筋宜采用4φ12，箍筋间距不宜大于250mm，且在柱上下端宜适当加密；6、7度时超过五层、8度时超过四层和9度时，构造柱纵向钢筋宜采用4φ14，箍筋间距不应大于200mm；外墙转角的构造柱可适当加大截面及配筋。

（2）构造柱与砌块墙连接处应砌成马牙槎，与构造柱相邻的砌块孔洞，6度时宜填实，7度时应填实，8度时应填实并插筋；沿墙高每隔600mm应设φ4点焊拉结钢筋网片，并应沿墙体水平通长设置。6、7度时底部1/3楼层，8度时底部1/2楼层，9度全部楼层，上述拉结钢筋网片沿墙高间距不大于400mm。

（3）构造柱与圈梁连接处，构造柱的纵筋应在圈梁纵筋内侧穿过，保证构造柱纵筋上下贯通。

（4）构造柱可不单独设置基础，但应伸入室外地面下500mm，或与埋深小于500mm的基础圈梁相连。

3）其他加强结构整体性的措施

（1）多层小砌块房屋的现浇钢筋混凝土圈梁的设置位置同多层砖砌体房屋，圈梁宽度不应小于190mm，配筋不应少于4φ12，箍筋间距不应大于200mm。

（2）小砌块房屋的层数，6度时超过五层、7度时超过四层、8度时超过三层和9度时，在底层和顶层的窗台标高处，沿纵横墙应设置通长的水平现浇钢筋混凝土带；其截面高度不小于60mm，纵筋不少于2φ10，并应有分布拉结钢筋；其混凝土强度等级不应低于C20。水平现浇混凝土带亦可采用槽形砌块替代模板，其纵筋和拉结钢筋不变。

（3）丙类的多层小砌块房屋，当横墙较少且总高度和层数接近或达到规范规定限值时，应符合规范多层砌体的相关要求；其中，墙体中部的构造柱可采用芯柱替代，芯柱的灌孔数量不应少于2孔，每孔插筋的直径不应小于18mm。

（4）小砌块房屋的其他抗震构造措施，尚应符合本规范对多层砌体的有关要求。其中，墙体的拉结钢筋网片间距应符合小砌块房屋的相应规定，分别取600mm和400mm。

4. 底部框架—抗震墙房屋

主要包括对构造柱的要求（截面、配筋、箍筋、连接、拉结等）、上部抗震墙与底部框架梁、抗震墙的关系的要求，楼盖、托墙梁的构造要求、底部抗震墙构造要求等。

1）构造柱

底部框架—抗震墙房屋的上部应设置钢筋混凝土构造柱，并应符合下列要求：

（1）钢筋混凝土构造柱的设置部位，应根据房屋的总层数按砌体结构的有关设置。过渡层尚应在底部框架柱对应位置处设置构造柱。构造柱的截面，不宜小于240mm×240mm。构造柱的纵向钢筋不宜少于4φ14，箍筋间距不宜大于200mm。

（2）过渡层构造柱的纵向钢筋，7度时不宜少于4φ16，8度时不宜少于6φ16。一般情况下，纵向钢筋应锚入下部的框架柱内；当纵向钢筋锚固在框架梁内时，框架梁的相应位置应加强。

（3）构造柱应与每层圈梁连接，或与现浇楼板可靠拉结。

2）上部抗震墙与底部框架梁、抗震墙的位置关系

中心线宜同底部框架梁、抗震墙轴线相重合；构造柱宜与框架柱上下贯通。

3）楼盖

底部框架—抗震墙房屋的楼盖应符合下列要求：

（1）过渡层的底板应采用现浇钢筋混凝土板，板厚不应小于120mm；并应少开洞、开小洞，当洞口尺寸大于800mm时，洞口周边应设置边梁。

（2）其他楼层，采用装配式钢筋混凝土楼板时均应设现浇圈梁，采用现浇钢筋混凝土楼板时应允许不另设圈梁，但楼板沿墙体周边应加强配筋并应与相应的构造柱可靠连接。

4）托墙梁

底部框架—抗震墙房屋的钢筋混凝土托墙梁，其截面和构造应符合下列要求：

（1）梁的截面宽度不应小于300mm，梁的截面高度不应小于跨

度的 1/10。

（2）箍筋的直径不应小于 8mm，间距不应大于 200mm；梁端在 1.5 倍梁高且不小于 1/5 梁净跨范围内，以及上部墙体的洞口处和洞口两侧各 500mm 且不小于梁高的范围内，箍筋间距不应大于 100mm。

（3）沿梁高应设腰筋，数量不应少于 2φ14，间距不应大于 200mm。

（4）梁的主筋和腰筋应按受拉钢筋的要求锚固在柱内，且支座上部的纵向钢筋在柱内的锚固长度应符合钢筋混凝土框支梁的有关要求。

5）底部抗震墙

（1）底层框架—抗震墙房屋底部的钢筋混凝土抗震墙，其截面和构造应符合下列要求：

①抗震墙周边应设置梁（或暗梁）和边框柱（或框架柱）组成的边框；边框梁的截面宽度不宜小于墙板厚度的 1.5 倍，截面高度不宜小于墙板厚度的 2.5 倍；边框柱的截面高度不宜小于墙板厚度的 2 倍。

②抗震墙墙板的厚度不宜小于 160mm，且不应小于墙板净高的 1/20；抗震墙宜开设洞口形成若干墙段，各墙段的高宽比不宜小于 2。

③抗震墙的竖向和横向分布钢筋配筋率均不应小于 0.30%，并应采用双排布置；双排分布钢筋间拉筋的间距不应大于 600mm，直径不应小于 6mm。

④抗震墙的边缘构件可按《抗规》第 6.4 节关于一般部位的规定设置。

（2）底层框架—抗震墙房屋的底层采用约束砖砌体墙时，其构造应符合下列要求：

①墙厚不应小于 240mm，砌筑砂浆强度等级不应低于 M10，应先砌墙后浇框架。

②沿框架柱每隔 500mm 配置 2φ8 和 φ4 分布短筋平面内点焊组成的钢筋网片或，并沿砖墙通长设置；在墙体半高处尚应设置与框架柱相连的钢筋混凝土水平系梁。

③墙长大于 5m 时，应在墙内增设钢筋混凝土构造柱。

9.6 钢筋混凝土结构抗震

9.6.1 结构抗震等级的确定

钢筋混凝土房屋应根据烈度、结构类型和房屋高度采用不同的抗震等级，并应符合相应的计算和构造措施要求。丙类建筑的抗震等级应按表 9-8 确定。

钢筋混凝土房屋抗震等级的确定，尚应符合下列要求：

1. 设置少量抗震墙的框架结构，在规定的水平力作用下，底层框架框架部分承受的地震倾覆力矩大于结构总地震倾覆力矩的 50%，其框架部分的抗震等级应按框架结构确定，抗震墙的抗震等级可与其的抗震等级相同。

2. 裙房与主楼相连，除应按裙房本身确定外，不应低于主楼的抗震等级；主楼结构在裙房顶层及相邻上下各一层应适当加强抗震构造措施。裙房与主楼分离时，应按裙房本身确定抗震等级。

3. 当地下室顶板作为上部结构的嵌固部位时，地下一层的抗震等级应与上部结构相同，地下一层以下的抗震等级可逐层降低一级，但不应低于四级。地下室中无上部结构的部分，可根据具体情况采

现浇钢筋混凝土房屋的抗震等级　　　　　　　　　　　　表 9-8

结构类型			设防烈度							
			6		7			8		9
框架结构	高度（m）		≤ 24	> 24	≤ 24	> 24	≤ 24	> 24	≤ 24	
	框架		四	三	三	二	二	一	一	
	大跨度公共建筑		三		二		一		一	
框架—抗震墙结构	高度（m）		≤ 60	> 60	≤ 24	25~60	> 60	≤ 24	25~60	> 60	≤ 24	25~50
	框架		四	三	四	三	二	三	二	一	二	一
	抗震墙		三		三		二		一		一
抗震墙结构	高度（m）		≤ 80	> 80	≤ 24	25~80	> 80	≤ 24	25~80	> 80	≤ 24	25~60
	抗震墙		四	三	四	三	二	三	二	一	二	一
部分框支抗震墙结构	抗震墙	一般部位	四	三	四	三	二	三	二			
		加强部位	三	二	三	二	一	二	一			
	框支层框架		二		二		一		一			
框架—核心筒结构	框架		三		二		一		一			
	核心筒		三		二		一		一			
筒中筒结构	外筒		三		二		一		一			
	内筒		三		二		一		一			
板柱—抗震墙结构	高度（m）		≤ 35	> 35	≤ 35	> 35	≤ 35	> 35			
	板柱的柱		三	二	二	二	一	一			
	抗震墙		二	二	二	一	二	一			

注：1. 建筑场地为 I 类时，除 6 度外应允许按表内降低一度所对应的抗震等级采取抗震构造措施，但相应的计算要求不应降低；

2. 接近或等于高度分界时，应允许结合房屋不规则程度及场地、地基条件确定抗震等级；

3. 大跨度框架指跨度不小于 18m 的框架；

4. 高度不超过 60m 的框架—核心筒结构按框架 - 抗震墙的要求设计时，应按表中框架，抗震墙结构的规定确定其抗震等级。

用三级或四级。

4. 当甲、乙建筑按规定提高一度确定其抗震等级而房屋的高度超过表 9-8 规定的上界时，应采取比一级更有效的抗震构造措施。

9.6.2　结构布置的一般要求

1. 结构规则性要求

高层钢筋混凝土房屋宜避免采用抗震规范规定的不规则建筑结构方案，不设防震缝；当需要设置防震缝时，应符合相关规范的规定。8 度和 9 度框架结构房屋防震缝两侧结构高度、刚度或层高相差较大时，可在缝两侧房屋的尽端沿全高设置垂直于防震缝的抗撞墙。有关防震缝和抗撞墙的具体要求详见前述。

2. 平面整体性要求

框架—抗震墙和板柱—抗震墙结构中，抗震墙之间无大洞口的楼、屋盖的长宽比，不宜超过规定（见表 4-26）；超过时，应计入楼盖平面内变形的影响。

采用装配式楼、屋盖时，应采取措施保证楼、屋盖的整体性及其与抗震墙的可靠连接。采用配筋现浇面层加强时，厚度不宜小于50mm。

3. 框架结构和框架—抗震墙布置要求

1）框架结构和框架—抗震墙布置

框架—抗震墙结构中的抗震墙设置，宜符合下列要求：

（1）抗震墙宜贯通房屋全高，且横向与纵向的抗震墙宜相连。

（2）抗震墙宜设置在墙面不需要开大洞口的位置。

（3）房屋较长时，刚度较大的纵向抗震墙不宜设置在房屋的端开间。

（4）抗震墙洞口宜上下对齐；洞边距端柱不宜小于 300mm。

（5）一、二级抗震墙的洞口连梁，跨高比不宜大于 5，且梁截面高度不宜小于 400mm。

2）抗震墙结构和部分框支抗震墙结构中的抗震墙。

抗震墙结构和部分框支抗震墙结构中的抗震墙设置，应符合下列要求：

（1）较长的抗震墙宜开设洞口，将一道抗震墙分成长度较均匀的若干墙段，洞口连梁的跨高比宜大于 6，各墙段的高宽比不应小于 2。

（2）墙肢的长度沿结构全高不宜有突变；抗震墙有较大洞口时，以及一、二级抗震墙的底部加强部位，洞口宜上下对齐。

（3）矩形平面的部分框支抗震墙结构，其框支层的楼层侧向刚度不应小于相邻非框支层楼层侧向刚度的 50%；框支层落地抗震墙间距不宜大于 24m，框支层的平面布置宜对称，且宜设抗震筒体。

3）框架结构和框架—抗震墙结构中，框架和抗震墙均应双向设置，柱中线与抗震墙中线、梁中线与柱中线之间偏心距不宜大于柱宽的 1/4。大于 1/4 时，应计入偏心的影响。

4）甲乙类建筑以及高度大于 24m 的框架结构不应采用单跨框架结构，高度不大于 24m 的丙类建筑不宜采用单跨框架结构。

9.6.3 现浇钢筋混凝土结构主要抗震构造措施

1.框架结构

1）框架梁

框架梁的截面宽度不宜小于 200mm；截面高宽比不宜大于 4；净跨与截面高度之比不宜小于 4。采用梁宽大于柱宽的扁梁时，楼板应现浇，梁中线宜与柱中线重合，扁梁应双向布置，且不宜用于一级框架结构。

2）框架柱

框架柱的截面的宽度和高度均不宜小于 300mm；圆柱直径不宜小于 350mm；剪跨比宜大于 2；截面长边与短边的边长比不宜大于 3。

2.抗震墙结构

抗震墙的厚度，一、二级不应小于 160mm 且不应小于层高的 1/20，三、四级不应小于 140mm 且不应小于层高的 1/25。底部加强部位的墙厚，一、二级不宜小于 200mm 且不宜小于层高的 1/16；无端柱或翼墙时不应小于层高的 1/12。

抗震墙两端和洞口两侧应设置边缘构件。

3.框架—抗震墙结构

抗震墙的厚度不应小于 160mm 且不应小于层高的 1/20，底部加强部位的抗震墙厚度不应小于 200mm 且不应小于层高的 1/16，抗震墙的周边应设置梁（或暗梁）和端柱组成的边框；端柱截面宜与同层框架柱相同，并应满足对框架柱的要求。

其他构造措施应分别符合框架结构和抗震墙结构的构造要求。

4.板柱—抗震墙结构

1）板柱—抗震墙结构的抗震墙，其抗震构造措施应符合抗震墙的有关规定，且底部加强部位及相邻上一层应按抗震墙的要求设置约束边缘构件。柱（包括抗震墙端柱）的抗震构造措施应符合对框架柱的有关规定。

2）房屋的周边和楼、电梯洞口周边应采用有梁框架。房屋的屋盖和地下一层顶板，宜采用梁板结构。

3）板柱—抗震墙结构的抗震墙，应承担结构的全部地震作用，各层板柱部分应满足计算要求，并应能承担不少于各层全部地震作用的 20%。

4）板柱结构在地震作用下按等代平面框架分析时，其等代梁的宽度宜采用垂直于等代平面框架方向柱距的 50%。

5.筒体结构

1）核心筒与框架之间的楼盖宜采用梁板体系。

2）低于 9 度采用加强层时，加强层的大梁或桁架应与核心筒内的墙肢贯通；大梁或桁架与周边框架柱的连接宜采用铰接或半刚性连接。

3）结构整体分析应计入加强层变形的影响。

4）9 度时不应采用加强层。

5）在施工程序及连接构造上，应采取措施减小结构竖向温度变形及轴向压缩对加强层的影响。

另外，框架—核心筒结构的核心筒、筒中筒结构的内筒，其抗震墙应符合抗震规范的有关规定，且抗震墙的厚度、竖向和横向分布钢筋应符合框架—抗震墙的规定；筒体底部加强部位及相邻上一层不应改变墙体厚度。

内筒的门洞不宜靠近转角。

楼层梁不宜集中支承在内筒或核心筒的转角处，也不宜支承在洞口连梁上；内筒或核心筒支承楼层梁的位置宜设暗柱。

9.7　非结构构件抗震要求和构造措施

9.7.1　建筑的非结构构件

建筑非结构构件包括持久性的建筑非结构构件和支承于建筑结构的附属机电设备。建筑非结构构件指建筑中除承重骨架体系以外的固定构件和部件，主要包括非承重墙体，附着于楼面和屋面结构的构件、装饰构件和部件、固定于楼面的大型储物架等。建筑附属机电设备指为现代建筑使用功能服务的附属机械、电气构件、部件和系统，主要包括电梯、照明和应急电源、通信设备、管道系统、供暖和空气调节系统、烟火监测和消防系统、公用天线等。

非结构构件应根据所属建筑的抗震设防类别和非结构地震破坏的后果及其对整个建筑结构影响的范围，采取不同的抗震措施；当相关专门标准有具体要求时，尚应采用不同的功能系数、类别系数等进行抗震计算。

当计算和抗震措施要求不同的两个非结构构件连接在一起时，应按较高的要求进行抗震设计。

非结构构件连接损坏时，应不致引起与之相连接的有较高要求的非结构构件失效。

9.7.2　建筑非结构构件的基本抗震措施

1. 非结构构件与主体结构的锚固

建筑结构中，设置连接幕墙、围护墙、隔墙、女儿墙、雨篷、商标、广告牌、顶棚支架、大型储物架等建筑非结构构件的预埋件、锚固件的部位，应采取加强措施，以承受建筑非结构构件传给主体结构的地震作用。

2. 非承重墙体的材料、选型和布置

非承重墙体的材料、选型和布置，应根据烈度、房屋高度、建筑体型、结构层间变形、墙体自身抗侧力性能的利用等因素，经综合分析后确定。

1）墙体材料的选用应符合下列要求：

（1）混凝土结构和钢结构的非承重墙体应优先采用轻质墙体材料；

（2）单层钢筋混凝土柱厂房的围护墙宜采用轻质墙板或钢筋混凝土大型墙板，外侧柱距为 12m 时应采用轻质墙板或钢筋混凝土大型墙板；不等高厂房的高跨封墙和纵横向厂房交接处的悬墙宜采用轻质墙板，8、9 度时应采用轻质墙板；

（3）钢结构厂房的围护墙，7 度和 8 度时宜采用轻质墙板或与柱柔性连接的钢筋混凝土墙板，不应采用嵌砌砌体墙；9 度时宜采用轻质墙板。

2）刚性非承重墙体的布置应避免使结构形成刚度和强度分布上的突变。单层钢筋混凝土柱厂房的刚性围护墙沿纵向宜均匀对称布置。

3）墙体与主体结构应有可靠的拉结，应能适应主体结构不同方向的层间位移；8 度和 9 度时应具有满足层间变位的变形能力，与悬挑构件相连接时，尚应具有满足节点转动引起的竖向变形的能力。

4）外墙板的连接件应具有足够的延性和适当的转动能力，宜满足在设防烈度下主体结构层间变形的要求。

3. 砌体墙与主体结构的连接

砌体墙应采取措施减少对主体结构的不利影响，并应设置拉结筋、水平系梁、圈梁、构造柱等与主体结构可靠拉结：

1）多层砌体结构中，后砌的非承重隔墙应沿墙高每隔 500~600mm 配置拉筋 2φ6@500 与承重墙或柱拉结，每边伸入墙内不应少于 500mm；8 度和 9 度时，长度大于 5m 的后砌隔墙，墙顶尚应与楼板或梁拉结，独立墙肢端部及大门洞边宜设钢筋混凝土构造柱。

2）钢筋混凝土结构中的砌体填充墙，宜与柱脱开或采用柔性连接，并应符合下列要求：

（1）填充墙在平面和竖向的布置，宜均匀对称，宜避免形成薄弱层或短柱；

（2）砌体的砂浆强度等级不应低于 M5，墙顶应与框架梁密切结合；

（3）填充墙应沿框架柱全高每隔 500mm 设 2φ6 拉筋，拉筋伸入墙内的长度，6 度和 7 度时宜沿墙全长贯通，8 度和 9 度时应沿墙全长贯通；

（4）墙长大于 5m 时，墙顶与梁宜有拉结；墙长超过层高 2 倍时，宜设置钢筋混凝土构造柱；墙高超过 4m 时，墙体半高宜设置与柱连接且沿墙全长贯通的钢筋混凝土水平系梁。

3）单层钢筋混凝土柱厂房的砌体隔墙和围护墙应符合下列要求：

（1）砌体隔墙与柱宜脱开或柔性连接，并应采取措施使墙体稳定，隔墙顶部应设现浇钢筋混凝土压顶梁；

（2）厂房的砌体围护墙宜采用外贴式并与柱可靠拉结；不等高厂房的高跨封墙和纵横向厂房交接处的悬墙采用砌体时，不应直接砌在低跨屋盖上；

（3）砌体围护墙在下列部位应设置现浇钢筋混凝土圈梁：

①梯形屋架端部上弦和柱顶的标高处应各设一道，但屋架端部高度不大于 900mm 时可合并设置；

②8 度和 9 度时，应按上密下稀的原则每隔 4m 左右在窗顶增设一道圈梁，不等高厂房的高低跨封墙和纵墙跨交接处的悬墙，圈梁的竖向间距不应大于 3m；

③山墙沿屋面应设钢筋混凝土卧梁，并应与屋架端部上弦标高处的圈梁连接。

（4）圈梁的构造应符合下列规定：

①圈梁宜闭合，圈梁截面宽度宜与墙厚相同，截面高度不应小于 180mm；圈梁的纵筋，6～8 度时不应少于 4φ12，9 度时不应少

于 4ϕ14；

②厂房转角处柱顶圈梁在端开间范围内的纵筋，6 ~ 8 度时不宜少于 4ϕ14，9 度时不宜少于 4ϕ16，转角两侧各 1m 范围内的箍筋直径不宜小于 ϕ8，间距不宜大于 100mm；圈梁转角处应增设不少于 3 根且直径与纵筋相同的水平斜筋；

③圈梁应与柱或屋架牢固连接，山墙卧梁应与屋面板拉结；顶部圈梁与柱或屋架连接的锚拉钢筋不宜少于 4ϕ12，且锚固长度不宜少于 35 倍钢筋直径，防震缝处圈梁与柱或屋架的拉结宜加强。

(5) 8 度 III、IV 类场地和 9 度时，砖围护墙下的预制基础梁应采用现浇接头；当另设条形基础时，在柱基础顶面标高处应设置连续的现浇钢筋混凝土圈梁，其配筋不应少于 4ϕ12；

(6) 墙梁宜采用现浇，当采用预制墙梁时，梁底应与砖墙顶面牢固拉结并应与柱锚拉；厂房转角处相邻的墙梁，应相互可靠连接。

4) 单层钢结构厂房的砌体围护墙不应采用嵌砌式，8 度时尚应采取措施使墙体不妨碍厂房柱列沿纵向的水平位移。

5) 砌体女儿墙在人流出入口应与主体结构锚固；防震缝处应留有足够的宽度，缝两侧的自由端应予以加强。

4. 其他

1) 各类顶棚的构件与楼板的连接件，应能承受顶棚、悬挂重物和有关机电设施的自重和地震附加作用；其锚固的承载力应大于连接件的承载力。

2) 悬挑雨篷或一端由柱支承的雨篷，应与主体结构可靠连接。

3) 玻璃幕墙、预制墙板、附属于楼屋面的悬臂构件和大型储物架的抗震构造，应符合相关专门标准的规定。

复习思考题

1. 什么是震级？什么是地震烈度？什么是基本烈度？

2. 建筑抗震设防的基本目标是什么？

3. 建筑抗震总体要求有哪些？

4. 建筑抗震设计方法是什么？如何从设计方法上体现三水准设计要求？

5. 什么是重力荷载代表值？如何计算？

6. 什么是地震影响系数？如何从不同的角度认识地震影响系数？

7.结构的自振周期和场地的特征周期对结构抗震何影响?

8.地震作用计算有几种方法?多层砌体结构一般采用哪种方法?

9.多层结构上的水平地震作用分布有何规律?

10.结构抗震验算时,地震作用效应与哪些荷载效应进行组合?

11.如何确定砌体结构的楼层地震剪力和各墙体的地震剪力?

12.砌体结构的主要抗震构造措施包括哪几个方面?

13.现浇钢筋混凝土结构的抗震等级是如何划分的?

14.现浇钢筋混凝土结构布置要求主要有哪些?

15.建筑的非结构构件的抗震措施主要有哪些?

主要参考文献

[1] （美）Daniel L. schodek 著．罗福午，杨军，曹俊译．建筑结构—分析方法及其设计应用（第 4 版）．北京：清华大学出版社．2005.6.

[2] 罗福午主编．建筑结构．武汉：武汉理工大学出版社．2005.11.

[3] 王心田．建筑结构体系与选型．上海：同济大学出版社．2003.9.

[4] 计学闰，王力．建筑概念和体系．北京：高等教育出版社．2004.11.

[5] 张建荣主编．建筑结构选型．北京：中国建筑工业出版社．1999.6.

[6] 熊丹安主编．建筑结构．第三版．广州：华南理工大学出版社．2006.3.

[7] 何益彬主编．建筑结构．北京：中国建筑工业出版社．2005.2.

[8] 教材编委会．一级注册建筑师考试建筑技术设计（作图）应试指南（第四版）．北京：中国建筑工业出版社．2008.12.

[9] 清华大学土建设计研究院．建筑结构形式概论．北京：清华大学出版社．1982.2.

[10] 罗福午，方鄂华，叶知满．混凝土结构及砌体结构（下册）．北京：中国建筑工业出版社．1995.11.

[11] 资料集编委会．建筑设计资料集 5（第二版）．北京：中国建筑工业出版社．1994.6.

[12] 李国强 李杰 苏小卒编著．建筑结构抗震设计．北京：中国建筑工业出版社．2002.8.

[13] 刘建荣主编．高层建筑设计与技术．北京：中国建筑工业出版社．2005.5.

[14] 东南大学，同济大学，天津大学合编．混凝土结构（中册）混凝土结构与砌体结构（第三版）．北京：中国建筑工业出版社．2005.7.

[15] 施楚贤主编．砌体结构（第二版）．北京：中国建筑工业出版社．2008.2.

[16] 中华人民共和国国家标准．建筑结构设计术语与符号标准 (GB/T 50083-97)．北京：中国建筑工业出版社．1997.6.

[17] 中华人民共和国国家标准．建筑结构荷载规范 (GB 50009-2012)．北京：中国建筑工业出版社．2012.9.

[18] 中华人民共和国国家标准.建筑抗震设计规范 (GB 50011-2010).
北京：中国建筑工业出版社.2010.8.

[19] 中华人民共和国国家标准.混凝土结构设计规范 (GB 50010-2010).北京：中国建筑工业出版社.2011.5.

[20] 中华人民共和国国家标准.砌体结构设计规范 (GB 50003-2011).
北京：中国建筑工业出版社.2012.1.

[21] 中华人民共和国行业标准.高层钢筋混凝土结构设计与施工技术规程 (JGJ 3-2010).北京：中国建筑工业出版社.2011.6.